高等职业教育“新资源、新智造”系列精品教材

电气工程综合实训（第2版）

宁秋平　马宏骞　主　编
褚敬秋　徐　勇　副主编

電子工業出版社
Publishing House of Electronics Industry
北京·BEIJING

内 容 简 介

本书共设置了9个实训项目，分别为项目一电工基本操作，项目二室内电气线路安装与维修，项目三三相异步电动机的安装、维护与维修，项目四变压器的维护与维修，项目五单相异步电动机的维护与维修，项目六认识控制电机，项目七电气控制基本环节训练，项目八典型机床电气线路训练和项目九电子电路的装配与调试训练。本书针对不同的学习内容，在每个项目中又设置了若干个实操任务，全书共提供32个实操任务。

本书突出了工程实用性，理实结合、易教易学，可作为高职院校自动化类相关专业的理实一体化课程教材，也可作为培训机构的培训用书和企业人员的自学用书，还可作为相关技术人员的参考用书。

图书在版编目（CIP）数据

电气工程综合实训/宁秋平，马宏骞主编. —2版. —北京：电子工业出版社，2020.12（2024.8重印）
ISBN 978-7-121-37775-4

Ⅰ. ①电…　Ⅱ. ①宁…　②马…　Ⅲ. ①电工－维修－高等职业教育－教材　Ⅳ. ①TM07

中国版本图书馆CIP数据核字（2019）第240733号

责任编辑：王昭松　　特约编辑：田学清
印　　刷：固安县铭成印刷有限公司
装　　订：固安县铭成印刷有限公司
出版发行：电子工业出版社
　　　　　北京市海淀区万寿路173信箱　　邮编：100036
开　　本：787×1092　1/16　印张：18.25　字数：478.8千字
版　　次：2013年2月第1版
　　　　　2020年12月第2版
印　　次：2024年8月第8次印刷
定　　价：56.00元

凡所购买电子工业出版社图书有缺损问题，请向购买书店调换。若书店售缺，请与本社发行部联系，联系及邮购电话：（010）88254888，88258888。

质量投诉请发邮件至zlts@phei.com.cn，盗版侵权举报请发邮件至dbqq@phei.com.cn。

本书咨询联系方式：（010）88254015，wangzs@phei.com.cn，QQ：83169290。

第 2 版前言

一、缘起

随着电气自动化技术的发展，企业对电气技术从业人员的专业素质要求越来越高。在此环境下，广大自动化类相关专业的学生迫切需要学好电气专业相关技术、提升实际操作技能。因此，我们特意编写了这本教、学、做一体化教材，目的就是给高职院校自动化类相关专业学生提供一条有效的学习途径。

二、编写结构

本书以电气维修人员日常工作为实践教学背景，并以此创建相关的技能实训项目，再以实际任务为载体，实施技能训练。本书共设置了 9 个学习项目，分别为项目一电工基本操作，项目二室内电气线路安装与维修，项目三三相异步电动机的安装、维护与维修，项目四变压器的维护与维修，项目五单相异步电动机的维护与维修，项目六认识控制电机，项目七电气控制基本环节训练，项目八典型机床电气线路训练和项目九电子电路的装配与调试训练。本书针对不同的学习内容，在每个项目中又设置了若干个实操任务，全书共提供 32 个实操任务。

三、本书特色

(1) 内容新颖、技术全面。

本书以提升学生电气技术应用实践能力为目标，在编写内容上着重介绍电气设备的使用、安装、维护和维修方法，力求使学生学有所用、学以致用；在编写体例上充分体现教、学、做一体化教学理念，力求使学生学有所得、技有所长。本书以国家职业标准为依据，以工业现场技术需求为导向，以任务形式开展专项训练，力求体现"真事、真学、真做"，使学生不仅懂得电气设备的结构和原理，会选择和使用电气设备，还能维护和维修电气设备。

(2) 素材真实、指导性强。

本书的取材全部来自实践，其中很多内容是作者亲身经历的案例，教学内容具体，针对性极强。书中所使用的图片大部分是作者在工厂车间和电气设备维修场所拍摄的，画面清晰、表达准确、写实性强、说明有力，具有很高的实践指导性。另外，作者还把多年积累的宝贵实践经验和教学体会以课堂讨论、工程经验、应用实例和案例剖析等形式一一呈现给读者，同大家分享和交流，这对读者快速提升实践能力有很大帮助。

(3) 校企合作、协同育人。

为准确把握高职教材特色、突出职业能力培养主线、实现理论与实践的高效对接，本书的编写由校企专家合作完成。

(4) 教学资源丰富、支持新形态教学。

本书配有大量高品质教学资源，这些教学资源对本书的重点学习内容进行了生动描述和详细分析，能全方位支持新形态教学。

四、致谢

本书由辽宁机电职业技术学院老师和丹东市嘉迅电梯技术服务有限责任公司工程技术人

员共同编写。由宁秋平、马宏骞任主编，褚敬秋、徐勇任副主编，杨雪、迟颖和王晓昕参编，其中王晓昕编写了项目一，马宏骞编写了项目二和项目三，迟颖编写了项目四，褚敬秋编写了项目五，徐勇编写了项目六，宁秋平编写了项目七和项目八，杨雪编写了项目九。

任何一本新书都是在认真总结和借鉴前人成果的基础上创作的，本书在编写过程中无疑也参考和引用了许多前人的优秀著作与研究成果。在此向本书所参考和引用的相关著作和成果的作者表示最诚挚的敬意和感谢！

由于编者水平有限，书中不妥之处在所难免，敬请广大读者给予批评和指正。请您把对本书的意见和建议告诉我们，以便修订时改进，所有意见和建议请发至：zkx2533420@163.com。

编　者

2020 年 8 月

目　　录

项目一 电工基本操作

电工基本操作是电气维修人员必须掌握的基本技能，是保证电气设备正确安装、稳定运行及进行日常维护、维修的前提。这些基本操作主要包括：安全用电与应急操作、电工工具使用、电工测量仪器使用、导线的处理、常用电工材料识别与选择、常用电子元器件识别与检测及电子电路焊接等。

任务1 安全用电与应急操作训练

【任务要求】

安全用电关系到国计民生，影响到千家万户。安全用电的意义在于尽量避免或减少用电事故的发生，一旦发生用电事故，应采取有效措施迅速处理，尽一切可能避免或减少人身伤害和财产损失。

1. 知识目标

① 了解触电、触电伤害及触电原因。

② 了解触电后的急救知识。

③ 掌握用电安全技术措施。

2. 技能目标

能对触电事故中的人员进行正确施救。

【任务相关知识】

1. 触电与触电伤害

人体是导体，当人体与带电体接触构成回路时，就会有电流通过人体，电流对人体的伤害作用就是触电。

在50Hz交流电中，人体能承受的电流强度是很小的。表1-1-1中所列的是50Hz交流电不同电流强度对人体的危害程度。

触电伤害的主要形式可分为电击和电伤两大类。

① 电击是指电流通过人体内部器官，破坏人的心肺及神经系统，使人出现呼吸肌痉挛、窒息、心室纤维性颤动、心搏骤停等症状。

② 电伤是指电流通过人体表面，对人体外部造成局部伤害，即电流的热效应、化学效应、机械效应对人体外部组织或器官造成伤害，如电灼伤、金属溅伤、电烙印等。

表 1-1-1　50Hz 交流电不同电流强度对人体的危害程度

电压/V	电流/mA	对人体的危害程度
110～380	<20	① 对一般健康者无显著危害 ② 对不健康者按不同的疾患有不同程度的危害 ③ 当电压较高时有轻度灼伤的可能
	20～25	① 呼吸肌轻度收缩 ② 对心脏无损害
	25～80	① 呼吸肌痉挛 ② 触电时间超过 25s 可引起心室纤维性颤动或心搏骤停
	80～100	触电时间达 0.1s 即可引起严重心室纤维性颤动
3000 以上	>3000	① 心搏骤停 ② 呼吸肌痉挛 ③ 触电数秒即可引起严重灼烧从而致死

2. 触电形式

按照人体触及带电体的方式和电流流过人体的途径，触电形式分为 3 种：单相触电、两相触电和跨步电压触电，如图 1-1-1 所示。

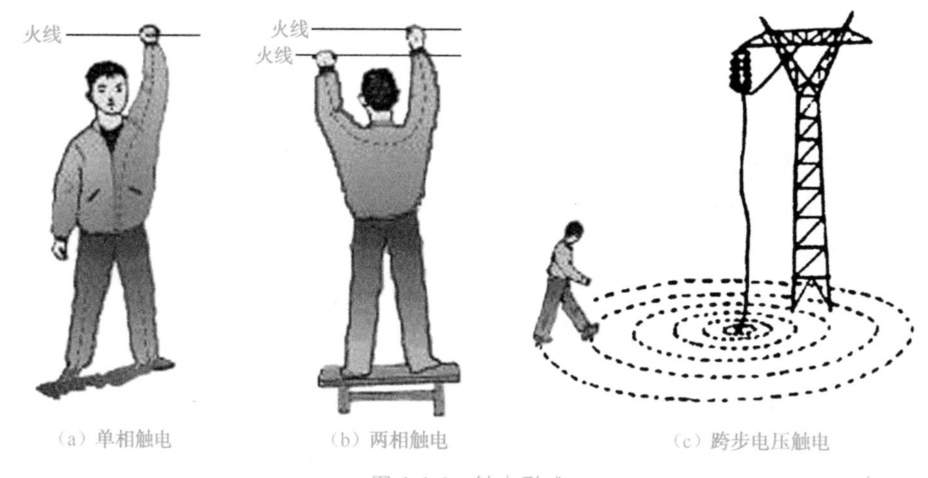

（a）单相触电　（b）两相触电　（c）跨步电压触电

图 1-1-1　触电形式

1）单相触电

当人体直接接触带电设备或线路中的某一相导体时，电流通过人体流入大地，这种触电形式称为单相触电，如图 1-1-1（a）所示。在触电事故中，单相触电的事例最多，其中由接触漏电电气设备外壳造成的单相触电较为常见，如图 1-1-2 所示。对于高压带电体，人体虽未直接接触，但若超过了安全距离，则高电压对人体放电，造成单相接地而引起触电，这也属于单相触电，如图 1-1-3 所示。

图 1-1-2 接触漏电电气设备外壳触电

图 1-1-3 高压电弧触电

2）两相触电

当人体同时接触带电设备或线路中的两相导体时，电流从一相导体通过人体流入另一相导体，构成一个闭合电路，这种触电形式称为两相触电，如图 1-1-1（b）所示。当发生两相触电时，作用在人体上的电压等于线电压，这种触电是最危险的。

3）跨步电压触电

当电气设备发生接地故障时，接地电流通过接地体向大地流散，在地面上形成电位分布，若人在接地短路点周围行走，则其两脚之间的电位差就是跨步电压。由跨步电压导致的人体触电称为跨步电压触电，如图 1-1-1（c）所示。跨步电压受接地电流、鞋和地面特征、两脚之间的跨距、两脚的方位及其到接地点的距离等很多因素的影响。人的跨距一般按 0.8m 考虑。由于跨步电压受很多因素的影响及地面电位分布的复杂性，不同的人在同一地带（如同一棵大树下或同一故障接地点附近）遭到跨步电压电击，可能出现截然不同的后果。

课堂讨论

问题：发现电线断落在地上怎么办？

答案：发现电线断落在地上，不能直接用手去捡，应派人看守，不让人、车靠近，特别是当高压电线断落在地上时，应在距离其 8m 的范围以外看守，同时通知电工或供电部门处理。

3. 触电事故的应急处置

电流对人体造成的损伤主要是电热所致的灼伤和强烈的肌肉痉挛，这会影响到人的呼吸中枢及心脏，引起呼吸抑制或心搏骤停，严重电击伤可致残，甚至直接危及生命。因此，触电事故的应急处置应遵循“迅速、就地、持续”六字原则。

1）“迅速”，即立即处置电源

一旦发生触电事故，应立即拉下电源开关或拔掉电源插头，使触电者迅速脱离电源，如图 1-1-4 所示。若无法及时找到并断开电源，则可用干燥的竹竿、木棒等绝缘物拨开触电者或电线，如图 1-1-5 所示。

（a）错误做法

（b）正确做法

图 1-1-4　触电后的应急处置

（a）民用现场触电施救

（b）工业现场触电施救

图 1-1-5　使触电者脱离电源的方法

2）“就地”，即就近救护伤员

对神志清醒的伤员，松开其衣襟和腰带，并迅速将其移至通风干燥处，使之仰卧，安静休息，如图 1-1-6 所示。

对轻度昏迷而心跳、呼吸均正常的伤员，应注意看护，并拨打 120 急救电话。

警示

- **切勿用潮湿的或金属物体拨开电线。**
- **切勿徒手触及带电者。**
- **切勿用潮湿的或金属物体拨动带电者。**

3）“持续”，即持续施救

对无心跳或无呼吸的伤员，应立即就地抢救，如图 1-1-7 所示，同时拨打 120 急救电话。由于此种情况下伤员被电击较重，心肺功能复苏往往较慢，所以要耐心、持续地进行抢救，一般现场抢救时间为 0.5～6h，直到伤员恢复知觉为止。

图 1-1-6　对神志清醒伤员的救护

图 1-1-7　对重伤员的救护

4. 触电现场的抢救

伤员脱离电源后，如果意识丧失，应在 10s 内用“看、听、试”的方法判定伤员呼吸、心跳情况：看一看伤员的胸部、腹部有无起伏动作，听一听伤员口鼻处有无呼吸声音，试一试伤员口鼻处有无呼吸的气流和颈动脉有无搏动。若呼吸或心跳停止，则应立即就地进行抢救。

心肺复苏抢救有口对口人工呼吸和人工胸外按压两种方法，前者适用于抢救呼吸停止但还有心跳的伤员，后者适用于抢救心跳停止但还有呼吸的伤员。如果伤员的呼吸和心跳都停止了，则应采用上述两种方法交替进行。

5. 安全用电技术措施

安全用电，性命攸关，必须采取相应的技术措施确保用电安全。

1）工作接地（N 线接地）

工作接地是指把电力系统的中性点接地，以便电气设备可靠运行。它的作用是降低人体的接触电压，因为此时当一相导线接地后，可形成单相短路电流，有关保护装置就能及时动作，从而切断电源，如图 1-1-8 所示。

2）保护接地（PN 线接地）

保护接地是指把电气设备的金属外壳及与外壳相连的金属构架接地，如电动机的外壳接地、敷线的金属管接地等，如图 1-1-9 所示。采取保护接地措施后，一旦电气设备的金属外壳因带电部分的绝缘损坏而带电，人体触及金属外壳，由于接地线的电阻远小于人体电阻，因此大部分电流经过接地线流入地，从而保证了人体的安全。

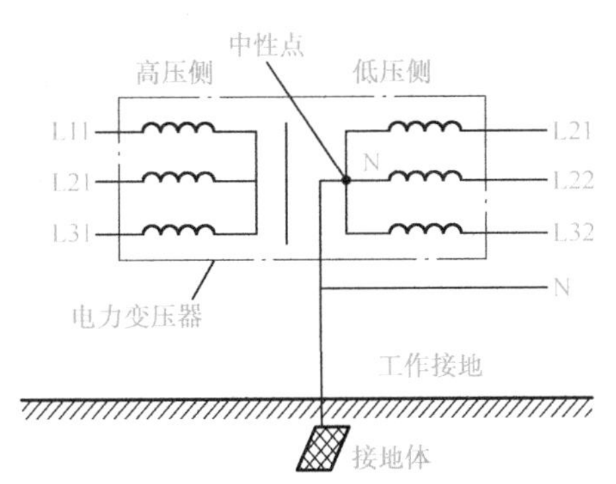

图 1-1-8 工作接地示意图

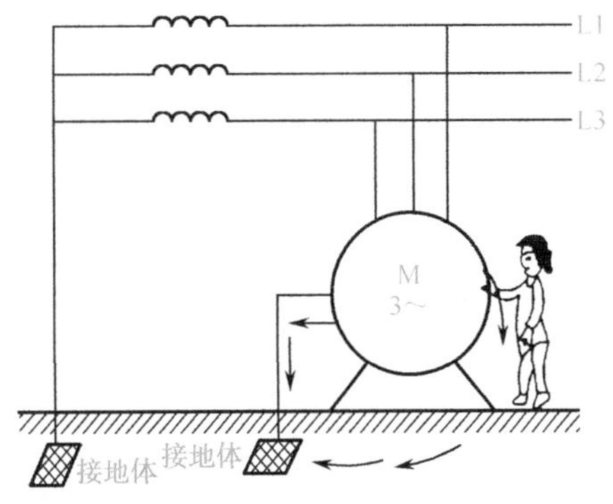

图 1-1-9 保护接地示意图

3）保护接零（PEN 线接地）

保护接零是指在中性点接地的三相四线制系统中，将电气设备的金属外壳及与外壳相连的金属构架等与中性线连接，如图 1-1-10 所示。采取保护接零措施的电气设备，若绝缘损坏而使金属外壳带电，则因中性线接地电阻很小，所以短路电流很大，导致电路中保护开关动作或熔丝熔断，从而避免发生触电危险。

4）重复接地（PENN 线重复接地）

在三相四线制保护接零电网中，在零干线的一处或多处用金属导线连接接地装置，如图 1-1-11所示。重复接地可以降低漏电电气设备外壳的对地电压，减小触电的危险。

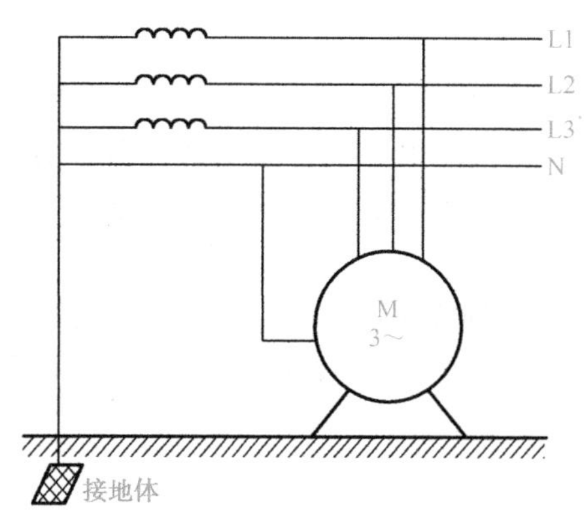

图 1-1-10　保护接零示意图

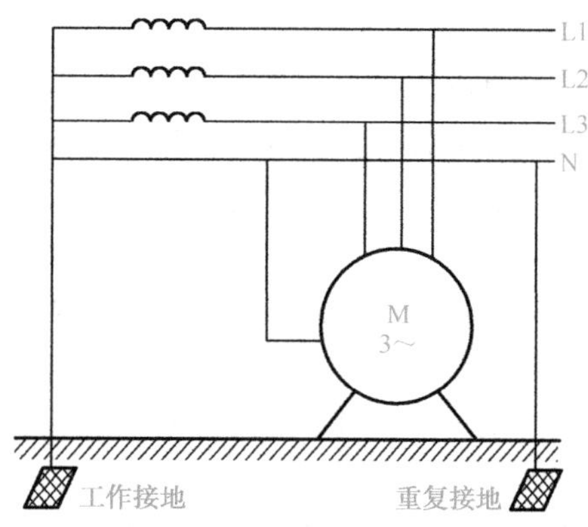

图 1-1-11　重复接地示意图

6. 安全电压的相关规定

根据生产和作业场所的特点采用相应等级的安全电压，是防止发生触电事故的根本性措施。国家标准《安全电压》（GB 3805—83）规定，我国安全电压额定值的等级为 42V、36V、24V、12V 和 6V，应根据作业场所、操作员条件、使用方式、供电方式、线路状况等因素选用。

我国规定的局部照明安全电压为 36V，在潮湿与导电的地沟或金属容器内工作的安全电压为 12V，在水下工作的安全电压为 6V。

7. 安全用电标志

明确统一的标志是保证用电安全的一项重要措施。统计表明，不少触电事故是由标志不统一而造成的。例如，由于导线颜色不统一，误将相线接设备的机壳，从而导致机壳带电，造成触电事故。安全用电标志分为颜色标志和图形标志。颜色标志常用来区分不同性质、不同用途的导线，或者用来表示某处的安全程度。图形标志常用来告诫人们不要去接近危险场所。为保证安全用电，必须严格按有关标准使用颜色标志和图形标志。我国安全色标采用的标准基本上与国际标准相同。

安全色标一般采用红色、黄色、绿色、蓝色及黑色。

红色：用来标志禁止、停止和消防，如信号灯、信号旗、机器上的紧急停止按钮等。

黄色：用来标志注意危险，如“当心触电”“注意安全”等。

绿色：用来标志安全无事，如“在此工作”“已接地”等。

蓝色：用来标志强制执行，如“必须戴安全帽”等。

黑色：用来标志图像、文字符号和警告标志的几何图形。

按照规定，为便于识别，防止误操作，确保设备正常运行及保证检修人员的安全，采用不同颜色来区别设备及线路。例如，对于电气母线，U 相为黄色，V 相为绿色，W 相为红色；明敷的接地线为黑色；在二次系统中，交流电压回路为黄色，交流电流回路为绿色，信号和警告回路为白色。

安全用电标志图例如图 1-1-12 所示。

已接地

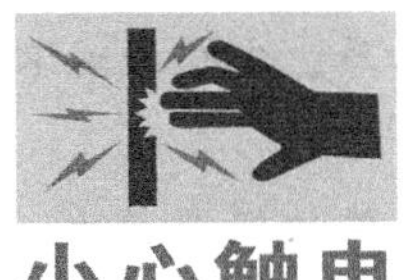

禁止合闸
线路有人工作

止步
高压危险

图 1-1-12 安全用电标志图例

小资料

触电事故发生的规律。

为防止发生触电事故，应当了解触电事故发生的规律。根据对触电事故的分析，可以找到以下规律。

(1) 触电事故季节性明显

统计资料表明，每年第二、三季度触电事故较多，特别是6～9月，触电事故最为集中。究其主要原因，一是这段时间天气炎热，人体衣单而多汗，触电危险性较大；二是这段时间多雨、潮湿，地面导电性增强，容易构成电击电流的回路，而且电气设备的绝缘电阻降低，容易漏电。

(2) 低压设备触电事故多

国内外统计资料表明，低压设备触电事故远远多于高压设备触电事故。其主要原因是低压设备远远多于高压设备，与之接触的人员比与高压设备接触的人员多得多，而且都比较缺乏电气安全知识。应当指出，在专业电工中情况是相反的，即专业电工发生的高压设备触电事故比发生的低压设备触电事故多。

(3) 便携式设备和移动式设备触电事故多

便携式设备和移动式设备触电事故多的主要原因是，这些设备是在人的手紧握之下运行的，不但接触电阻小，而且一旦触电就难以脱离电源。同时，这些设备需要经常移动，工作条件差，设备和电源线都容易发生故障和损坏。此外，单相便携式设备的保护零线与工作零线容易接错，也易造成触电事故。

（4）电气连接部位触电事故多

大量触电事故的统计资料表明，很多触电事故发生在接线端子、缠接接头、压接接头、焊接接头、电缆头、灯座、插座、控制开关、接触器、接户线处。这主要是由于这些连接部位机械牢固性较差、接触电阻较大、绝缘强度较低及可能发生化学反应。

（5）错误操作和违章作业造成触电事故

大量触电事故的统计资料表明，85%以上的触电事故是由错误操作和违章作业造成的。其主要原因是安全教育不够、安全制度不严、安全措施不完善、操作者素质不高等。

（6）不同行业发生触电事故的概率不同

冶金、矿业、建筑、机械行业发生触电事故的概率较大，因为这些行业的生产现场经常伴有潮湿、高温、现场混乱、移动式设备和便携式设备多及金属设备多等不安全因素。

（7）不同年龄段的人员发生触电事故的概率不同

中青年工人、非专业电工、合同工和临时工发生触电事故的概率较大。其主要原因是这些人是主要操作者，经常接触电气设备，而且这些人经验不足，又比较缺乏电气安全知识，其中有的责任心还不够强，以致发生触电事故的概率较大。

（8）不同地域发生触电事故的概率不同

部分省市统计资料表明，农村触电事故明显多于城市，发生在农村的触电事故约为城市的3倍。

触电事故发生的规律不是一成不变的。例如，低压触电事故多于高压触电事故在一般情况下是成立的，但在专业电工中情况往往相反。因此，应当在实践中不断分析和总结触电事故发生的规律，为做好电气安全工作积累经验。

【任务实施】

1. 任务实施器材

① 人体呼吸模型　　一个/组

② 体操垫　　一个/组

③ 个人卫生用品　　一个/人

2. 任务实施步骤

1）触电现场伤员伤情判断

操作提示：按照“看、听、试”的方法，初步判定伤员的受伤状况。

操作要求：根据判定结果，给出抢救意见。

2）口对口人工呼吸抢救

操作提示：用手捏紧伤员的鼻子，紧对口吹气，不能漏气；深吸气，用力吹，直到伤员胸部隆起；每次呼吸要保持吹气2s、停3s，频率为12～16次/min。

操作方法：具体操作方法如图1-1-13所示。

第1步：如图1-1-13（a）所示，将伤员移到空气清新之处，解开其衣领，清除其口、鼻内污物，颈下垫物，使其头后仰，张开口。

第 2 步：如图 1-1-13（b）所示，救护人深吸气，用手捏紧伤员的鼻子，对准伤员的口吹气。

第 3 步：如图 1-1-13（c）所示，吹气停止后，松开捏鼻的手，口也离开。深吸气，重复上述步骤。

操作口诀：

清口捏鼻手抬颌，
深吸缓吹口对紧，
张口困难吹鼻孔，
五秒一次不放松。

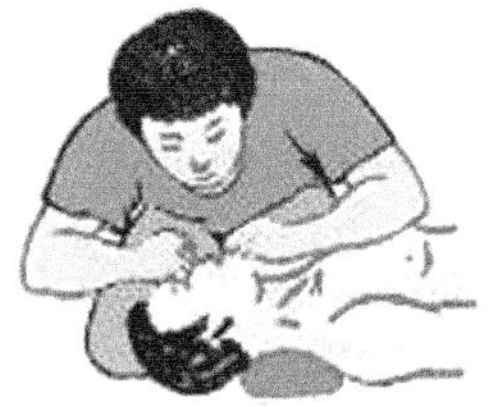
（a）清除口、鼻内污物

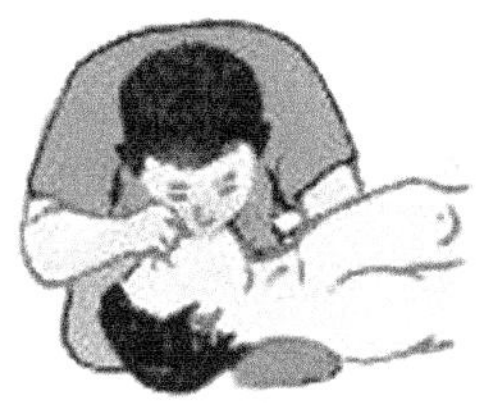
（b）深吸气，吹气

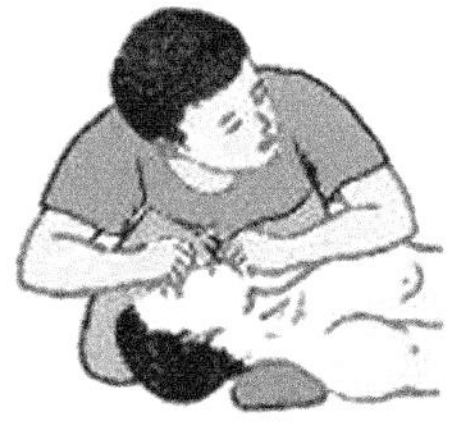
（c）放松口和鼻换气

图 1-1-13 口对口人工呼吸抢救示意图

3）人工胸外按压抢救

操作提示：下压动作不要过猛，利用上身重力自然垂直下压即可，胸骨压陷深度为3～5cm。

操作方法：具体操作方法如图 1-1-14 所示。

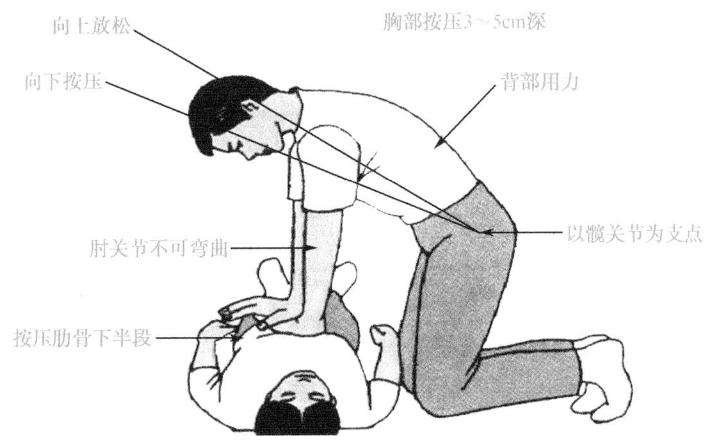

图 1-1-14 人工胸外按压抢救示意图

第 1 步：清除伤员口、鼻内污物，松开伤员衣襟、腰带，两腿跪在伤员腰旁边。

第 2 步：救护人的右手掌根部放在伤员的心窝上方，左手掌叠放在右手掌上，用力向下做压胸动作。

第 3 步：救护人突然放松两手，释放胸廓。再压胸，重复上述步骤。

操作口诀：

掌根下压不冲击，
突然放松手不离，
手腕略弯压一寸，
一秒一次较适宜。

【任务考核与评价】

表 1-1-2 触电现场抢救的考核

任务内容	配分	评分标准			自评	互评	教师评
触电现场伤员伤情判断	10	①“看”操作 2分 ②“听”操作 4分 ③“试”操作 4分					
口对口人工呼吸抢救	40	① 清除伤员口、鼻内污物，使其头部后仰，操作者双腿跪下 10分 ② 口对口人工呼吸抢救操作 30分					
人工胸外按压抢救	40	① 清除伤员口、鼻内污物，松开其衣襟、腰带，操作者双腿跪下 10分 ② 人工胸外按压抢救操作 30分					
安全文明操作	10	违反1次 扣5分					
定额时间	45min	每超过5min 扣5分					
开始时间		结束时间		总评分			

任务2 电工工具操作训练

【任务要求】

本任务要求学生通过对常用电工工具的认识和使用，掌握常用电工工具的用途和使用方法。

1. 知识目标

① 认识电工工具，了解电工工具的用途。

② 了解电工工具的结构。

③ 掌握电工工具的使用方法及使用注意事项。

2. 技能目标

能熟练使用电工工具。

【任务相关知识】

常用电工工具主要有验电器、螺钉旋具、电工用钳、电工刀、活扳手、钢锯及手电钻等。

1. 验电器

验电器是检验设备或装置是否带电的一种器具，分高压和低压两种。

1）高压验电器

高压验电器是变电站必备的工具，主要用来检验电力输送网络中的高电压，如图 1-2-1 所示。

2）低压验电器

低压验电器又称验电笔，是用来检验对地电压为 250V 以下的低压电源及电气设备是否带电的工具，如图 1-2-2 所示。验电笔分为氖管式和数字式两种类型。

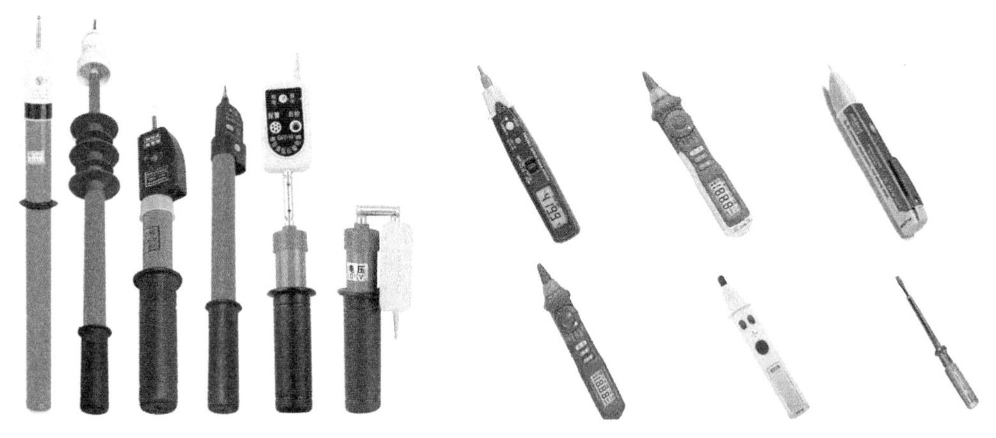

图 1-2-1 高压验电器　　图 1-2-2 低压验电器

（1）氖管式验电笔

氖管式验电笔根据其外形可分为螺钉旋具式和钢笔式。目前，市场上出售的氖管式验电笔以螺钉旋具式较为常见。

① 结构及工作原理。

氖管式验电笔通常由笔尖、绝缘套管、电阻、氖管、弹簧和笔尾金属体组成，如图 1-2-3（a）所示。它是利用电流通过验电笔、人体、大地形成回路，其漏电电流使氖管启辉发光而工作的。只要带电体与大地之间的电位差超过一定数值（36V 以下），氖管就会发光，低于这个数值氖管就不发光，从而可判断低压电气设备是否带电。氖管式验电笔的正确握法如图 1-2-3（b）所示。

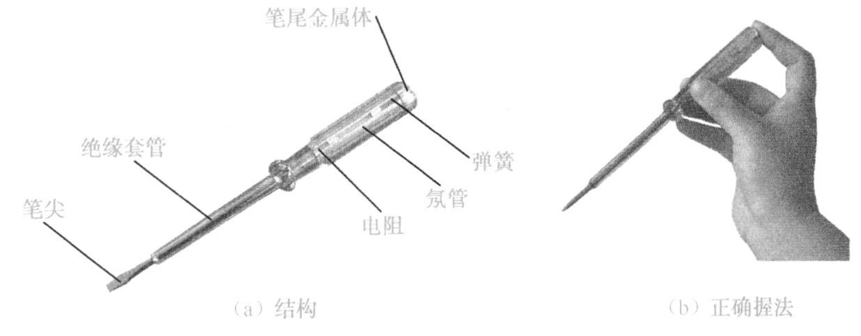

（a）结构　　（b）正确握法

图 1-2-3 氖管式验电笔

课堂讨论

问题：当用氖管式验电笔触及火线时，验电笔、人体、大地构成回路，氖管发光，为什么当戴着手套碰笔尾金属体时氖管就不发光了呢？戴着手套是不是相当于在人体和验电笔之间接了一个阻值很大的电阻呢？可是大地也有很大的电阻呀！

答案：当氖管式验电笔中氖管两极间电压达到一定值时，氖管便启辉发光，发光强度与氖管两极间电压成正比。当带电体对地电压大于氖管启辉电压时，用氖管式验电笔的笔尖接触带电体，另一端通过人体接地，所以氖管会发光。氖管式验电笔中电阻的作用是限制流过人体的电流，以免发生危险。因为戴着手套就相当于断路，所以氖管不发光。因为大地是导体，其电阻远没有空气的电阻大，所以氖管会发光。

② 使用注意事项。

- 在使用氖管式验电笔前应在确认有电的设备上进行试验，确认氖管式验电笔良好后方可进行验电。
- 在强光下验电时，应采取遮挡措施，以防误判断。

应用实战

例 1：区分相线和零线。

方法：用氖管式验电笔触及导线，使氖管发光的是相线，不使氖管发光的是零线或地线。

例 2：区分交流电和直流电。

方法：用氖管式验电笔触及导线，使氖管两极都发光的是交流电；只使氖管一极发光的是直流电，如果笔尖端明亮，则为负极，反之为正极。

口诀：电笔判断交直流，交流明亮直流暗；交流氖管通身亮，直流氖管亮一端；电笔判断正负极，观察氖管要心细，前端明亮是负极，后端明亮为正极。

例 3：判断电压的高低。

方法：如果氖管发黄红色光，则电压较高；如果氖管发暗微亮至暗红色光，则电压较低。

例 4：判断交流电的同相与异相。

方法：两只手各持一支氖管式验电笔，站在绝缘体上，将两支氖管式验电笔同时触及待测的两根导线，如果两支氖管式验电笔的氖管均不太亮，则表明两根导线是同相的；如果两支氖管式验电笔的氖管发很亮的光，则表明两根导线是异相的。

口诀：判断两线相同异，两手各持一支笔；两脚与地相绝缘，两笔各触一根线；用眼观看一支笔，不亮同相亮为异。

例 5：识别相线碰壳。

方法：用氖管式验电笔触及未接地的用电器金属外壳，若氖管发亮强烈，则说明该用电器有碰壳现象；若氖管发亮不强烈，搭接接地线后亮光消失，则说明该用电器存在感应电。

例 6：识别相线接地。

方法：在三相三线制星形连接的交流电路中，用氖管式验电笔触及相线，如果有两根比平时稍亮，另一根稍暗，则说明亮度暗的相线有接地现象，但不太严重；如果有一根不亮，则说明这一相已完全接地。

口诀：星形接法三相线，电笔触及两根亮，剩余一根亮度弱，该相导线已接地；若是几乎不见亮，金属接地的故障。

课堂讨论

问题：用数字万用表测量三相交流电源，测得的 U_{UV}、U_{UW}、U_{VW} 都比较平衡，U_{UN}、U_{VN}、U_{WN} 都在 220V 左右；用氖管式验电笔测量，有 U、W 两相发光，V 相不发光，这是什么原因？

答案：用氖管式验电笔测量时的参考零电位点为地，如果被测电压对地悬浮，则用隔离变压器隔离后，就会出现用数字万用表测量变压器两端电压正常，但用氖管式验电笔测量为无电的现象。以上前提为氖管式验电笔是好的。

（2）数字式验电笔

① 结构。

数字式验电笔由笔尖、显示屏、感应测量按钮、直接测量按钮和工程塑料壳体组成，如图 1-2-4 所示。

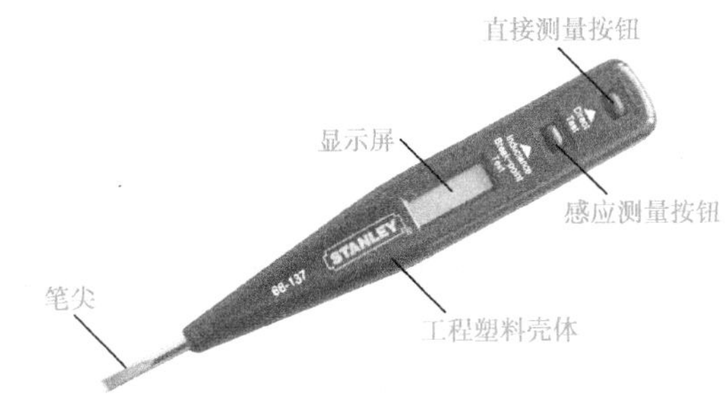

图 1-2-4　数字式验电笔

②使用注意事项。

在用数字式验电笔测试交流电时，切勿按感应测量按钮。当将数字式验电笔触及被测导体时，显示屏上显示的数字为所测得的电压“段值”。当被测数值未到高段显示的 70%时，显示屏将会显示低段值。

应用实战

例 1：区分相线和零线。

方法：用数字式验电笔触及被测导线，如果是相线，则显示屏上显示 5 段电压值，即“12V、36V、55V、110V、220V”字样全是亮的；如果是零线，则显示屏上显示“12V、36V、55V、110V”或者更低，“220V”字样不亮。

例 2：识别相线碰壳。

方法：按下感应测量按钮，将数字式验电笔的笔尖靠近用电器金属外壳，如果显示屏上显示“ϟ”，则表明该用电器带电。

例 3：断点测试。

方法：按下感应测量按钮，将数字式验电笔的笔尖靠近被测导线，沿相线纵向移动，直到某点时无法显示“ϟ”，则该点处为断点。

2. 螺钉旋具

1）种类

螺钉旋具俗称螺丝刀，是用来拧紧或旋松螺钉的工具。电工使用的螺钉旋具一般是木柄或塑料柄的，按其头部形状，可分为一字螺钉旋具和十字螺钉旋具两种，常用规格按长度有50mm、100mm、150mm和200mm四种，如图1-2-5所示。

多用螺钉旋具附有多个一字旋杆和十字旋杆，在使用时，只需选择所需用的旋杆装入夹头后便可操作，如图1-2-6所示。

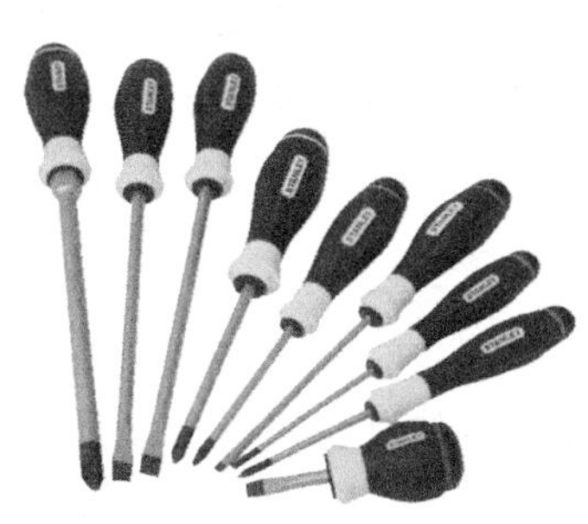

图 1-2-5　螺钉旋具

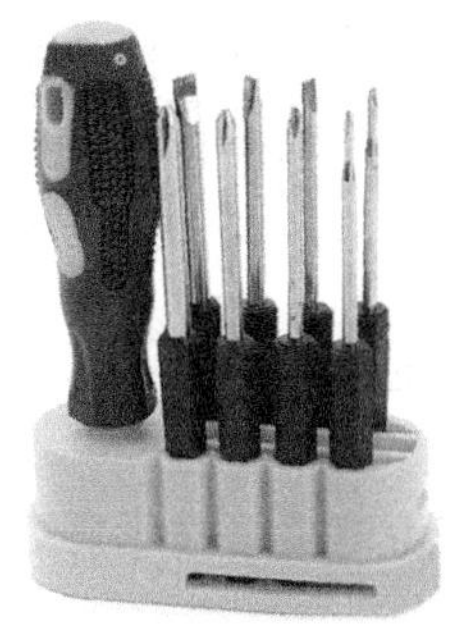

图 1-2-6　多用螺钉旋具

2）使用螺钉旋具紧固要领

先用手指握住手柄拧紧螺钉，再用手掌用力拧半圈左右即可。当紧固有弹簧垫圈的螺钉时，要求把弹簧垫圈刚好压平即可。对成组的螺钉进行紧固，要采用对角轮流紧固的方法，先轮流将全部螺钉预紧（刚刚拧上），再按对角线的顺序轮流将螺钉紧固。

3）使用注意事项

不可使用金属杆直通柄顶的螺钉旋具，应在金属杆上加绝缘护套；螺钉旋具的规格应与螺钉规格尽量一致；两种类型的螺钉旋具不要混用。

3. 电工用钳

1）钢丝钳

（1）结构及规格

钢丝钳是用来钳夹和剪切的工具。电工用钢丝钳的钳柄带有绝缘层，耐压为500V以上。钢丝钳由钳头（钳口、齿口、刀口、铡口）和钳柄两部分组成，如图1-2-7（a）所示。钳口用来弯绞或钳夹导线线头，齿口用来拧紧或旋松螺母，刀口用来剪切导线或剖削导线绝缘层，铡口用来铡切导线线芯、钢丝或铁丝等。钢丝钳的常用规格有150mm、175mm和200mm三种。

（2）使用注意事项

必须检查钳柄的绝缘层是否完好；在剪切带电导线时，不得用刀口同时剪切相线和零线，以免发生短路故障；不能当作敲打工具。

2）尖嘴钳

尖嘴钳的头部呈细长圆锥形，在接近端部的钳口上有一段菱形齿纹，如图1-2-7（b）所示。由于尖嘴钳的头部尖而细，所以适用于在较狭小的工作空间操作。尖嘴钳的常用规格有130mm、160mm、180mm、200mm四种。目前常见的是带刃口的尖嘴钳，其既可夹持零件，又可剪切细金属丝。

3）斜口钳

（1）用途及规格

斜口钳如图1-2-7（c）所示。斜口钳是用来剪切细金属丝的工具，尤其适用于工作空间比较狭小和待剪切工件有斜度的场合。斜口钳的常用规格有130mm、160mm、180mm、

200mm 四种。

（2）使用注意事项

在剪切时，钳头应朝下，若不能改变钳口的方向，则可用另一只手将钳口遮挡一下，以防止剪下的线头飞出伤人或掉落到印制电路板上。

4）剥线钳

（1）用途及结构

剥线钳是用来剥离小直径导线端部头绝缘层的工具，如图 1-2-7（d）所示。剥线钳由钳头和钳柄两部分组成。钳头部分由压线口和刀口构成，有直径为 0.5～3mm 的多个刀口，以适用于不同规格的线芯。在使用时，将要剥离的绝缘层放入相应的刀口（比导线直径稍大），用手将钳柄一握，导线的绝缘层即被割破自动弹出。

（2）使用要领

在用剥线钳剥线时，先根据导线的线径选择相应的剥线刀口，再将准备好的导线放在剥线钳的刀刃中间，选择好要剥线的长度，握住钳柄，将导线夹住，再缓缓用力使导线的绝缘层慢慢剥落。松开钳柄，取出导线，可以看到导线端部的金属线芯整齐地露在外面，导线上其余的绝缘层则完好无损。

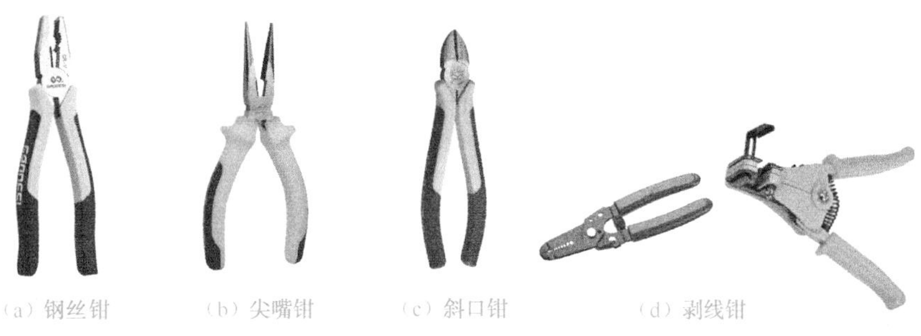

（a）钢丝钳　（b）尖嘴钳　（c）斜口钳　（d）剥线钳

图 1-2-7　电工用钳

4. 电工刀

电工刀是用来剖削导线绝缘层的专用工具，如图 1-2-8 所示。在使用时，刀口应朝外进行操作，用毕应随时把刀片折到刀柄内。电工刀的刀柄是没有绝缘层的，所以不能在带电体上使用电工刀进行操作，以免触电。电工刀的刀口应在单面上磨出圆弧状，在剖削导线的绝缘层时，必须使圆弧状刀面贴在导线上进行削割，这样刀口不易损伤线芯。

5. 活扳手

活扳手又称活络扳手，是供装、拆、维修时旋转六角或方头螺栓、螺钉、螺母用的一种常用工具，如图 1-2-9 所示。它的特点是开口尺寸可在规定范围内任意调节，所以特别适合在螺栓规格多的场合使用。

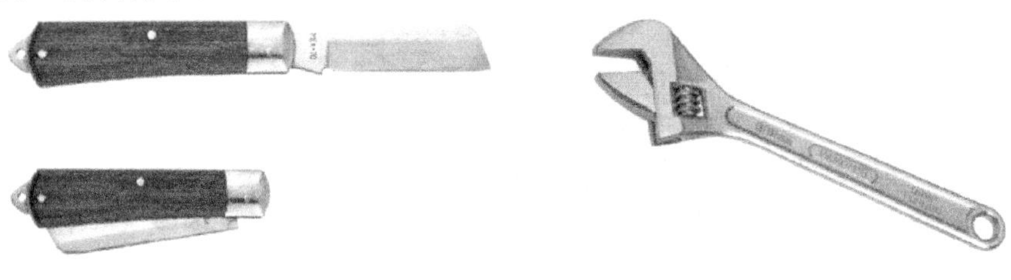

图 1-2-8　电工刀　　图 1-2-9　活扳手

6. 钢锯

钢锯是用来锯割电线管的工具，如图 1-2-10 所示。锯弓用来张紧锯条，分固定式和可调式两种，常用的是可调式钢锯。锯条根据锯齿的牙锯大小，分为粗齿、中齿和细齿 3 种，常用的规格为 300mm。锯条应根据所锯材料的软硬、厚薄来选用。粗齿锯条适宜锯割软材料或锯缝长的工件，细齿锯条适宜锯割硬材料、管子、薄板料及角铁。在安装锯条时，可按加工需要，将锯条装成竖向的或横向的，齿尖方向要向前，不能反装。锯条的绷紧程度要适当，若安装过紧，则锯条容易崩断（锯割时稍有弯曲就会崩裂）；若安装过松，则不但锯条容易弯曲造成折断，而且锯缝易歪斜。

7. 手电钻

手电钻是用来对金属、塑料和木头等材料进行钻孔的电动工具，如图 1-2-11 所示。在接通电源前，手电钻开关应先复位在“关”的位置上，并检查电线、插头、开关是否完好，以免使用时发生事故。操作者必须戴手套操作。

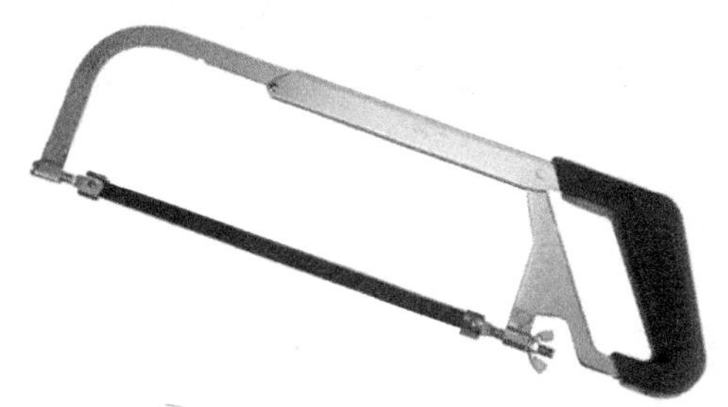

图 1-2-10　钢锯

图 1-2-11　手电钻

【任务实施】

1. 任务实施器材

① 氖管式验电笔	一支/人
② 数字式验电笔	一支/人
③ 螺钉旋具	一套/组
④ 电工用钳	一套/组
⑤ 电工刀、活扳手	一套/组

2. 任务实施步骤

1）氖管式验电笔的操作

操作提示：先验氖管式验电笔，后验电；注意握笔姿势。

操作题目 1：测试交流电源插孔、导线、开关是否带电。

操作要求：观察氖管发光情况，给出验电结论。

操作题目 2：测试交流电源线，区分相线与零线。

操作要求：观察氖管发光情况，指出导线属性。

操作题目 3：测试异步电动机机壳是否漏电。

操作要求：观察氖管发光情况，给出机壳是否漏电结论。

2）数字式验电笔的操作

操作题目 1：测试交流电源插孔、导线、开关是否带电。

操作要求：观察显示屏，给出验电结论。

操作题目2：用非接触方式，测试异步电动机机壳是否漏电。

操作要求：观察显示屏，给出机壳是否漏电结论。

操作题目3：测试导线断点。

操作要求：观察显示屏，指出导线断点位置。

注意：在操作时，验电者应注意安全，防止触电；同组内成员也应注意协同保护。

3）螺钉旋具的操作

操作提示：旋进用力要适度；注意安全，防止触电。

操作题目：螺钉旋具的握法如图1-2-12所示，用螺钉旋具拆解接线端子。

操作要求：螺钉要保持垂直旋进，不能用螺钉旋具捶打螺钉。

图1-2-12 螺钉旋具的握法

4）电工用钳的操作

操作提示：注意握钳姿势，握力要适度。

操作题目1：钢丝钳的握法如图1-2-13所示，用刀口剪断横截面积为2.5mm^{2}的BLV导线；用钳口弯直角线形。

操作要求：导线是剪断的而不是折断的，断口与绝缘层要平齐；线形的弯角要呈90°。

操作题目2：尖嘴钳的握法如图1-2-14所示，用钳嘴紧固、旋松电源箱内的接地螺母。

操作要求：紧固不仅要牢靠，而且钳头不要磨圆螺母的六角。

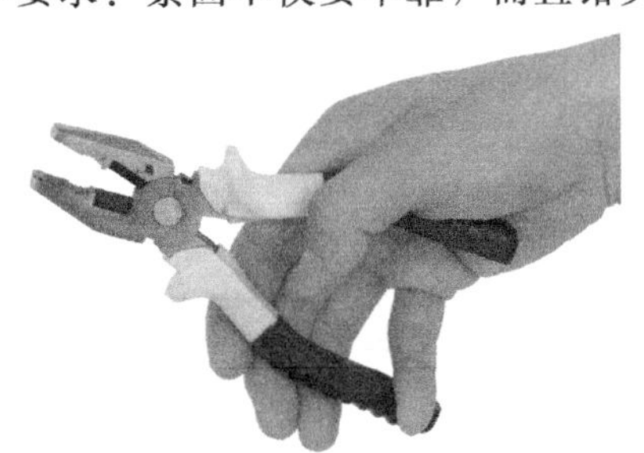

图1-2-13 钢丝钳的握法

图1-2-14 尖嘴钳的握法

操作题目3：斜口钳的握法如图1-2-15所示，用斜口钳整理印制电路板上的元器件引脚。

操作要求：元器件引脚要平整，高低一致。

操作题目4：剥线钳的握法如图1-2-16所示，选取多种线径的导线，用剥线钳剥离其端部的绝缘层。

操作要求：根据线径选择剥线钳的刀口，不要割伤线芯，线芯裸露的长度要适中。

5）电工刀的操作

操作提示：刀口应朝外，以免伤人；刀口应稍微放平，以免割伤线芯。

操作题目：电工刀的握法如图1-2-17所示，用电工刀剖削导线的绝缘层。

操作要求：绝缘层剖削要规整，长度适中，不伤线芯；用后应随时将刀片折到刀柄内。

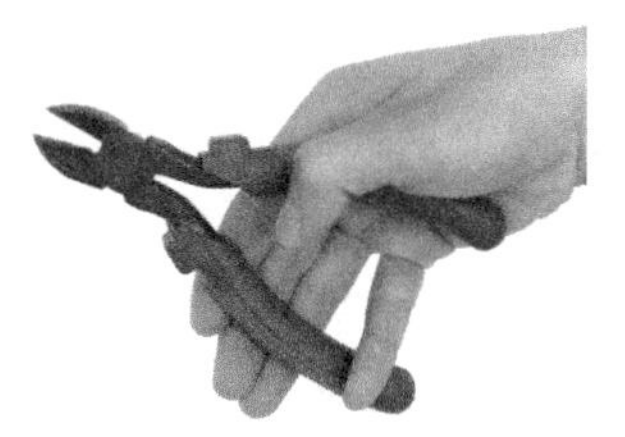

图 1-2-15　斜口钳的握法

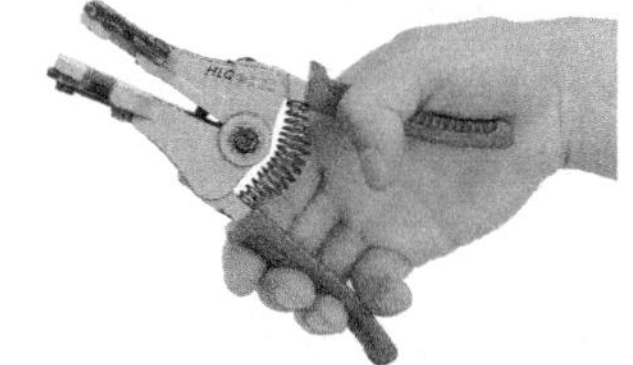

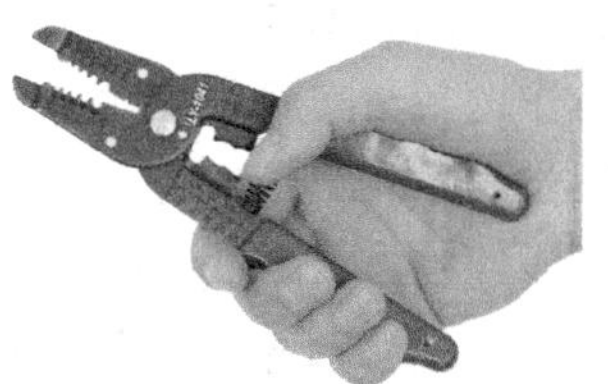

图 1-2-16　剥线钳的握法

6）活扳手的操作

操作提示：活扳手的开口调节以既能夹住螺栓，又能方便提取扳手、转换角度为宜。

操作题目：活扳手的握法如图 1-2-18 所示，用活扳手拆卸交流电动机底脚螺栓。

操作要求：根据底脚螺栓的大小选择相应规格的活扳手，正确调节活扳手的开口。

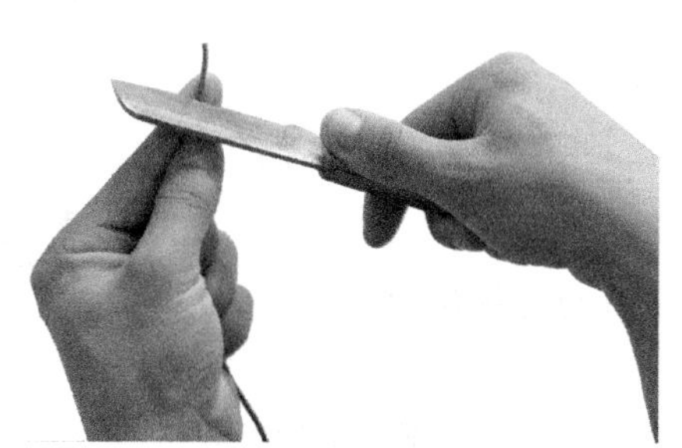

图 1-2-17　电工刀的握法

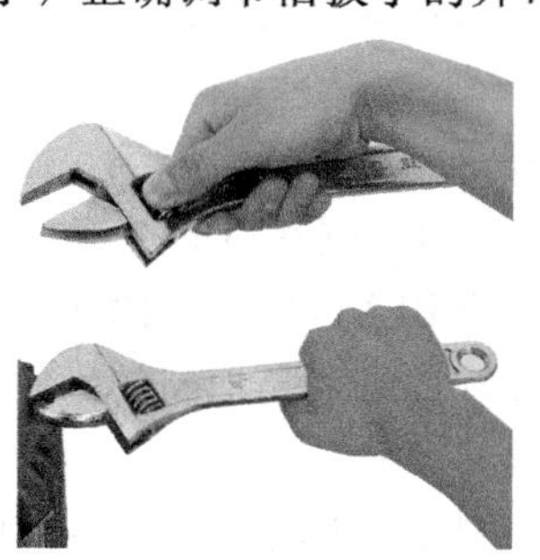

图 1-2-18　活扳手的握法

【任务考核与评价】

表 1-2-1　电工工具操作的考核

任务内容	配分	评分标准		自评	互评	教师评
验电笔的操作	25	① 正确握法 ② 相线与零线的判断 ③ 其他用途	5 分 10 分 10 分			
螺钉旋具的操作	15	① 正确选用 ② 正确握法 ③ 拧紧、旋松操作	5 分 5 分 5 分			
电工用钳的操作	25	① 正确握法 ② 剪、弯、剥、紧固、旋松操作	5 分 20 分			
电工刀的操作	10	① 正确握法 ② 剖削操作	5 分 5 分			
活扳手的操作	15	① 正确选用 ② 正确握法 ③ 拧紧、旋松操作	5 分 5 分 5 分			
安全文明操作	10	违反 1 次	扣 5 分			
定额时间	25min	每超过 5min	扣 10 分			
开始时间		结束时间		总评分		

任务3 电工测量仪器操作训练

□【任务要求】

本任务要求学生通过对常用电工测量仪器的认识和使用，掌握常用电工测量仪器的用途和使用方法。

1. 知识目标

① 认识电工测量仪器，了解电工测量仪器的用途。

② 了解电工测量仪器的结构及工作原理。

③ 掌握电工测量仪器的使用方法及使用注意事项。

2. 技能目标

能熟练使用电工测量仪器。

□【任务相关知识】

常用电工测量仪器主要有万用表、绝缘电阻表及钳形电流表等。

1. 万用表

作为电工测量仪器，万用表的使用最为广泛。它可以测量直流电流、直流电压、交流电流、交流电压、电阻和晶体管直流参数等物理量。

根据测量原理及测量结果显示方式的不同，万用表可分为两大类：模拟（指针式）万用表和数字万用表。

1）MF-47F 型模拟万用表

（1）主要功能

MF-47F 型模拟万用表是一款多量程、多用途、便携式测量仪表，读数采用指针指示方式。MF-47F 型模拟万用表具有 26 个基本量程，还有测量电平、电容、电感、晶体管直流参数等 7 个附加参考量程，是一种量程多、分挡细、灵敏度高、体形轻巧、性能稳定、过载保护可靠、读数清晰、使用方便的通用型万用表。

MF-47F 型模拟万用表的外形如图 1-3-1 所示，其面板上有带多条刻度尺的表盘、转换开关旋钮、机械调零旋钮、欧姆调零旋钮、供接线用的插孔等。

图 1-3-1 MF-47F 型模拟万用表的外形

（2）技术指标

MF-47F 型模拟万用表的各种技术指标如下。

直流电压测量范围：0～0.25V～1V～10V～50V～250V～500V～1000V。

交流电压测量范围：0～10V～50V～250V～500V～1000V～2500V。

直流电流测量范围：0～50μA～0.5mA～5mA～50mA～500mA～5A。

电阻测量范围：0～2kΩ～20kΩ～200kΩ～2MΩ～40MΩ。

音频电平测量范围：-10～+22dB。

晶体管放大倍数 h_{FE}测量范围：0～300。

电感测量范围：20～1000H。

电容测量范围：0.001～0.3μF。

（3）使用方法

测量过程：插孔选择→机械调零→物理量选择→量程选择→物理量的测量→读数。

① 插孔选择。

红表笔插入标有“+”符号的插孔，黑表笔插入标有“-”符号的插孔。

② 机械调零。

将万用表水平放置，短接红、黑两表笔，调节面板上的机械调零旋钮，使表针指准零位。

③ 物理量选择。

物理量选择就是根据不同的被测物理量将转换开关旋钮旋至相应的位置。

④ 量程选择。

预估被测量参数的大小，选择合适的量程。量程的选择标准：在测量电流或电压时，应使表针偏转至满刻度的1/2或2/3以上；在测量电阻时，应使表针偏转至中心刻度值的1/10～10倍。

⑤ 物理量的测量。

电压测量：将万用表与被测电路并联；在测量直流电压时，应将红表笔接高电位，将黑表笔接低电位；若无法区分高、低电位，则应先将一支表笔接稳一端，将另一支表笔触碰另一端，若表针反偏，则说明表笔接反；在测量高电压（500～2500V）时，应戴绝缘手套，站在绝缘垫上操作，并使用高压测量表笔。

电流测量：将万用表串联在被测回路中；在测量直流电流时，应使电流由红表笔流入万用表，再由黑表笔流出万用表；在测量过程中不允许带电换挡；在测量较大电流时，应先断开电源再撤表笔。

电阻测量：首先应进行电气调零，即将两表笔短接，同时调节面板上的欧姆调零旋钮，使表针指在电阻刻度尺的零点上，若调不到零点，则说明万用表内电池电量不足，需要更换电池；断开被测电阻的电源及连接导线进行测量；测量过程中每转换一次挡位，应重新进行欧姆调零；测量过程中表笔应与被测电阻接触良好，手不得触及表笔的金属部分，以减小不必要的测量误差；被测电阻不能有并联支路。

音频电平测量：该功能主要用于测量电信号的增益或衰减。音频电平的测量方法与交流电压的测量方法相同，读数参考表盘最下边一条刻度尺，该刻度值是转换开关在交流10V挡时的直接读数值。当交流电压挡位为50V、250V、500V时，测量结果应在表盘读数值上分别加上+14dB、+28dB和+34dB。

晶体管放大倍数 h_{FE}测量：先将转换开关旋钮旋至晶体管调节ADJ位置进行电气调零，使表针对准300h_{FE}刻度线；然后将转换开关旋钮旋至 h_{FE}位置，把被测晶体管插入专用插孔进行测量，N型插孔用于插入NPN型晶体管，P型插孔用于插入PNP型晶体管。

电感和电容测量：将转换开关旋钮旋至交流 10V 挡，将被测电容或电感串接于任一表笔，然后跨接在 10V 交流电压电路中进行测量。

⑥ 读数。

读数时应根据不同的待测物理量及量程，在相应的刻度尺上读出表针指示的数值。另外，读数时应尽量使视线与表盘垂直，以减小由于视线偏差引起的读数误差。

实战技巧

技巧 1："舍近求远"。

在旋转万用表的转换开关旋钮时，一定要顺时针旋转。例如，原来的挡位是"×100"，想要旋转到"×1k"挡，要旋转一大圈才行，这样能有效地保护万用表的多刀多掷开关，使之不损坏。

技巧 2："偷工减料"。

在测试电路的通断及测量二极管和三极管的 PN 结时，不必做调零的校准工作。

技巧 3："联合作战"。

在用万用表测量发光二极管时，尽量使用"×1"和"×10"低挡位，以减小电池电量的消耗。若表内没有 9V 电池，则只能用"×1k"挡，这样就不容易测量出发光二极管的正、反向电阻，因为此时表内只有 1.5V 的电池，不能将 PN 结导通。这时可采用两块万用表串联的方法，将甲表的红表笔插入乙表的黑表笔插孔，用甲表的黑表笔和乙表的红表笔来测量发光二极管。若仍用"×1k"挡，则能明显看出正、反向电阻的差别；若用"×10"挡，则在正向导通时可使发光二极管发光。

技巧 4："孤身迎敌"。

在测量 220～380V 电压或高压直流电时，要用一只手握住表笔进行测量，以免发生意外触电事故。

(4) MF-47F 型模拟万用表的维护

① 每次使用后，应拔出表笔。

② 每次使用后，应将转换开关旋钮旋至交流电压最高挡，防止下次开始测量时不慎烧坏万用表。

③ 当长期搁置不用时，应将万用表中的电池取出，以防止电池电解液渗漏而腐蚀内部电路。

④ 平时要保持万用表的干燥、清洁，严禁震动和机械冲击。

2) DM-B 型数字万用表

(1) 主要功能

DM-B 型数字万用表是一款数显式电子测量仪表，具有高输入阻抗、高可读性、高智能性等特点，其外形如图 1-3-2 所示。

DM-B 型数字万用表不仅可以测量电工领域的一般物理量，还可以自动调零、自动分辨电极、显示极性、超量程显示和低压指示，而且具有过流保护和过压保护功能。

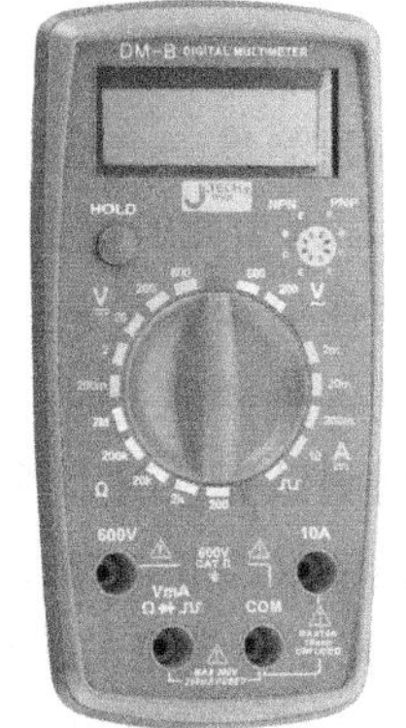

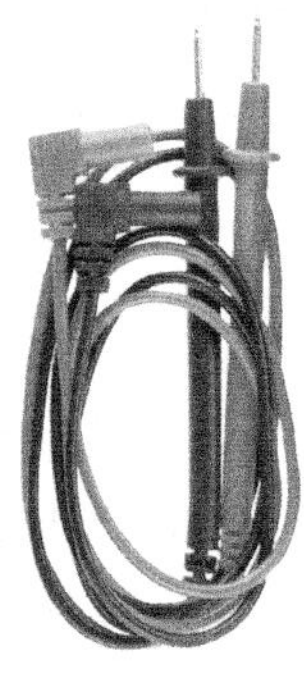

图 1-3-2 DM-B 型数字万用表的外形

(2) 技术指标

DM-B 型数字万用表的各种技术指标如下。

直流电压测量范围：200mV～2V～20V～200V～1000V。

交流电压测量范围：200mV～2V～20V～200V～750V。

直流电流测量范围：200μA～2mA～20mA～200mA。

交流电流测量范围：200μA～2mA～20mA～200mA。

电阻测量范围：200Ω～2kΩ～20kΩ～200kΩ～2MΩ～20MΩ。

晶体管放大倍数h_{FE}测量范围：0～300。

二极管：显示正向导通压降数值。

电路通断：蜂鸣器提示电路的导通。

附加直流电流挡：10A。

附加交流电流挡：10A。

（3）使用方法

电压测量：将红表笔插入“600V”插孔，将黑表笔插入“COM”插孔，根据所测电压选择合适量程后，将表笔与被测电路并联即可进行测量。但要注意，不同的量程其测量精度也不同，不能用高量程挡去测量低电压。

电流测量：将红表笔插入“10A”或“mA”插孔（根据待测电流值的大小选择），将黑表笔插入“COM”插孔，选择合适的量程后，将两表笔串联接入被测电路即可进行测量。

电阻测量：将红表笔插入“Ω”插孔，将黑表笔插入“COM”插孔，选择合适的量程后即可进行测量。

二极管测量：将转换开关旋钮旋至二极管挡，将红表笔插入“Ω”插孔，接二极管正极，将黑表笔插入“COM”插孔，接二极管负极，若二极管正常，则测锗二极管时应显示0.150～0.300V，测硅二极管时应显示0.550～0.700V，此为正向测量；当反向测量时，将二极管反接，若二极管正常则显示“1”，若二极管不正常则显示“000”。

晶体管放大倍数h_{FE}测量：根据被测晶体管的类型将转换开关旋钮旋至“PNP”挡或“NPN”挡，将被测晶体管的三个引脚E、B、C插入相应的插孔，显示屏上将显示出h_{FE}的大小。

电路通断检查：将红表笔插入“Ω”插孔，将转换开关旋钮旋至蜂鸣器挡，让表笔触及被测电路，若表内蜂鸣器发出叫声，则说明电路是通的，反之则说明电路不通。

3）万用表的使用注意事项

① 先检查表笔的绝缘层和连线是否有损坏甚至裸露出金属的地方，再检查表笔连线的通断性。若连线有损坏的地方，应更换后再使用。

② 用万用表测量一个已知的电压，以此来确定万用表是否能正常工作。若万用表工作异常，请勿使用，因为此时保护设施可能已遭到损坏。

③ 请勿在任何端子和地线间施加超出万用表上标明的额定电压的电压。

④ 在测量各种物理量时，必须使用正确的端子，选择正确的功能和量程。

⑤ 在使用测试探针时，手指应在保护装置的后面。

⑥ 当与其他仪器和电路进行连接时，先连接公共测试导线，再连接带电的测试导线；当切断连接时，先断开带电的测试导线，再断开公共测试导线。

⑦ 在测试电阻、导线和铜箔的通断性，或二极管、电容的性能以前，必须先切断电源。对于大容量的电容，在测试前必须先进行放电。

2. 绝缘电阻表

图 1-3-3　绝缘电阻表的外形

绝缘电阻表又称兆欧表或摇表，其外形如图 1-3-3 所示。它是一种测量高电阻的仪表，一般用于测量电气设备与电气线路的绝缘电阻。

1）结构及工作原理

绝缘电阻表的主要组成部分是一个手摇直流发电机和一个磁电式流比计测量机构，以及一个电流回路与一个电压回路。摇动手柄带动导线旋转，切割磁力线，产生直流高电压。绝缘电阻表内没有游丝，在不使用时，表针可以停留在任意位置，此时读数是没有意义的。因此，在使用绝缘电阻表时必须在摇动手柄时读数。

绝缘电阻表有 3 个接线桩，分别标有“L”（线）、“E”（地）和“G”（屏），在进行一般测量时，只要把被测对象接在“L”和“E”之间即可。

2）使用方法

① 将绝缘电阻表水平放置，检查表针偏转情况：先使“L”与“E”开路，使手摇直流发电机达到额定转速，表针应指向“∞”；然后将“L”与“E”短接，表针应指向“0”。

② 接线及测量：将被测对象接在“L”和“E”之间，摇动绝缘电阻表手柄，速度由慢到快，最终稳定在 120r/min，约 1min 后，待表针稳定后读数。

3）使用注意事项

① 在选用绝缘电阻表时，其额定电压一定要与被测电气设备或电气线路的工作电压对应。

② 在被测电气设备表面不干净或潮湿的情况下使用绝缘电阻表，必须使用“G”接线桩。被测电气设备表面也应擦拭干净，否则将引起漏电，影响测量结果的准确性。

③ 在测量电气设备的绝缘性时，必须先切断电源，然后将设备放电，以保证人身安全和测量结果的准确性。

④ 如果所测电气设备短路，表针指向“0”，则应立即停止摇动手柄，以防绝缘电阻表过热烧坏。在摇动手柄时，接线桩间具有较高的电压，不能用手触及，以防触电。

⑤ 严禁带电测量。在有电容的电路中测量，要及时放电，以防发生触电事故。在雷电天气，或者邻近带有高压设备的情况下，不允许测量。

3. 钳形电流表

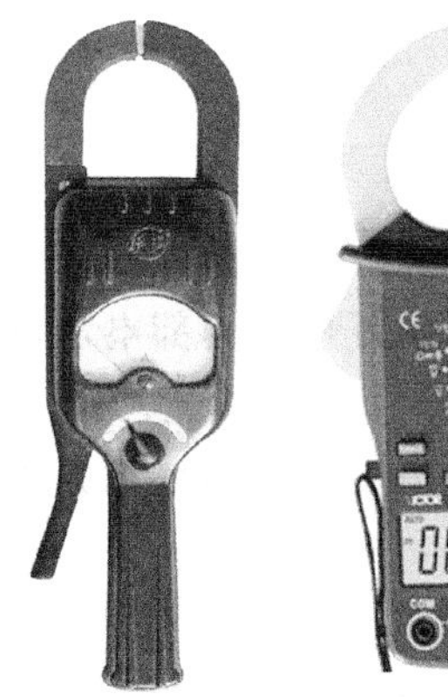

图 1-3-4　钳形电流表的外形

钳形电流表又称卡表，其外形如图 1-3-4 所示。它是一种电流测量仪表。钳形电流表的测量精度不高，通常为 2.5～5 级。

1）结构及工作原理

如图 1-3-4 所示，钳形电流表是由电流互感器和电流表组合而成的。钳口在捏紧扳手时可以张开，有被测电流通过的导线不必切断就可从钳口张开的缺口处穿过，当放开扳手后钳口闭合。穿过钳口的被测导线就成为电流互感器的一次线圈，其中通过的电流便在二次线圈中感应出电流，使与二次线圈相连接的电流表有指示值，从而可测出被测导线中的电流。

2）使用方法

① 选择合适的量程：估计被测电流的大小，选择合适的量程。若心中无数，则可先用大量程挡测量，然后逐渐减小量程，直到合适为止。

② 测量及读数：张开钳口，将被测导线放在钳口中央区域；闭合钳口，按下锁定按钮，读数。

3）使用注意事项

① 钳形电流表与带电导线保持一定距离，一般电压为10kV时对应的距离要在0.7m以上，电压在380V以下时对应的距离要在0.3m以上，要一人监护，一人操作。

② 钳形电流表可以通过旋转转换开关旋钮转换不同的量程，但在转换量程时必须把钳口打开。

③ 当被测电流小于5A时，为获得较准确的读数，可把导线多绕几圈放进钳口进行测量，但实际电流数值应为读数除以放进钳口内的导线根数。

④ 钳口两面要保证很好的吻合，若有污物，则应用汽油擦净再测。

⑤ 钳形电流表每次只能测量一相导线的电流，被测导线应置于钳口中央，不可以将多相导线都夹入钳口测量。

⑥ 不允许在绝缘不良或裸露的导线上测量，以免发生触电事故；禁止在潮湿的地方或雨天在户外进行测量。

【任务实施】

1. 任务实施器材

① MF-47F型模拟万用表　　一块/组

② DM-B型数字万用表　　一块/组

③ ZC-7型绝缘电阻表　　一块/组

④ 钳形电流表　　一块/组

2. 任务实施步骤

1）MF-47F型模拟万用表的操作

操作提示：检查表笔绝缘层，调零校准；严禁用欧姆挡测量电压；注意测量安全。

操作题目1：测量电阻。

操作方法：具体操作方法如下。

第1步：如图1-3-5（a）所示，将万用表水平放置，进行机械调零。

第2步：如图1-3-5（b）所示，将转换开关旋钮旋至适当挡位。

第3步：如图1-3-5（c）所示，将红、黑表笔短接，进行欧姆调零。顺便指出，若欧姆调零旋钮已调到极限位置，但表针仍不指在电阻刻度尺的零点上，则说明万用表内部电池电量不足，应更换新电池后再测量。

第4步：如图1-3-5（d）所示，将被测电阻和其他元器件或电源脱离，单手持表笔并跨接在电阻两端。

第5步：待表针偏转稳定后，读取测量值。

操作题目2：测量直流电压。

操作方法：具本操作方法如下。

第 1 步：将转换开关旋钮旋至直流电压 2.5V 挡。

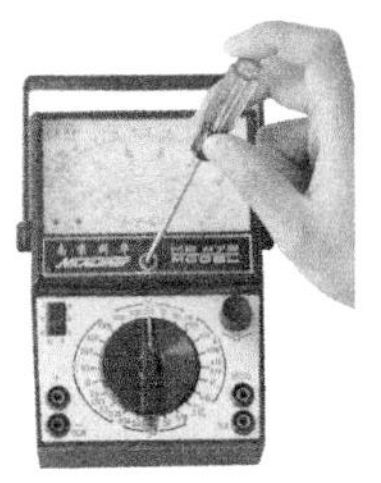

(a) 机械调零

(b) 选择量程

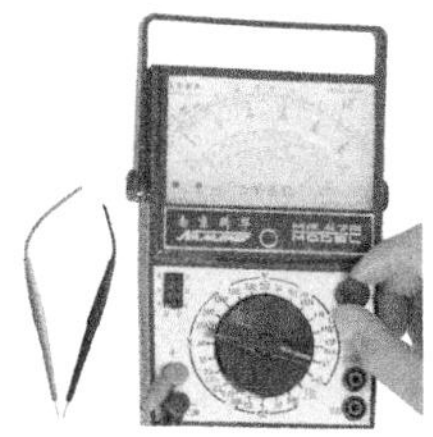
(c) 欧姆调零

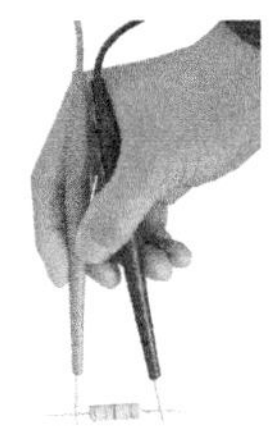
(d) 测量方法

图 1-3-5 用 MF-47F 型模拟万用表测量电阻

第 2 步：将万用表并联在被测电路的两端，红表笔接正极，黑表笔接负极。

第 3 步：待表针偏转稳定后，读取测量值。

2) DM-B 型数字万用表的操作

操作提示：DM-B 型数字万用表的插孔较多，应注意区分，并慎用。

操作题目 1：测量三相交流电压。

操作方法：具体操作方法如下。

第 1 步：将红表笔插入“600V”插孔，将黑表笔插入“COM”插孔。

第 2 步：将转换开关旋钮旋至交流电压 600V 挡。

第 3 步：将红、黑表笔分别跨接在三相交流电源端子上。

第 4 步：读数。

操作题目 2：测量二极管。

操作方法：具本操作方法如下。

第 1 步：将红表笔插入“▶|”插孔，将黑表笔插入“COM”插孔。

第 2 步：将转换开关旋钮旋至二极管挡。

第 3 步：将红、黑表笔跨接在二极管的两个引脚上。

第 4 步：听声，读数。

3) ZC-7 型绝缘电阻表的操作

操作提示：当电动机带电运行时，不许测量绕组绝缘电阻；操作者两手不许触及表线探头；在摇动手柄时，转速要保持为 120r/min。

操作题目：测量交流电动机绕组绝缘电阻。

操作方法：具体操作方法如下。

第 1 步：如图 1-3-6 所示，断开表线探头，摇动绝缘电阻表的手柄，转速保持为 120r/min，检验绝缘电阻表的开路状态。

第 2 步：如图 1-3-7 所示，短接表线探头，摇动绝缘电阻表的手柄，转速保持为 120r/min，检验绝缘电阻表的短路状态。

第 3 步：如图 1-3-8 所示，将 L 表线探头触及电动机绕组的出线端，E 表线探头触及电动机壳体，摇动绝缘电阻表的手柄，转速保持为 120r/min，待表针偏转稳定后，读取测量值。

第 4 步：如图 1-3-9 所示，将 L 表线探头触及电动机任意一相绕组的出线端，E 表线探头触及另一相绕组的出线端，摇动绝缘电阻表的手柄，转速保持为 120r/min，待表针偏转稳定后，读取测量值。

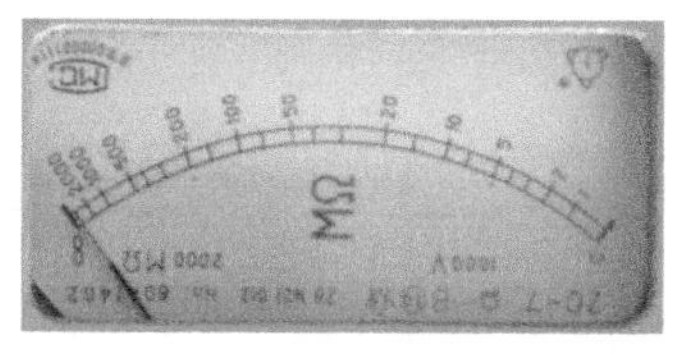
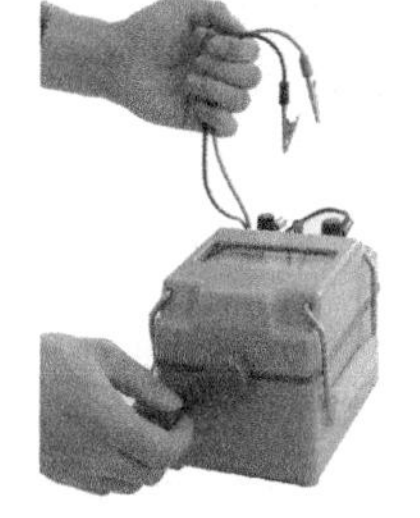

图 1-3-6　绝缘电阻表开路检验

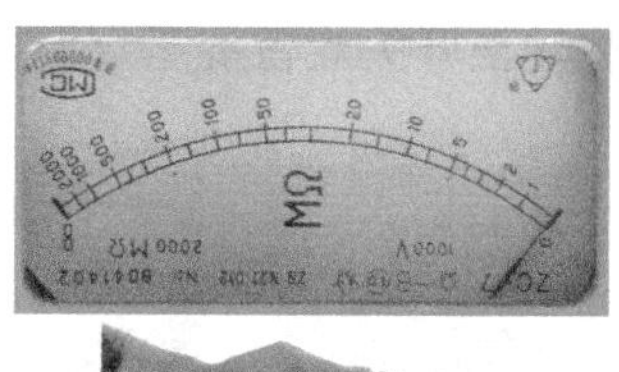
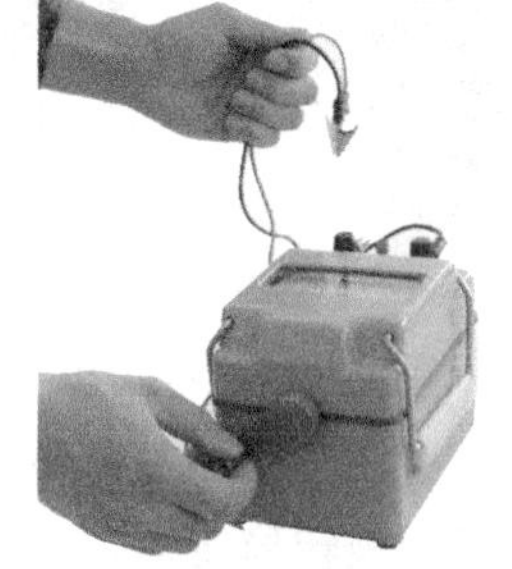

图 1-3-7　绝缘电阻表短路检验

图 1-3-8　测量绕组相对地绝缘

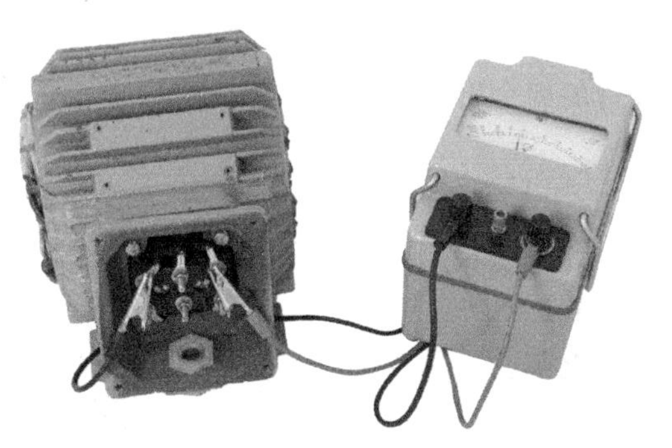
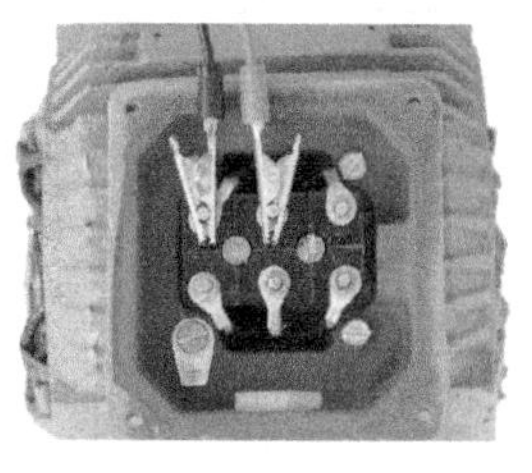

图 1-3-9　测量绕组相间绝缘

4）钳形电流表的操作

操作提示：不许测量裸导线；检查钳口表面是否清洁，手柄绝缘层是否良好；注意测量安全。

操作题目：测量交流电动机绕组电流。

操作方法：具体操作方法如下。

第 1 步：将转换开关旋钮旋至交流电流 10A 挡。

第 2 步：如图 1-3-10（a）所示，张开钳口，将一根电源线放入钳口中心区。

第 3 步：如图 1-3-10（b）所示，闭合钳口，待表针偏转稳定后，读取测量值。

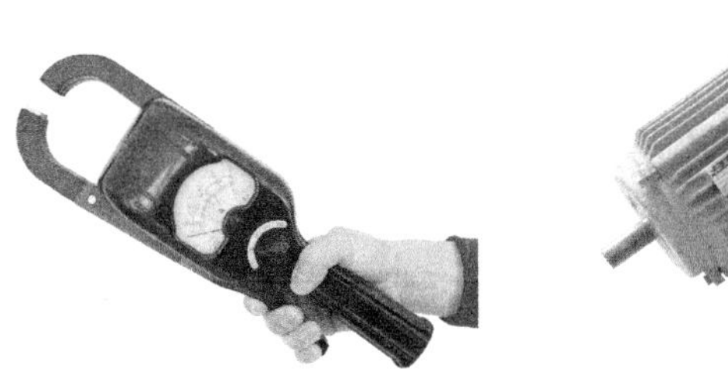

（a）张开钳口

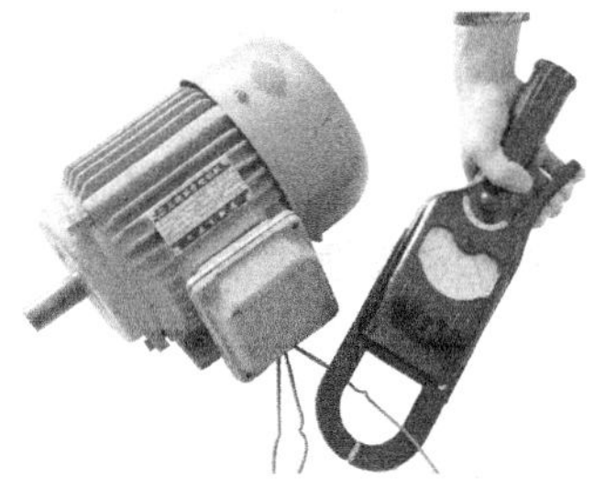

（b）闭合钳口，读数

图 1-3-10 用钳形电流表测量交流电动机绕组电流

□【任务考核与评价】

表 1-3-1 电工测量仪器操作的考核

任务内容	配分	评分标准			自评	互评	教师评
MF-47F 型模拟万用表的操作	25	① 万用表的调零校准 10 分 ② 测量挡位的选择 5 分 ③ 正确读数 10 分					
DM-B 型数字万用表的操作	25	① 测量挡位、插孔的选择 5 分 ② 特殊测试功能的使用 20 分					
ZC-7 型绝缘电阻表的操作	25	① 开路检验及短路检验 10 分 ② 测量过程及读数 15 分					
钳形电流表的操作	25	① 正确握法 5 分 ② 测量挡位的选择 5 分 ③ 测量过程及读数 15 分					
安全文明操作	10	违反 1 次 扣 5 分					
定额时间	20min	每超过 5min 扣 10 分					
开始时间		结束时间		总评分			

任务 4 导线的处理训练

□【任务要求】

本任务要求学生通过对导线处理过程的学习，掌握导线绝缘层的剖削及导线的连接和包扎方法。

1. 知识目标

① 了解导线绝缘层剖削的方法。

② 了解导线连接的方法。

③ 了解导线包扎的方法。

2. 技能目标

能熟练地完成导线绝缘层的剖削及导线的连接和包扎。

【任务相关知识】

导线的处理主要有导线绝缘层的剖削、导线的连接及导线绝缘强度的恢复（导线的包扎）等。

1. 导线绝缘层的剖削

导线绝缘层剖削的长度一般为50～150mm，剖削时应注意尽量不损伤线芯，若线芯有较大损伤，则应重新剖削。

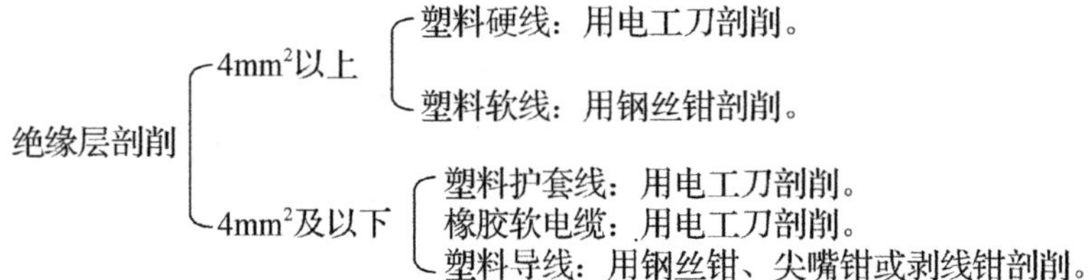

2. 导线的连接

在电气安装和线路维修中，经常需要进行导线的连接。对导线连接的基本要求有：导线接头处的电阻要小，不得大于导线本身电阻，且稳定性要好；导线接头处的机械强度应不小于原导线机械强度的80%；导线接头处的绝缘强度不低于原导线的绝缘强度；导线接头处要耐腐蚀。

实现导线连接的主要方法有铰接、焊接、压接和螺栓连接等，它们分别用于不同导线的连接。

3. 导线绝缘强度的恢复（导线的包扎）

导线连接完成后应恢复其绝缘强度，在连接处进行绝缘处理。对导线绝缘强度恢复的基本要求有：绝缘胶带包裹均匀、紧密，不露线芯。

【任务实施】

1. 任务实施器材

① 各种导线	若干/人
② 钢丝钳、尖嘴钳、剥线钳、电工刀	一套/组
③ 绝缘带	一套/组

2. 任务实施步骤

1）导线绝缘层的剖削操作

操作提示：刀口应朝外进行操作。

操作题目1：6mm²塑料硬单芯导线端部绝缘层的剖削。

操作方法：具体操作方法如下。

第1步：根据所需线头的长度，确定电工刀的起始位置。

第2步：如图1-4-1（a）所示，将刀口以45°角切入绝缘层；如图1-4-1（b）所示，再将刀面与线芯呈15°角向前推进，削出一条缺口。

第3步：如图1-4-1（c）所示，将被剖开的绝缘层向后扳翻，用电工刀齐根切去。

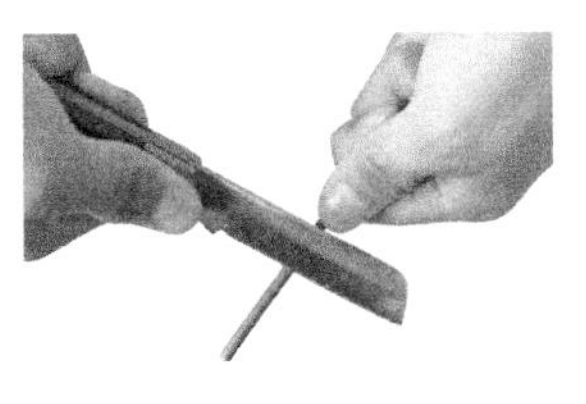

(a) 刀口以45°角切入绝缘层

(b) 改15°角向线端推削

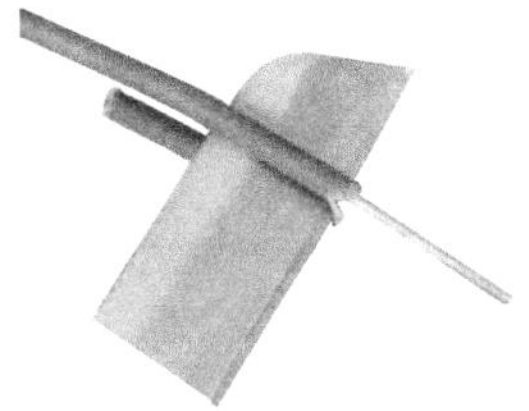

(c) 用力切去余下的绝缘层

图 1-4-1 6mm² 塑料硬单芯导线端部绝缘层的剖削

操作题目 2：2.5mm² 塑料软单芯导线端部绝缘层的剖削。

操作方法：具体操作方法如下。

第 1 步：根据所需线头的长度，确定钢丝钳的起始位置。

第 2 步：用钢丝钳刀口轻轻切破绝缘层表皮。

第 3 步：如图 1-4-2 所示，左手拉紧导线，右手适当用力握住钢丝钳头部，迅速向外勒去绝缘层。

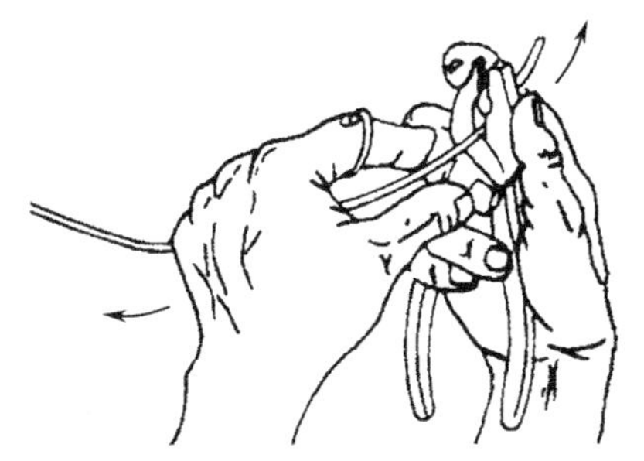

图 1-4-2 2.5mm² 塑料软单芯导线端部绝缘层的剖削

操作题目 3：塑料护套线端部绝缘层的剖削。

操作方法：具体操作方法如下。

第 1 步：如图 1-4-3（a）所示，按所需长度，用电工刀刀尖对准芯线缝隙，划开护套层。

第 2 步：如图 1-4-3（b）所示，向后将被划开的护套层翻起，用电工刀齐根切去。

第 3 步：将护套层内的两根导线分开，采用操作题目 2 中给出的方法或用剥线钳直接剥离护套层内导线端部的绝缘层。

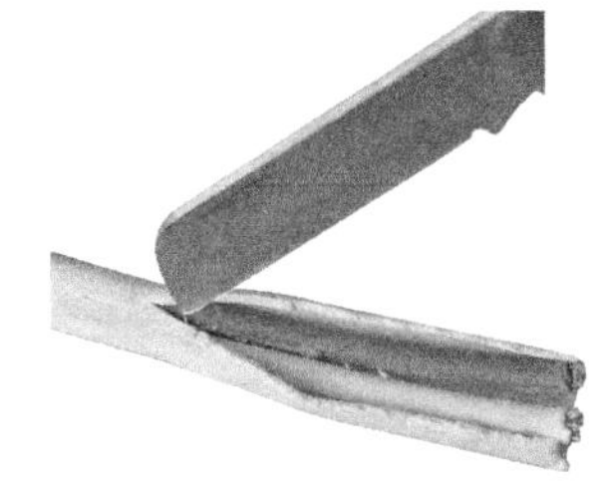

(a) 划开护套层

(b) 翻起护套层并将其齐根切去

图 1-4-3 塑料护套线端部绝缘层的剖削

2) 导线的连接操作

操作题目 1：单股硬导线的直接连接。

操作方法：具体操作方法如下。

第 1 步：如图 1-4-4（a）所示，使两根线头在离线芯根部 1/3 处呈“×”状交叉。

第 2 步：如图 1-4-4（b）所示，把两根线头如麻花状相互紧绞两圈。

第 3 步：如图 1-4-4（c）所示，把两根线头分别扳起，并使其保持垂直。

第 4 步：如图 1-4-4（d）所示，把扳起的一根线头按顺时针方向在另一根线头上紧绕 6～8 圈，圈间不应有缝隙，且应垂直排绕，绕毕，切去线芯余端。

第 5 步：如图 1-4-4（e）所示，对另一根线头按上述第 4 步的要求操作。

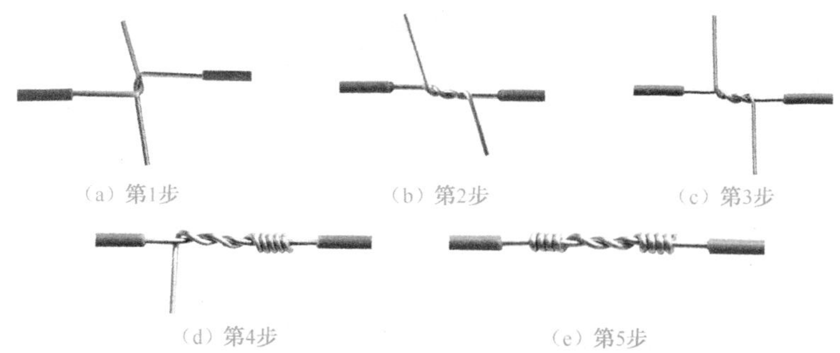

图 1-4-4　单股硬导线的直接连接

操作题目 2：单股硬导线的分支连接。

操作方法：具体操作方法如下。

第 1 步：如图 1-4-5（a）所示，将剖削好的分支线芯垂直搭接在剖削好的主干线芯上。

第 2 步：如图 1-4-5（b）所示，将分支线芯按顺时针方向在主干线芯上紧绕 6～8 圈，圈间不应有缝隙。

第 3 步：绕毕，切去分支线芯余端。

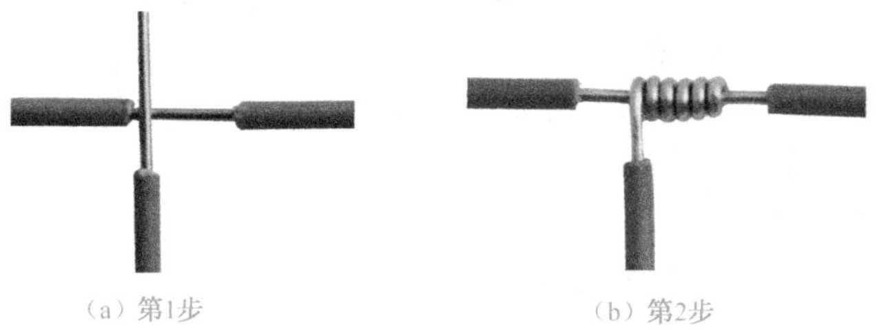

图 1-4-5　单股硬导线的分支连接

操作题目 3：螺钉式连接。

操作方法：具体操作方法如下。

第 1 步：如图 1-4-6 所示，制作压接圈（羊眼圈）。

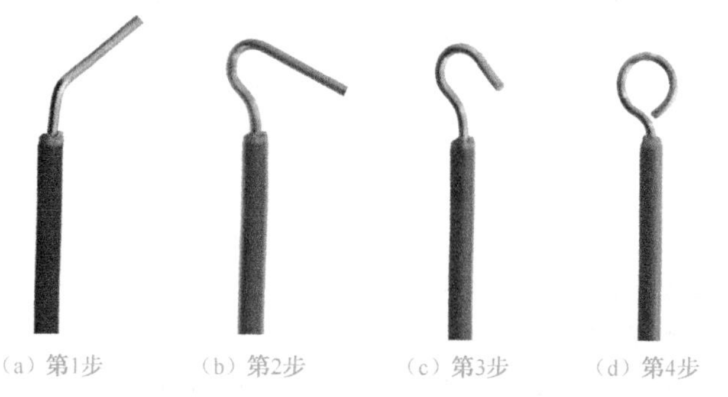

图 1-4-6　制作羊眼圈

第 2 步：如图 1-4-7 所示，按顺时针方向压接羊眼圈，即压接导线。

(a) 第1步

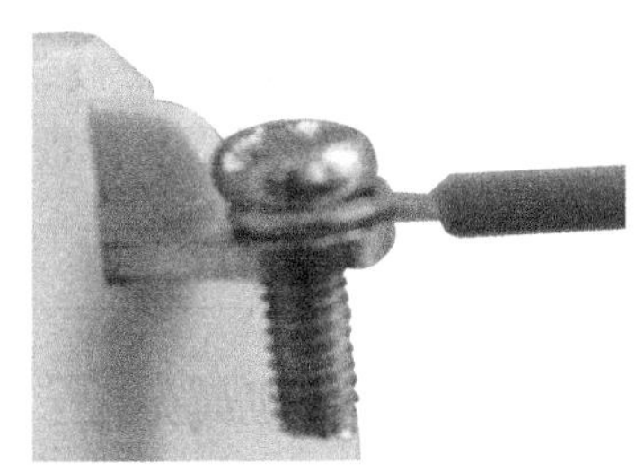
(b) 第2步

图 1-4-7　压接羊眼圈

操作题目 4：针孔式连接。

操作方法：如图 1-4-8 所示，将导线端部线芯插入承接孔，拧紧压紧螺钉。

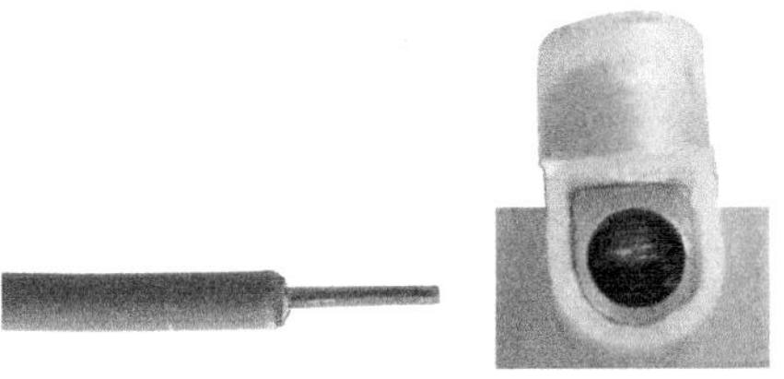

图 1-4-8　针孔式连接

操作题目 5：瓦形接线桩式连接。

操作方法：具体操作方法如下。

如图 1-4-9（a）所示，将单导线端部线芯弯成 U 形，拧紧瓦形垫圈上的螺钉。

如图 1-4-9（b）所示，将双导线端部线芯弯成 U 形，拧紧瓦形垫圈上的螺钉。

(a) 单导线端部线芯连接方法

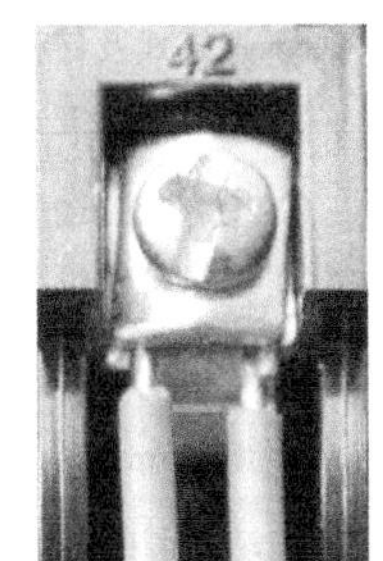

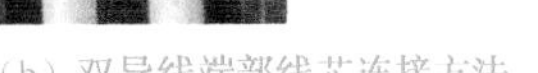
(b) 双导线端部线芯连接方法

图 1-4-9　瓦形接线桩式连接

3）导线的包扎操作

操作方法：具体操作方法如下。

第 1 步：如图 1-4-10（a）所示，用黄蜡带或涤纶薄膜带从导线左侧的完好绝缘层上开始顺时针包裹。

第 2 步：如图 1-4-10（b）所示，在进行包裹时，绝缘带与导线应保持 45°的倾斜角并应用力拉紧，使得绝缘带半幅相叠压紧。

第 3 步：如图 1-4-10（c）所示，另一端也必须包入与始端同样长的绝缘层，然后接上黑胶带，黑胶带包出绝缘带至少 1/2 带宽，即必须使黑胶带完全包住绝缘带。

第 4 步：如图 1-4-10（d）所示，黑胶带的包缠不应过疏或过密，包到另一端也必须完全包住绝缘带，收尾后应用双手的拇指和食指紧捏黑胶带两端口，按一正一反方向拧紧，利用黑胶带的黏性，将两端口充分密封起来。

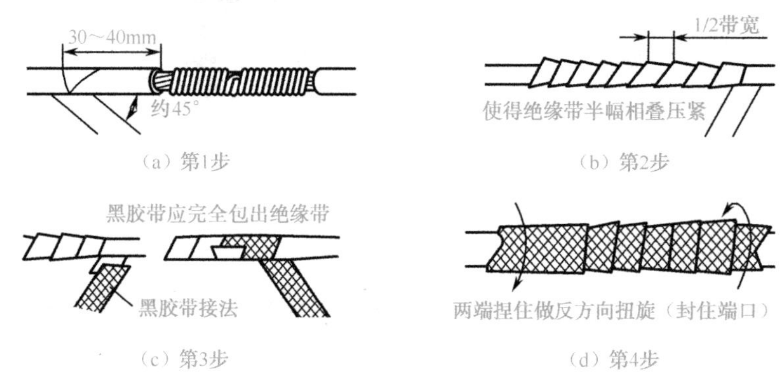

（a）第1步　（b）第2步　（c）第3步　（d）第4步

图 1-4-10　导线的包扎

【任务考核与评价】

表 1-4-1　导线处理的考核

任务内容	配分	评分标准			自评	互评	教师评
导线绝缘层的剖削	40	① 塑料硬单芯导线端部绝缘层的剖削　15 分 ② 塑料软单芯导线端部绝缘层的剖削　15 分 ③ 塑料护套线端部绝缘层的剖削　10 分					
导线的连接	30	① 单股硬导线的直接连接　10 分 ② 单股硬导线的分支连接　10 分 ③ 螺钉式及针孔式连接　5 分 ④ 瓦形接线桩式连接　5 分					
导线的包扎	20	① 绝缘带的选用　5 分 ② 绝缘带的包裹　15 分					
安全文明操作	10	违反 1 次　扣 5 分					
定额时间	20min	每超过 5min　扣 10 分					
开始时间		结束时间		总评分			

任务 5　常用电工材料识别与选择训练

【任务要求】

本任务要求学生通过对常用电工材料的识别和选择，掌握常用电工材料的用途和选用方法。

1. 知识目标

① 了解绝缘材料的性质、分类及绝缘材料制品。

② 了解导电材料的性质及电线电缆的分类和用途。

③ 了解特殊导电材料的性质、分类及用途。

2. 技能目标

能识别绝缘材料，能识别导线及其线径。

【任务相关知识】

常用的电工材料主要有绝缘材料、导电材料及特殊导电材料等。

1. 绝缘材料

由电阻率为 $10^7 \sim 10^{20}\ \Omega \cdot m$ 的物质所构成的材料在电工领域被称为绝缘材料。简单来说，绝缘材料就是不导电的材料，主要用于隔离带电导体或不同电位导体。根据需要，绝缘材料往往还起着储能、散热、冷却、灭弧、防潮、防霉、防腐蚀、防辐照、机械支承和固定、保护导体等作用。

1）绝缘材料的分类

绝缘材料的种类很多，可分气态、液态、固态三大类。相比之下，固态绝缘材料品种多样，也最为重要。

（1）气态绝缘材料

气态绝缘材料主要有空气、氮气、六氟化硫等。

（2）液态绝缘材料

液态绝缘材料主要有矿物绝缘油、合成绝缘油（如硅油、十二烷基苯、聚异丁烯、异丙基联苯、二芳基乙烷等）两类。

（3）固态绝缘材料

固态绝缘材料可分有机、无机两类。有机固态绝缘材料主要有绝缘漆、绝缘胶、绝缘纸、绝缘纤维制品、塑料、橡胶、漆布、漆管、绝缘浸渍纤维制品、电工用薄膜、复合制品和胶带、电工用层压制品等。无机固态绝缘材料主要有云母、玻璃、陶瓷及其制品等。

2）绝缘材料的耐热等级

绝缘材料的绝缘性能与温度有密切的关系。温度越高，绝缘材料的绝缘性能越差。为保证绝缘强度，每种绝缘材料都有一个适当的极限工作温度，在此温度以下，可以长期安全地使用，超过这个温度就会迅速老化。按照耐热程度，把绝缘材料分为 Y、A、E、B、F、H、C 7 个等级，如表 1-5-1 所示。

表 1-5-1　绝缘材料的耐热等级

级　别	绝 缘 材 料	极限工作温度/℃
Y	木材、棉花、纸、纤维等天然的纺织品，以醋酸纤维和聚酰胺为基础的纺织品，以及易于热分解和熔点较低的塑料	90
A	用油或油树脂复合胶浸过的 Y 级材料、变压器油、漆布、绝缘纸板、电缆纸及酚醛纸板等	105
E	聚酯薄膜和 A 级复合材料、玻璃布、油性树脂漆、聚乙烯醇缩醛高强度漆包线、乙酸乙烯耐热漆包线	120

续表

级　别	绝缘材料	极限工作温度/℃
B	聚酯薄膜，经合适树脂黏合或涂覆的云母、玻璃纤维、石棉等制品，聚酯漆及聚酯漆包线	130
F	云母制品、玻璃丝和石棉、玻璃漆布、以玻璃丝布和石棉纤维为基础的层压制品、热稳定性较好的聚酯和醇酸类材料、复合硅有机聚酯漆	155
H	加厚的F级材料、有机硅云母制品、硅有机漆、硅有机橡胶聚酰亚胺复合玻璃布、复合薄膜、聚酰亚胺漆等	180
C	不采用任何有机黏合剂及浸渍剂的有机物，如石英、石棉、云母、玻璃和电瓷材料等	>180

3）绝缘材料制品及其用途

绝缘材料制品的种类繁多，常用的有绝缘纤维制品、绝缘塑料制品、绝缘橡胶制品、绝缘薄膜制品及绝缘胶带等，如图 1-5-1 所示。常用绝缘材料制品及其用途如表 1-5-2 所示。

（a）绝缘纸

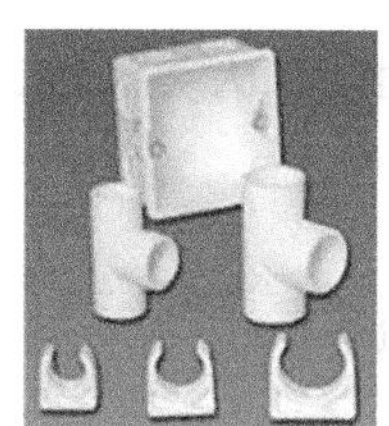
（b）电工塑料

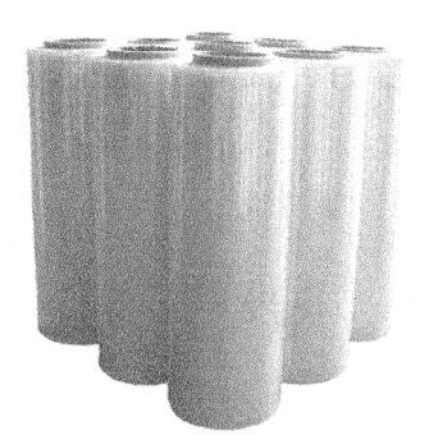
（c）塑料薄膜

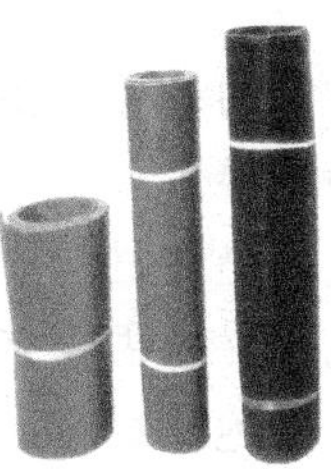
（d）绝缘胶版

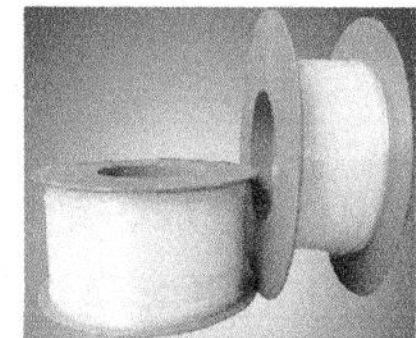
（e）绝缘纤维带

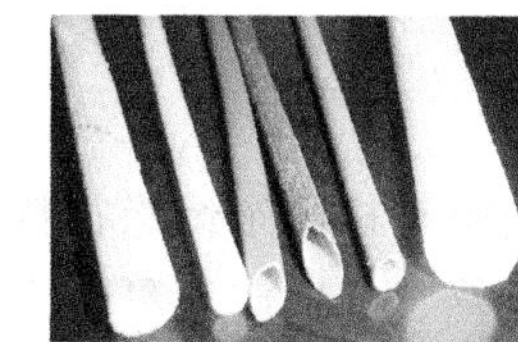
（f）绝缘套管

（g）合成绝缘板

图 1-5-1　绝缘材料制品

表 1-5-2　常用绝缘材料制品及其用途

种　类	名　称	用　途
绝缘漆和绝缘胶类	电磁线漆、浸渍漆、覆盖漆、绝缘复合胶	制作电磁线，加强电动机、电器线圈绝缘性，绝缘器件表面保护，密封电器及零部件等
塑料制品	塑料、薄膜、胶带及复合制品	制作高温高频电线电缆绝缘皮，作为电容器介质，包缠线头，电动机层间、端部、槽的绝缘等
电瓷制品	瓷绝缘子	架空线缆的固定和绝缘
橡胶制品	橡胶管、橡胶皮、橡胶板	制作电线电缆绝缘皮、电器设备绝缘板、绝缘棒、电气防护用品等

续表

种　类	名　称	用　途
层压制品	层压板、层压管、层压棒	作为电动机、电器等设备中的绝缘、灭弧零部件
绝缘油	天然绝缘油、化工绝缘油	在电力变压器、开关、电容器、电缆中进行灭弧、绝缘
绝缘包带	电工用黑胶布、涤纶带、橡胶带、黄蜡绸、黄蜡带等	作为电线电缆接头、电动机绕组接头等处的恢复绝缘层

课堂讨论

问题：黑胶布与聚氯乙烯（塑料）胶带的区别是什么？

答案：黑胶布又称黑包布，是用途最广、用量最大的一种绝缘包带。黑胶布是在棉布上刮胶、卷切而成的，其外形如图 1-5-2（a）所示。它适用于对交流电压为 380V 及以下的电线电缆做包扎绝缘，在 $-10\sim+40$℃环境内使用。在使用时，不必借用工具即可撕断，操作方便。

聚氯乙烯胶带又称塑料绝缘胶带，它是在聚氯乙烯薄膜上涂敷胶浆、卷切而成的，其外形如图 1-5-2（b）所示。聚氯乙烯胶带的绝缘性能、黏着力及防水性均比黑胶布好，并且具有多种颜色，它可代替黑胶布，除可用于包扎电线电缆以外，还可用作密封保护层。在使用时，不易用手撕断，需要用电工刀割断或用剪刀剪断。

（a）黑胶布　　（b）聚氯乙烯胶带

图 1-5-2　黑胶布和聚氯乙烯胶带

2. 导电材料

在电工领域，导电材料通常是指电阻率为$(1.5\sim10)\times10^{-8}\Omega\cdot m$的金属，其主要功能是传输电能和电信号。

1）对导电材料的要求

导电材料应具有高电导率和良好的机械性能、加工性能，耐大气腐蚀，化学稳定性高，同时还应该是资源丰富、价格低廉的。

一般导电材料选用铜和铝。由于铜的导电性、焊接性、机械性能和抗氧化性均优于铝，所以在电气工程中多采用铜导线。

2）电线电缆的分类

电线电缆一般分为裸导线、电磁线、电气设备用电线电缆、电力电缆、通信电缆等。在产品型号中，铜的标志是 T，铝的标志是 L。有时铜的标志 T 可以省略，在产品型号中没有标明 T 或 L 的就表示铜。

（1）裸导线

裸导线是指没有绝缘层的导线，一般用于室外架空线路。常用裸导线的种类、型号、截面积及主要用途如表1-5-3所示。

表1-5-3　常用裸导线的种类、型号、截面积及主要用途

种　类	型　号	截面积/mm²	主要用途
圆铜线	TR TY TYT	0.02～14 0.02～14 1.5～5	用于架空线路
圆铝线	LR LY4 LY6 LY8 LY9	0.3～10 0.3～10 0.3～5	用于架空线路
铝绞线	LJ	10～600	用于10kV以下、档距小于125m的架空线路
钢芯铝绞线	LGJ	10～400	用于35kV以上较高电压或档距较大的线路
轻型钢芯铝绞线	LGJQ	150～700	用于35kV以上较高电压或档距较大的线路
加强型钢芯铝绞线	LGJJ	150～400	用于35kV以上较高电压或档距较大的线路
硬铜绞线	TJ	16～400	用于机械强度高、耐腐蚀性强的低压输电线路

（2）电磁线

电磁线是一种在金属线材上覆盖绝缘层的导线，按绝缘特点和用途分为漆包线、绕包线和特种电磁线等。电磁线广泛用于绕制电机、变压器等的绕组或线圈。

（3）电气设备用电线电缆

电气设备用电线电缆的品种多、用量大。常用的电线电缆有聚氯乙烯和橡皮绝缘线，其型号、名称及主要用途如表1-5-4所示。

表1-5-4　常用聚氯乙烯和橡皮绝缘线的型号、名称及主要用途

型　号	名　称	主要用途
BV BLV BVR BVV BLVV	铜芯聚氯乙烯绝缘电线 铝芯聚氯乙烯绝缘电线 铜芯聚氯乙烯绝缘软电线 铜芯聚氯乙烯绝缘护套圆形电线 铝芯聚氯乙烯绝缘护套圆形电线	用于各种交流、直流电气装置，电工仪器、仪表，电信设备，动力及照明线路的固定敷设
RV RVB RVV RVVB	铜芯聚氯乙烯绝缘软电线 铜芯聚氯乙烯绝缘平行软电线 铜芯聚氯乙烯绝缘护套圆形软电线 铜芯聚氯乙烯绝缘护套平行软电线	用于各种交流、直流电器，电工仪器，家用电器，小型电动工具，动力及照明装置的连接
BX BLX BXR BXF BLXF	铜芯橡皮绝缘电线 铝芯橡皮绝缘电线 铜芯橡皮绝缘软电线 铜芯氯丁橡皮绝缘电线 铝芯氯丁橡皮绝缘电线	用于交流500V及以下或直流1000V及以下的电气设备及照明装置的连接

工程要求

导线的颜色规定。

为导线规定颜色的目的：在安装施工时便于识别；为今后的维护提供方便，减少因误判而引起的事故。有关国家标准已有如下明确规定。

① 相线为黄、绿、红 3 色，相序为从左至右：A 相为黄色，B 相为绿色，C 相为红色。

② 中性线为浅蓝色。

③ 保护线为绿、黄双色。工作线为黑色或白色。

注意：在任何情况下都不准使用双色线作为负荷线。

(4) 电力电缆

电力电缆是指在电力传输中使用的线缆，其结构如图 1-5-3 所示，由导电线芯、绝缘层和保护层组成。

电力电缆可分为纸绝缘、橡皮绝缘、聚氯乙烯绝缘和交联聚乙烯绝缘等类型的电力电缆。

3. 特殊导电材料

特殊导电材料是指不以导电为主要功能，而在电热、电磁、电光、电化学效应方面具有良好性能的导体材料。它们广泛应用于电工仪表、热工仪表、电器、电子及自动化装置等技术领域。

1) 常用电阻材料

电阻材料是用于制造各种电阻元件的合金材料，又称电阻合金。电阻材料的基本特性是具有高的电阻率和很小的电阻温度系数。常用电阻材料有康铜丝、新康铜丝、锰铜丝和镍镉丝等，如图 1-5-4 所示。电阻材料主要用于制作分流、限流、调整等类型的电阻器。

图 1-5-3 电力电缆的结构

图 1-5-4 电阻材料

2) 常用电热材料

电热材料主要用于制造电热器及电阻加热设备中的发热元件，作为电阻接入电路，将电能转换为热能。对电热材料的要求是电阻率高，电阻温度系数小，耐高温，在高温下抗氧化性好，便于加工成型等。常用电热材料主要有镍镉合金、铁铬铝合金及高熔点纯金属等，如图 1-5-5 所示。常用电热材料及电热元件的名称、特点、用途如表 1-5-5 所示。

表 1-5-5　常用电热材料及电热元件的名称、特点、用途

种　类	名　称	特　点	用　途
电热材料	镍镉合金	工作温度达 1150℃，电阻率高，高温下机械强度高，便于加工，基本无磁性	用于家用和工业电热设备
	高熔点纯金属铂、钼、钽、钨	工作温度为 1300～1400℃，最高可达 2400℃，电阻率较低，温度系数大	用于实验室及特殊电炉
电热元件	硅碳棒、硅碳管	工作温度为 1250～1400℃，抗氧化性能好，但不宜在 800℃以下长期使用	用作高温电加热设备中的发热元件
	管状电热元件	工作温度在 550℃以下，抗氧化，耐振，机械强度高，热效率高，可直接在液体中加热	用作日用电热器中的发热元件、液体内加热器件中的发热元件

3）常用熔体材料

熔体材料是一种保护性导电材料，一般是电阻率较高而熔点较低的合金材料，常用的熔体材料有铅锑、铅锡锑合金等。熔体材料作为熔断器的核心组成部分，具有过载保护和短路保护的功能。熔体材料一般都做成丝状或片状，称为保险丝或保险片，统称为熔丝，它是经常使用的电工材料，如图 1-5-6 所示。

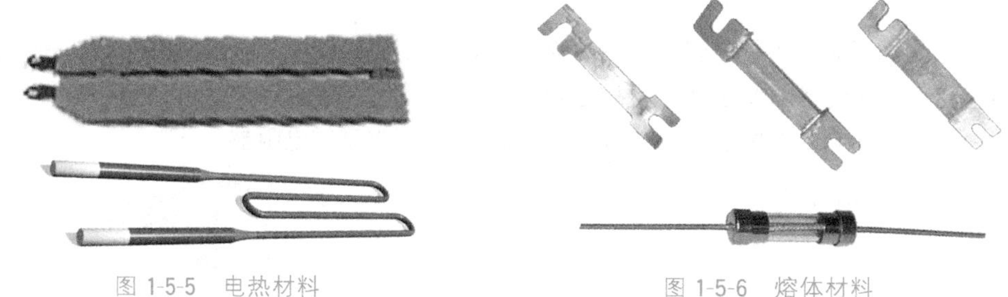

图 1-5-5　电热材料　　　图 1-5-6　熔体材料

工程经验

如何区分保险丝与焊锡丝？

从外观上看，保险丝颜色灰暗，焊锡丝则更光亮些；从软硬程度上看，保险丝较为柔软，焊锡丝虽然带有软性，但手感上还是会硬一点；从熔点上来分析，保险丝是高熔点的金属材料制品（铅制品），熔点约为 327℃，焊锡丝的熔点一般为 183～250℃，所以焊锡丝是很容易被熔化的。

【任务实施】

1. 任务实施器材

① 绝缘材料：云母、陶瓷、漆管、绝缘板、变压器油　　一套/组

② 导电材料：触点、电磁线、BV、BLV、电缆头　　一套/组

③ 特殊导电材料：康铜丝、钼丝、保险丝、焊锡丝　　一套/组

④ 实训工具：钢丝钳、电工刀、剥线钳、千分尺　　一套/组

2. 任务实施步骤

1）绝缘材料的识别

操作提示：材料样品要轻拿轻放，保持清洁，不要沾油污或破损。

操作题目：识别材料样品。

操作要求：观察材料样品，说明其物理性质，包括颜色、气味、状态、硬度、导电性、导热性、延展性等，将结果填入表 1-5-6。

表 1-5-6 材料样品物理性质记录表

名称	颜色	气味	状态	硬度	导电性	导热性	延展性
云母							
陶瓷							
漆管							
绝缘板							
变压器油							

2）导线的识别

操作题目 1：识别导线的属性。

操作要求：观察导线，说出导线的类型、名称、颜色等，将结果填入表 1-5-7。

操作题目 2：识别并测量导线线径。

操作要求：使用千分尺测量导线线径，将结果填入表 1-5-7。

表 1-5-7 导线样品记录表

样品	类型	名称	颜色	线芯形式	绝缘形式	线径
1＃线						
2＃线						
3＃线						
4＃线						
5＃线						

3）特殊导电材料的识别

操作题目：识别保险丝与焊锡丝。

操作要求：观察线丝的物理性状，给出线丝属性的结论。

【任务考核与评价】

表 1-5-8 常用电工材料识别与选择的考核

任务内容	配分	评分标准	自评	互评	教师评
绝缘材料的识别	20	① 选取操作 5 分 ② 物理性质识别 5 分 ③ 定性结论 10 分			
导线的识别	35	① 物理性质识别 10 分 ② 定性结论 25 分			

续表

任务内容	配分	评分标准			自评	互评	教师评
导线线径的测量	25	① 导线的处理操作 5分 ② 测量导线线径 10分 ③ 定性结论 10分					
特殊导电材料的识别	10	① 物理性质识别 5分 ② 定性结论 5分					
安全文明操作	10	违反1次 扣5分					
定额时间	10min	每超过5min 扣10分					
开始时间		结束时间		总评分			

任务6 常用电子元器件识别与检测训练

【任务要求】

本任务要求学生通过对常用电子元器件的识别和检测，掌握常用电子元器件的性能、用途及检测方法。

1. 知识目标

① 了解电子元器件的性能、分类及用途。

② 了解电子元器件的型号、外形结构、性能参数及标志方法。

③ 掌握电子元器件的测量、极性判定及质量鉴定的方法。

2. 技能目标

① 能用目视法判断、识别常用电子元器件。

② 会使用万用表测量常用电子元器件的性能参数，并能对其质量做出评价。

【任务相关知识】

常用电子元器件主要有电阻器、电容器、电感器、晶体二极管、晶体三极管及晶闸管等。

1. 电阻器

电阻器（简称电阻）是指用电阻材料制成、具有一定结构形式、能在电路中起限制电流通过作用的二端电子元器件。电工所使用的电阻器主要用于限流和分压。

1）电阻器的类型

阻值不能改变的电阻器称为固定电阻器，阻值可变的电阻器称为电位器或可变电阻器。常见电阻器的外形和图形符号如图1-6-1所示。电工接触较多的是碳膜电阻器、金属膜电阻器和大功率电阻器。

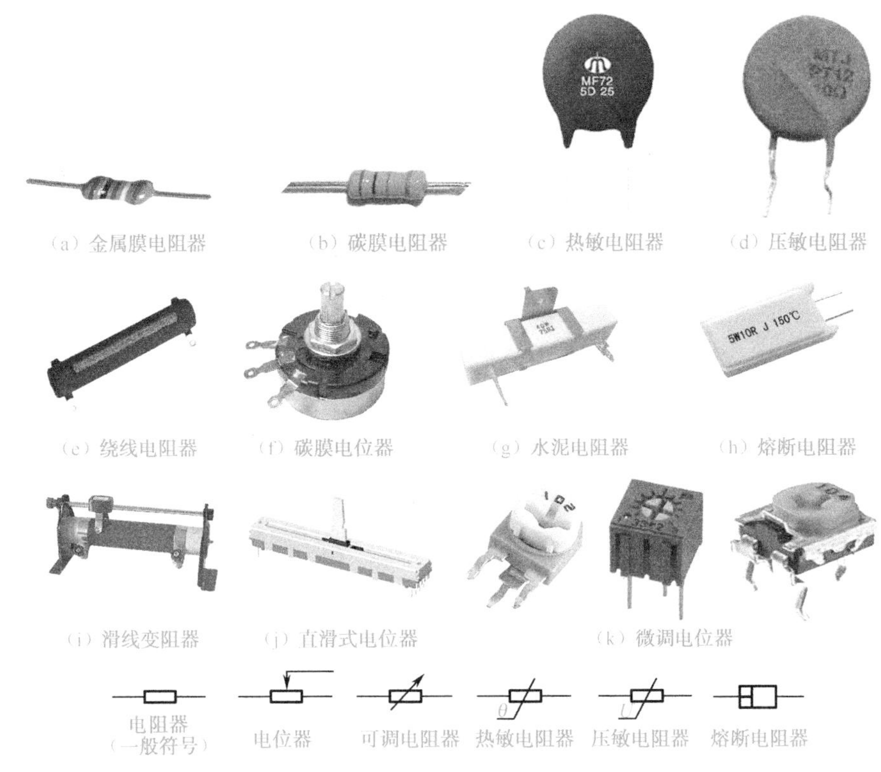

图 1-6-1 常见电阻器的外形和图形符号

电阻器分为 19 个额定功率等级，如表 1-6-1 所示，常用的有 0.05W、0.125W、0.25W、0.5W、1W、2W、10W、16W 等。

表 1-6-1 电阻器的额定功率等级

种类	额定功率/W																		
绕线电阻器	0.05	0.125	0.25	0.5	1	2	3	4	8	10	16	25	40	50	75	100	150	250	500
非绕线电阻器	0.05	0.125	0.25	0.5	1	2	5	10	25	50	100								

2）电阻器阻值的标志方法

电阻器阻值的标志方法有 3 种：直接标志法、文字符号法及色环标志法。

（1）直接标志法

直接标志法是将电阻器的阻值直接用数字印在电阻器上。对于小于 1000Ω 的阻值，只标出数值，不标出单位；对于达千欧（kΩ）、兆欧（MΩ）的阻值，标出数值和单位，其中单位只标出 k、M。

（2）文字符号法

文字符号法是将需要标出的主要参数用文字和数字符号有规律地标在产品表面上，欧用 Ω 表示，千欧用 k 表示，兆欧用 M 表示。

（3）色环标志法

对于体积很小的电阻器，其阻值是用带有颜色的色环来标志的，如图 1-6-2 所示。色环标志法有 4 环和 5 环两种。

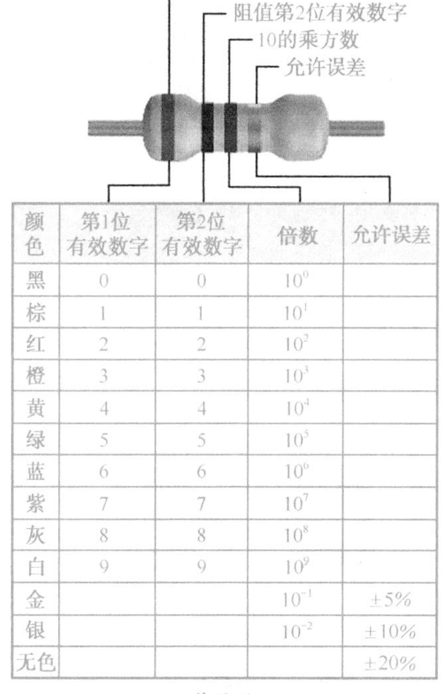

颜色	第1位有效数字	第2位有效数字	倍数	允许误差
黑	0	0	10^0	
棕	1	1	10^1	
红	2	2	10^2	
橙	3	3	10^3	
黄	4	4	10^4	
绿	5	5	10^5	
蓝	6	6	10^6	
紫	7	7	10^7	
灰	8	8	10^8	
白	9	9	10^9	
金			10^{-1}	±5%
银			10^{-2}	±10%
无色				±20%

（a）普通型

阻值第1位有效数字
阻值第2位有效数字
阻值第3位有效数字
10的乘方数
允许误差

颜色	第1位有效数字	第2位有效数字	第3位有效数字	倍数	允许误差
黑	0	0	0	10^0	
棕	1	1	1	10^1	±1%
红	2	2	2	10^2	±2%
橙	3	3	3	10^3	
黄	4	4	4	10^4	
绿	5	5	5	10^5	±0.5%
蓝	6	6	6	10^6	±0.25%
紫	7	7	7	10^7	±0.1%
灰	8	8	8	10^8	
白	9	9	9	10^9	
金				10^{-1}	
银				10^{-2}	

（b）精密型

图 1-6-2　色环标志法

4 环电阻器的第 1 环和第 2 环分别表示阻值的第 1 位和第 2 位有效数字，第 3 环表示 10 的乘方数（10^n，其中 n 为颜色所表示的数字），第 4 环表示允许误差。色环电阻器阻值的单位一律为欧（Ω）。

5 环电阻器的前 3 环表示阻值的前 3 位有效数字，第 4 环表示 10 的乘方数（10^n，其中 n 为颜色所表示的数字），第 5 环表示允许误差。

因为采用色环标志电阻器的阻值颜色醒目、标注清晰、不易褪色，从不同的角度都能看清楚阻值，所以目前国际上广泛采用色环标志法。

3）电阻器的检测

（1）普通电阻器的检测

对于常用的碳膜电阻器、金属膜电阻器及绕线电阻器的阻值，可用普通指针式万用表的电阻挡直接测量。测量方法及注意事项参见本项目任务 3 的有关内容。

（2）热敏电阻器的检测

目前应用较多的热敏电阻器是负温度系数热敏电阻器。欲判断热敏电阻器性能的好坏，可在测量其阻值的同时，用手指捏住热敏电阻器（使其温度升高），或者利用电烙铁对其进行加热（不要接触）。若其阻值随温度变化而变化，则说明其性能良好；若其阻值不随温度变化而变化，则说明其性能不好或已损坏。

（3）电位器的检测

先测量电位器的总阻值，如图 1-6-3（a）所示，然后将一支表笔接电位器的中心焊接片，将另一支表笔接其余两端片中的任意一个，如图 1-6-3（b）所示，慢慢将其转柄从一个极端位置旋转至另一个极端位置，其阻值应从零（或标称值）连续变化到标称值（或零）。

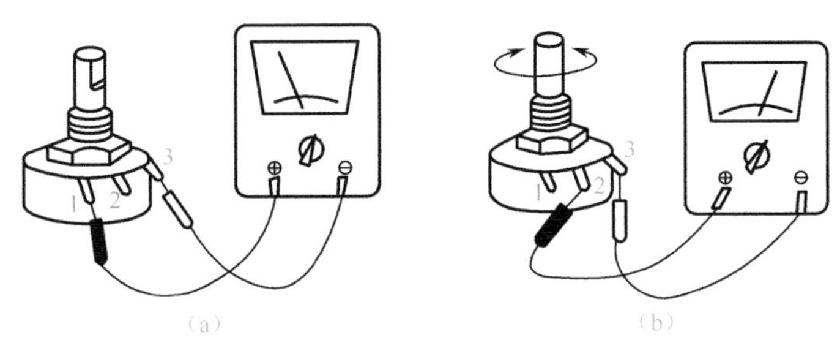

图 1-6-3 电位器的检测

实战技巧

在实践中发现，有些电阻器色环的排列顺序不甚分明，往往容易读错。在识别时，可运用如下技巧加以判定。

技巧 1：由允许误差色环判定色环顺序。

最常用的表示允许误差的颜色是金、银、棕，尤其是金环和银环一般很少用作电阻器色环的第 1 环，所以只要在电阻器上发现金环和银环，就可以基本认定这是色环电阻器的最末环。

技巧 2：对棕环是否是允许误差色环的判定。

棕环既常用作允许误差色环，又常用作有效数字色环，且常常在第 1 环和最末环中同时出现，使人很难识别谁是第 1 环。在实践中，可以按照色环之间的间隔加以判定。例如，对一个 5 环电阻器而言，第 5 环和第 4 环之间的间隔比第 1 环和第 2 环之间的间隔要宽一些，据此可判定色环的排列顺序。

技巧 3：由电阻器生产系列值来判定色环顺序。

在仅靠色环间距无法判定色环顺序的情况下，还可以利用电阻器的生产系列值来加以判定。例如，有一个电阻器的色环顺序是棕、黑、黑、黄、棕，其阻值为 $100\times10^4\,\Omega=1\mathrm{M}\Omega$，允许误差为 ±1%，属于正常的电阻器生产系列值；若反顺序读，则为棕、黄、黑、黑、棕，其值为 $140\times10^0\,\Omega=140\Omega$，误差为 ±1%。显然，按照后一种顺序所读取的电阻值在电阻器的生产系列值中是没有的，故后一种色环顺序是不对的。

如果使用上述方法均无法读出色环电阻器的阻值，则需要使用万用表对色环电阻器的阻值进行直接测量。

2. 电容器

电容器（简称电容）是一种容纳电荷的电子元器件。电工所使用的电容器主要用于滤波、隔直、能量转换及控制等。

1）电容器的类型

电容器按介质不同可分为纸介电容器、有机薄膜电容器、瓷介电容器、云母电容器、玻璃釉电容器、电解电容器、钽电容器等。常见电容器的外形和图形符号如图 1-6-4 所示。电工接触较多的是纸介电容器和电解电容器。

2）电容器的主要参数

电容器的主要参数有两个：标称容量和额定耐压。

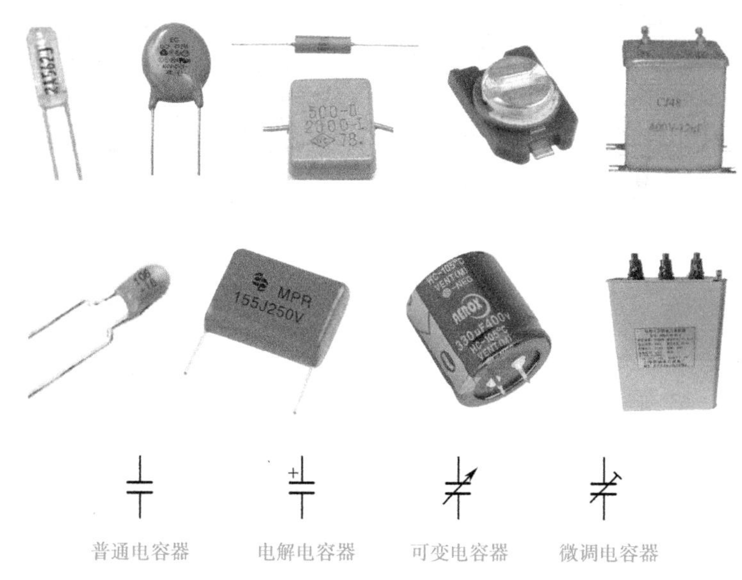

图 1-6-4　常见电容器的外形和图形符号

（1）标称容量

在电容器上标注的容量值称为标称容量（有时简称容量）。固定电容器的标称容量系列如表 1-6-2 所示，任何电容器的标称容量都满足表 1-6-2 中的标称容量系列值再乘以 10^n（n 为正或负整数）。

表 1-6-2　固定电容器的标称容量系列

电容器类别	标称容量系列值/μF
高频纸介质、云母介质 玻璃釉介质 高频（无极性）有机薄膜介质	1.0　1.1　1.2　1.3　1.5　1.6　1.8　2.0 2.2　2.4　2.7　3.0　3.3　3.6　3.9 4.3　4.7　5.1　5.6　6.2　6.8　7.5　8.2　9.1
纸介质、金属化纸介质 复合介质、低频（有极性）有机薄膜介质	1.0　1.5　2.0　2.2　3.3　4.0　4.7　5.0 6.0　6.8　8.0
电解电容器	1.0　1.5　2.2　3.3　4.7　6.8

（2）额定耐压

电容器的额定耐压是指在规定温度范围内，电容器在正常工作时能承受的最大直流电压。额定耐压值一般直接标注在电容器上。固定电容器的额定耐压系列值有 1.6V、6.3V、10V、16V、25V、32V*、40V、50V、63V、100V、125V*、160V、250V、300V*、400V、450V*、500V、1000V 等（带*号的只限于电解电容器）。

注意：电容器在使用时电压值不允许超过其额定耐压值，若超过此值，电容器就可能损坏或被击穿，甚至爆炸。

3）电容器容量的标志方法

电容器容量的标志方法有如下 4 种。

(1) 直接标志法

直接标志法是指在产品的表面上直接标志出产品的主要参数和技术指标。如图 1-6-5（a）所示，该电容器容量为 5μF±5%，耐压为交流 250V，频率为 50/60Hz。

(2) 文字符号法

文字符号法是指将需要标志的主要参数和技术指标用文字、数字符号的有规律组合标志在产品表面上。采用文字符号法时，将容量的整数部分写在容量单位符号前面，将小数部分写在容量单位符号后面。如图 1-6-5（b）所示，该电容器容量为 8.2nF。

(3) 数字标志法

数字标志法如图 1-6-5（c）所示。体积较小的电容器常用数字标志法，一般用 3 位整数，第 1 位、第 2 位为有效数字，第 3 位表示有效数字后面 0 的个数，单位为皮法（pF），但是当第 3 位数字是 9 时表示 10^{-1}。例如，“472”表示容量为 4700pF，而“339”表示容量为 33×10^{-1}pF（3.3pF）。

(4) 色环标志法

电容器容量的色环标志法原则上与电阻器阻值的色环标志法类似，其单位为皮法（pF），如图 1-6-5（d）所示。

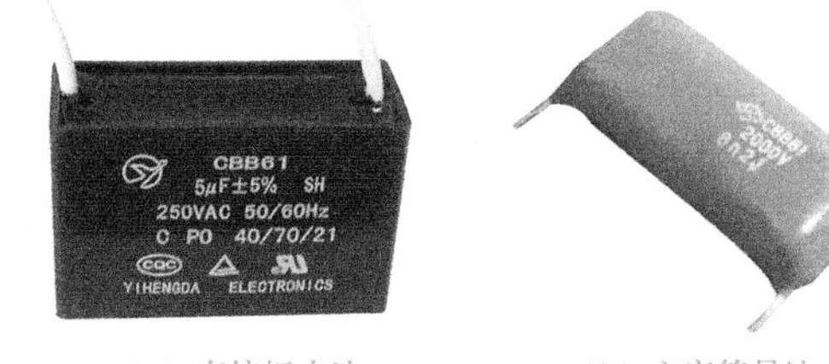

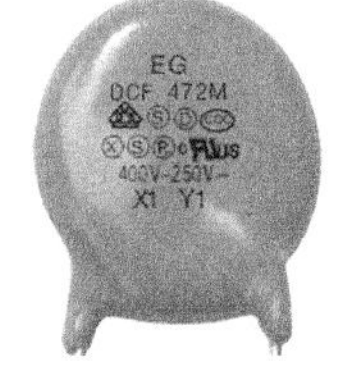

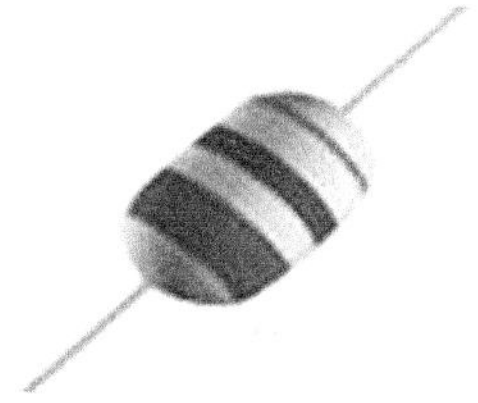

（a）直接标志法　（b）文字符号法　（c）数字标志法　（d）色环标志法

图 1-6-5 电容器容量的标志方法

课堂讨论

问题：如何选用电容器？

答案：电容器的容量值和额定耐压值都是有系列的。在选取电容器的容量值时，根据计算的结果，按照“系列取值，宁大勿小”的原则在系列值中选取，即应该选取系列值中高于计算值的规格。在选取电容器的额定耐压值时，也要按照“系列取值，宁大勿小”的原则在系列值中选取，即也应该选取系列值中高于计算值的规格。

4) 电容器的检测

电容器在使用前应进行检测，以免造成电路短路、断路或影响电路的性能指标。对电容器进行性能检查和容量测量，应根据电容器型号和容量的不同而采取不同的方法。

(1) 电解电容器的检测

① 电解电容器好坏的判定。

先将电解电容器两端导线短接放电，然后将万用表的黑表笔与电容器的正极相接，将红表笔与电容器的负极相接。

电容器正常现象：表针迅速向右摆动，然后慢慢复位。

电容器短路现象：表针指向零或接近零，并且不能复位。

电容器断路现象：表针完全不动或微动，并且不能复位。

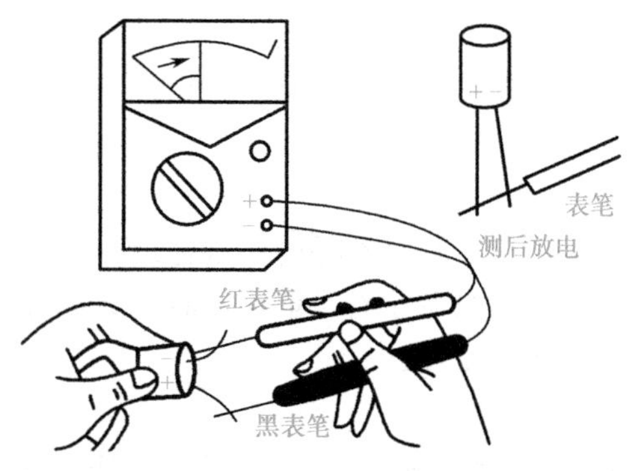

图 1-6-6　用万用表判定电解电容器的极性

② 电解电容器极性的判定。

判定步骤：如图 1-6-6 所示，先假定电容器某极为正极，让其与万用表的黑表笔相接，将另一个电极与万用表的红表笔相接，同时观察并记录表针向右摆动的幅度；再将电容器放电，然后把两支表笔对调重新进行上述测量。

判定结论：哪一次测量中表针最后停留的摆动幅度较小，说明该次对其正、负极的假定是对的。

（2）小容量无极性电容器的检测

电容器正常现象：表针稍摆一个小角度后复位，把两支表笔对调重复测量，仍出现上述情况。

电容器短路现象：表针指向零或摆动幅度较大，并且不能复位。

电容器断路现象：表针完全不动，把两支表笔对调重复测量，表针仍然不动。

3. 电感器

电感器（简称电感）是能够把电能转换为磁能并储存起来的电子元器件。电工所用的电感器主要用于阻止动态电流的变化。

1）电感器的类型

电感器分为固定电感器和可变电感器。按导磁性质，可分为空芯电感器、磁芯电感器和铜芯电感器等；按用途，可分为高频扼流电感器、低频扼流电感器、调谐电感器、退耦电感器、稳频电感器等；按结构特点，可分为单层电感器、多层电感器、蜂房式电感器、磁芯式电感器等。常见电感器的外形和图形符号如图 1-6-7 所示。

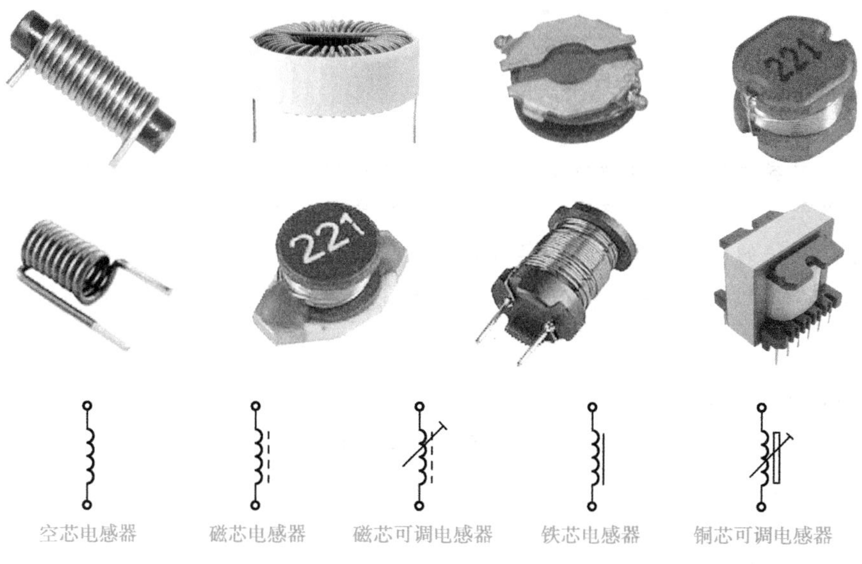

图 1-6-7　常见电感器的外形和图形符号

2）电感器的检测

对电感器进行检测，首先要进行外观检查，查看线圈有无松散，引脚有无折断、生锈现象。然后用万用表的欧姆挡测量线圈的直流电阻，若为无穷大，则说明线圈（或线圈与引出线间）有断路；若比正常值小很多，则说明线圈有局部短路；若为零，则说明线圈被完全短路。

4. 晶体二极管

晶体二极管（简称二极管）是一种具有单向传导电流作用的电子元器件。电工所使用的二极管主要用于整流、限幅、隔离、续流、稳压及开关控制等。

1）二极管的类型

二极管种类有很多，按照所用的半导体材料，可分为锗二极管（管压降为 0.7V）和硅二极管（管压降为 0.3V）。常用二极管的外形如图 1-6-8 所示。电工接触较多的是整流二极管、功率二极管及稳压二极管。

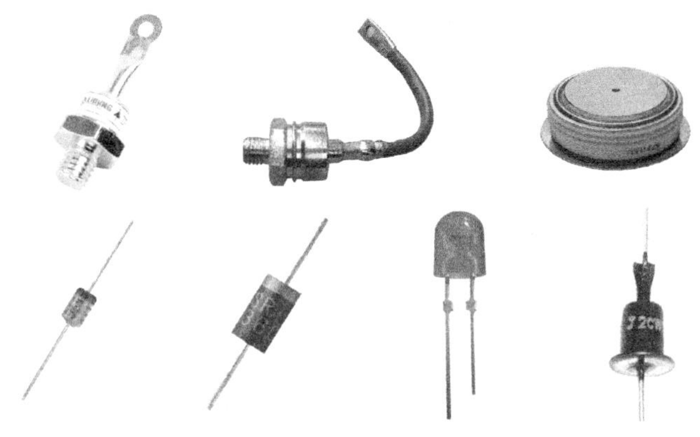

图 1-6-8　常用二极管的外形

2）二极管的检测

(1) 普通二极管的检测

普通二极管的外壳上均印有标记。标记有箭头、色点、色环 3 种，箭头所指方向或靠近色环的一端为二极管的负极，有色点的一端为正极。普通二极管的检测方法如表 1-6-3 所示。

表 1-6-3　普通二极管的检测方法

项　目	方　法	图　示
判定极性	观察外壳上的符号标记：外壳上标有二极管的符号，箭头所指的一端为负极，另一端为正极	- +
	观察外壳上的色点和色环：一般标有色点的一端为正极，带色环的一端为负极	- + + -
	观察玻璃壳内触针：将外壳上的黑色或白色漆层轻轻刮掉一点，透过玻璃壳观察二极管的内部结构，有金属触针的一端是正极	
	用万用表测量判定：将万用表置于“×1k”挡，先用红、黑表笔任意测量二极管两个端子间的电阻值，然后交换表笔再测量一次，如果二极管是好的，则两次测量结果必定一大一小。以阻值较小的一次测量为准，黑表笔所接的一端为正极，红表笔所接的一端为负极	电阻较小 $R\times1k$ 黑表笔 红表笔

续表

项　目	方　法	图　示
检查好坏	测量正、反向电阻来判断二极管的好坏，一般小功率硅二极管的正向电阻为几百千欧到几千千欧，锗二极管的正向电阻为100Ω～1kΩ	黑表笔 红表笔 R×100 （a）测正向电阻 红表笔 黑表笔 R×1k （b）测反向电阻
判定硅、锗二极管	将二极管接在电路中，当其导通时，用万用表测量其正向压降，硅二极管的一般为0.6～0.7V，锗二极管的一般为0.1～0.3V	

（2）稳压二极管的检测

① 极性的判定。

稳压二极管极性的判定与普通二极管极性的判定方法相同。

② 检查好坏。

将万用表置于“×10k”挡，将黑表笔接稳压二极管的负极，将红表笔接稳压二极管的正极，若此时反向电阻很小（与使用“×1k”挡时的测量值相比较），说明该稳压二极管正常。因为万用表“×10k”挡的内部电压都在9V以上，可达到被测稳压二极管的击穿电压，使其阻值大大减小。

（3）发光二极管的检测

用万用表“×10k”挡测量，一般正向电阻应小于30kΩ，反向电阻应大于1MΩ。若正、反向电阻均为零，则说明其内部击穿；若正、反向电阻均为无穷大，则说明其内部已开路。

工程经验

稳压二极管与普通小功率整流二极管的区分方法。

常用稳压二极管的外形与普通小功率整流二极管的外形基本相似。当其外壳上的型号标记清楚时，可根据型号加以鉴别；当其型号标记脱落时，可使用万用表电阻挡准确地将稳压二极管与普通小功率整流二极管区分开来。

具体方法：首先将万用表置于“×1k”挡，按前述方法把被测二极管的正、负电极判定出来。然后将万用表置于“×10k”挡，将黑表笔接被测二极管的负极，将红表笔接被测二极管的正极，若此时测量的反向电阻比用“×1k”挡测量的反向电阻小很多，则说明被测二极管为稳压二极管；如果测量的反向电阻仍很大，则说明被测二极管为普通小功率整流二极管。

注意事项：当被测稳压二极管的稳压值高于万用表“×10k”挡的电压值时，不能使用上述方法。

5. 晶体三极管

晶体三极管简称三极管。电工所使用的三极管主要用于构成放大器和功率开关。

1）三极管的类型

三极管按材料分为两种，即锗三极管和硅三极管，而每一种又有NPN和PNP两种结构形式，电工接触较多的是硅 NPN 型三极管和锗 PNP 型三极管。常用三极管的外形如图 1-6-9 所示。

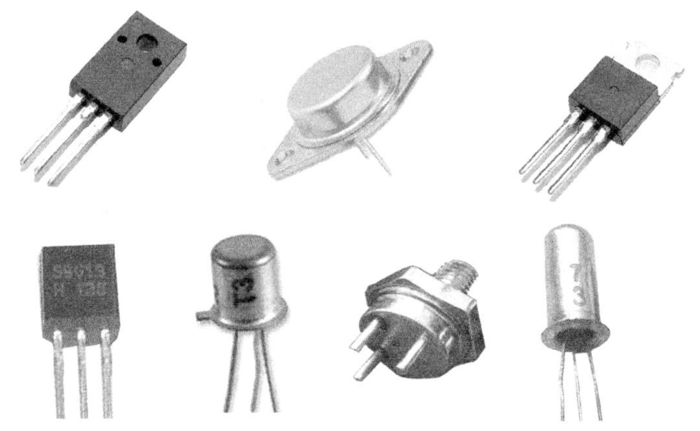

图 1-6-9 常用三极管的外形

2）三极管的特征识别

（1）引脚极性的识别

可以根据三极管的封装形式识别引脚极性，如图 1-6-10 所示。

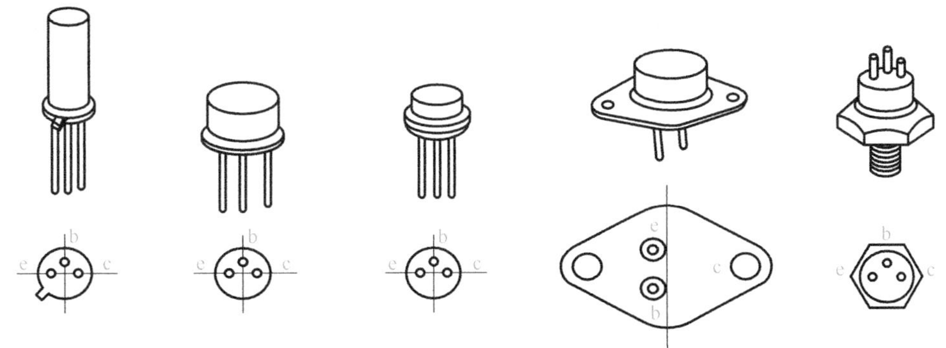

图 1-6-10 根据三极管的封装形式识别引脚极性

（2）β 值的识别

有些三极管的壳顶上标有色点，为 β 值的色点标志，为选用三极管带来很大的方便。其分挡标志如下。

0～15～25～40～55～80～120～180～270～400～600

棕 红 橙 黄 绿 蓝 紫 灰 白 黑

3）三极管的检测

（1）三极管的基极和类型的判定

将万用表黑表笔任接一极，将红表笔分别依次接另外两极。如图 1-6-11 所示，若在两次测量中表针均偏转很大（说明三极管的 PN 结已通，电阻较小），则黑表笔接的电极是基极，这时该三极管为 NPN 型三极管；将表笔对调（将红表笔任接一极），重复以上操作，也可确定三极管的基极，这时该三极管为 PNP 型三极管。

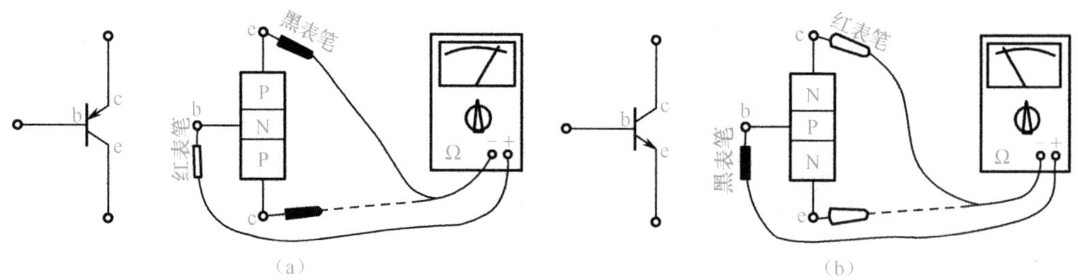

图 1-6-11　三极管的基极和类型的判定

（2）三极管质量好坏的判断

若在以上操作中无一电极满足上述现象，则说明三极管已坏。也可用万用表的 h_{FE} 挡来进行判断。当三极管的类型确定后，将三极管插入专用插孔，将万用表置于 h_{FE} 挡，若示值不正常（如为零或大于 300)，则说明三极管已坏。

工程经验

大功率三极管的散热问题。

大功率三极管在工作时，除向负载提供功率以外，本身也要消耗一部分功率，因而会产生热量。大功率三极管的耗散功率主要集中在集电结上，这就使集电结的结温迅速升高，从而引起整个三极管的温度升高，严重时会使三极管烧毁。要保证三极管的安全，必须将三极管的热量散发出去。散热条件越好，对应于相同结温所允许的管耗就越大，输出功率也就越大。为了减小热阻，改善散热条件，一般大功率三极管都必须加装散热片。

表 1-6-4 中列出了两种大功率三极管达到指定功率所要求的散热片尺寸，还给出了不加装散热片时的功率输出情况。

表 1-6-4　两种大功率三极管达到指定功率所要求的散热片尺寸（铝材）

型　号	额定功率/W	不加装散热片时的输出功率/W	达到指定功率所要求的散热片尺寸（长×宽×高）	
3AD6	10	1	5W	50mm×50mm×3mm
			10W	140mm×130mm×3mm
3AD30	20	2	15W	175mm×175mm×3mm
			20W	220mm×220mm×3mm

【任务实施】

1. 任务实施器材

① 电阻器：色环电阻器、碳膜电阻器、电位器、绕线电阻器　　一套/组

② 电容器：电解电容器、纸介电容器、瓷介电容器、电力电容器　　一套/组

③ 电感器：线圈、空芯电感器、电抗器　　一套/组

④ 二极管：1N4001、1N4002、1N4003、1N4007　　若干/组

⑤ 三极管：9011、9012、9013、9014　　若干/组

⑥ 实训工具：万用表、电工工具　　一套/组

2. 任务实施步骤

1）电阻器的识别与测量

操作提示：样品要轻拿轻放，保持清洁，不要沾油污或破损。

操作题目 1：识别电阻器的属性。

操作要求：观察电阻器，说明其属性，如型号、类型、标称电阻值、功率，将结果填入表 1-6-5。

操作题目 2：识别色环电阻器。

操作要求：观察电阻器的色环，估算电阻值。

操作题目 3：测量电阻器的阻值。

操作要求：使用万用表测量电阻器的阻值，将结果填入表 1-6-5。

表 1-6-5 电阻器样品记录表

样　品	型　号	类　型	标称电阻值	实测电阻值	功　率
1＃电阻					
2＃电阻					
3＃电阻					
4＃电阻					

2）电容器的识别与检测

操作题目 1：识别电容器的属性。

操作要求：观察电容器，说明其属性，如电介质种类、标称容量及容量标志方法，将结果填入表 1-6-6。

操作题目 2：检测电容器。

操作要求：使用万用表检测电容器，给出电容器质量好坏的结论，将结果填入表 1-6-6。

表 1-6-6 电容器样品记录表

样　品	电介质种类	标称容量	容量标志方法	质量鉴定
1＃电容器				
2＃电容器				
3＃电容器				
4＃电容器				

3）电感器的识别与检测

操作题目 1：识别电感器的属性。

操作要求：观察电感器，说明其属性，如导磁介质种类、标称值，将结果填入表 1-6-7。

操作题目 2：检测电感器。

操作要求：使用万用表测量电感器的直流电阻值，给出电感器质量好坏的结论，将结果填入表 1-6-7。

表 1-6-7　电感器样品记录表

样　品	导磁介质种类	标　称　值	直流电阻值	质量鉴定
1＃电感器				
2＃电感器				
3＃电感器				

4）二极管的识别与检测

操作题目 1：识别二极管的属性。

操作要求：观察二极管，说明其属性，如封装形式、型号、参数及引脚极性，将结果填入表 1-6-8。

操作题目 2：检测二极管。

操作要求：使用万用表测量二极管的正、反向电阻，给出二极管质量好坏的结论，将结果填入表 1-6-8。

表 1-6-8　二极管样品记录表

样　品	封装形式	型　号	参　数	正向电阻	反向电阻	质量鉴定
1＃二极管						
2＃二极管						
3＃二极管						
4＃二极管						

5）三极管的识别与检测

操作题目 1：识别三极管的属性。

操作要求：观察三极管，说明其属性，如封装形式、型号、参数及引脚极性，将结果填入表 1-6-9。

操作题目 2：检测三极管。

操作要求：使用万用表测量三极管的发射结正偏电阻、集电结反偏电阻，给出三极管质量好坏的结论，将结果填入表 1-6-9。

表 1-6-9　三极管样品记录表

样　品	封装形式	型　号	参　数	发射结正偏电阻	集电结反偏电阻	质量鉴定
1＃三极管						
2＃三极管						
3＃三极管						
4＃三极管						

【任务考核与评价】

表 1-6-10　常用电子元器件识别与检测的考核

任务内容	配　分	评分标准	自　评	互　评	教师评
电阻器的识别与测量	20	① 属性及标志的识别　5 分 ② 测量操作　5 分 ③ 色环电阻器的读值　10 分			

续表

任务内容	配分	评分标准		自评	互评	教师评
电容器的识别与检测	10	① 属性及标志的识别 ② 测量操作 ③ 质量鉴定	5分 2分 3分			
电感器的识别与检测	10	① 属性及标志的识别 ② 测量操作 ③ 质量鉴定	5分 2分 3分			
二极管的识别与检测	20	① 属性及标志的识别 ② 测量操作 ③ 引脚极性判定 ④ 质量鉴定	5分 5分 5分 5分			
三极管的识别与检测	30	① 属性及标志的识别 ② 测量操作 ③ 引脚极性判定 ④ 类型判定 ⑤ 质量鉴定	5分 10分 5分 5分 5分			
安全文明操作	10	违反1次	扣5分			
定额时间	20min	每超过5min	扣10分			
开始时间		结束时间		总评分		

任务7 电子电路焊接操作训练

【任务要求】

本任务要求学生通过对常用焊接工具和材料的认识和使用，以及手工焊接工艺的实际演练，掌握一般电子电路的手工焊接操作技术。

1. 知识目标

① 掌握焊接工具的分类、使用场合及使用注意事项。

② 了解焊接材料的性质及选用要求。

③ 掌握电子电路的手工焊接工艺。

2. 技能目标

① 会选用电烙铁、焊锡及松香。

② 会采用“五步”操作法和“三步”操作法进行焊接操作。

【任务相关知识】

1. 焊接工具和材料

1）电烙铁

电烙铁是进行电子产品制作和电气维修的必备工具，主要用于焊接元器件及导线。电烙铁分为外热式和内热式两种，如图 1-7-1 所示。

（1）电烙铁的规格及使用场合

图 1-7-1（a）所示为内热式电烙铁，它适用于电子产品制作，主要规格有 20W、25W、35W、50W 等。在焊接集成电路、晶体管及受热易损元器件时，应选用 20W 内热式电烙铁。

图 1-7-1（b）所示为外热式电烙铁，它适用于焊接大型焊件，主要规格有 25W、30W、40W、50W、60W、75W、100W、150W、300W 等。作为电工，有一把 50W 的外热式电烙铁能够有备无患。

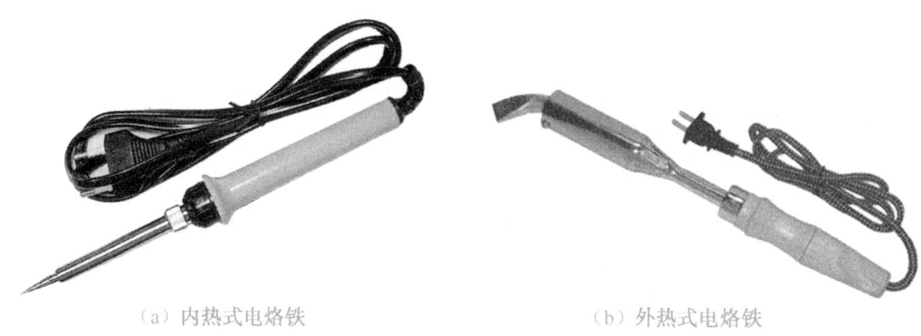

（a）内热式电烙铁　　（b）外热式电烙铁

图 1-7-1　电烙铁

工程经验

电烙铁是握在手里进行操作的，在使用时千万注意安全。新买的电烙铁要先用万用表电阻挡检查一下插头与金属外壳之间的电阻值，万用表表针应该不动，否则应该彻底检查。现在很多厂家生产的内热式电烙铁，为了节约成本，电源线不用橡皮花线，而直接用塑料电线，比较不安全。强烈建议换用橡皮花线，因为它不像塑料电线那样容易被烫伤、破损，以致短路或触电。

（2）使用注意事项

① 电烙铁插头最好使用三极插头，外壳要妥善接地。

② 在使用电烙铁前，应认真检查电源插头、电源线有无损坏；检查烙铁头是否松动。

③ 电烙铁不能用力敲击，防止掉落。当烙铁头上焊锡过多时，可用布擦掉，不可乱甩，以防烫伤他人。

④ 在焊接过程中，电烙铁不能到处乱放，在不使用时应放在烙铁架上。电源线不可搭在烙铁头上，以防烫坏绝缘层而发生事故。

⑤ 在使用结束后，应及时切断电源，拔下电源插头。冷却后，再将电烙铁收回工具箱。

2）焊料

焊料是一种易熔金属，它能使元器件引脚与印制电路板的连接点连接在一起。焊锡作为一种常用的焊料，外形多为丝状。焊锡是在金属锡中加入一定比例的铅和少量的其他金属而制成的，具有熔点低、抗腐蚀、抗氧化、附着力强等特点。

3）助焊剂

助焊剂是焊接过程中不可缺少的一种材料，它有助于清洁被焊面，防止氧化，增强焊料的流动性，使焊点易于成形。常用的助焊剂是松香和氧化松香。

在进行手工焊接时为了使操作简便，将焊锡制成管状，管内夹带固体松香。

2. 手工焊接工艺

1）焊接的手法

（1）焊锡丝的拿法

首先把成卷的焊锡丝拉直，然后截成一尺长左右的一段。在连续进行焊接时，焊锡丝的拿法如图 1-7-2（a）所示，即左手的大拇指、食指和小拇指夹住焊锡丝，用另外两个手指配合就能把焊锡丝连续向前送进。若不是连续焊接，则焊锡丝的拿法也可采用其他形式，如图 1-7-2（b)所示。

（2）电烙铁的握法

根据电烙铁的大小、形状和被焊件的不同，电烙铁的握法一般有 3 种形式，如图 1-7-3 所示。

图 1-7-3（a）所示为正握法，适用于中功率电烙铁或带弯头电烙铁的操作。

图 1-7-3（b）所示为反握法，适用于大功率电烙铁的操作或散热量较大的元器件的焊接。

图 1-7-3（c）所示为握笔法，适用于小功率电烙铁的操作或散热量较小的元器件的焊接。

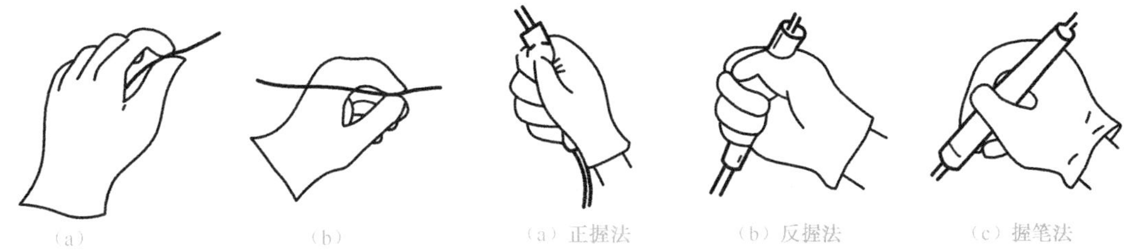

（a） （b） （a）正握法 （b）反握法 （c）握笔法

图 1-7-2 焊锡丝的拿法 图 1-7-3 电烙铁的握法

2）待焊材料的预加工

待焊材料的预加工包括待焊材料的清洁、待焊材料的预镀锡处理（浸焊或涂焊）。在焊接前，应对元器件引脚或印制电路板的待焊接部位进行处理。一般元器件引脚在插入印制电路板之前都必须刮干净再镀锡，个别因长期存放而氧化的元器件引脚也应重新镀锡。需要注意的是，对于扁平封装的集成电路引脚，不允许用刮刀清除氧化层。

（1）清除焊接部位的氧化层

可用断锯条制成小刀，刮去金属引脚表面的氧化层，使引脚露出金属光泽，如图 1-7-4（a）所示。对于印制电路板，可用细砂纸将铜箔打磨光亮后，涂上一层松香酒精溶液。

（2）元器件镀锡

在刮干净的引脚上镀锡，可先将引脚蘸一下松香酒精溶液，然后将带锡的热烙铁头压在引脚上，并转动引脚，即可使引脚均匀地镀上一层很薄的锡，如图 1-7-4（b）所示。

导线在焊接前，应将绝缘外皮剥去，再经过上面两项处理，才能正式焊接。若是多股金属丝的导线，应先将其打磨干净后拧在一起，再镀锡。

3）手工焊接的基本步骤

在做好焊接前的处理之后，就可以进行正式焊接了。电子元器件的完整焊接操作分焊接、检查、剪短 3 步完成，如图 1-7-5 所示。

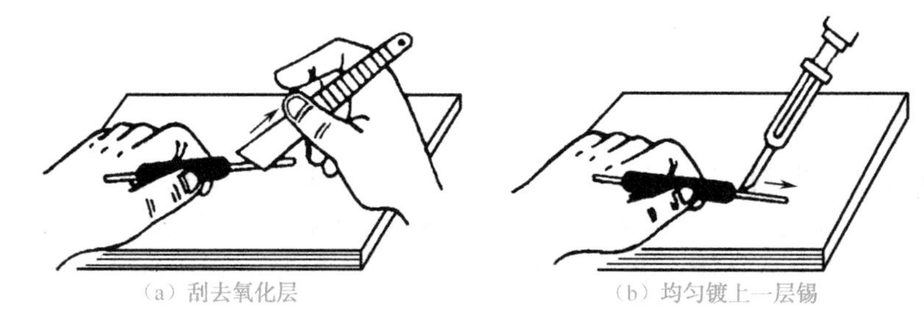

图 1-7-4　待焊材料的预加工

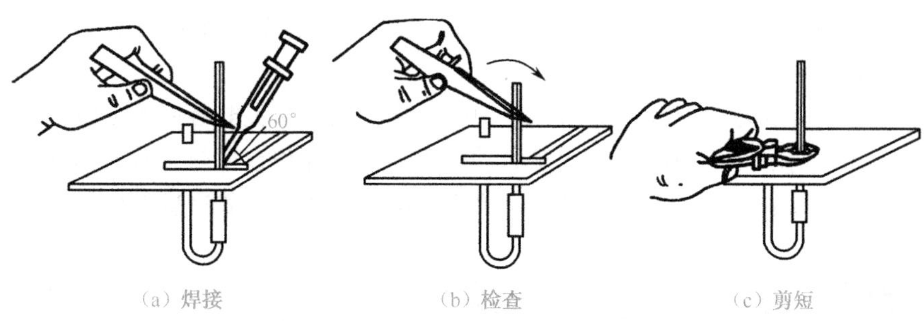

图 1-7-5　完整焊接操作过程

在进行手工焊接时，对热容量大的被焊件，常采用“五步”操作法；对热容量小的被焊件，常采用“三步”操作法。

（1）“五步”操作法

第 1 步：把被焊件、焊锡丝和电烙铁准备好，使其处于随时可焊的状态。如果使用的是新电烙铁，那么在使用前，应用细砂纸将烙铁头打磨光亮，通电烧热，蘸上松香后用烙铁头刃面接触焊锡丝，使烙铁头上均匀地镀上一层锡。这样做可以便于焊接和防止烙铁头表面氧化。旧的烙铁头若因严重氧化而发黑，则可用钢锉锉去表层氧化物，在使其露出金属光泽后重新镀锡，才能使用。

第 2 步：加热被焊件。把烙铁头放在接线端子和引脚上对其进行加热。

第 3 步：放上焊锡丝。被焊件经加热达到一定温度后，立即将手中的焊锡丝触到被焊件上，熔化适量的焊锡。注意：焊锡丝应加到被焊件上烙铁头的对称一侧，而不是直接加到烙铁头上，如图 1-7-6 所示。

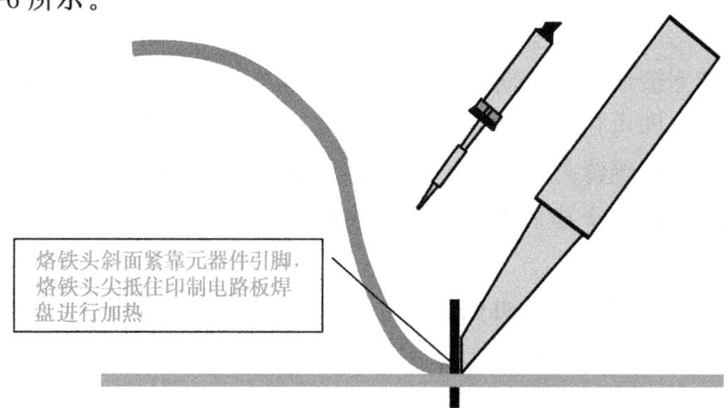

图 1-7-6　烙铁头与焊锡丝的相对位置

第 4 步：移开焊锡丝。当焊锡丝熔化一定量后（焊锡不能太多），迅速移开焊锡丝。

第 5 步：移开电烙铁。当焊锡的扩散范围达到要求后移开电烙铁，如图 1-7-7 所示。移开电烙铁的方向和速度快慢与焊接质量密切相关，操作时应特别留心，仔细体会。

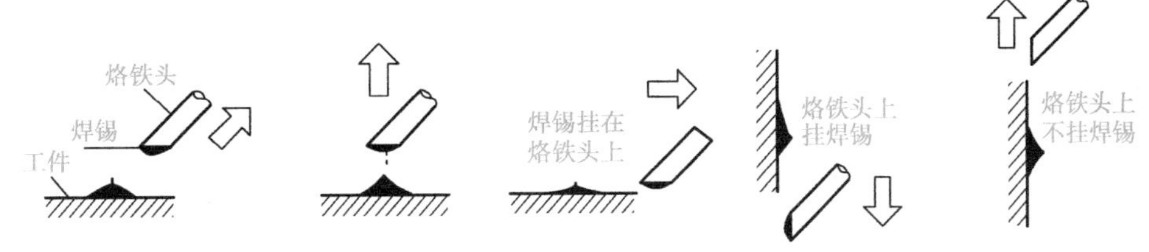

图 1-7-7 移开电烙铁

手工焊接“五步”操作法如图 1-7-8 所示。

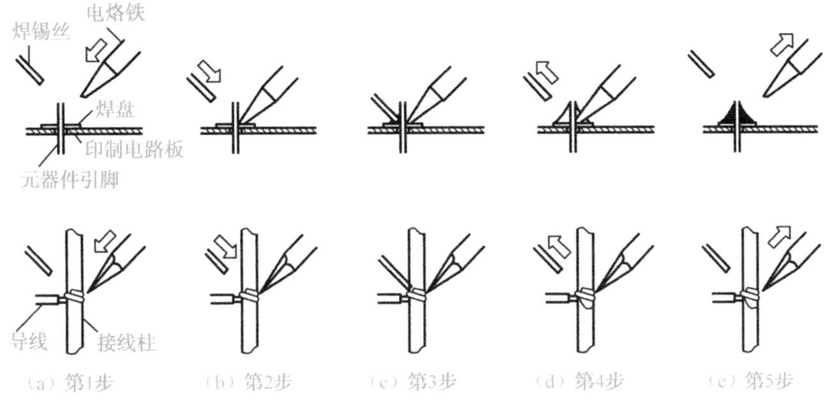

图 1-7-8 手工焊接“五步”操作法

（2）“三步”操作法

第 1 步：准备，与“五步”操作法中的第 1 步相同。

第 2 步：同时加热被焊件和加焊锡。在被焊件的两侧，同时分别放上烙铁头和焊锡丝，以熔化适量的焊锡。

第 3 步：同时移开电烙铁和焊锡丝。当焊锡的扩散范围达到要求后，迅速移开电烙铁和焊锡丝。注意：移开焊锡丝的时间不得迟于移开电烙铁的时间。

手工焊接“三步”操作法如图 1-7-9 所示。

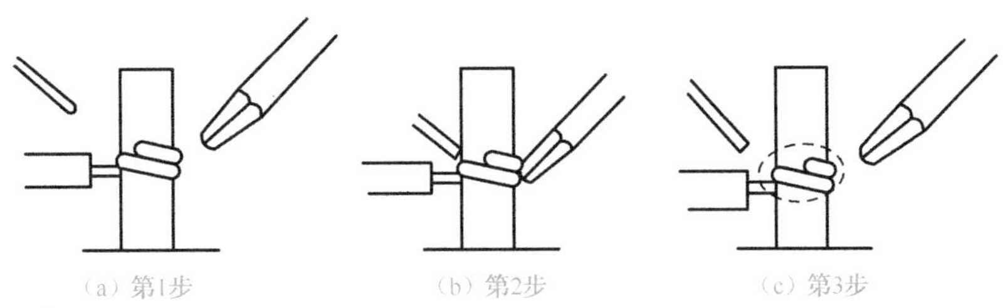

图 1-7-9 手工焊接“三步”操作法

（3）焊点的质量检查

为了保证焊接质量，一般在焊接后都要进行焊点的质量检查。焊接中常见的焊点缺陷有虚焊、假焊、拉尖、桥接、针孔和堆焊等。焊点缺陷如表1-7-1所示。

表1-7-1 焊点缺陷

焊点缺陷	外观特点	危害	原因分析
焊锡过多	焊锡面呈凸形	浪费焊锡，容易包藏缺陷	焊锡丝移开过迟
焊锡过少	焊锡未形成平滑面	机械强度不足	焊锡丝移开过早
松香焊	焊缝中加有松香渣	机械强度不足，导通性不良	助焊剂过多或失效；焊接时间不足，加热时间不够；表面氧化膜未除去
过热	焊点发白，无金属光泽，表面较粗糙	焊盘容易剥落，机械强度降低	电烙铁功率过大，加热时间过长
冷焊	表面有豆腐渣状颗粒，有时可能有裂纹	机械强度不足，导电性不好	在焊锡凝固前被焊件抖动或电烙铁功率太小
虚焊	焊锡与被焊件交面接触角过大	机械强度不足，导通性不良或不导通	被焊件未清理干净，助焊剂不足或质量差，被焊件未充分加热
不对称	焊锡未流满焊盘	机械强度不足	焊锡流动性不好，助焊剂不足或质量差，加热时间不足
松动	导线或元器件引脚可动	导通性不良或不导通	在焊锡凝固前引脚移动造成空隙，引脚未处理好（镀锡）
拉尖	出现尖端	外观不佳，容易形成桥接缺陷	助焊剂过少，而加热时间过长，电烙铁移开角度不当
桥接	相邻导线连接	易发生电气短路	焊锡过多，电烙铁移开方向不当
针孔	目测或用低倍放大镜可见有孔	机械强度不足，焊点容易被腐蚀	焊盘与引脚间隙太大

焊接最佳标准：焊点形状近似为圆锥形而且表面微微凹陷；被焊件的连接面呈半弓形凹面，被焊件与焊料交界处平滑；焊点无裂缝、无针孔。

焊点的质量检查主要有以下几种方法。

① 外观检查。

外观检查就是通过肉眼从焊点的外观上检查焊接质量，可以借助3～10倍的放大镜进行外观检查。外观检查的主要内容包括：焊点是否有错焊、漏焊、虚焊、假焊和连焊等缺陷，焊点周围是否有助焊剂残留物，焊接部位有无热损伤和机械损伤现象。

② 拨动检查。

当在外观检查中发现有可疑现象时，可用镊子轻轻拨动焊接部位进行检查，并确认其质量。拨动检查的主要内容包括：导线、元器件引脚和焊盘与焊锡是否结合良好，有无虚焊缺陷；元器件引脚和导线根部是否有机械损伤。

③ 通电检查。

通电检查是在外观检查及拨动检查无误后才可进行的工作，也是检查电路性能的关键步骤。通过通电检查可以发现许多微小的缺陷，如用目测观察不到的电路桥接、内部虚焊等。

4）手工焊接的注意事项

在手工焊接过程中除应严格按照以上步骤操作以外，还应注意以下几个方面。

① 电烙铁的温度要适当，这可将烙铁头放到松香上检验，一般以松香熔化较快又不冒烟的温度为宜。

② 焊接的时间要适当，一般要在一两秒内焊好一个焊点，若没完成，可等一会儿再焊一次。若时间过长，则焊点上的助焊剂完全挥发，就失去了助焊的作用，造成焊点表面粗糙、发黑、不光亮等问题，还容易使焊点氧化。时间也不宜过短，若时间过短，则焊点温度达不到焊接温度要求，焊锡不能充分熔化，易造成虚焊缺陷。

③ 焊锡与助焊剂的使用要适量。若使用的焊锡过多，则多余的焊锡会流入管座的底部，易造成引脚之间的短路，降低引脚之间的绝缘性；若使用的助焊剂过多，则易在引脚周围形成绝缘层，造成引脚与管座之间的接触不良。若焊锡与助焊剂使用过少，则易造成虚焊缺陷。

④ 焊接过程中不要触动焊接点，在焊接点上的焊锡完全凝固前，不应移动被焊件及导线，否则焊点易变形，也可能造成虚焊缺陷。同时要注意不要烫伤周围的元器件及导线。

□【任务实施】

1. 任务实施器材

① 工具：35W内热式电烙铁、斜口钳、尖嘴钳　　　　一套/组

② 材料：焊锡丝、松香、电阻引脚、焊盘　　　　一套/组

2. 任务实施步骤

操作提示：检查电源线有无损坏；电烙铁不能到处乱放，以防烫伤。

操作题目1：用“五步”操作法焊接电阻引脚。

操作要求：把焊盘和电阻引脚用细砂纸打磨干净，涂上助焊剂。用烙铁头蘸取适量焊锡，接触焊点，待焊点上的焊锡全部熔化并浸没电阻引脚后，将烙铁头沿着电阻引脚轻轻往上一提移开焊点。焊点要呈正弦波峰形状，表面应光亮圆滑，无锡刺，锡量适中。

操作题目2：用“三步”操作法焊接电阻引脚。

操作要求：与操作题目 1 的要求相似。

【任务考核与评价】

表 1-7-2　电子电路焊接操作的考核

任务内容	配分	评分标准			自评	互评	教师评
焊接前的准备	15	① 电烙铁的检查与挂锡　5 分 ② 清除焊接部位的氧化层　5 分 ③ 元器件镀锡　5 分					
电烙铁的握法	15	① 正握法操作　5 分 ② 反握法操作　5 分 ③ 握笔法操作　5 分					
"五步"操作法焊接	30	① 准备　6 分 ② 加热被焊件　6 分 ③ 加焊锡丝　6 分 ④ 移开焊锡丝　6 分 ⑤ 移开电烙铁　6 分					
"三步"操作法焊接	30	① 准备　10 分 ② 加热被焊件和焊锡丝　10 分 ③ 移开焊锡丝和电烙铁　10 分					
安全文明操作	10	违反 1 次　扣 5 分					
定额时间	20min	每超过 5min　扣 10 分					
开始时间		结束时间		总评分			

项目二 室内电气线路安装与维修

室内电气线路安装与维修是低压电气工作人员的基本工作。这些工作主要包括：室内电气线路工程图的识读、室内线路配线操作、照明装置的安装与维修、量配电装置的安装等。

任务1 室内电气线路工程图的识读训练

【任务要求】

本任务要求学生通过对常用符号、原理图和安装图的认识，掌握室内电气线路原理图和安装图的识读方法。

1. 知识目标

① 了解室内电气线路工程图常用符号及其意义。

② 了解室内配电线路及照明灯具的标注方法。

③ 掌握室内电气线路原理图和安装图的识读方法。

2. 技能目标

能识读室内电气线路的原理图和安装图。

【任务相关知识】

1. 常用符号及标注

在室内电气线路工程图中，常在电器、导线、管路旁标注一些文字符号，表示线路所用电工器材的规格、容量、数量，以及导线穿线管种类、管径、配线方式、配线部位等。

1）常用的图形符号

在室内电气线路工程图中，常用图形符号来表示各种电气设备、开关、灯具、插座及线路。室内电气线路工程图的常用图形符号如表 2-1-1 所示。

表 2-1-1 室内电气线路工程图的常用图形符号

图形符号	名　称	图形符号	名　称
	电铃		暗装单相插座
	电话机的一般符号		密封（防水）单相插座
	单相插座		带接地插孔的三相插座

续表

图形符号	名称	图形符号	名称
	单极开关		分线盒
	暗装单极开关		分线箱
	双极开关		球形灯
	暗装双极开关		壁灯
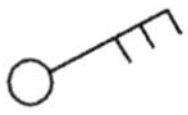	三极开关	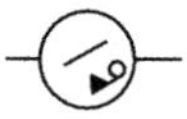	辉光启动器
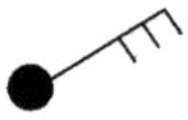	暗装三极开关		保护接地
	荧光灯的一般符号		接地
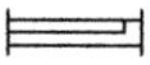	三管荧光灯	 A	电流表

2）常用的文字符号

在室内电气线路工程图中，常用文字符号来表示线路的配线方式和配线部位，其含义分别如表 2-1-2 和表 2-1-3 所示。

表 2-1-2　配线方式文字符号的含义

文字符号	含义	文字符号	含义
CP	瓷瓶配线	DG	电线管配线（薄壁钢管）
CJ	瓷夹配线	VG	硬塑料管配线
VJ	塑料线夹配线	RVG	软塑料管配线
CB	槽板配线	PVC	PVC 管配线
XC	塑料模板配线	SPG	蛇铁皮管配线
G	普通钢管配线（厚壁）	QD	卡钉配线

表 2-1-3　配线部位文字符号的含义

文字符号	含义	文字符号	含义
M	明配线	DM	沿地板或地面明配线
A	暗配线	LA	在梁内暗配线或沿梁暗配线
LM	沿梁或屋架下弦明配线	ZA	在柱内暗配线或沿柱暗配线
ZM	沿柱明配线	QA	在墙体内暗配线
QM	沿墙明配线	PA	在顶棚内暗配线
PM	沿天棚明配线	DA	在地下或地板下暗配线

标注举例如下。

BVR-2×2.5PVC16-QA

这表示线路所用的是铜芯聚氯乙烯绝缘软电线（BVR）；共有 2 根导线，每根截面积为 2.5mm^2；配线方式采用 ϕ16mm 的 PVC 管配线；在墙体内暗配线（QA）。

BLX-500，2×2.5DG15-DA

这表示线路所用的是铝芯橡皮绝缘电线（BLX），耐压为 500V；共有 2 根导线，每根截面积为 2.5mm^2；配线方式采用 ϕ15mm 的薄壁钢管配线；在地下暗配线（DA）。

3）配电线路及照明灯具的标注

（1）配电线路的标注

配电线路一般按下式标注，即

$$a \quad b\text{-}c \times def\text{-}g$$

式中，a——网络标号；

b——导线型号或代号；

c——导线根数；

d——导线截面积，单位是 mm^2；

e——配线方式；

f——配线所用材料尺寸；

g——配线部位。

标注举例如下。

BV-3×2.5DG20-PA

这表示线路所用的是铜芯聚氯乙烯绝缘电线（BV）；共有 3 根导线，每根截面积为 2.5mm^2；配线方式采用 ϕ20mm 的薄壁钢管配线；在顶棚内暗配线（PA）。

（2）照明灯具的标注

照明灯具在照明电路中一般按下式标注，即

$$a\text{-}b\,\frac{c \times d}{e}f$$

式中，a——照明灯具数，单位是盏（或组）；

b——照明灯具的型号或代号，一般用拼音字母代表照明灯具的种类，常用照明灯具代号的含义如表 2-1-4所示；

c——每盏（或组）照明灯具的灯数；

d——灯的功率，单位是 W；

e——照明灯具底部至地面或楼面的安装高度，单位是 m；

f——安装方式的代号，其含义如表 2-1-5 所示。

标注举例如下。

$$4\text{-G}\,\frac{1 \times 150}{3.5}\text{G}$$

这表示 4 盏隔爆灯，每盏隔爆灯中装有 1 只 150W 的白炽灯，采用管吊式安装，吊装高度为 3.5m。

$$2\text{-Y}\,\frac{3 \times 40}{2.5}\text{L}$$

这表示 2 组荧光灯，每组由 3 根 40W 的荧光灯组成，采用链吊式安装，吊装高度为 2. 5m。

表 2-1-4　常用照明灯具代号的含义

代　号	含　义	代　号	含　义
P	普通吊灯	T	投光灯
B	壁灯	Y	荧光灯
H	花灯	G	隔爆灯
D	吸顶灯	J	水晶低罩灯
Z	柱灯	F	防水防尘灯
L	卤钨探照灯	S	搪瓷伞罩灯

表 2-1-5　灯具安装方式代号的含义

代　号	含　义	代　号	含　义
X	线吊式	T	台上安装式
L	链吊式	R	嵌入式
G	管吊式	DR	吸顶嵌入式
B	壁装式	BR	墙壁嵌入式
D	吸顶式	J	支架安装式
W	弯式	Z	柱上安装式

2. 室内电气线路工程图的识读

室内电气线路工程图有电气原理图（简称原理图）、安装接线图（简称安装图）、电器布置图、端子排图和展开图等。其中，原理图和安装图是最常见的两种形式。

1）识读的基本要求

（1）结合相关图形符号识读

室内电气线路工程图的设计、绘制与识读离不开相关的图形符号。只有认识相关图形符号，才能理解工程图的含义。

（2）结合电工基本原理识读

室内电气线路工程图的设计离不开电工基本原理。只有懂得电工基本原理的有关知识，才能分析线路，理解工程图所含内容，才能看懂工程图的结构和基本工作原理。

（3）结合建筑结构识读

安装图往往涉及各种相关电气设备的安装，如配电箱、开关、白炽灯、插座等的安装。只有先懂得这些电气设备的基本结构、性能和用途，了解它们的安装位置等，才能读懂工程图。

（4）结合设计说明、原理图和安装图识读

将设计说明、原理图和安装图三者结合起来，就能理解整个设计意图，从而完成整个电气安装施工任务。

2）原理图的识读

室内电气线路的原理图是用来表明线路的组成和连接方式的图样。通过原理图可分析电气线路的工作原理及各电器的作用、相互之间关系等，但它不涉及电气设备的结构和安装情况。根据电工基本原理，在图样上分清室内电气线路及电气设备安装情况，其中主要包括开关配电箱的安装情况，箱内总开关、各支路开关的安装情况，各支路导线的根数、截面积、安装方式，各支路负载形式等。

图 2-1-1 所示为某住宅供电系统的原理图。读图 2-1-1 可得信息：单元总导线为 2 根截面积为 16mm^{2}加 1 根截面积为 6mm^{2}的铜芯聚氯乙烯绝缘电线，设计功率为 11. 5kW，总导线穿直径为 32mm 的电线管暗敷设，从室外到室内开关配电箱，由总断路器（型号为 C45N/2P50A）控制；室内电气线路分 8 路控制（其中一路在配电箱内，备用），并在线路上标出①～⑧字样，各路由断路器（型号为 C45N/1P16A）控制，每条支路（线路）由 3 根截面积为 2. 5mm^{2}的铜芯聚氯乙烯绝缘电线穿直径为 20mm 的电线管暗敷设；各支路设计功率分别为 2. 5kW、1. 5kW、1. 1kW、2. 0kW、1. 0kW、1. 5kW、3. 0kW。

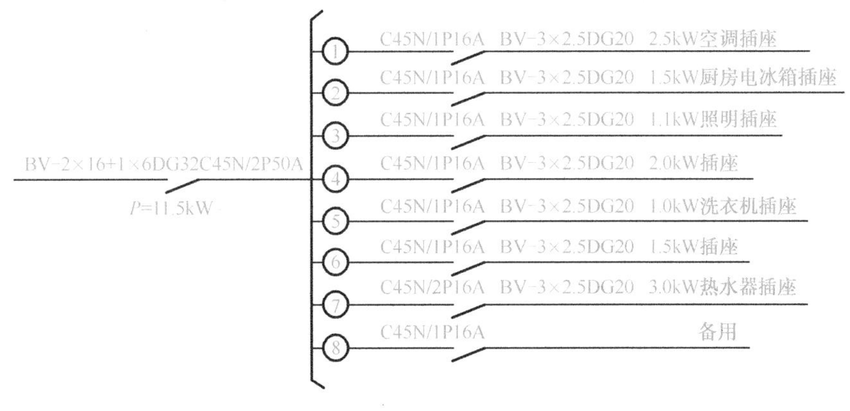

图 2-1-1 某住宅供电系统的原理图

3）安装图的识读

室内电气线路的安装图是根据电气设备的实际结构和安装要求绘制的图样。在绘制时，只考虑线路的配线安装和电气设备的安装位置，而不反映该电气设备的工作原理。结合设计说明、原理图和建筑结构，理解各电气设备的安装位置和高度，理解各支路导线在建筑（房屋结构）上的走向和所到位置，在读安装图时还应注意施工中所有器件（或元件）的型号、规格和数量。

图 2-1-2 所示为某住宅供电系统的安装图。读图 2-1-2 可得信息：在门厅过道有配电箱 1 个，分 8 条支路（其中 1 条支路在配电箱内，备用）引出，也在线路上标出①、②、③、④、⑤、⑥、⑦字样，这与原理图的各支路号字样一一对应，各支路导线沿墙或楼板到负载电器的安装位置；室内顶棚灯座有 10 处，墙壁插座有 23 处，所有连接灯具（电器）的导线、插座及开关暗敷设；各电器的安装高度在说明或在“注”中标明，标出空调插座、厨房电冰箱

插座、洗衣机插座及开关等距地面的安装技术数据。

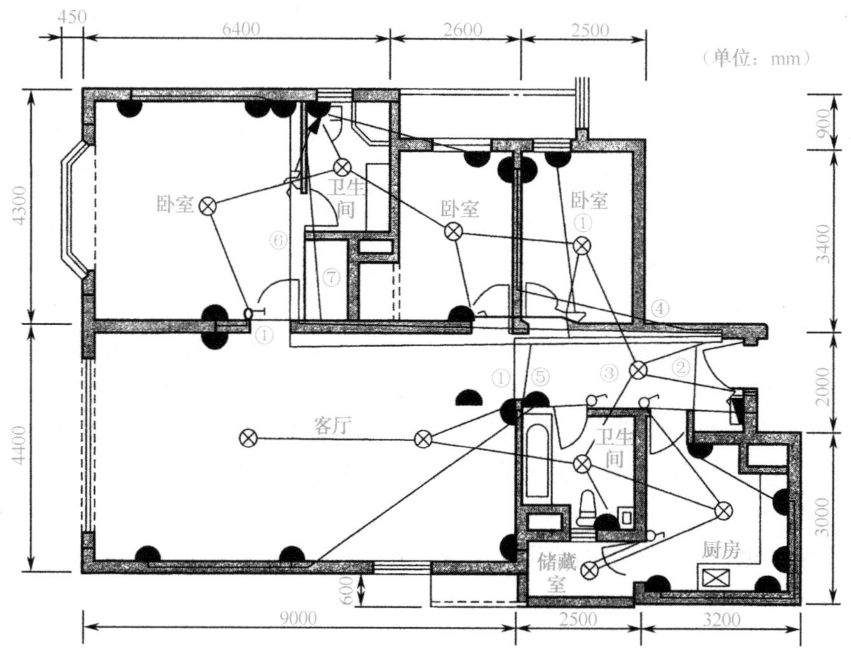

图 2-1-2　某住宅供电系统的安装图

【任务实施】

1. 任务实施器材

① 某住宅供电系统的原理图　　　　一张/组

② 某住宅供电系统的安装图　　　　一张/组

2. 任务实施步骤

1）供电系统的原理图的识读

操作提示：注意遵守“分清干路与支路，顺着电源找负载”的原则。

操作要求：说明主干路的分支情况；说明主干路使用导线的根数、截面积、类型及敷设方式等，说明主干路的设计功率及总断路器的型号；说明各支路使用导线的根数、截面积、类型及敷设方式等，说明各支路的设计功率及断路器的型号。

2）供电系统的安装图的识读

操作提示：注意安装图上各支路的标号与原理图上各支路的标号一一对应。

操作要求：说明建筑物平面结构与支路关系，说明各支路所接负载的安装位置、高度、数量及线路敷设方式等。

□【任务考核与评价】

表 2-1-6 室内电气线路工程图识读的考核

任务内容	配分	评分标准			自评	互评	教师评
原理图的识读	60	① 主干路的分支情况 10 分 ② 主干路使用导线的根数、截面积、类型及敷设方式等 15 分 ③ 主干路的设计功率及总断路器的型号 10 分 ④ 各支路使用导线的根数、截面积、类型及敷设方式等 15 分 ⑤ 各支路的设计功率及断路器的型号 10 分					
安装图的识读	30	① 建筑物平面结构与支路关系 10 分 ② 各支路所接负载的安装位置、高度、数量及线路敷设方式等 20 分					
安全文明操作	10	违反 1 次 扣 5 分					
定额时间	15min	每超过 2min 扣 5 分					
开始时间		结束时间		总评分			

任务 2 室内线路配线操作训练

□【任务要求】

本任务要求学生通过对室内线路配线技术要求和工艺的学习，掌握常用配线的工艺和使用方法。

1. 知识目标

① 了解室内线路配线的技术要求。

② 了解室内线路配线工艺。

③ 掌握室内线路配线操作方法。

2. 技能目标

能熟练进行塑料护套线配线和塑料槽板配线。

□【任务相关知识】

室内线路配线的方法主要有明敷设配线和暗敷设配线。明敷设配线包括塑料护套线配线、塑料槽板配线和明管配线，暗敷设配线常为暗管配线。

1. 室内线路配线的技术要求

室内线路配线要在保证电能安全输送的前提下，尽可能使线路布局合理、安装牢固、整齐美观。

1）室内线路配线的工艺要求

① 导线的额定电压应大于线路的工作电压，导线的绝缘应符合线路的安装方式和敷设的

环境条件的要求，导线的截面积应能满足供电和机械强度的要求。

② 在配线时应尽量避免导线有接头，若非用接头不可，则接头必须为压接或焊接的，导线连接和分支处不应受机械力的作用；留在管内的导线，在任何情况下都不能有接头，必要时尽可能将接头放在接线盒内。

③ 配线在建筑物内安装要保持水平或垂直。当水平敷设时，导线距离地面不小于 2.5m；当垂直敷设时，导线最下端距离地面不小于 2m。配线应加套管保护（按室内配管的技术要求选配），天花板走线可用金属软管，但要固定稳妥美观。

④ 信号线不能与大功率电力线平行，更不能穿在同一管内，若因环境的限制要平行走线，则二者要相距 50cm 以上。导线间和导线与地之间的绝缘电阻不小于 0.5MΩ。

⑤ 导线在穿楼板时应加钢管保护，钢管上端距离楼板 2m，下端到穿出楼板为止；导线在穿墙时应加套管保护，套管两端口伸出墙面不短于 10mm。

⑥ 为了减小接触电阻和防止脱落，对于截面积在 $10mm^2$ 以下的导线，可将线芯直接与电器端子压接；对于截面积在 $16mm^2$ 以上的导线，可将线芯先装到接线端子内压紧，再与电器端子连接，以保证有足够的接触面积。

⑦ 导线敷设的位置应便于检查和维护，尽可能避开热源。

⑧ 报警控制箱的交流电源线应单独走线，不能与信号线和低压直流电源线穿在同一管内，交流电源线的安装应符合电气安装标准；报警控制箱到天花板的走线要求加套管保护，以提高防盗系统的防破坏性能。

2）室内线路配线的工序及要求

① 定位。定位应在土建抹灰工艺之前进行，在建筑物上明确照明灯具、插座、配线装置、开关等的实际位置，并注上标号。

② 画线。在导线沿建筑物敷设的路径上，画出线路走向，确定绝缘支持件固定点、穿墙孔、穿楼板孔的位置，并注上标号。

③ 凿孔与预埋。按标注位置凿孔并预埋紧固件。

④ 埋设紧固件及保护管。

⑤ 敷设导线。

2. 室内线路配线工艺

1）塑料护套线配线工艺

（1）画线定位

在护套线沿建筑物敷设的路径上，画出线路走向，确定绝缘支持件固定点、穿墙孔的位置，并注上标号。在画线时应考虑布线的适用、整洁及美观，应尽可能沿房屋的线角、横梁、墙角等敷设，与建筑物的线条平行或垂直，如图 2-2-1 所示。

（2）放线下料

放线是保证护套线敷设质量的重要步骤。整盘护套线，不能搞乱，不可使线产生扭曲。因此，在放线时使用放线架放线，如图 2-2-2（a）所示，或者两人合作，一人把整盘线套入双手中，如图 2-2-2（b)所示，另一人握住线头向前拉。放出的线不可在地上拖拉，以免擦破或弄脏导线的护套层。线放完后先放在地上，量好下料长度，并留出一定余量后剪断。

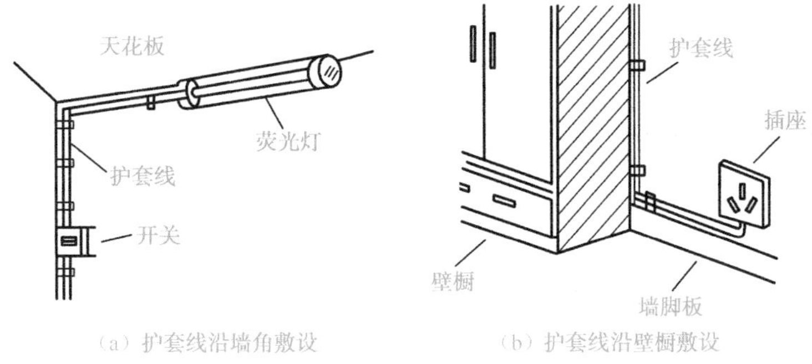

（a）护套线沿墙角敷设　（b）护套线沿壁橱敷设

图 2-2-1　画线定位图例

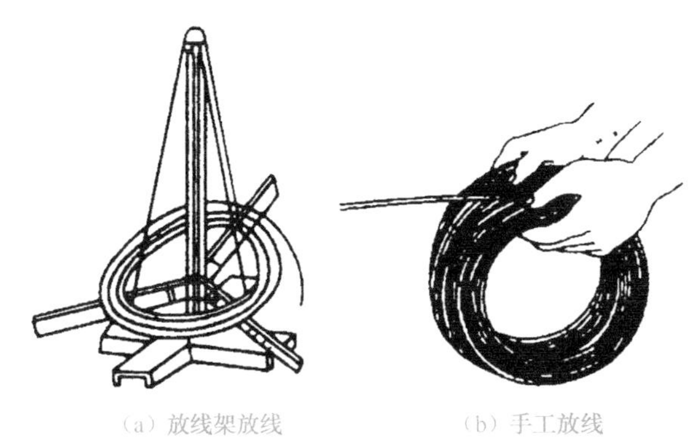

（a）放线架放线　（b）手工放线

图 2-2-2　放线操作

（3）敷设护套线

为使线路整齐美观，必须将护套线敷设得横平竖直。当几条护套线成排平行敷设时，应上下左右排列紧密，不能有明显空隙。在敷设时，应将护套线勒直、勒平收紧置于塑料线卡内，如图 2-2-3 所示。

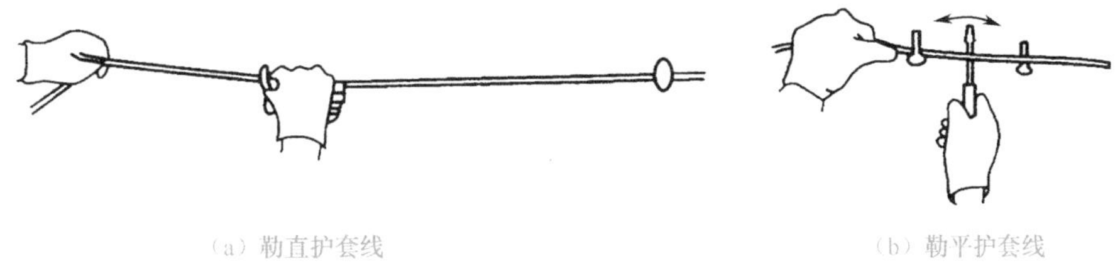

（a）勒直护套线　（b）勒平护套线

图 2-2-3　塑料护套线的敷设

（4）支持操作

护套线支持点的定位要求如图 2-2-4 所示。使用塑料线卡作为支持件，如图 2-2-5 所示。将护套线置于塑料线卡的中间，然后可直接用水泥钢钉钉牢。每夹持 4～5 个塑料线卡后，应进行一次目测检查，若有偏斜，则可用锤敲塑料线卡纠正。短距离的直线部分先把护套线一端夹紧，然后夹紧另一端，最后把中间各点逐一固定。长距离的直线部分可在其两端的建筑构件表面上临时各装一副瓷夹板，把收紧的护套线先加到瓷夹中，然后逐一上塑料线卡。

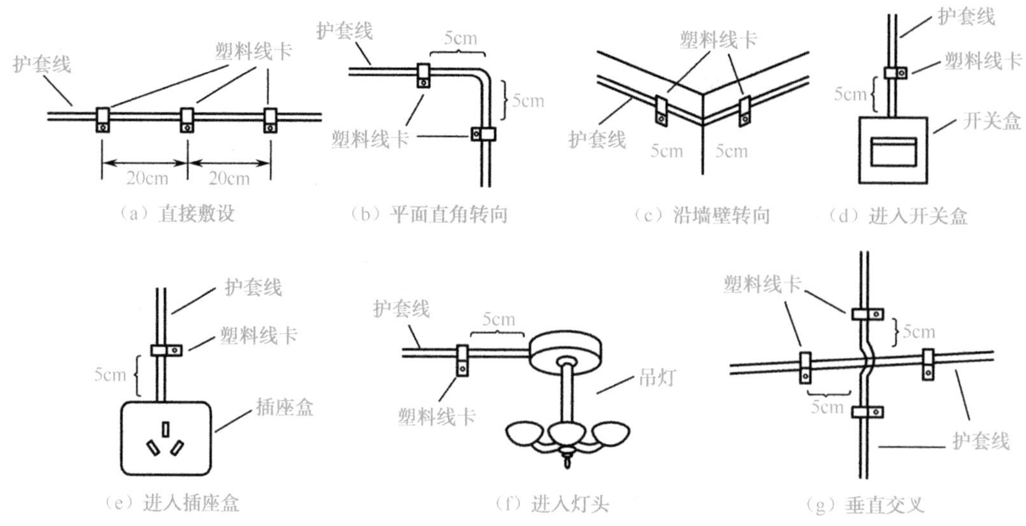

图 2-2-4　护套线支持点的定位要求

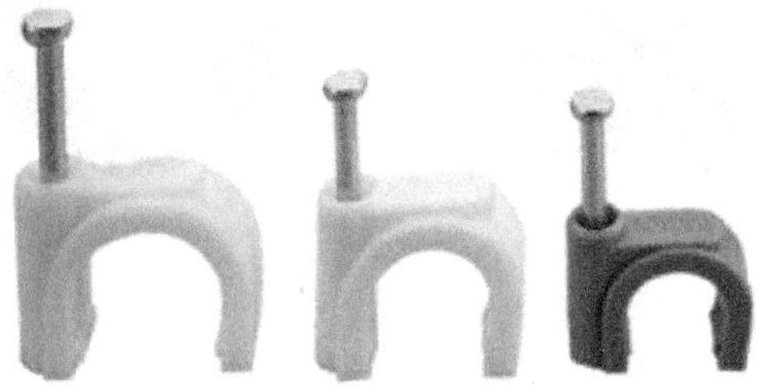

图 2-2-5　塑料线卡

注意：①塑料护套线不得直接埋入抹灰层内暗敷设，也不得在室外露天场所敷设；②塑料护套线的连接头和分支接头应放在接线盒、开关、插座内连接；③敷设塑料护套线的环境温度不得低于-15℃。

2）塑料槽板配线工艺

GA 系列塑料槽板如图 2-2-6 所示。GA 系列塑料槽板常见的规格有 2400mm × 15mm × 10mm、2400mm × 24mm × 14mm、2400mm × 39mm × 18mm、2400mm × 60mm × 22mm、2400mm × 100mm × 27mm、2400mm × 60mm × 40mm、2400mm × 80mm × 40mm、2400mm × 100mm × 40mm。塑料槽板配线工艺如图 2-2-7 所示。

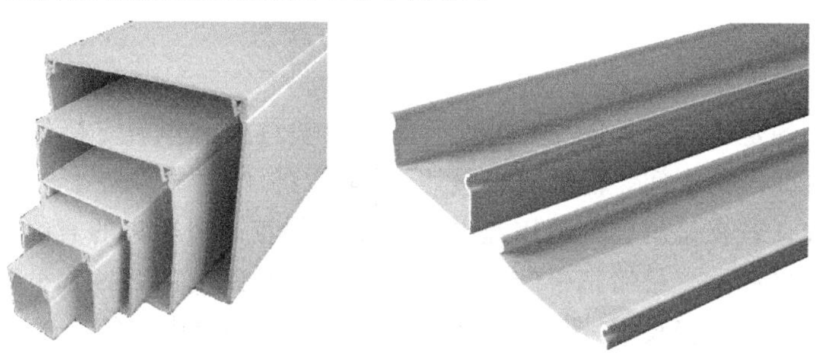

图 2-2-6　GA 系列塑料槽板

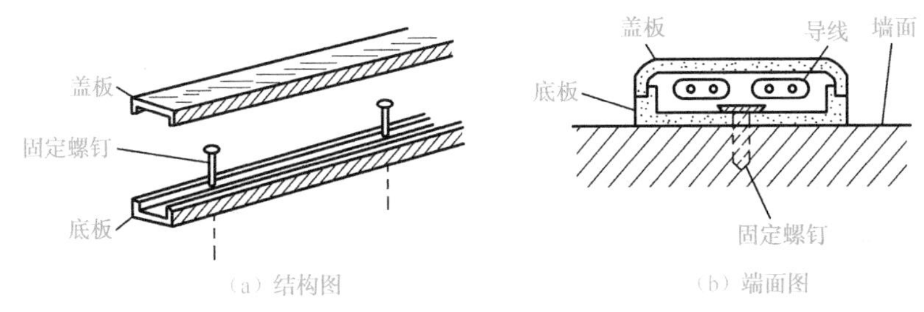

图 2-2-7 塑料槽板配线工艺

（1）画线定位

根据施工要求，按图纸上的线路走向画出槽板敷设线路。槽板应尽量沿房屋的线角、横梁、墙角等敷设，与建筑物的线条平行或垂直，如图 2-2-8 所示。

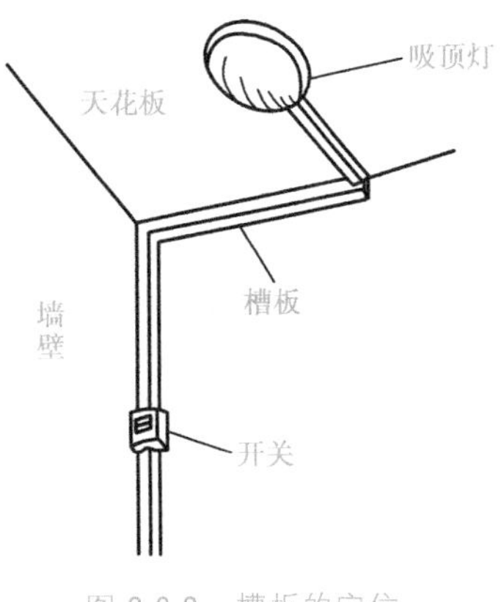

图 2-2-8 槽板的定位

（2）槽板的安装固定

在安装槽板时应考虑将平直的部分安装在显露的地方，将弯曲的部分安装在较为隐蔽的地方。在安装槽板时首先要考虑每块槽板两端的位置。在每块槽板距两端头 50mm 处要有一个固定点，其余各固定点间的距离要小于 500mm，大致均匀排列。

（3）槽板拼接

按线路的走向不同槽板有以下几种拼接方法。

① 直线拼接：将要拼接的两块槽板的底板和盖板端头锯成 45°断口，交错紧密拼接，底板的线槽必须对正。槽板的直线拼接如图 2-2-9 所示。

② 转角拼接：将要拼接的两块槽板的底板和盖板端头锯成 45°断口，并把转角处线槽之间的楞削成弧形后拼接。槽板的转角拼接如图 2-2-10 所示。

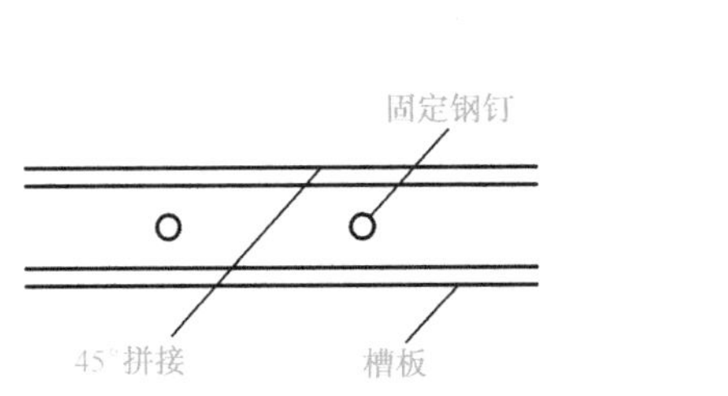

图 2-2-9 槽板的直线拼接

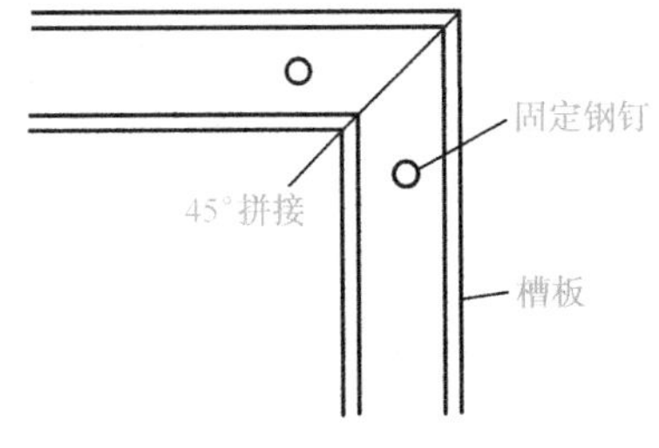

图 2-2-10 槽板的转角拼接

③ T 形拼接：将支路槽板的端头锯成腰长等于槽板宽度 1/2 的等腰直角三角形，留下夹角为 90°的接头；在干路槽板宽度的 1/2 处，锯一个与支路槽板尖头配合的 90°凹角，并把干路底板正对支路线槽的楞锯掉后拼接。槽板的 T 形拼接如图 2-2-11 所示。

④ 十字形拼接：相当于两个 T 形拼接，工艺要求与 T 形拼接相同。槽板的十字形拼接如图 2-2-12 所示。

注意：①槽板中所敷设的导线应采用绝缘线，铜导线线芯截面积不小于 $0.5mm^2$，铝导线线芯截面积不小于 $1.5mm^2$；②槽板在转角处连接时，应将底板内侧削成弧形，以免在敷设导线时碰伤绝缘层；③靠近暖气片的地方不应采用塑料槽板；④敷设塑料绝缘导线和塑料槽板的环境温度不得低于-15℃。

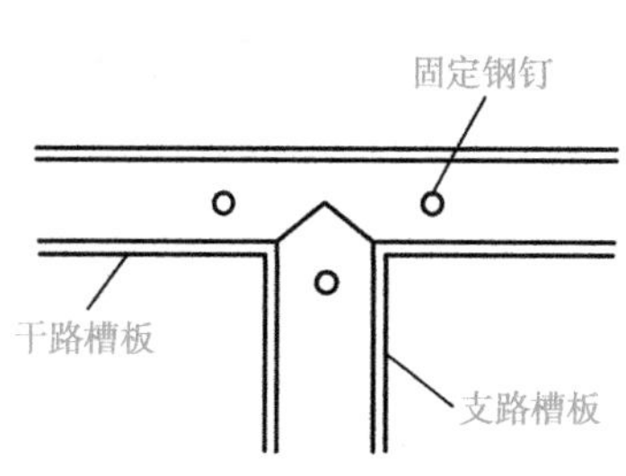

图 2-2-11　槽板的 T 形拼接

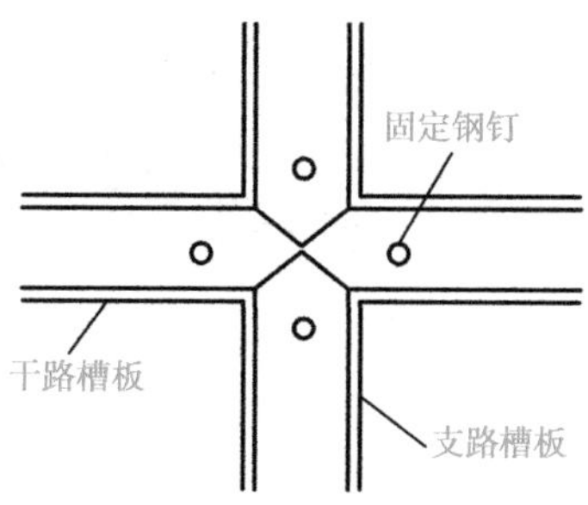

图 2-2-12　槽板的十字形拼接

【任务实施】

1. 任务实施器材

① 氖管式验电笔	一支/人
② 数字式验电笔	一支/人
③ 钢丝钳、尖嘴钳、斜口钳、剥线钳	一套/组
④ 电工刀、活扳手	一套/组

2. 任务实施步骤

1）塑料护套线配线的操作

操作提示：护套线敷设应安全可靠、适用合理、整齐美观，不得有扭绞、死弯、绝缘层损坏和护套层断裂等缺陷。

操作步骤 1：画线定位。

操作要求：按设计图纸要求，画出基准线，标记支持点、线路装置及电器的位置。

操作步骤 2：放线下料。

操作要求：采用手工放线法，分清盘线的里外层，用盘线里层的端头作为起始头，逆盘绕方向逐圈释放护套线；下料的长度要尽可能准确，以画线长度为参考，并适当增加一定的余量，不要太长以免造成护套线的浪费，也不能太短以免造成护套线出现接头；注意下料场所的工作环境，保持护套线的清洁，保护护套线绝缘层不被损坏。

操作步骤 3：敷设护套线。

操作要求：护套线的敷设高度要一致，距地面高度不应低于 2.5m；走线方向要保持横平竖直。

操作步骤 4：固定塑料线卡。

操作要求：两支持点之间要保持 150～200mm 的等间隔距离；塑料线卡距终端、转弯、电器或接线盒边缘的距离为 50～100mm；若遇到间距偏差，则应逐步调整均匀，以保持美观。在转角部分，应用手指顺弯按压，使护套线挺直平顺后再上塑料线卡。

2）塑料槽板配线的操作

操作提示：塑料槽板应紧贴建筑物表面，且应横平竖直、固定可靠，严禁用木楔固定；塑料槽板不得扭曲变形，应保持槽板清洁、完好。

操作步骤 1：画线定位。

操作要求：与塑料护套线配线的画线定位方法相同。

操作步骤 2：固定底板。

操作要求：将底板沿线路基准线用螺钉固定，钉帽勿凸出，以防底板贴不紧建筑物表面。底板固定点间距应小于 500mm，底板两端距端头 50mm 处应固定。

操作步骤 3：放线下料。

操作要求：与塑料护套线配线的放线下料方法相同。

操作步骤 4：敷线，盖盖板。

操作要求：底板内敷设的导线要有一定的松弛度，不要绞扭、打结，绝缘层不可有损坏。在盖盖板时，把盖板上的卡口夹住底槽侧壁上口，轻轻用手顺着拍打即可。

□【任务考核与评价】

表 2-2-1 室内线路配线操作的考核

任务内容	配分	评分标准			自评	互评	教师评
塑料护套线配线的操作	45	① 画线定位 5 分 ② 放线下料 10 分 ③ 敷设护套线 15 分 ④ 固定塑料线卡 15 分					
塑料槽板配线的操作	45	① 画线定位 5 分 ② 制作槽板拐角、分支 15 分 ③ 固定底板 10 分 ④ 放线下料 5 分 ⑤ 敷线 5 分 ⑥ 盖盖板 5 分					
安全文明操作	10	违反 1 次 扣 5 分					
定额时间	40min	每超过 5min 扣 10 分					
开始时间		结束时间		总评分			

任务 3 照明装置的安装与维修训练

□【任务要求】

本任务要求学生通过对照明装置安装规程及其安装和维修操作的学习，掌握照明装置的安装工艺和故障的排除方法。

1. 知识目标

① 了解照明装置安装规程。

② 了解照明装置的结构及工作原理。

③ 掌握照明装置常见故障的排除方法。

2. 技能目标

能熟练安装照明装置，排除其常见故障。

【任务相关知识】

照明所需光源，以电光源最为普通。电光源所需的电气装置，统称照明装置。正确安装和维修照明装置是电工所必须熟练掌握的基本技术。

1. 照明装置的安装要求

照明装置的安装要求可概括成 8 个字，即正规、合理、牢固、整齐。

正规：是指各种灯具、开关、插座及所有附件必须按照有关规程和要求进行安装。

合理：是指选用的各种照明器具必须正确、适用、经济、可靠，安装的位置应符合实际需要，使用要方便。

牢固：是指各种照明器具要安装得牢固可靠，使用安全。

整齐：是指同一使用环境下同一作用的照明器具要安装得横平竖直，品种规格要整齐统一。

2. 照明装置安装规程

1）技术要求

① 各种灯具、开关、插座及所有附件的品种规格、性能参数（如额定电流、耐压等），必须满足配用的需要。

② 各种灯具、开关、插座及所有附件应适合使用环境的需要。例如，应用在室内特别潮湿或具有腐蚀性气体和蒸汽的场所，以及有易燃或易爆物品的场所，必须相应地采用具有防潮或防爆结构的灯具和开关。

③ 无安全措施的车间或工厂的照明灯、各种机床的局部照明灯及移动式工作手灯（也叫行灯），都必须采用 36V 及以下的低压安全灯。

2）安装规定

各种灯具、开关、插座及所有附件的安装应符合下述规定。

① 相对湿度经常在 85%以上的，环境温度经常在 40℃以上的，有导电尘埃或导电地面的场所，统称潮湿或危险场所，应用于这类场所及户外的灯具，其离地高度不得低于 2.5m。

② 不属于上述潮湿或危险场所的车间、办公室、商店和住房等场所使用的灯具，其离地高度不得低于 2m。

③ 在室内一般环境中，当因生活、工作或生产需要而必须把灯具放低时，其离地高度不得低于 1m，电源引线上要穿绝缘套管加以保护。同时，还必须安装安全灯座。

④ 对于灯座离地不足 1m 时所使用的灯具，必须采用 36V 及以下的低压安全灯。

3）开关、插座的离地要求

① 普通灯具开关和插座的离地高度不应低于 1.3m。

② 特殊情况下，插座允许低装，但离地高度不应低于 0.15m，且应选用安全插座。

3. 照明装置的安装和维修

1）白炽灯

（1）结构

白炽灯主要由灯丝、玻璃外壳和灯头组成，按连接方式可分为螺口式和卡口式两类。白炽灯的外形、电路及各种灯头如图 2-3-1 所示。

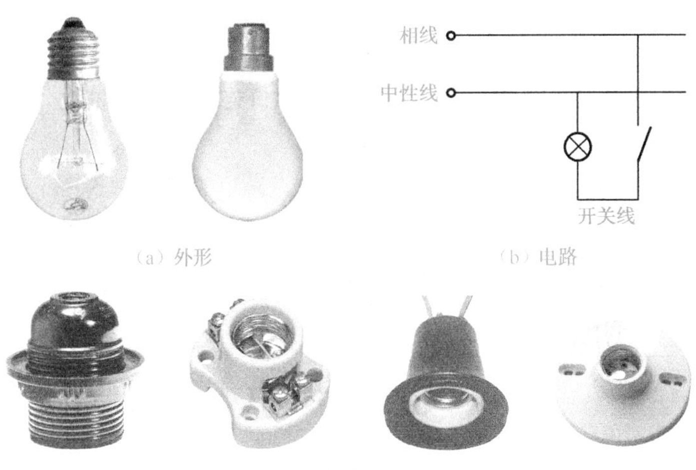

（a）外形 （b）电路

（c）各种灯头

图 2-3-1 白炽灯的外形、电路及各种灯头

（2）工作原理

白炽灯是利用灯丝电阻的电流热效应发光的。

（3）白炽灯的安装

① 底座的安装。

白炽灯的底座一般采用现成的塑料底座，通过膨胀螺栓直接固定在建筑物上。塑料底座的中部开有小孔，可将电源线通过小孔引出。

② 挂线盒的安装。

先将塑料底座上的电源线头从挂线盒底座中穿出，用木螺钉将挂线盒固定在塑料底座上。然后将伸出挂线盒底座的线头剥去 20mm 左右的绝缘层，弯成接线圈后，分别压接在挂线盒的两个接线桩上。为不使接线头承受灯具的重力，从接线螺钉引出的导线两端打好结，使结卡在挂线盒的出线孔处，如图 2-3-2 所示。

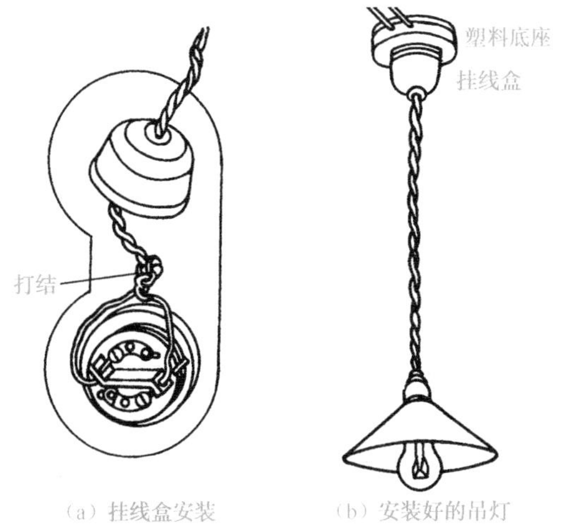

（a）挂线盒安装 （b）安装好的吊灯

图 2-3-2 挂线盒的安装

③ 吊灯头的安装。

将导线穿到灯头盖孔中，打一个结，然后把去除绝缘层的导线头分别按压在接线桩上，相线接在与中心铜片连接的接线桩上，零线接在与螺口连接的接线桩上，如图 2-3-3 所示。

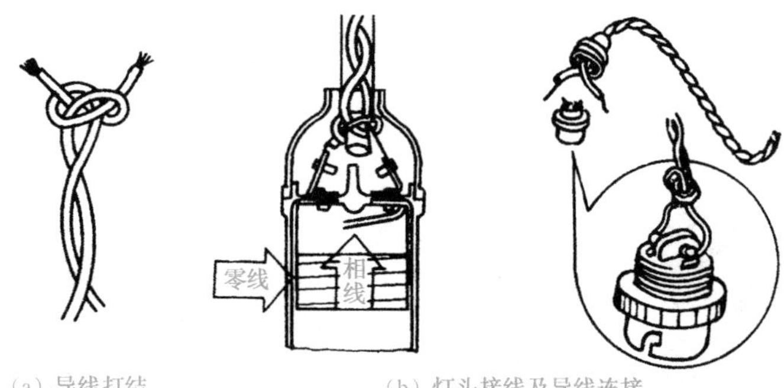

（a）导线打结　　（b）灯头接线及导线连接

图 2-3-3　吊灯头的安装

④ 开关的安装。

开关应串联在通往灯头的相线上，相线应先进开关然后进灯头。开关的安装步骤和方法与挂线盒大体相同。

（4）故障及维修

白炽灯的故障现象、原因和排除方法如表 2-3-1 所示。

表 2-3-1　白炽灯的故障现象、原因和排除方法

故障现象	产生故障的可能原因	排除方法
不发光	灯丝断裂	更换白炽灯
	灯头或开关触点接触不良	修复接触不良的触点，当无法修复时，应更换为好的
	熔丝烧毁	修复熔丝
	线路开路	修复线路
	停电	开启其他用电器验证，或观察邻近不是同一个进户点的情况验证
发光强烈	灯丝局部短路（俗称搭丝）	更换灯泡
灯光忽亮忽暗或时亮时熄	灯头或开关触点（或接线）松动，或表面存在氧化层	修复松动的触点（或接线），去除氧化层后重新接线，或去除触点的氧化层
	电源电压波动（通常由附近大容量负载经常启动引起）	更换配电变压器，增加容量
	熔丝接触不良	重新安装或加固压紧螺钉
	导线连接不妥，连接处松散	重新连接导线
不断烧断熔丝	灯头或挂线盒连接处两线头互碰	重新接线头
	负载过大	减轻负载或扩大线路的导线容量
	熔丝太细	正确选配熔丝规格
	线路短路	修复线路
	胶木灯头两触点间胶木严重烧毁	更换灯头

续表

故障现象	产生故障的可能原因	排除方法
灯光暗红	灯头、开关或导线对地严重漏电	更换完好的灯头、开关或导线
	灯头、开关接触不良，或导线连接处接触电阻增大	修复接触不良的触点，或重新连接接头
	线路导线太长、太细，线压降太大	缩短导线长度，或更换较大截面积的导线

2）荧光灯

（1）结构

荧光灯主要由灯管、辉光启动器（启辉器）、启辉器座、镇流器、灯脚、灯架和灯座等组成，如图 2-3-4 所示。

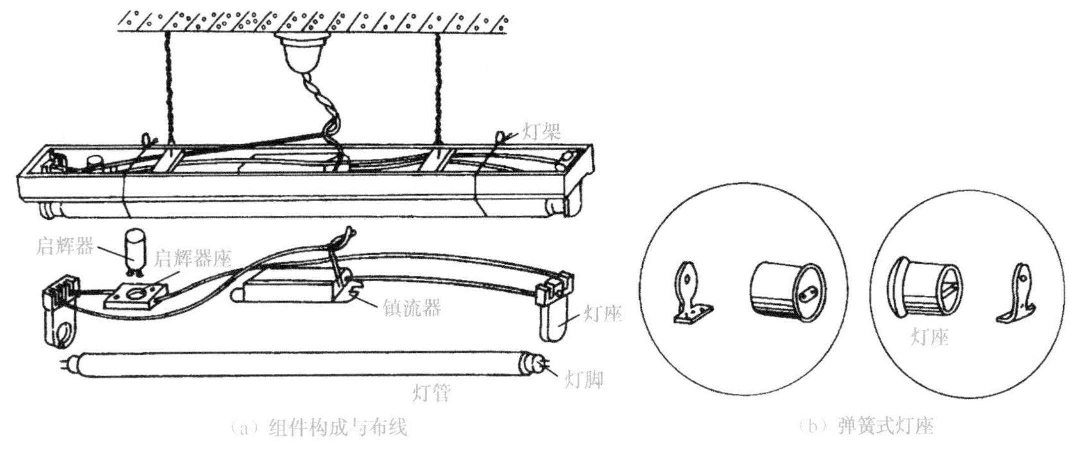

（a）组件构成与布线　　（b）弹簧式灯座

图 2-3-4　荧光灯

（2）工作原理

当开关打开时，电源电压立即通过镇流器和灯管内灯丝加到启辉器的两极。220V 的电压立即使启辉器中的惰性气体电离，产生辉光放电，辉光放电的热量使双金属片受热膨胀，两极接触。电流通过镇流器、启辉器和两端灯丝构成通路，灯丝很快被电流加热，发射出大量电子。这时，由于启辉器两极闭合，两极间电压为零，辉光放电消失，灯管内温度降低，双金属片自动复位，两极断开。在两极断开的瞬间，电路电流突然切断，镇流器产生很大的自感电动势，与电源电压叠加后作用于灯管两端。灯丝受热时发射出来的大量电子，在灯管两端高电压作用下，以极高的速度由低电势端向高电势端运动。电子在加速运动的过程中，碰撞灯管内的氩气分子，使之迅速电离。氩气电离生热，热量使水银产生水银蒸气，随之水银蒸气也被电离，并发出强烈的紫外线。在紫外线的激发下，灯管壁内的荧光粉发出近似白色的可见光。

（3）荧光灯的安装

荧光灯的安装主要是按接线图连接电路。常用荧光灯的接线图是有 4 个线头的镇流器的接线图，如图 2-3-5 所示。

① 组装灯架。

将镇流器和启辉器座分别安装在灯架的中间位置和灯架的一端。将两个灯座分别固定在灯架两端，它们之间距离要按所用灯管的长度量好，应使灯管两端灯脚既能插进灯座插孔，又能有较紧的配合。各配件位置固定后，按接线图进行接线，只有灯座是边接线边固定在灯架上的。

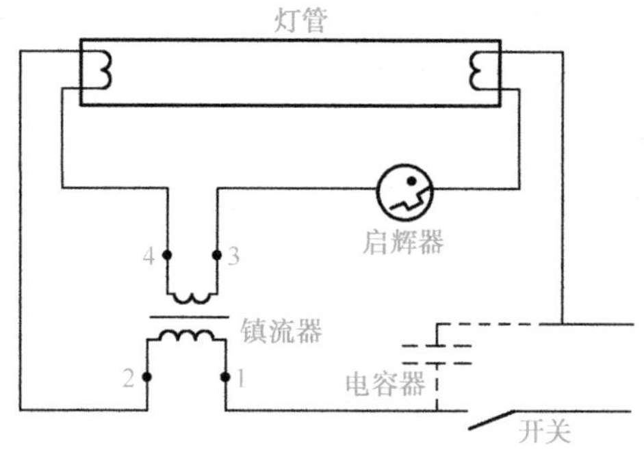

图 2-3-5　常用荧光灯的接线图

接线完毕后，要对照接线图详细检查，以免接错、接漏。

② 固定灯架。

安装前先在设计的固定点打孔预埋合适的紧固件，然后将灯架固定在紧固件上。在安装灯架时，应将灯架中部置于被照面的正上方，并使灯架与被照面横向保持平行，力求得到较高的照度。

③ 安装管件。

先把灯管插入灯座插孔，再把启辉器旋到启辉器座中。

④ 安装开关。

开关应串联在相线中，检查无误后即可通电试用。

（4）故障及维修

荧光灯的常见故障比较多。荧光灯的故障现象、原因和排除方法如表 2-3-2 所示。

表 2-3-2　荧光灯的故障现象、原因和排除方法

故障现象	产生故障的可能原因	排除方法
灯管不发光	无电源	验明是否停电或熔丝是否烧断
	灯座触点接触不良，或电路线头松散	重新安装灯管，或重新连接已松散的线头
	启辉器损坏，或启辉器座触点接触不良	先旋动启辉器，看是否发光，再检查线头是否脱落，若排除后仍不发光，则应更换启辉器
	镇流器线圈或灯管内灯丝断裂或脱落	用万用表低电阻挡测量线圈和灯丝是否通路，20W 及以下灯管一端断丝，把两灯脚短路，仍可使用
灯管两端发亮，中间不亮	启辉器接触不良，或内部小电容击穿，或启辉器座线头脱落，或启辉器已损坏	按上述方法检查，对于小电容击穿，可剪去后复用
启辉困难（灯管两端不断闪烁，中间不亮）	启辉器不配套	换上配套的启辉器
	电源电压太低	调整电压或缩短电源线路，使电压保持在额定值
	环境气温太低	可用热毛巾在灯管上来回烫熨（但应注意安全，灯架和灯座处不可触及和受潮）
	镇流器不配套，启辉电流过小	换上配套的镇流器
	灯管老化	更换灯管

续表

故障现象	产生故障的可能原因	排除方法
灯光闪烁或灯管内有螺旋形滚动地带	启辉器或镇流器连接不良	连好连接点
	镇流器不配套（工作电流过大）	换上配套的镇流器
	新灯管暂时现象	使用一段时间，会自行消失
	灯管质量不佳	无法修理，更换灯管
镇流器过热	镇流器质量不佳	正常情况下不应超过65℃，严重过热的应更换
	启辉情况不佳，连续不断地长时间产生触发，增加镇流器负担	排除启辉系统故障
	镇流器不配套	换上配套的镇流器
	电源电压过高	调整电压
镇流器异声	铁芯叠片松动	紧固铁芯叠片
	铁芯硅钢片质量不佳	更换硅钢片（要校正工作电流，即调节铁芯间隙）
	线圈内部短路（伴随过热现象）	更换线圈或整个镇流器
	电源电压过高	调整电压
灯管两端发黑	灯管老化	更换灯管
	启辉不佳	排除启辉系统故障
	电压不高	调整电压
	镇流器不配套	换上配套的镇流器

3）节能型荧光灯

（1）结构

节能型荧光灯主要由灯管、灯座、镇流器、底盘和玻璃罩等组成，其外形如图 2-3-6 所示。与普通荧光灯相比，节能型荧光灯的灯管外电路中少了一个启辉器。此外，它只用一个灯座。

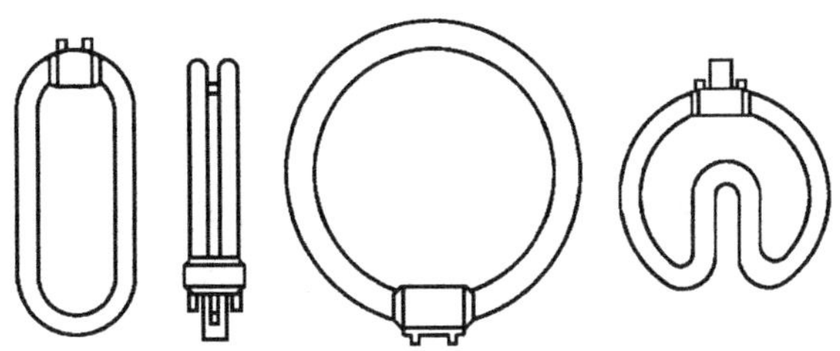

图 2-3-6 节能型荧光灯的外形

（2）工作原理

节能型荧光灯的工作原理与普通荧光灯类似。

（3）节能型荧光灯的安装

节能型荧光灯的接线图如图 2-3-7 所示。

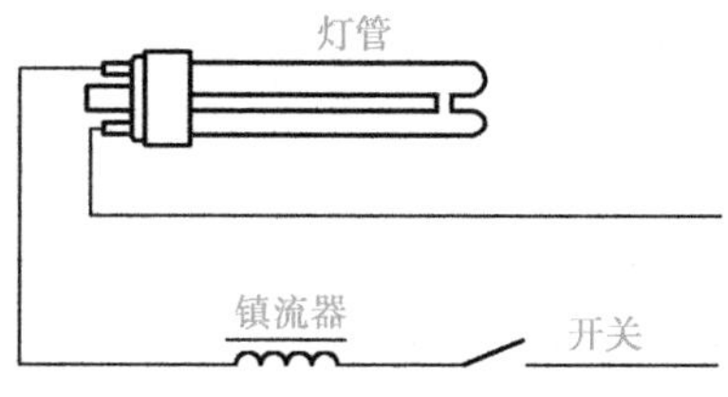

图 2-3-7 节能型荧光灯的接线图

① 先把荧光灯管卡、镇流器固定在底盘上，把预留导线头穿过底盘，将底盘用螺钉固定在带预埋塑料膨胀螺栓的顶棚上。

② 按接线图接线，接线过程与普通荧光灯类似。

③ 如果灯管和镇流器是一体化的，就按白炽灯的安装方法进行安装。

4）碘钨灯

（1）结构

碘钨灯是卤素灯的一种，属于热发射电光源，是在白炽灯的基础上发展而来的。碘钨灯的结构及接线图如图 2-3-8 所示。

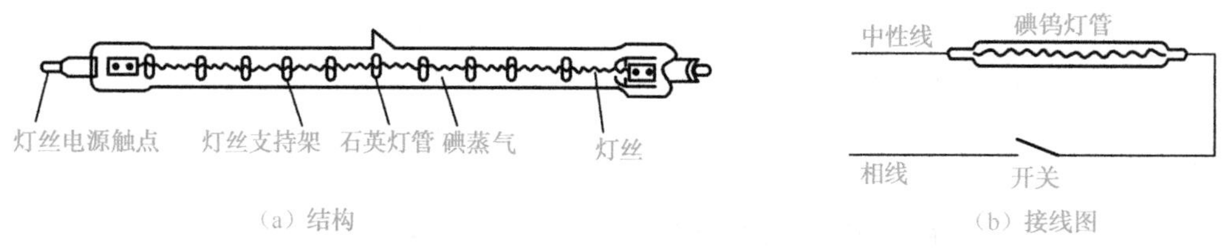

图 2-3-8 碘钨灯的结构及接线图

（2）工作原理

碘钨灯的工作原理和白炽灯一样，都以灯丝作为发光体，不同的是碘钨灯的灯管内充有碘，当灯管内温度升高后，和灯丝蒸发出来的钨化合，成为具有挥发性的碘化钨。碘化钨在靠近灯丝的高温处又分解为碘和钨，钨留在灯丝上，而碘又回到温度较低的位置，如此循环，灯丝就不易变细，也就延长了灯丝的寿命。

（3）碘钨灯的安装

① 灯管应安装在配套的灯架上，这种灯架是特定设计的，既具有灯光的反射功能，又是灯管的散热装置，有利于提高照度和延长灯管寿命。

② 灯架到可燃建筑物的净距离不得小于 1m，以避免出现烤焦或引燃事故。

③ 灯架离地垂直高度不得低于 6m，以免产生眩光。

④ 灯管在工作时必须处于水平状态，倾斜度不得超过 4°，否则会破坏碘钨循环，缩短灯管寿命。

⑤ 由于灯管温度较高，灯管两端灯脚的连接导线应采用裸铜线穿套瓷珠的绝缘结构，然后通过瓷质接线桥与电源引线连接，而电源引线宜采用耐热性能较好的橡胶绝缘软线。

（4）故障及维修

碘钨灯的故障较少，除会出现与白炽灯类似的常见故障以外，常见的还有以下故障。

① 因灯管安装倾斜，灯丝寿命缩短。在这种情况下，应重新安装，使灯管保持水平。

② 因工作时灯管过热，经反复热胀冷缩后，灯脚密封处松动，接触不良。在这种情况下，一般应更换灯管。

4. 开关、插座的安装规范

1）开关的安装规范

① 开关的安装位置要便于操作，开关边缘距门框边缘的距离为 0.15～0.2m，开关距地

面高度一般为 1.3m。

② 相同型号开关并列安装及同一室内开关安装高度一致，且控制有序不错位。

③ 暗装的开关面板应紧贴墙面，四周无缝隙，安装牢固，表面光滑整洁，无碎裂、划伤。

2）插座的安装规范

① 当不采用安全型插座时，幼儿园及小学等儿童活动场所的插座安装高度不低于 1.8m。

② 暗装的插座面板应紧贴墙面，四周无缝隙，安装牢固，表面光滑整洁，无碎裂、划伤。

③ 车间及试（实）验室的插座安装高度不低于 0.3m，特殊场所暗装的插座高度不低于 0.15m，同一室内插座安装高度一致。

④ 地插座面板应与地面齐平或紧贴地面，盖板要固定牢固，密封良好。

⑤ 插座的接线规范如图 2-3-9 所示。

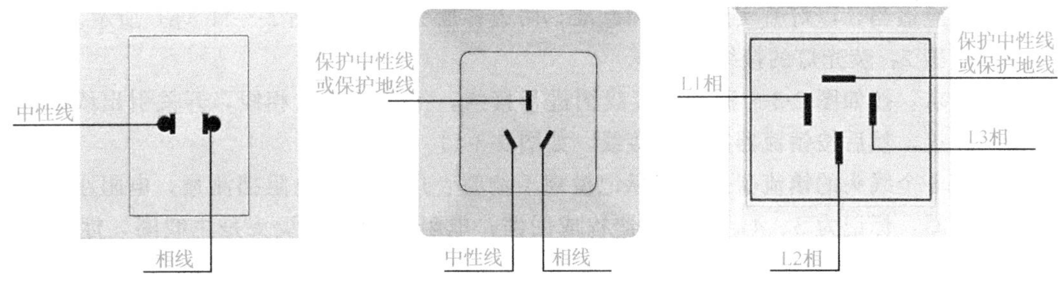

图 2-3-9 插座的接线规范

注意：插座有单相二孔、单相三孔和三相四孔之分，民用建筑中插座容量有 10A、16A，选用插座要注意其额定电流值应与通过的电器和线路的电流值相匹配，如果过载，则极易引发事故。同时，要注意查看该插座是否有安全认证标志，我国电工产品安全认证标志为长城标志，如图 2-3-10 所示。

图 2-3-10 电工产品安全认证标志

□【任务实施】

1. 任务实施器材

① 白炽灯、开关及导线 一套/组

② 荧光灯灯管、灯架、开关、启辉器、镇流器及导线 一套/组

③ 钢丝钳、剥线钳、验电笔及万用表 一套/组

2. 任务实施步骤

1）白炽灯的故障检查

操作提示：在进行故障检查时，白炽灯的玻璃外壳有可能是炽热的状态，应小心，不要烫到手；用验电笔检查灯头螺纹口是否带电，在确认没有电的情况下，才允许触碰。

操作步骤 1：检查白炽灯。

操作要求：观察白炽灯的铭牌，核对白炽灯的额定功率和额定电压；检查白炽灯的灯丝是否有断裂、搭丝现象；检查白炽灯的灯头是否松动，是否有漏气现象。

操作步骤 2：检查白炽灯的电源。

操作要求：检查白炽灯的电源熔断器是否熔断，检查熔体值是否合适；检查白炽灯的电源电压是否与标称的额定电压一致，检查电源电压是否波动。

操作步骤 3：检查白炽灯灯头、开关及连线。

操作要求：检查白炽灯的灯芯与灯头的底芯接触是否良好；检查开关接触及导线连接是否良好；检查灯头连接处两线头是否互碰。

2）荧光灯的安装操作

操作提示：荧光灯的灯管是玻璃制品，易碎，在取用时应轻拿轻放，还要保持灯管的清洁。目前市场上销售的荧光灯都采用灯、架一体的结构形式，用户只需安装附件即可。

操作步骤 1：组装灯架附件。

操作要求：用螺钉将镇流器固定在灯架的中部，用软线将镇流器 4 个端子的连接线引出至灯架的端部；用螺钉将启辉器座固定在灯架的端部；将灯座固定在灯架的端部，两个灯座之间的距离应适当，以灯管实际长度为基准，两边各加 2mm，如图 2-3-11（a）所示。

操作步骤 2：荧光灯的接线。

操作要求：按如图 2-3-5 所示的接线图进行接线，把开关接入相线，开关引出线必须先与镇流器连接，然后按镇流器接线图接线，如图 2-3-11（b）所示。

当具有 4 个线头的镇流器的线头标记模糊不清时，用万用表电阻挡测量，电阻小的两个线头是副线圈，标记为 3、4，与启辉器构成回路；电阻大的两个线头是主线圈，标记为 1、2，与外接交流电源构成回路。

对照图 2-3-5，认真核对电路接线，重点检查接线是否有错误、是否漏接线、接线点是否松动等。

操作步骤 3：固定灯架。

操作要求：如图 2-3-11（c）所示，由于操作是在实训室内进行的，没有预埋紧固件的条件，但可以用细木工板来模拟室内棚顶，这样就可以直接将灯架用木螺钉固定在细木工板上。

操作步骤 4：安装管件。

操作要求：如图 2-3-11（d）所示，先把灯管插入灯座插孔，再把启辉器旋到启辉器座中。

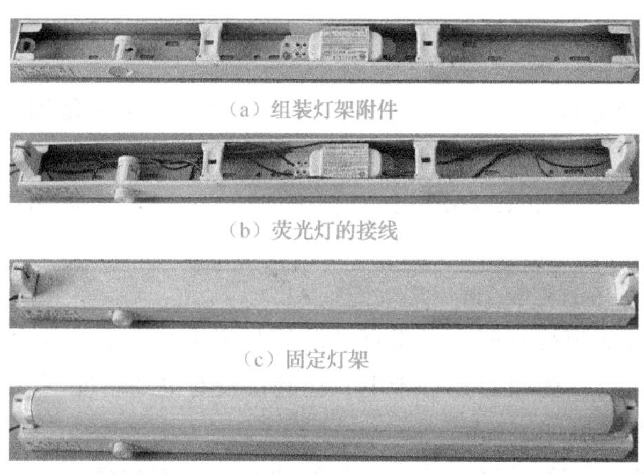

（a）组装灯架附件

（b）荧光灯的接线

（c）固定灯架

（d）安装管件

图 2-3-11　荧光灯的安装

操作步骤5：通电试用。

操作要求：闭合开关，给荧光灯上电，观察荧光灯的启动过程。若发现故障，则应及时断电。在荧光灯正常工作时，拔出启辉器，再观察荧光灯的状态。给荧光灯断电，再上电，用短线头轻触启辉器座的两接线端，观察荧光灯能否再次启动。

□【任务考核与评价】

表 2-3-3 照明装置安装与维修的考核

任务内容	配分	评分标准			自评	互评	教师评
白炽灯的故障检查	35	① 故障询问调查 5分 ② 检查电源电压是否正常 5分 ③ 检查熔断器是否熔断 5分 ④ 检查灯头或开关触点是否接触不良 5分 ⑤ 检查灯丝是否断开 5分 ⑥ 检查白炽灯是否漏气 5分 ⑦ 检查白炽灯的额定电压是否与电源电压一致 5分					
荧光灯的安装操作	55	① 组装灯架附件 10分 ② 荧光灯的接线 20分 ③ 固定灯架 10分 ④ 安装管件 5分 ⑤ 通电试用 10分					
安全文明操作	10	违反1次 扣5分					
定额时间	40min	每超过5min 扣10分					
开始时间		结束时间		总评分			

任务4 量配电装置的安装训练

□【任务要求】

本任务要求学生通过对量配电装置及其安装规范的学习，掌握量配电装置的安装工艺。

1. 知识目标

① 了解量电装置和配电装置的组成及作用。

② 了解电能表及配电板的安装规范。

③ 掌握电能表的接线方法。

2. 技能目标

能熟练地进行配电板的安装。

□【任务相关知识】

量配电装置是量电装置和配电装置的统称。量电是通过电能表、熔断器等电气装置对用户消耗的电力进行计量，即对电能进行累计，以此作为电费的结算依据；配电是通过开关、熔断器等配电装置对电能表后的用电进行控制、分配和保护。

1. 量电装置

低压用户的量电装置主要由进户总熔断器盒和电能表两大部分组成。

1）进户总熔断器盒

进户总熔断器盒由熔断器、接线桥和封闭盒组成，其外形如图 2-4-1 所示。进户总熔断器盒主要起短路保护、计划用电和隔离电源等作用。

（1）进户总熔断器盒的安装规范

① 每一块电能表都应有单独的进户总熔断器保护，并应全部装在进户总熔断器盒内。

② 进户总熔断器盒应装在进户点的户外侧，如果电能表的安装位置离进户点较远，则应在电能表处安装分进户总熔断器盒。

③ 进户总熔断器盒应装在木板上，木板厚度不小于 16mm，正面及四周应涂漆防潮，安装的位置应便于装拆和维修。

④ 进户总熔断器盒内的熔断器必须分别接在每一根相线上，中性线应接在接线桥上。

（2）进户总熔断器盒的安装工艺

由于进户总熔断器盒及其熔体由供电部门选定、安放及加封，所以本书对进户总熔断器盒的安装工艺不重点介绍，只通过图 2-4-2 使读者对其有所了解。

图 2-4-1　进户总熔断器盒的外形

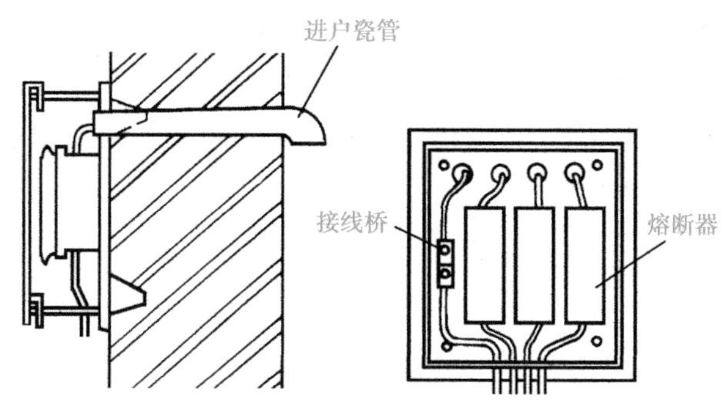

图 2-4-2　进户总熔断器盒的安装

2）电能表

电能表又称电度表，是用来计量用电设备消耗的电能的仪表，具有累计功能，其外形如图 2-4-3所示。

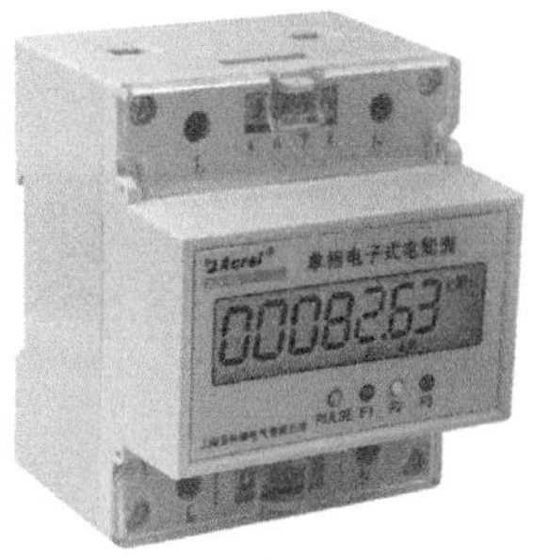

图 2-4-3　电能表的外形

按照相数来分，电能表可分为单相电能表和三相电能表。目前，家庭用户使用的电能表基本上是单相电能表，工业动力用户使用的电能表通常是三相电能表。

按照采样方式来分，电能表可分为机械式电能表、电子式电能表和机电一体式电能表。根据国家智能电网建设，目前机械式电能表基本上被电子式电能表取代。

（1）电能表的安装规范

① 电能表与配电装置通常应装在一起。安装电能表的木板正面及四周必须涂漆防潮，木板应为实木板，不应采用木台，允许和配电板共用一块通板，木板必须坚实干燥，不应有裂纹，拼接处要接合紧密。

② 电能表板要安装在干燥、无振动和无腐蚀性气体的场所。电能表板的下沿离地高度一般不低于 1.3m，但大容量电能表板的下沿离地高度允许放低到 1～1.2m，但不得低于 1m。

③ 为了使线路的走向简洁而不混乱，以及保证配电装置的操作安全，电能表必须装在配电装置的左方或下方，切不可装在右方或上方。同时，为了保证抄表方便，应把电能表（中心）安装在离地 1.4～1.8m 的位置上。若需要并列安装多块电能表，则两表间的中心距离不得小于 200mm。

④ 单相计量用电，通常装一块单相电能表；两相计量用电，应装一块三相四线电能表；三相计量用电，也应装一块三相四线电能表；除成套配电设备以外，一般不允许采用三相三线电能表。

⑤ 当任何一相的计算负荷电流超过 100A 时，都应装量电电流互感器（由供电部门供给）；当最大计算负荷电流超过现有电能表的额定电流时，也应装量电电流互感器。

⑥ 电能表的表位应尽可能按如图 2-4-4 所示的形式排列。

⑦ 电能表的表身应装得平直，不可出现纵向或横向的倾斜，电能表的垂直偏差不应大于 1.5％，否则会影响电能表的准确性。

⑧ 电能表总线必须采用铜芯塑料硬线，配线合理、美观，其截面积不得小于 1.5mm^2，中间不准有接头，进户总熔断器盒与电能表之间的距离不宜超过 10m。

⑨ 电能表总线必须明线敷设。当采用线管安装时，线管也必须明装；在装入电能表时，一般按“左进右出”原则接线。

（2）电能表的接线

① 单相电能表的接线。

单相电能表共有 5 个接线桩，从左到右按 1、2、3、4、5 编号，如图 2-4-5 所示。其中，1、4 接线桩为单相电源的进线桩，3、5 接线柱为单相电源的出线桩。单相电能表的接线如图 2-4-6 所示。单相电能表的实物接线照片如图 2-4-7 所示。

② 直接式三相四线电能表的接线。

直接式三相四线电能表共有 11 个接线桩，从左到右按 1 至 11 编号。其中，1、4、7 接线桩为电源相线的进线桩，用来连接从进户总熔断器盒下接线桩引出来的 3 根相线；3、6、9 接线桩为电源相线的出线桩，分别去接总开关的 3 个进线桩；10 接线桩为电源中性线的进线桩；11 接线桩为电源中性线的出线桩；2、5、8 接线桩为空接线桩。直接式三相四线电能表的接线如图 2-4-8 所示。

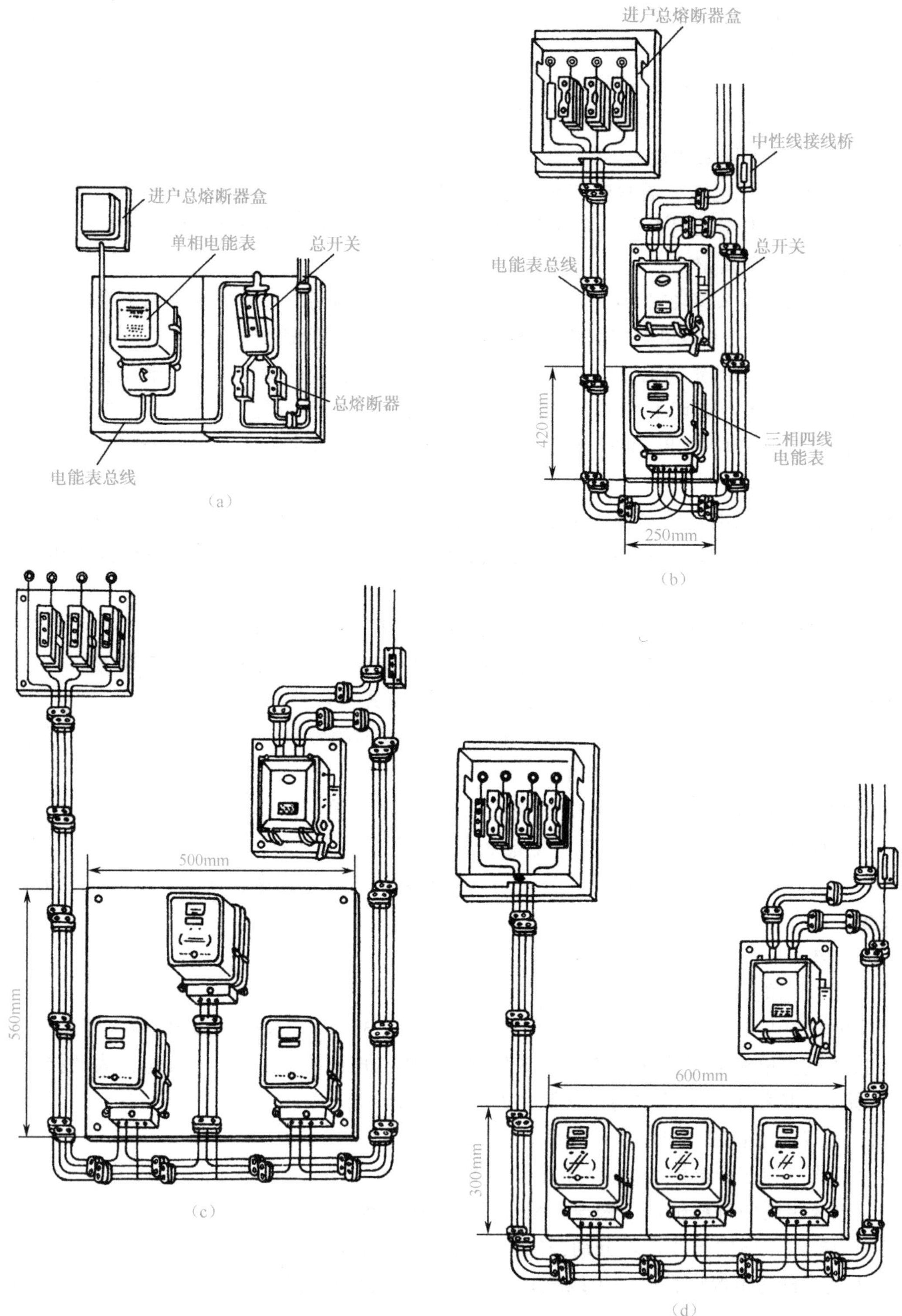

图 2-4-4　电能表的表位排列

图 2-4-5 单相电能表的接线桩

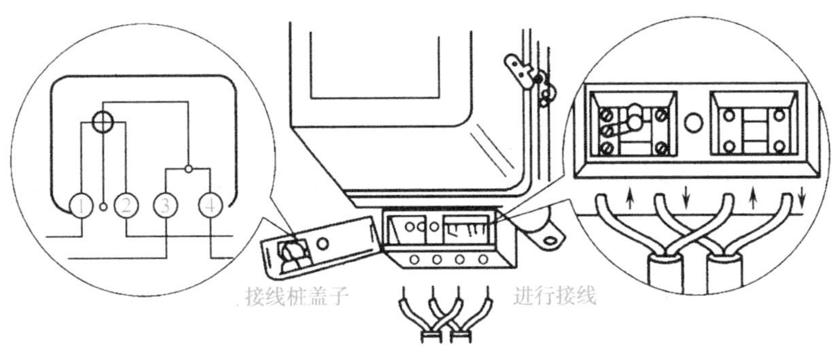

图 2-4-6 单相电能表的接线

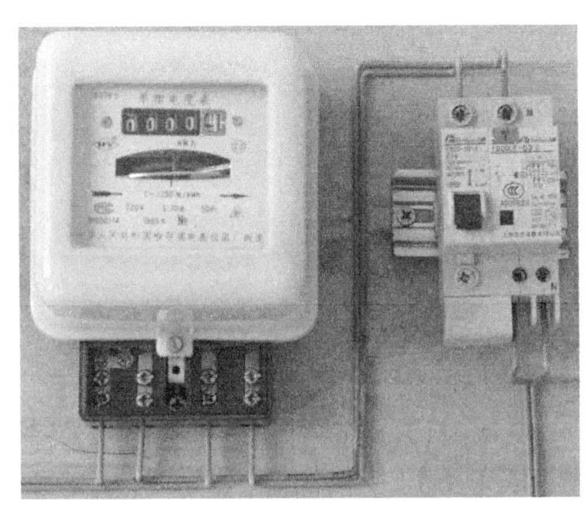

图 2-4-7 单相电能表的实物接线照片

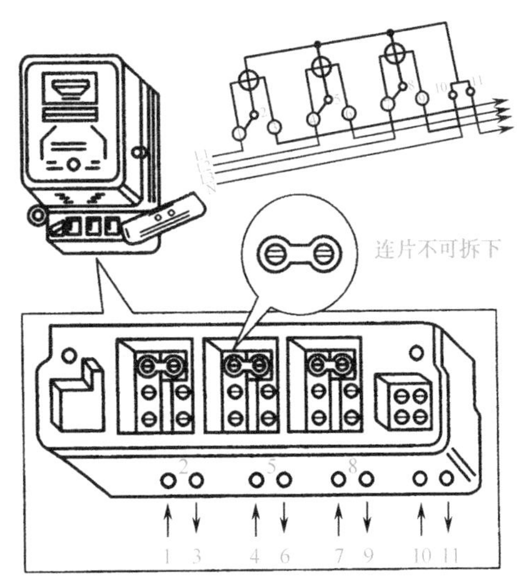

图 2-4-8 直接式三相四线电能表的接线

③ 直接式三相三线电能表的接线。

直接式三相三线电能表共有 8 个接线桩，从左到右按 1 至 8 编号。其中，1、4、6 接线桩为电源相线的进线桩；3、5、8 接线桩为电源相线的出线桩；2、7 接线桩为空接线桩。直接式三相三线电能表的接线如图 2-4-9 所示。

2. 配电装置

低压用户的配电装置主要由总开关、分路开关和总熔断器、分路熔断器等组成。由一块电能表计费供电的全部电气装置（包括线路装置和用电装置），应安装一套总的控制和保护装置，多数用户采用板列的安装形式，即配电板；容量较大的用户采用的是配电柜，在此不作介绍。

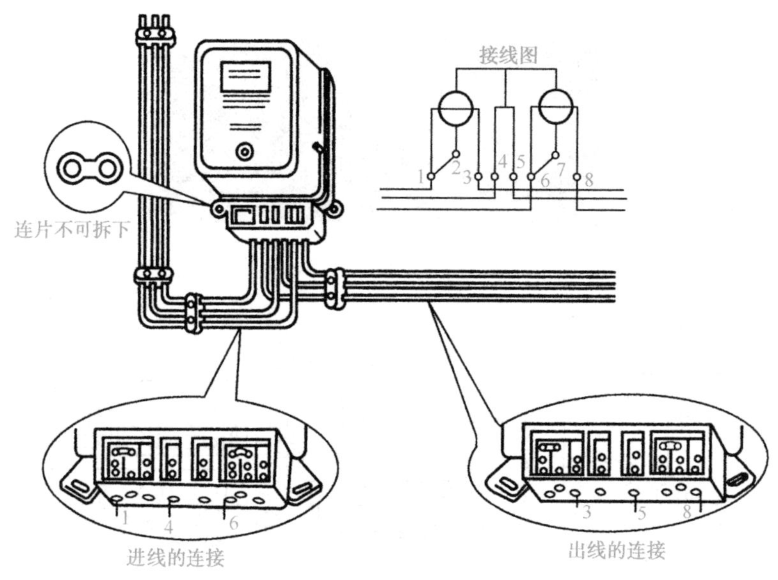

图 2-4-9 直接式三相三线电能表的接线

1）配电板的组成

较大容量的配电板通常由隔离开关、总开关、总熔断器及分路开关、分路熔断器等组成，如图 2-4-10（a）所示。一般容量的配电板通常由总开关和总熔断器组成，如图 2-4-10（b）所示。

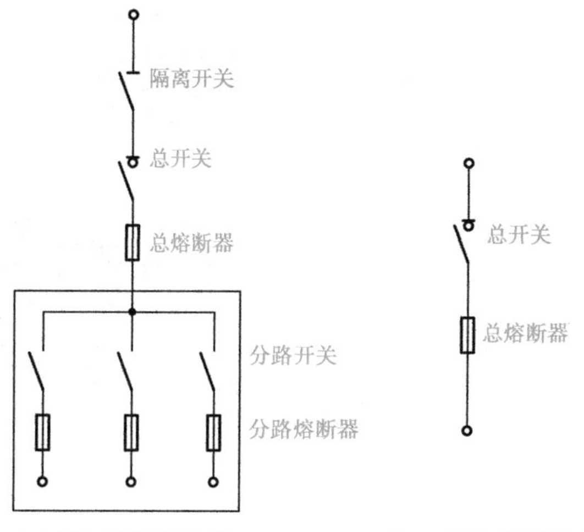

图 2-4-10 配电板组成系统图

2）配电板的作用

① 当发生重大事故时，能有效地切断整个电路的电源，以确保安全。

② 当线路或用电设备短路或严重过载而分路保护装置又失效时，也能自动切断电源，防止故障蔓延。

③ 当对线路或重要设备进行大修需要断电时，能切断整个电路电源，以保证维修过程安全。

3）配电板的安装规范

① 配电板应与电能表板装在一起，置于电能表板的右方或上方，如图 2-4-4 所示。

② 配电板上各种电气设备应安装在木板上，木板正面及四周必须涂漆防潮。

③ 配电板上的各种连接线必须明线敷设，中间不准有接头。

④ 配电板上各种电气设备的规格应尽可能统一，并应符合对容量及技术性能的要求。

【任务实施】

1. 任务实施器材

① 电工工具	一套/组
② 单相电能表、三相四线电能表	各一块/组
③ 熔断器、空气断路器	一套/组
④ 75cm×55cm 配电板	一块/组
⑤ 护套线及塑料线卡	一套/组

2. 任务实施步骤

操作提示：电能表在配电装置的左方或下方，电能表的接线原则是“左进右出”。

操作题目：照明及动力双回路配电板的安装操作。

操作步骤 1：板面的布局设计。

操作要求：电能表和空气断路器要垂直安装，器件布局要合理，建议采用如图 2-4-11 所示的布局形式。

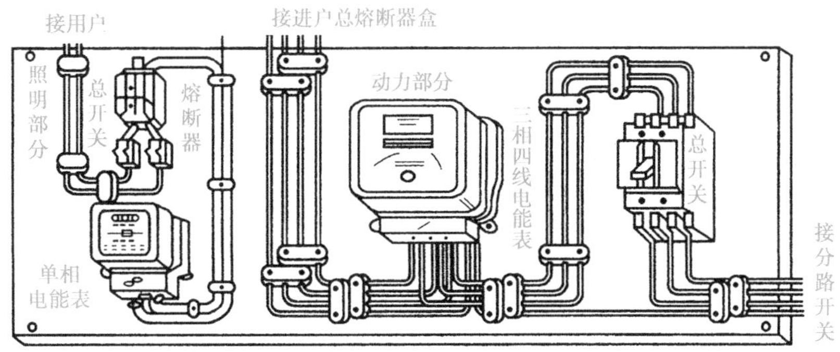

图 2-4-11 配电板的布局

操作步骤 2：器件的固定。

操作要求：用木螺钉直接将电能表和胶木刀开关固定在木板上；截取一段长 60mm 的导轨，用木螺钉将其固定在木板上，然后将空气断路器卡入导轨。

操作步骤 3：布线与接线。

操作要求：参照电能表接线桩盖子上的接线图进行表线连接。走线方向相同的所有导线要密排直布，不许交叠，更不许交叉；整个板面布线要保持横平竖直；导线中间不准有接头，导线在折弯时应呈直角；所有的接点要采用直压方式连接，保证接点接触良好。

【任务考核与评价】

表 2-4-1　量配电装置安装的考核

任务内容	配分	评分标准			自评	互评	教师评
板面的布局设计	30	① 布局设计　10 分 ② 器件的画线定位　10 分 ③ 导线的画线定位　10 分					
器件的固定	20	① 电能表的固定　5 分 ② 胶木刀开关的固定　5 分 ③ 空气断路器的固定　5 分 ④ 塑料线卡的固定　5 分					
布线与接线	40	① 单相电能表的连接　15 分 ② 三相四线电能表的连接　15 分 ③ 胶木刀开关的连接　5 分 ④ 空气断路器的连接　5 分					
安全文明操作	10	违反 1 次　扣 5 分					
定额时间	40min	每超过 5min　扣 10 分					
开始时间		结束时间		总评分			

项目三 三相异步电动机的安装、维护与维修

三相异步电动机具有构造简单、坚固耐用、维修方便、运行可靠、价格低廉等特点，因此在各种动力拖动装置中得到广泛应用。为保证三相异步电动机能长期、安全、经济、可靠地工作，必须对三相异步电动机进行正确安装、运行监视和定期维护，这对预防故障的发生具有非常重要的意义。

任务1 三相异步电动机的拆装训练

□【任务要求】

本任务要求学生通过对三相异步电动机结构、铭牌、分类和拆装工艺的学习，全面认识三相异步电动机，掌握三相异步电动机的拆装方法。

1. 知识目标

① 了解三相异步电动机的结构，能正确选择三相异步电动机的防护形式。

② 熟悉三相异步电动机的接线盒，掌握接线板的接线要求及接线形式。

③ 熟悉三相异步电动机的铭牌，掌握三相异步电动机的型号及主要技术数据。

2. 技能目标

能熟练地对小型三相异步电动机进行拆装。

□【任务相关知识】

在对三相异步电动机进行维修和维护时，经常需要拆装三相异步电动机，如果拆装操作不当，就会损坏零部件。因此，只有掌握正确的拆卸与装配技术，才能保证三相异步电动机的正常运行和维修质量。

1. 三相异步电动机的结构

三相异步电动机主要由定子和转子两个基本部分组成。图 3-1-1 所示为封闭式三相笼型异步电动机结构图。

1）定子

三相异步电动机的定子主要由定子铁芯、定子绕组、机座、端盖和轴承等构成。

（1）定子铁芯

作为主磁路的一部分，定子铁芯被固定在机座的内膛里，一般由 0.35～0.5mm 厚的表面具有绝缘层的硅钢片冲制、叠压而成，如图 3-1-2 所示。

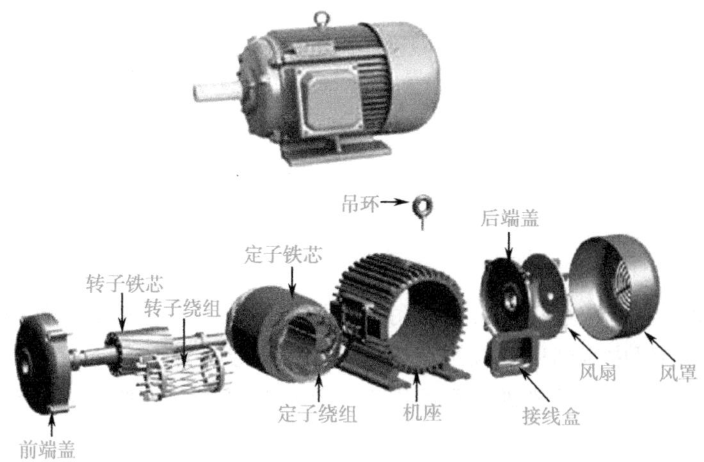

图 3-1-1　封闭式三相笼型异步电动机结构图

（2）定子绕组

定子绕组由许多线圈连接而成，每个线圈有两个有效边，分别放于两个槽内，各线圈按照一定规律连接成三相绕组，如图 3-1-3 所示。中小型电动机的定子绕组一般采用高强度漆包圆铜线绕制而成。

图 3-1-2　定子铁芯

图 3-1-3　定子绕组

（3）机座

机座如图 3-1-4 所示。机座用来固定和支撑定子铁芯，并通过两侧的端盖和轴承来支撑三相异步电动机的转子，同时可保护整台三相异步电动机的电磁部分和散发三相异步电动机运行过程中产生的热量。

（4）端盖

借助置于端盖内的滚动轴承，可将三相异步电动机的转子和机座连成一个整体。端盖如图 3-1-5所示。

（a）　（b）

图 3-1-4　机座

图 3-1-5　端盖

2）转子

三相异步电动机的转子由转子铁芯、转子绕组、转轴等构成，如图 3-1-6 所示。

（1）转子铁芯

作为主磁路的一部分，转子铁芯一般用 0.35～0.5mm 厚的硅钢片冲制、叠压而成，如图 3-1-7所示。

图 3-1-6　转子

图 3-1-7　转子铁芯

（2）转子绕组

① 笼型转子绕组。

笼型转子绕组结构示意图如图 3-1-8 所示。笼型转子绕组是在转子铁芯的每个槽内放入一根导条，在伸出铁芯的两端分别用两个导电端环把所有的导条连接起来，形成一个自行闭合的短路绕组。如果去掉铁芯，则剩下的绕组就像一个鼠笼，所以称其为笼型转子绕组。在实际生产中，为了改善三相笼型异步电动机的电磁性能，笼型转子铁芯的槽和导条都设成斜的，如图 3-1-9 所示。

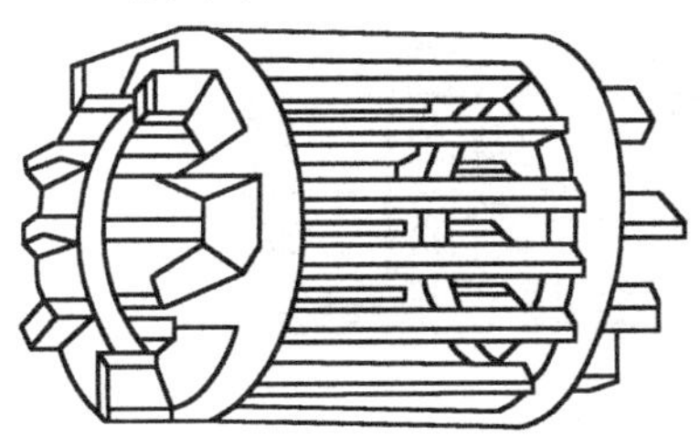
图 3-1-8　笼型转子绕组结构示意图

图 3-1-9　笼型转子铁芯

课堂讨论

问题：笼型转子绕组的端环结构如图 3-1-10 所示，观察发现在左右两个端环上都有若干个凸起，这些凸起有什么作用呢？

图 3-1-10　笼型转子绕组的端环结构

答案：笼型转子在高速旋转时，必须保持转子的重心稳定，否则三相异步电动机将产生强烈的振动和噪声。所以，三相异步电动机的转子都要进行动平衡校验，如果转子达不到动平衡，就要通过调整端环凸起的配重使转子最终达到动平衡，这与在汽车轮毂上打配重钉道理一样。

② 绕线型转子绕组。

绕线型转子绕组与定子绕组相似，也是一个对称的三相绕组，一般接成星形，3 个出线头接到转轴的 3 个集电环上，再通过电刷与外电路连接。绕线型转子如图 3-1-11 所示。

图 3-1-11　绕线型转子

（3）转轴

转轴是支撑转子铁芯和输出转矩的部件，一般用中碳钢车削加工而成，轴伸端铣有键槽，用来固定传送带轮或联轴器。

课堂讨论

问题：三相异步电动机的转轴是怎样放到转子铁芯中的？

答案：将转子铁芯放在烘箱内加热到 500℃左右（机座代号为 160 及以下的加热到 450～500℃，机座代号为 180 及以上的加热到 500～550℃），保持 1～1.5h，此时转子铁芯内膛受热膨胀，然后将转轴套入，平稳放置，使其自然冷却，转子铁芯遇冷收缩后将转轴紧紧地箍住。

2. 三相异步电动机的铭牌

铭牌是三相异步电动机的重要标志，是安装和维修三相异步电动机的重要依据，如图 3-1-12 所示。

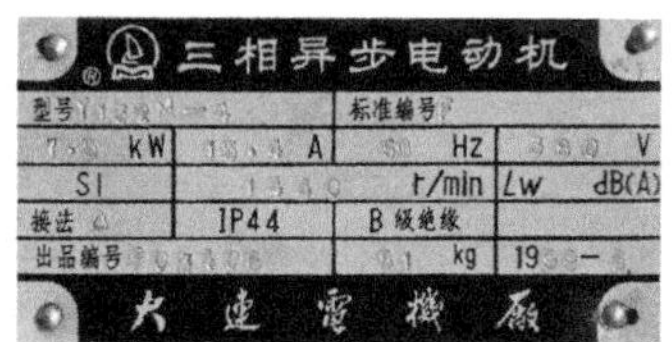

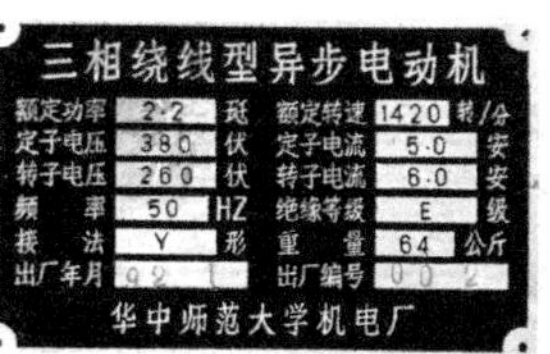

图 3-1-12　三相异步电动机的铭牌

1）型号

国家标准 GB 4833—84《电动机产品型号编制方法》中规定，中小型交流异步电动机的型号一般应由 6 个部分组成。下面以型号为 YD2-160M2-2/4 WF 的电动机为例，如图 3-1-13 所示，按前后顺序介绍这 6 个部分的具体规定和有关内容。

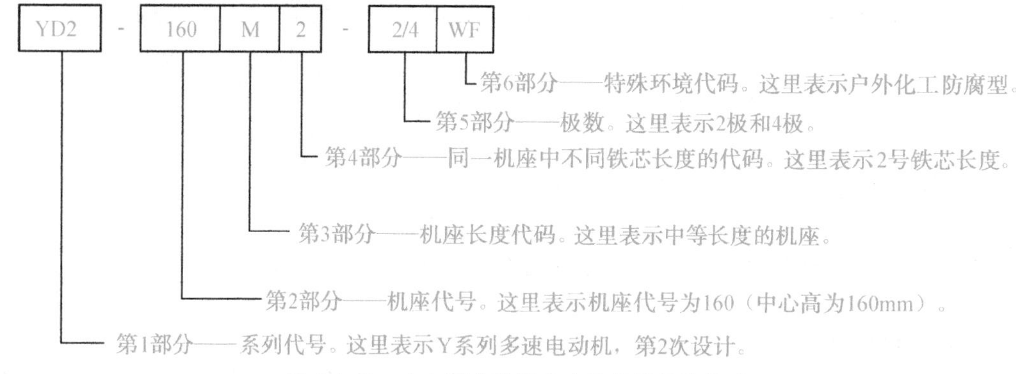

图 3-1-13　中小型交流异步电动机型号的组成

① 第 1 部分为系列代号，第 1 个字母一般为“Y”，普通单速电动机只用这一个字母，其他系列的电动机则在“Y”的后面加上表示其特征的 1～3 个字母。本例“YD”中的“D”表示多速电动机。若这些字母后面紧跟一个阿拉伯数字，则该数字为本系列电动机的设计序号，因第 1 次设计的 1 不必出现，所以此数字最小为 2，本例中为第 2 次设计，或者说第 2 代。

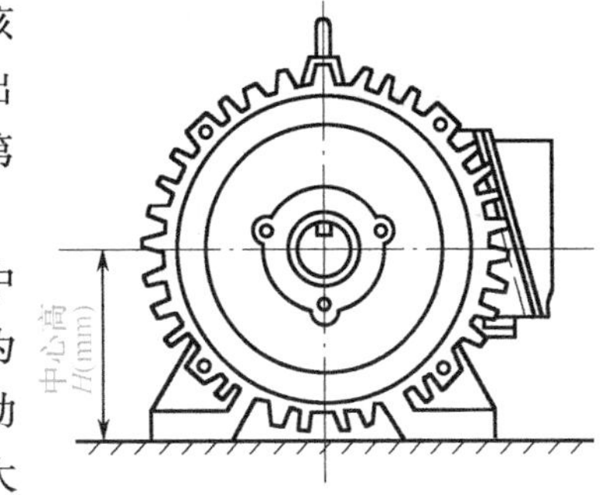

图 3-1-14 中心高示意图

② 第 2 部分为机座代号，以中心高表示，单位为毫米。中心高示意图如图 3-1-14 所示。本例中为 160，即中心高为 160mm。中心高值越大，电动机容量越大，因此三相异步电动机按容量分类与中心高有关。三相异步电动机按机座代号的大小分为大型、中型、小型、微型共 4 个等级，具体如表 3-1-1 所示。在同样的中心高下，机座长则铁芯长，相应的电动机容量就大。对于无底脚的电动机，则以同一内外径向尺寸的有底脚的电动机的中心高确定此参数。

表 3-1-1 按机座代号划分三相异步电动机的大型、中型、小型、微型

等　级	微型	小型	中型	大型
机座代号	<63	63～315	315～630	>630

③ 第 3 部分为机座长度代码，一般分为 3 个档次，即长、中、短，分别用 L、M、S 表示，如表 3-1-2 和图 3-1-15 所示。本例中为 M，表示中等长度的机座。对于只有一种长度的机座，如中心高为 80mm 的电动机，则可无此部分。

表 3-1-2 三相异步电动机的机座长度代码

分　级	长	中	短
代　码	L	M	S
英文单词	Long	Middle	Short

④ 第 4 部分为同一机座中不同铁芯长度的代码，用数字 1,2,3,…表示，该代码越大，铁芯越长，功率越大，如图 3-1-16 所示。本例中为 2 号铁芯长度。当只有一种长度时，此部分可不出现。

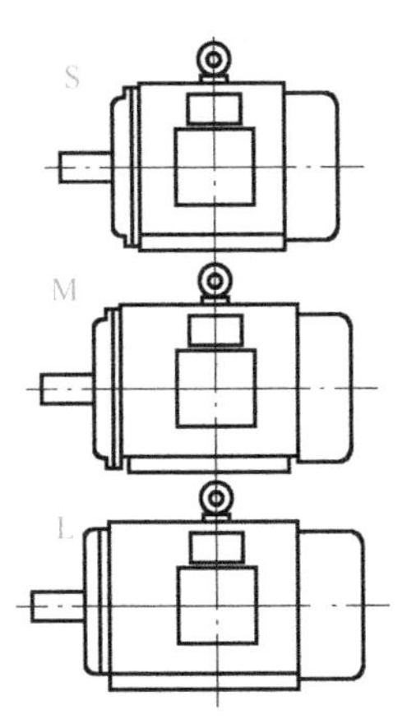

图 3-1-15 同一中心高 3 种长度的机座示意图

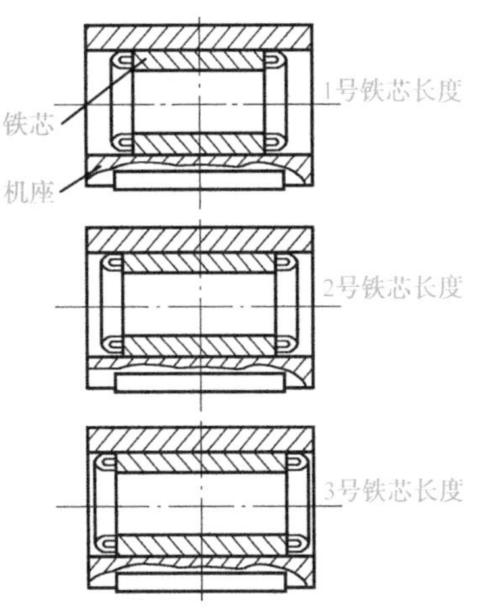

图 3-1-16 同一机座中 3 种长度的铁芯示意图

对于 Y 系列三相异步电动机及其派生产品，此代码以机座长度代码的脚标形式出现，如 $Y160M_2$-4；无机座长度代码的，以机座代号（中心高）的脚标形式出现，如 $Y80_2$-4。对于 Y2 系列三相异步电动机及其派生产品，此代码则以正常文字的大小出现，如 Y2-180M2-6。

工程经验

在维修三相异步电动机时，经常会遇到铭牌丢失的情况，特别是一些老旧三相异步电动机，有铭牌的很少，那么怎样确定无铭牌三相异步电动机的型号呢？

我国生产的三相异步电动机都是经国家统一设计、标准化、成系列的产品，对无铭牌的三相异步电动机，可根据其中心高、定子铁芯长度、定子铁芯内外径尺寸、底脚尺寸这几个重要数据，对照电工手册中的中小型三相异步电动机技术数据，通过查表即可初步确定三相异步电动机的型号。

⑤ 第 5 部分为极数，用数字形式给出三相异步电动机定子磁场的极数，如 2 极、4 极等。当三相异步电动机为多速电动机时，用“/”将各极数分开，如本例中的 2/4。

⑥ 第 6 部分为特殊环境代码，用特定的字母表示三相异步电动机适用的特殊工作环境，如表 3-1-3 所示。本例中为 WF，表示户外化工防腐型。一般三相异步电动机无此部分。

表 3-1-3　三相异步电动机适用的特殊环境代码

适用的特殊环境	高原	船（海）	户外	化工防腐	热带	湿热带	干热带
代　码	G	H	W	F	T	TH	TA

2）额定功率 P_N

额定功率是电动机在额定条件下运行时，转轴上输出的机械功率，一般用 kW 做单位，不足 1kW 的有时用 W 做单位。

注意：额定功率 P_N 是机械功率，而不是从电源侧输入的电功率。我国标准中确定的中小型电动机功率选取档次推荐值为（单位为 kW）：0.18、0.25、0.37、0.55、0.75、1.1、1.5、2.2、3、4、5.5、7.5、11、15、18.5、22、30、37、45、55、75、90、110、132、160、185、200、220、250、280、315、335 等。

3）额定电压 U_N

额定电压是保证电动机正常工作所需要的电压，一般指加在定子绕组上的线电压，单位为 V 或 kV。我国的低压电动机的额定电压一般为 380V，高压电动机的额定电压有 3kV、6kV 和 10kV 等。电动机所用实际电源电压一般应为额定电压的 95%～105%，有要求时可放宽到 90%～110%。当可采用两种电压时，用“/”隔开，如 220/380V。

注意：额定电压是指加在定子绕组上的线电压，而不是相电压，千万注意区分。

4）额定电流 I_N

额定电流是当电动机在额定电压和额定频率下输出额定功率时，定子绕组中的线电流，单位为 A 或 kA。

工程经验

怎样通过额定功率来简单地估算出额定电流？

在实际工程中，要想精确地计算出电动机的额定电流往往比较困难，因为这需要知道多个参数，但在已知额定电压和额定功率的情况下，可以简单地进行估算，其关系如下。

① 对于额定电压为 380V 左右的电动机，其额定电流值约等于额定功率值的 2 倍。例如，额定功率为 15kW，则额定电流为 $2\times15=30$A。这种关系比较适用于额定功率为 10～30kW 的电动机，额定功率较小的电动机要适当增大一些，如 2.1 倍，额定功率较大的电动机要适当减小一些，如 1.9 倍。

② 对于额定电压为 3kV 的电动机，其额定电流值约等于额定功率值的 1/4。

③ 对于额定电压为 6kV 的电动机，其额定电流值约等于额定功率值的 1/8。

④ 对于额定电压为 1kV 的电动机，其额定电流值约等于额定功率值的 1/13。

5）额定频率 f_N

额定频率是保证定子同步转速为额定值的电源频率，单位为 Hz。对于普通交流电动机，我国使用的额定频率是 50Hz。

6）额定转速 n_N

额定转速是电动机在额定电压、额定频率和额定功率下的转速，单位为 r/min。

7）接法

三相异步电动机的两种接法如图 3-1-17 所示。

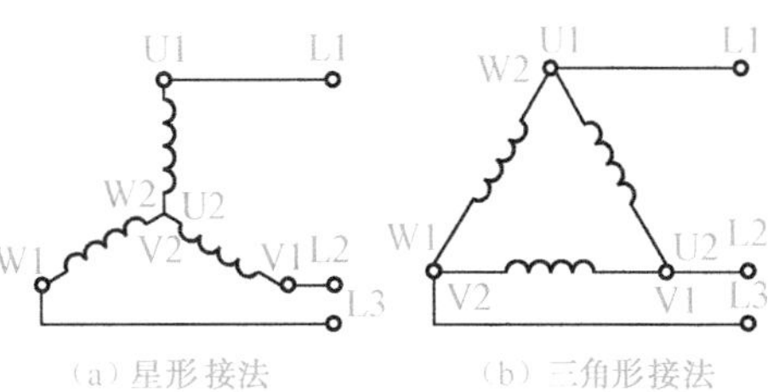

（a）星形接法 （b）三角形接法

图 3-1-17 三相异步电动机的两种接法

工程要求

电动机接线盒内都有一块接线板，三相绕组的 6 个接线桩排成上、下两排，并规定下排 3 个接线桩自左至右排列的编号为 1（U1）、2（V1）、3（W1），上排 3 个接线桩自左至右排列的编号为 6（W2）、4（U2）、5（V2）。将三相绕组按星形接法或三角形接法接线，在制造和维修时均应按这个序号排列，如图 3-1-18 所示。

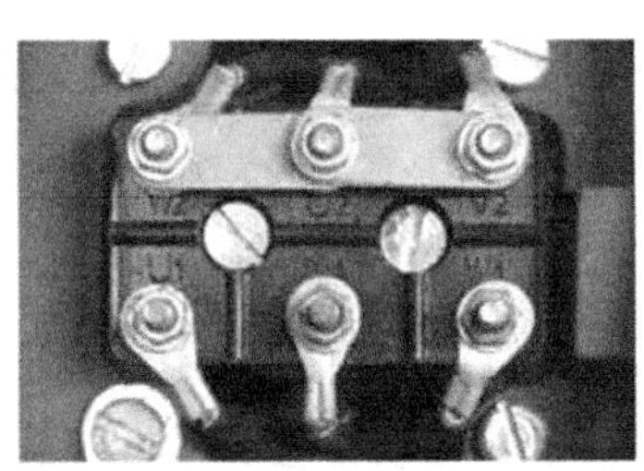
（a）星形接法

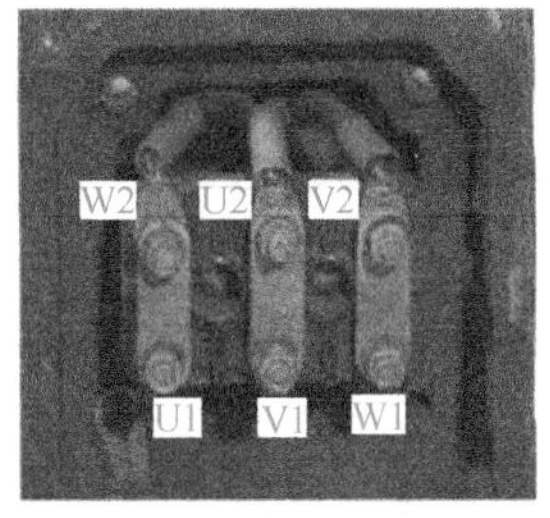

（b）三角形接法

图 3-1-18 电动机接线盒内的接线

课堂讨论

问题：对于标明采用三角形接法的 380V 的电动机，若改成星形接法还能用 380V 供电正常运行吗？

答案：不能正常运行。此时将不能输出额定功率。从理论上讲，此时的输出功率是三角形接法 380V 时的 1/3（实际上大于 1/3），也就是说“出力”将严重不足。这是由于每一相所得到的电压只有正常值的 $1/\sqrt{3}$（220V），而电流只有正常值的 1/3（实际上小于 1/3）。

8）绝缘等级

绝缘等级是指电动机绕组所用的绝缘材料的绝缘等级，它决定了电动机绕组的允许温升。电动机的允许温升与绝缘等级的关系如表 3-1-4 所示。绝缘等级是由电动机所用的绝缘材料决定的。按耐热程度不同，将电动机的绝缘等级分为 A、E、B、F、H、C，它们允许的最高温度如表 3-1-4 所示。普通电动机常用 B 和 F 两个等级，个别要求较高的电动机使用 H 级。

表 3-1-4　电动机的允许温升与绝缘等级的关系

绝缘等级	A	E	B	F	H	C
绝缘材料允许的最高温度/℃	105	120	130	155	180	＞180
电动机的允许温升/℃	60	75	80	100	125	＞125

课堂讨论

问题：对于常用的电动机绝缘材料，是否绝缘等级越高其耐压值就越高？

答案：对于常用的电动机绝缘材料的绝缘等级，它们的绝缘水平是大体相同的，如都可承受 5kV 的耐压实验，所以不能简单地说绝缘等级越高，耐压值就越高。各绝缘等级的区别主要在于它们的耐热水平不同，按 A、E、B、F、H、C 的顺序，越往后耐热水平越高。所以，严格来讲应称绝缘等级为绝缘材料的耐热等级。

9）工作制

工作制是指电动机在工作时承受负载的情况，包括启动、加载运行、制动、空转或停转等的时间安排。国家标准中规定了 10 种工作制，分别用 S1～S10 表示。其中，S1 为长期工作制，S2 为短时工作制，S3 为断续工作制。

10）温升

电动机的温升是指当电动机按其工作制的要求加满载或规定的负载运行到热稳定状态时，其绕组的温度与环境温度的差值。

工程经验

怎样判定电动机的温升稳定状态和热稳定状态？电动机达到热稳定状态需要多长时间？

温升稳定状态和热稳定状态实际上是一回事。对于电动机，当其按规定的条件运行一定时间后，在前后 1h 内，温度的变化不超过 2℃时，则可判定电动机的温升已经稳定，此时电动机的发热状态就叫作热稳定状态。对于连续工作制和周期工作制的电动机，达到热稳定状态一般需要 3～4h，极数较多的电动机达到热稳定状态的时间会更长一些。

11）防护等级

防护等级是指电动机外壳（含接线盒等）防护电动机电路部分及旋转部件（光滑的轴除外）的能力。在铭牌中以 IPxy 的方式给出防护等级，其中 IP 是防护等级代码，x 代表防固体的能力，y 代表防液体的能力。表 3-1-5 和表 3-1-6 分别给出了目前国家标准规定的外壳防固体和防水的防护等级及相应的防护标准。

表 3-1-5　外壳防固体的防护等级

防护等级	防护标准	防护等级	防护标准
0	无防护	4	防大于 1mm 的固体
1	防大于 50mm 的固体（或人手的无意识触及）	5	防尘（进入的灰尘应不影响正常运行）
2	防大于 12mm 的固体（或人的手指）	6	尘密（完全防止灰尘进入）
3	防大于 2.5mm 的固体		

表 3-1-6　外壳防水的防护等级

防护等级	防护标准	防护等级	防护标准
0	无防护	5	防喷水（任何方向）
1	防滴（垂直方向）	6	防海浪或强加喷水
2	15°防滴（与铅垂线呈 15°范围内）	7	浸水（在规定的压力和时间下）
3	防淋水（与铅垂线呈 60°范围内）	8	潜水（在规定的压力下）
4	防溅（任何方向）		

3. 三相异步电动机的分类

1）按三相异步电动机的转子结构形式分类

按转子结构形式分类，三相异步电动机可分为三相笼型异步电动机和三相绕线型异步电动机，如图 3-1-19 所示。

（a）三相笼型异步电动机

（b）三相绕线型异步电动机

图 3-1-19　三相笼型、绕线型异步电动机

2）按三相异步电动机的防护形式分类

按防护形式分类，三相异步电动机可分为开启式、防护式、封闭式、防爆式等形式，如图 3-1-20 所示。

（a）开启式三相异步电动机

（b）防护式三相异步电动机

（c）封闭式三相异步电动机

（d）防爆式三相异步电动机

图 3-1-20　各种防护形式的三相异步电动机

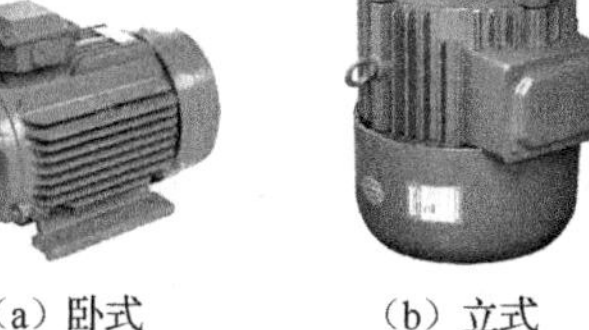

（a）卧式　　（b）立式

图 3-1-21　卧式、立式三相异步电动机

3）按三相异步电动机的安装结构形式分类

按安装结构形式分类，三相异步电动机可分为卧式三相异步电动机和立式三相异步电动机，如图 3-1-21 所示。

4）按三相异步电动机的绝缘等级分类

按绝缘等级分类，三相异步电动机可分为 E 级三相异步电动机、B 级三相异步电动机、F 级三相异步电动机、H 级三相异步电动机。

5）按三相异步电动机的工作制分类

按工作制分类，三相异步电动机可分为连续三相异步电动机、断续三相异步电动机、间歇三相异步电动机。

【任务实施】

1. 任务实施器材

① 三相异步电动机（型号为 Y90S-4，1. 1kW）　　一台/组

② 套筒式扳手或活扳手　　一套/组

③ 木槌（木榔头）、铁锤（铁榔头）、木楞　　各一个/组

④ 电工工具、扁铲　　一套/组

2. 任务实施步骤

操作提示：在搬动三相异步电动机时，应注意安全，不要碰伤手脚；在抽出转子的过程中，注意不要碰伤定子绕组。

操作步骤 1：记录铭牌信息。

操作要求：三相异步电动机的铭牌如图 3-1-22 所示，认真观察并记录铭牌信息，填写表 3-1-7。

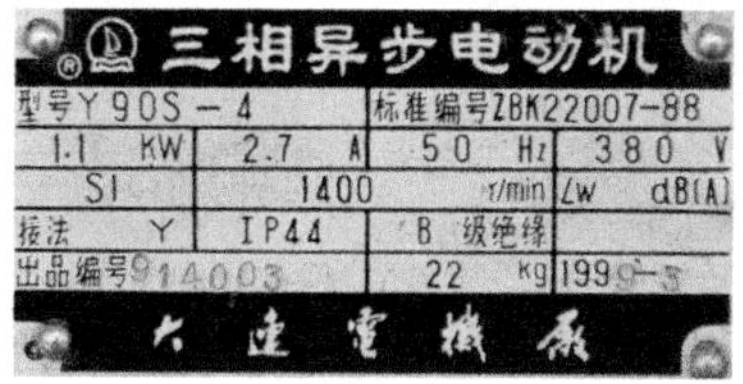

图 3-1-22　三相异步电动机的铭牌

表 3-1-7　三相异步电动机铭牌信息记录表

型　　号	额定功率	额定电压	额定电流	额定转速	额定频率	标准编号	噪　声　级
接　　法	绝缘等级	防护等级	工　作　制	生产厂名	出厂编号	生产日期	质　　量

操作步骤 2：测量中心高及机座长度。

操作要求：用卷尺测量三相异步电动机转轴的中心至底脚平面的高度，测量三相异步电动机机座的 A、B 尺寸（长与宽），核对测量值是否与铭牌信息一致，填写表 3-1-8。

操作步骤 3：三相异步电动机的拆卸。

操作要求：记录三相异步电动机拆卸的顺序及铁芯数据，填写表 3-1-8，核对测量值是否

与电工手册中的数据一致。按照电气钳工的工艺要求进行拆卸，具体拆卸过程如下。

表 3-1-8 三相异步电动机数据记录表

定子外径	定子内径	转子外径	转子内径	空气间隙	轴中心高
定子槽数	定子长度	转子槽数	转子长度	定子轭高	A、B 尺寸

① 拆卸风罩。

操作方法：松开风罩螺钉，取下风罩，如图 3-1-23 所示。

（a）松开风罩螺钉

（b）取下风罩

图 3-1-23 拆卸风罩

② 拆卸风扇。

操作方法：用尖嘴钳把转轴尾部风扇上的定位卡圈取下，如图 3-1-24（a）所示；用长杆螺丝刀插入风扇与后端盖的气隙（要卡到轴面上），向后端盖方向用力，将风扇撬下，如图 3-1-24（b）所示。

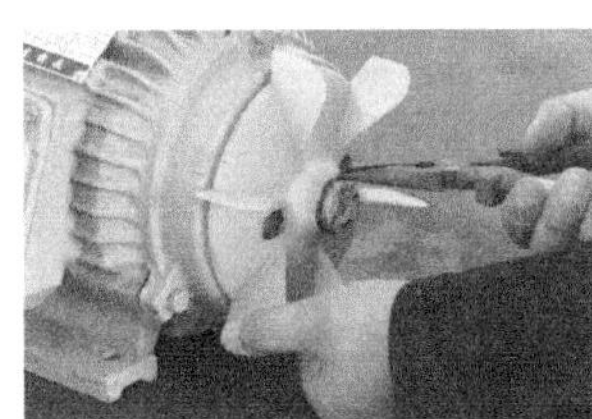

（a）取下定位卡圈

（b）撬下风扇

图 3-1-24 拆卸风扇

③ 拆卸前端盖。

操作方法：拆下前端盖的安装螺栓，如图 3-1-25（a）所示；用扁铲沿止口（机座端面的边缘）四周轻轻撬动，再用铁锤轻轻敲击前端盖和机座的接缝处，拆下前端盖，如图 3-1-25（b）所示。

（a）拆下前端盖的安装螺栓

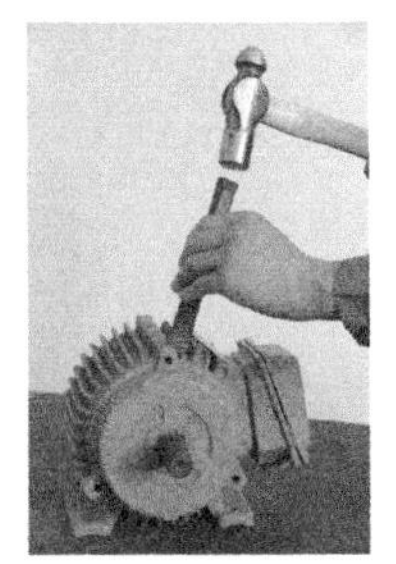

（b）撬动前端盖

图 3-1-25 拆卸前端盖

注意：在拆卸端盖时，通常应先拆卸负荷侧的端盖，即先拆卸前端盖。为便于装配时复位，要在端盖与机座接缝处做好标记。

④ 拉出转子。

操作方法：拆下后端盖的安装螺栓，一名操作者握住轴伸端，另一名操作者用手托住后端盖和转子铁芯，将转子从定子中缓慢拉出，如图 3-1-26 所示。

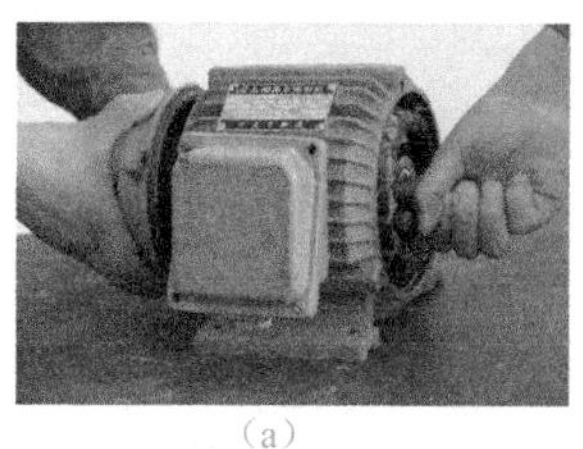
(a)

(b)

图 3-1-26　拉出转子

注意：在拆卸后端盖前应先在转子与定子气隙间塞上薄纸垫，避免在卸下后端盖、拉出转子时擦伤硅钢片和绕组。

⑤ 拆卸后端盖。

操作方法：把木楔垫放在后端盖的内侧边缘上，用铁锤敲击木楔，同时木楔沿后端盖四周移动，卸下后端盖，如图 3-1-27 所示。

(a)

(b)

图 3-1-27　拆卸后端盖

Y90S-4 型 1. 1kW 的三相异步电动机拆卸后的主要部分如图 3-1-28 所示。

图 3-1-28　Y90S-4 型 1. 1kW 的三相异步电动机拆卸后的主要部分

操作步骤 4：三相异步电动机的装配。

操作要求：记录三相异步电动机装配的顺序。三相异步电动机装配的顺序与拆卸的顺序恰好相反，即先拆卸的部分后安装，后拆卸的部分先安装，具体装配过程如下。

① 安装后端盖。

操作方法：将轴伸端朝下垂直放置，在后端盖上垫上木楞，用铁锤敲击后端盖靠近轴承的部位，敲击点应沿圆周均匀布置，以保证轴承与轴承室的同轴度，用力应适当，如图 3-1-29所示。

（a）

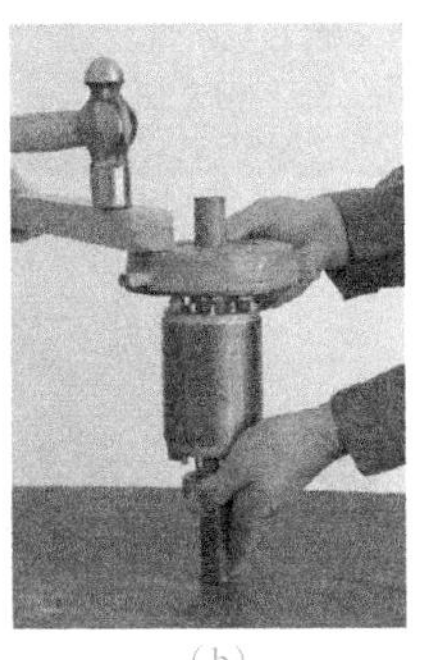
（b）

图 3-1-29 安装后端盖

② 穿入转子。

操作方法：把转子对准定子内膛中心，小心地往里放，后端盖要对准与机座的标记，旋上后端盖的安装螺栓，但不要拧紧，如图 3-1-30 所示。

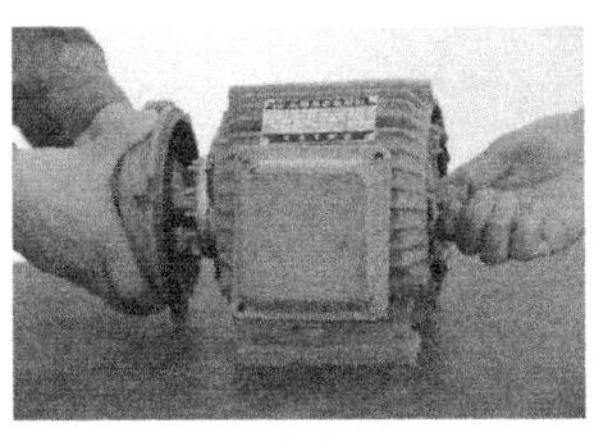
（a）

（b）

图 3-1-30 穿入转子

③ 安装前端盖。

操作方法：将前端盖放正后，先用铁锤轻轻敲击，使其与轴承产生一定的配合；再用铁锤沿圆周方向按对角线顺序一上一下或一左一右地敲击前端盖，使其进入，最后按对角线顺序轮流将所有安装螺栓旋紧，如图 3-1-31 所示。注意察看端盖与机座端面的配合是否紧密，若有缝隙则应调整安装螺栓。

（a）

（b）

图 3-1-31 安装前端盖

④ 安装风扇。

操作方法：通过用木槌敲击将风扇装在电动机后轴伸上，如图 3-1-32（a）所示；用定位卡圈将风扇卡住，如图 3-1-32（b）所示。用手拨动扇叶或盘动轴伸，观察风扇是否有轴向摆动或蹭端盖现象。

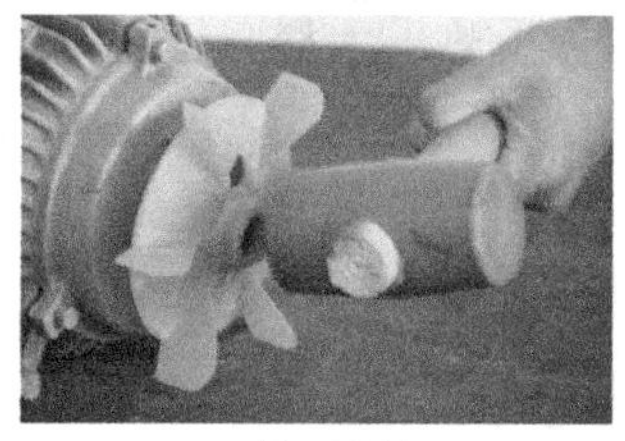

（a）装入风扇

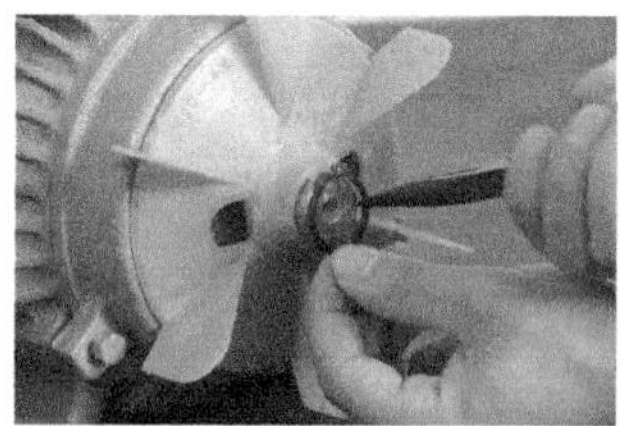
（b）嵌入定位卡圈

图 3-1-32 安装风扇

⑤ 安装风罩。

操作方法：安装风罩，各螺钉应受力均匀，如图 3-1-33 所示。盘动轴伸，观察是否有扇叶蹭风罩现象。

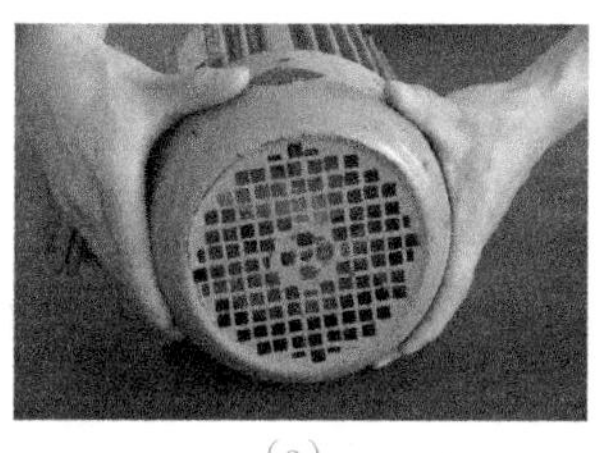
（a）

（b）

图 3-1-33 安装风罩

⑥ 装配质量检查。

操作方法：用手盘动转轴，如图 3-1-34（a）所示，使转子转动，应无滞停感（俗称“死点”），要转动灵活，无蹭、扫膛和其他异常声音，如图 3-1-34（b）所示。

（a）盘动转轴

（b）测听声音

图 3-1-34 装配质量检查

装配工艺提示

电动机装配不当，对其运行影响很大。电动机拆卸后，可能由于装配不当产生定、转子气隙不均匀，定、转子铁芯轴向偏心，轴承松动等问题，这些问题都会影响电动机的正常运行，所以若出现这些问题需要重新进行装配。

① 定、转子气隙不均匀。装配时端盖平面与轴不垂直（往往由拧紧螺栓的顺序不当导致）会造成定、转子气隙不均匀。它会引起电磁场不均匀，使电动机在运行时产生振动，空载电流增大，温度升高，声音也不正常，易造成扫膛，从而使定子内膛局部产生高温，电动机槽表面绝缘材料由于高温老化变脆。如果长期轻微扫膛，则转子外壁与定子内壁会失圆，也会引起电磁场不均匀，影响电动机正常运行。

② 定、转子铁芯轴向偏心。定、转子压装定位不当会造成定、转子铁芯轴向偏心。在这种情况下，电动机在运行时将产生偏向拉力，使电动机在运行时产生振动及出力降低，还会导致电流不均匀及发热等现象，严重时产生扫膛，后果同前，此外电动机轴承寿命将会缩短。

③ 轴承松动。轴承外圈与端盖内圆装配不紧等会造成轴承松动。这会导致电动机轴承发热并发出“吱哇吱哇”的怪声，严重时会导致电动机扫膛，甚至使电动机无法运行。一般电动机的轴承不允许松动。

【任务考核与评价】

表 3-1-9 三相异步电动机拆装的考核

任务内容	配分	评分标准			自评	互评	教师评
记录铭牌信息、测量中心高	10	① 铭牌信息记录准确、全面 6 分 ② 测量方法适当，测量值准确 2 分 ③ 会进行数据比较和验证 2 分					
电动机的拆卸	40	① 拆卸工序是否合理 5 分 ② 拆卸工艺是否合理 30 分 ③ 会进行数据比较和验证 5 分					
电动机的装配	40	① 装配工序是否合理 5 分 ② 装配工艺是否合理 25 分 ③ 装配质量检查 10 分					
安全文明操作	10	违反 1 次 扣 5 分					
定额时间	45min	每超过 5min 扣 5 分					
开始时间		结束时间		总评分			

任务 2 三相异步电动机的安装训练

【任务要求】

本任务要求学生通过对三相异步电动机安装工艺的学习，掌握三相异步电动机的现场安装技能，能使三相异步电动机安全、可靠地投入运行。

1. 知识目标

① 了解三相异步电动机的运行条件。

② 熟悉三相异步电动机的安装要求。

③ 熟悉三相异步电动机的防护形式。

2. 技能目标

能熟练地对小型三相异步电动机进行安装。

【任务相关知识】

三相异步电动机是工农业生产中的重要设备，其安装质量关系到三相异步电动机能否正常可靠地运行，关系到生产机械的运转情况。

1. 三相异步电动机的运行条件

1）电源条件

电源的相数、电压和频率应与三相异步电动机铭牌上的数据相符。供电电压应为对称三相正弦波交流电压，并且在频率为额定值时，电压与其额定值相差不超过±5%；在电压为额定值时，频率与其额定值相差应不超过±1%。

2）环境条件

三相异步电动机所处的环境温度和海拔高度均必须符合技术条件的规定，其防护能力应与其工作地点的周围环境相适应。

3）负载条件

三相异步电动机的性能应与启动、运行、制动、不同定额的负载及变速或调速等负载条件相适应，并且在运行时应保持其所带负载不超过三相异步电动机的规定带负载能力。

2. 三相异步电动机安装的一般要求

① 三相异步电动机的性能应符合周围工作环境的要求。

② 基础、风道及底脚螺栓孔内的模板及杂物应清除干净。

③ 底脚螺栓孔应垂直，沿其全长的允许偏差不超过底脚螺栓孔直径或短边长的1/10；底脚螺栓孔与纵、横中心线的允许偏差不超过底脚螺栓孔直径或短边长的1/10。

④ 三相异步电动机外壳油漆应完好，并应标有旋转方向及编号。

⑤ 三相异步电动机外壳应有良好的接地，若机座与基础框架能可靠地接触，则可将基础框架接地。基础框架的接地线应明显，以便于检查。

⑥ 三相异步电动机在安装前应妥善保管，轴颈等易锈蚀部分应进行涂油处理。

3. 安装前的检查与清理

三相异步电动机在安装使用前，应进行一些必要的检查和清理，以保证能顺利地启动和运行，具体项目如下。

1）核对铭牌数据

查看铭牌上所标注的主要内容，如型号、额定功率、额定电压、额定电流、额定转速、工作制等是否与实际要求相符。

2）清理外壳

清除掉积尘、脏物和不属于三相异步电动机的任何物件，并用小于两个大气压的压缩空气吹净附着在三相异步电动机内外各部位的灰尘。

3）检查外观

外观检查包括：装配是否良好，转动是否灵活，紧固件有无松动，整体有无破损，端盖、底脚有无裂纹。

4）检查主要安装尺寸是否符合实际要求

依据产品样本，检查下列尺寸是否符合实际要求：中心高、轴伸直径和长度、键槽宽度、底脚螺栓孔直径等。

5）检查三相异步电动机绕组的绝缘情况

用绝缘电阻表测量三相异步电动机绕组的绝缘电阻，新低压三相异步电动机，绝缘电阻应不小于 5MΩ；长期不用的旧低压三相异步电动机，绝缘电阻应不小于 0.5MΩ。如果测得值小于允许值，则必须经干燥处理后方能安装。

4. 安装前的准备

1）制作三相异步电动机的底座和座墩

三相异步电动机底座的安装主要有两种形式：一种是直接安装在座墩上；另一种是通过槽轨安装在座墩上。座墩一般应高出地面 150mm，长与宽约等于机座尺寸加 150mm 左右的裕度，如图 3-2-1 所示。

2）制作底脚螺栓

底脚螺栓为六角螺栓，先用钢锯在六角螺栓上锯一条宽 25～40mm 的缝，再用錾子把它分成人字形，依据三相异步电动机机座尺寸将其埋到水泥座墩里面，如图 3-2-1 所示。

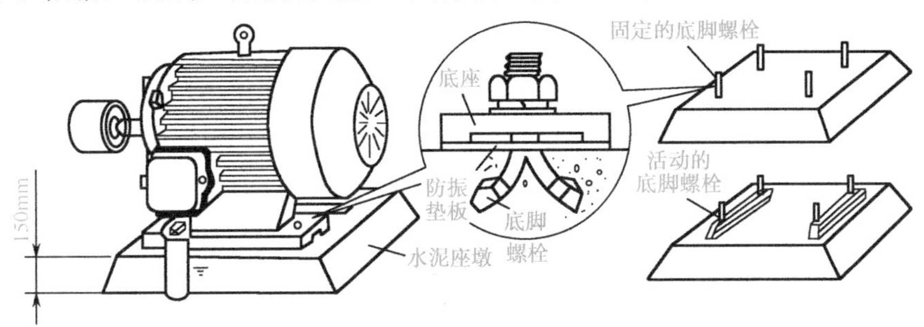

图 3-2-1 底座、座墩和底脚螺栓

5. 安装三相异步电动机

① 将三相异步电动机搬运至现场，小型三相异步电动机可用人力搬运，大中型三相异步电动机必须用起重机械搬运。

② 在三相异步电动机与座墩之间衬上一层质地坚韧的硬橡胶垫作为防振物。

③ 在 4 个底脚螺栓上套上弹簧垫圈，按照对角线顺序依次拧紧螺母。

6. 校正三相异步电动机

用水平尺检测三相异步电动机纵向和横向的水平度，并用 0.5～5mm 厚的钢板垫块调整三相异步电动机的水平度。各垫块要垫实、垫稳，并且要求二次灌浆层与底面接触严密。

工程经验

在校正三相异步电动机的水平度时，不能用木板或竹片来垫，以免在拧紧底脚螺栓或三相异步电动机运行时将其压裂变形，影响安装的准确性。

7. 安装三相异步电动机的传动装置

三相异步电动机与负载的连接主要有两种形式：一种是采用联轴器连接；另一种是采用传

动带连接。

1）采用联轴器连接的要求

当三相异步电动机与机械负载耦合在一起时，机组各转轴中心线要构成一条连续、光滑的挠度曲线，即相互连接的两个联轴节轴线应重合。

联轴器对好方位后，可将钢直尺的一侧放在两个联轴节边缘的平面上，如图 3-2-2 所示。三相异步电动机每转过 90°测一次平行度，共测 4 次，若两个联轴节无高低之分，则三相异步电动机轴和联轴器轴处于同心状态；反之，应调整三相异步电动机机座下垫块的厚度。

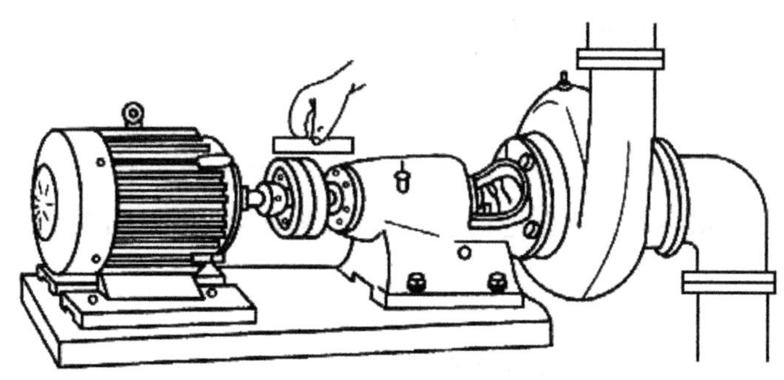

图 3-2-2　联轴器调整

2）采用传动带连接的要求

当采用传动带连接时，三相异步电动机的轴中心线应与其连接机器的轴中心线平行，且要求传动带中心线与轴中心线相互垂直。

8. 启动、试运行及验收

三相异步电动机在第一次启动时应为空载，运行时间一般为 2h。启动前，应对其本体及其附属设备进行检查，确认其符合条件后，方可试运行。在试运行过程中，应检查以下项目。

① 检查三相异步电动机的旋转方向是否与要求的旋转方向一致。

② 检查三相异步电动机在运行时有无杂声，振动是否强烈。

③ 记录三相异步电动机的启动时间和空载电流。

④ 检查三相异步电动机的运行温度。

【任务实施】

1. 任务实施器材

① 三相绕线型异步电动机及直流发电机机组	一套/组
② 套筒式扳手或活扳手	一套/组
③ 钳形电流表	一块/组
④ 电工工具	一套/组
⑤ 水平尺、钢直尺	各一把/组

2. 任务实施步骤

操作提示：在搬动电动机时，应注意安全，不要碰伤手脚。

操作步骤 1：联轴节的安装。

操作要求：将联轴器的两个联轴节分别安装在电动机轴和发电机轴上，如图 3-2-3 所示。

（a）电动机侧

（b）发电机侧

图 3-2-3 联轴器的两个联轴节

操作步骤 2：电动机机座的安装。

操作要求：如图 3-2-4 所示，将电动机平正地置于底座上；在底座上调整电动机机座的位置，使电动机机座的安装孔和底座的安装孔对正；用扳手按照对角线顺序紧固套有弹簧垫圈的螺栓，每个螺栓要拧得同样紧。

（a）

（b）

图 3-2-4 电动机机座的安装

操作步骤 3：电动机机座的校正。

操作要求：如图 3-2-5 所示，将水平尺分别放置在电动机的轴上和机座底端，进行纵向和横向水平度的测量，注意观察水平尺的浮标位置，并用 0.5～5mm 厚的钢板垫块调整电动机的水平度。

操作步骤 4：发电机机座及联轴器的安装。

操作要求：如图 3-2-6 所示，将发电机平正地置于底座上；逐渐调整发电机的位置，使两个联轴节紧密地靠在一起，在调整过程中尽量使两轴处在同一条直线上；初步拧紧发电机机座的底脚螺栓，但不能拧得过紧。

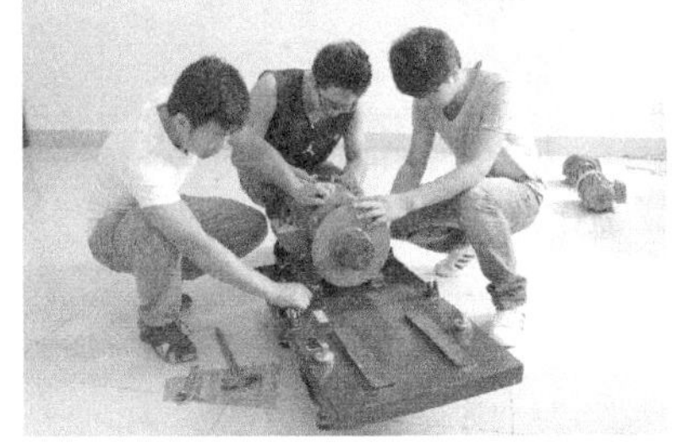

图 3-2-5 电动机的校正现场

图 3-2-6 发电机及联轴器的安装

操作步骤 5：发电机机座的校正与联轴器的调整。

操作要求：如图 3-2-7 所示，用力转动电动机转轴，每旋转 90°，查看两个联轴节是否在同一高度上，若不在同一高度上，则可调整发电机机座下面垫块的厚度，直至高低一致，这时两机已处于同轴心状态，便可将联轴器和发电机分别固定后，拧紧底脚螺栓。

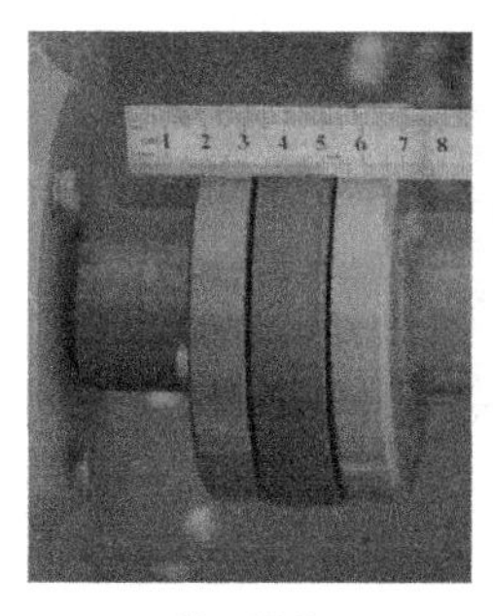

（a）校正照片

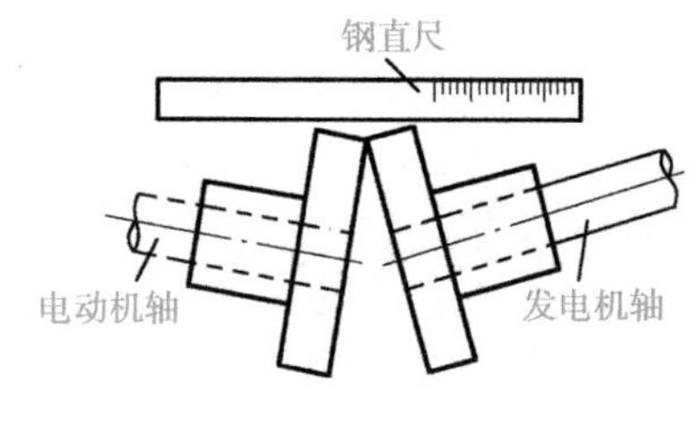

（b）校正示意图

图 3-2-7　用钢直尺校正联轴器轴线

操作步骤 6：启动、试运行及验收。

操作要求：在确认电气线路无误后，启动电动机。测量电动机的启动时间，观察电动机启动过程是否平稳，振动是否比较小；测量电动机的空载电流，并将测量值与额定电流的1/3进行比较；借助螺钉旋具接触电动机的壳体，测听电动机的运行声音。综合以上观察现象和测量结果，给出电动机安装质量的结论。

【任务考核与评价】

表 3-2-1　三相异步电动机安装的考核

任务内容	配分	评分标准			自评	互评	教师评
机座的安装	10	① 机座的定位 6 分 ② 机座的紧固 4 分					
机座的校正	30	① 水平尺的使用 5 分 ② 机座的水平度测量 10 分 ③ 机座的水平度调整 15 分					
联轴器的安装与调整	20	① 安装工序是否合理 5 分 ② 两轴是否处在同一条直线上 15 分					
启动、试运行及验收	30	① 观察电动机的启动过程和旋转方向 10 分 ② 测量电动机的空载电流 10 分 ③ 测听电动机的运行声音 10 分					
安全文明操作	10	违反 1 次 扣 5 分					
定额时间	25min	每超过 5min 扣 5 分					
开始时间		结束时间		总评分			

任务 3　三相异步电动机定子绕组的重绕训练

【任务要求】

本任务要求学生通过对三相异步电动机定子绕组重绕工艺的学习，学会正确使用三相异步电动机绕组嵌线工具，并能根据接线圆图进行绕组的嵌线和接线。

1. 知识目标

① 了解三相异步电动机定子绕组的结构形式。

② 能识读三相异步电动机定子绕组的平面展开图及接线圆图。

③ 掌握三相异步电动机定子绕组的重绕工艺。

2. 技能目标

能对小型三相异步电动机定子绕组进行重绕。

□【任务相关知识】

定子绕组是三相异步电动机中最重要的部分，也是最容易发生故障的部分，三相异步电动机的大部分修理工作是对定子绕组的修理。在实际工程中，三相异步电动机定子绕组有链式绕组、同心式绕组及交叉链式绕组等形式。

1. 链式绕组

链式绕组是由相同节距的线圈组成的，其结构特点是构成绕组的线圈一环套一环，形如长链。链式绕组的一组线圈示意图如图 3-3-1 所示。

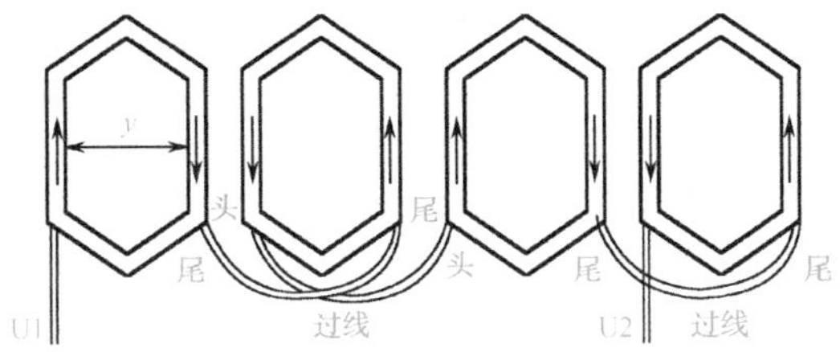

图 3-3-1 链式绕组的一组线圈示意图

国产适用机型：Y-801-4、Y-802-4、Y-90S-4 型、Y-90L-4 型、Y-90S-6 型、Y-90L-6 型、Y-100L-6 型、Y-112L-6 型、Y-132S-6 型、Y-132M1-6 型、Y-132M2-6 型、Y-132M2-6 型、Y-160M-6 型、Y-160L-6 型、Y-132S-8 型、Y-132M-8 型、Y-160M1-8 型、Y-160M2-8 型、Y-160L-8 型等。

工程经验

图 3-3-2 所示为 Y2-90L-4 型 24 槽 4 极三相异步电动机 U 相链式绕组平面展开图。由图 3-3-2可以看出，U 相绕组是把该相的极相组反接串联成一路，这种方式通常称为“单进火”连接。对于电流较大的电动机，有时为了分担电流，可以采用“双进火”“多进火”连接。若改成“双进火”，则如图 3-3-3 所示；若改成“四进火”，则如图 3-3-4 所示。

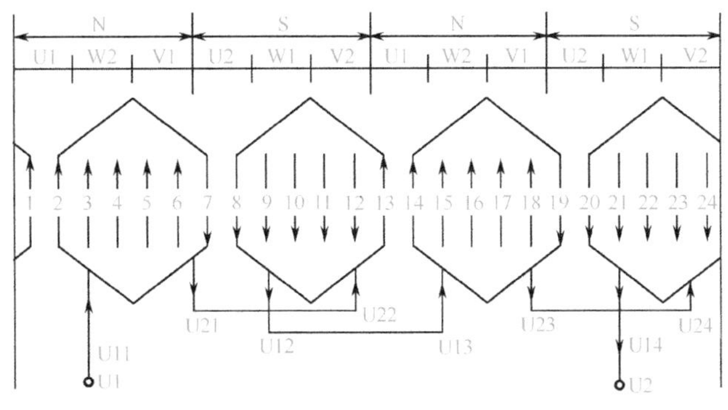

图 3-3-2 “单进火”绕组平面展开图

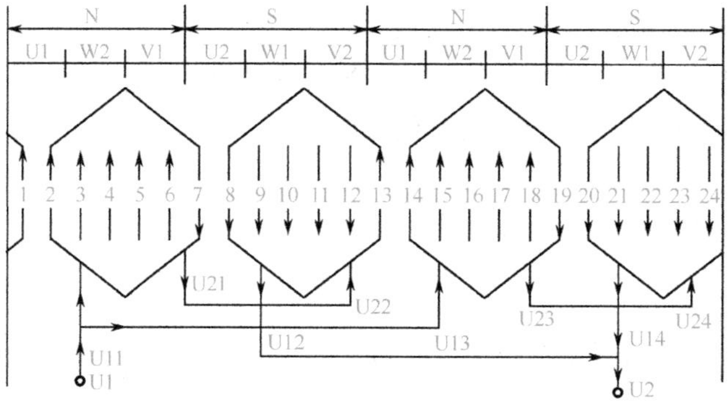

图 3-3-3 “双进火”绕组平面展开图

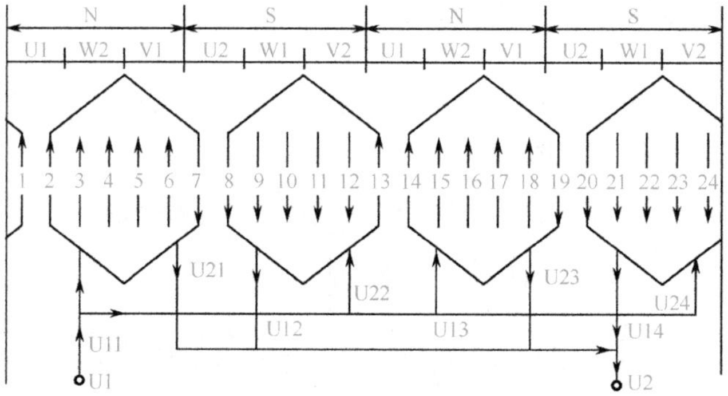

图 3-3-4 “四进火”绕组平面展开图

在工程实践中，不仅可以用绕组平面展开图来表示电动机定子绕组的分布规律，还可以用接线圆图来直观地表示绕组的分布及接线规律。如果图 3-3-1 用接线圆图表示，则如图 3-3-5 所示。在接线圆图中，小圆及数字表示定子铁芯的槽及其槽序，空心小圆代表一个或一组线圈的首端，实心小圆代表一个或一组线圈的末端。

Y90S-4 型 24 槽 4 极三相异步电动机链式绕组接线圆图如图 3-3-6 所示。

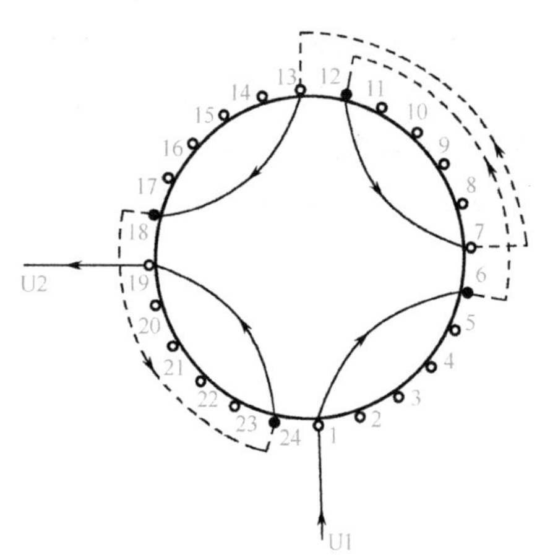

图 3-3-5 U 相绕组接线圆图

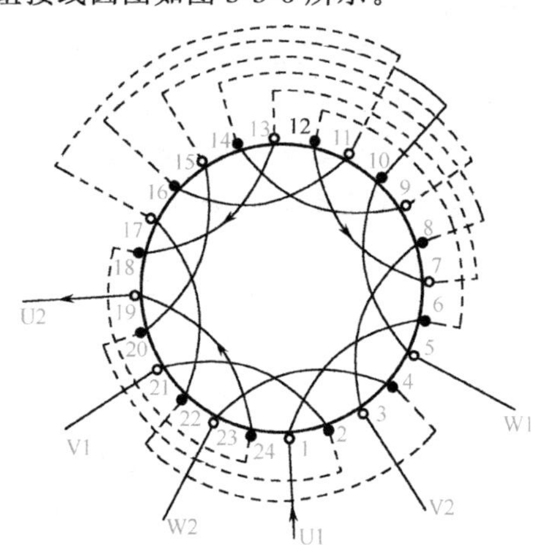

图 3-3-6 Y90S-4 型 24 槽 4 极三相异步电动机链式绕组接线圆图

绕组嵌线顺序：嵌线有先后之分，先嵌的位置称为外档，后嵌覆盖上去的位置称为里档，每嵌好一槽，向后退空一槽，再嵌一槽，以此类推。24 槽 4 极链式绕组嵌线顺序表如表 3-3-1 所示。

表 3-3-1　24 槽 4 极链式绕组嵌线顺序表

次序		1	2	3	4	5	6	7	8	9	10	11	12
槽别	外档	1	23	21		19		17		15		13	
	里档				2		24		22		20		18
次序		13	14	15	16	17	18	19	20	21	22	23	24
槽别	外档	11		9		7		5		3			
	里档		16		14		12		10		8	6	4

2. 同心式绕组

同心式绕组是由几个几何尺寸和节距不等的线圈连成同心形状的线圈组构成的。同心式绕组的一组线圈示意图如图 3-3-7 所示。

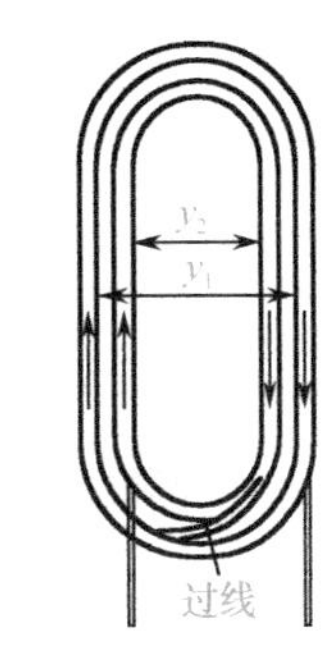

图 3-3-7　同心式绕组的一组线圈示意图

国产适用机型：Y-100L-2 型、Y-112M-2 型、Y-132S-2 型、Y-132M-2 型、Y-160M1-2 型、Y-160M2-2 型、Y-160L-2 型等。

24 槽 4 极三相异步电动机同心式绕组接线圆图如图 3-3-8 所示。

绕组嵌线顺序：每嵌好二槽，向后退空二槽，再嵌二槽，以此类推。24 槽 4 极同心式绕组嵌线顺序表如表 3-3-2 所示。

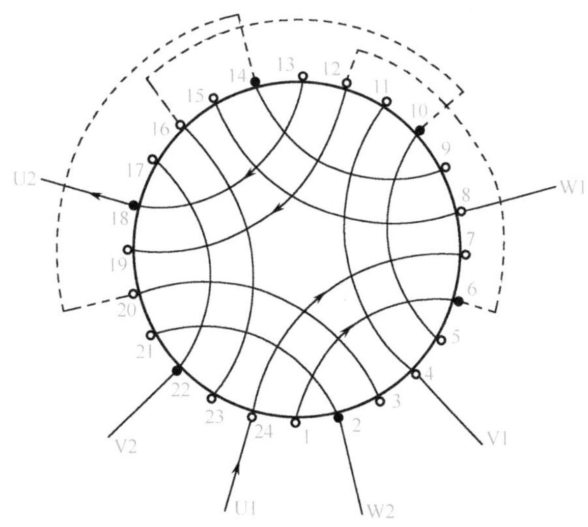

图 3-3-8　24 槽 4 极三相异步电动机同心式绕组接线圆图

表 3-3-2　24 槽 4 极同心式绕组嵌线顺序表

次　序		1	2	3	4	5	6	7	8	9	10	11	12
槽　别	外　档	1	24	21		20		17		16		13	
	里　档				2		3		22		23		18
次　序		13	14	15	16	17	18	19	20	21	22	23	24
槽　别	外　档	12		9		8		5		4			
	里　档		19		14		15		10		11	6	7

3. 交叉链式绕组

交叉链式绕组实质上是同心式绕组和链式绕组的结合，如图 3-3-9 所示。

国产适用机型：Y-801-2 型、Y-802-2 型、Y-90S-2 型、Y-90L-2 型、Y-100L1-4 型、Y-100L2-4型、Y-112M-4 型、Y-132S-4 型、Y-132M-4 型、Y-160M-4 型、Y-160L-4 型等。

36 槽 4 极三相异步电动机交叉链式绕组接线圆图如图 3-3-10 所示。

绕组嵌线顺序：嵌好双圈的二槽后，向后退空一槽嵌单圈，嵌好单圈的一槽后，向后退空二槽嵌双圈，以此类推。36 槽 4 极交叉链式绕组嵌线顺序表如表 3-3-3 所示。

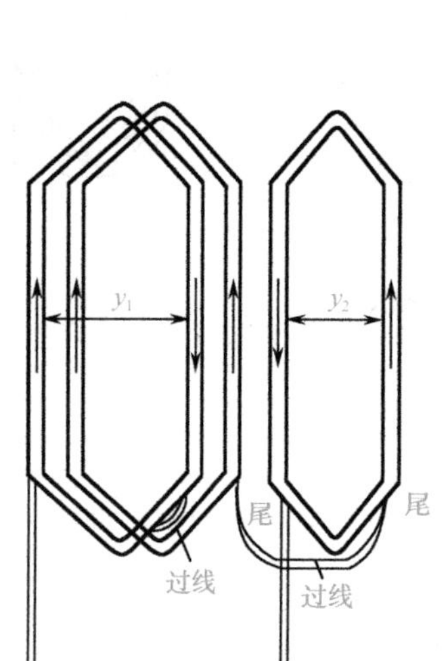

图 3-3-9　交叉链式绕组示意图

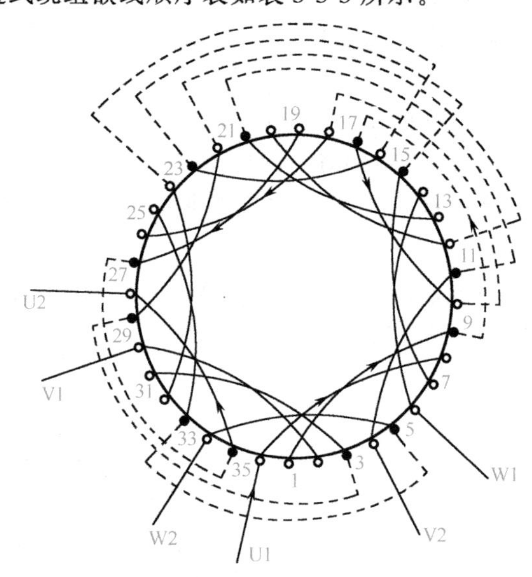

图 3-3-10　36 槽 4 极三相异步电动机交叉链式绕组接线圆图

表 3-3-3　36 槽 4 极交叉链式绕组嵌线顺序表

次　序		1	2	3	4	5	6	7	8	9	10	11	12	13	14	15	16	17	18
槽　别	外　档	1	36	34	31		30		28		25		24		22		19		18
	里　档					3		2		35		33		32		29		27	
次　序		19	20	21	22	23	24	25	26	27	28	29	30	31	32	33	34	35	36
槽　别	外　档		16		13		12		10		7		6		4				
	里　档	26		23		21		20		17		15		14		11	9	8	5

【任务实施】

1. 任务实施器材

① 三相异步电动机（型号为 Y90S-4，1.1kW） 一台/组
② 电工工具 一套/组
③ 绝缘电阻表、钳形电流表、万用表及转速表等 各一块/组
④ 嵌线工具、手摇绕线机 一套/组
⑤ $\phi 0.71mm^2$ 的高强聚酯漆包线 若干/组
⑥ 带综合保护功能的交流电源实训台 一台/组
⑦ 绝缘材料 一套/组
⑧ 皮老虎 一个/组
⑨ 线模、槽楔 一套/组

2. 任务实施步骤

操作提示：在嵌线时，线圈要轻拿轻放，不要接触尖锐的硬物，以免破坏线圈的匝间绝缘。

1）准备工作

操作步骤 1：识别嵌线工具。

操作要求：常用的嵌线工具如图 3-3-11 所示，嵌线工具实物图如图 3-3-12 所示。清点操作台上摆放的工具，识别每一种工具。

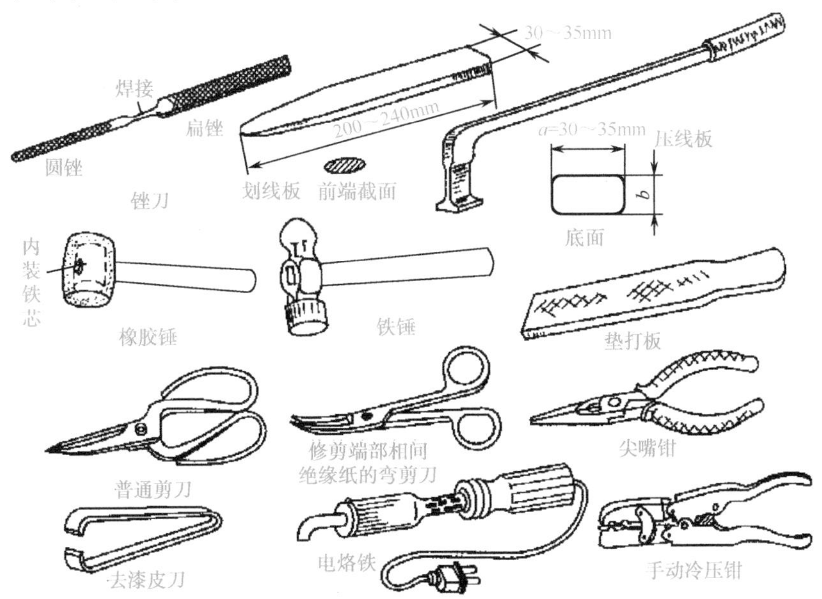

图 3-3-11 常用的嵌线工具

操作步骤 2：记录原始数据。

操作要求：记录铭牌上的有关信息；记录各引出线的引出位置，在槽口处标出记号后，按顺时针方向编出各槽顺序号，然后将各引出线所在槽画在一张纸上；记录绕组形式、绕组节距、线圈尺寸、各连接线所对应的槽。填写三相异步电动机检修重绕记录卡，如表 3-3-4 所示。

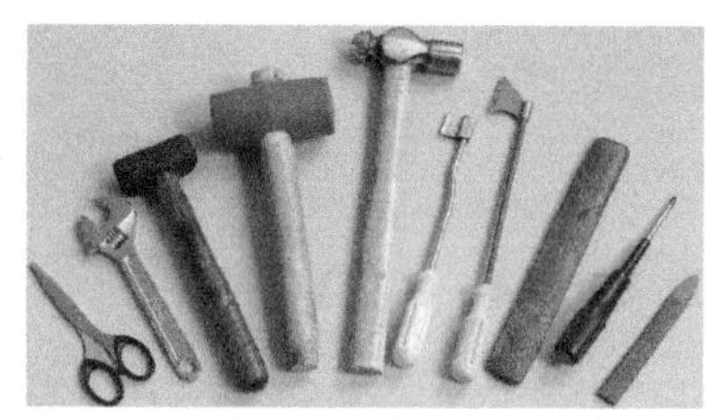

图 3-3-12 嵌线工具实物图

工程经验

三相异步电动机的原始数据随机种不同有所差别，凡重要项目的数据均应逐一查明记录，否则拆除旧绕组后就无法查测。在记录各项数据时，必须特别注意三相异步电动机的极数、绕组形式、并绕根数、并联支路数、绕组节距、导线规格、线圈周长，以及兼顾绕组线圈的连接方式，这些数据必须在拆线前或拆线时查明。

表 3-3-4 三相异步电动机检修重绕记录卡

1. 铭牌数据

编号________型号________额定功率________额定转速________

额定电压________额定电流________额定频率________接法________

转子电压________转子电流________功率因数________绝缘等级________

2. 试验数据

空载：平均电压________平均电流________输入功率________

负载：平均电压________平均电流________输入功率________

定子每相电阻________转子每相电阻________室温________

3. 铁芯数据

定子外径________定子内径________定子有效长度________

转子外径________空气隙________定转子槽数________

通风槽数________通风槽宽________定子轭高________

4. 定子绕组

导线规格________每槽线数________线圈匝数________并绕根数________

每极相槽数________绕组节距________绕组形式________并联支路数________

5. 转子绕组

导线规格________每槽线数________线圈匝数________并绕根数________

每极相槽数________绕组节距________绕组形式________并联支路数________

6. 缘缘材料

槽绝缘________绕组绝缘________外覆绝缘________

7. 槽形和线圈尺寸（绘图标明尺寸）

8. 修理重绕摘要

修理者： 修理日期：

操作步骤 3：拆除旧绕组

操作要求：利用如图 3-3-13（a）所示的自制工具将要拆除的绕组所在槽的槽楔去除，如图 3-3-13（b)和图 3-3-13（c）所示；用钢铲切下要拆除的绕组的一端，如图 3-3-13（d）所示；用钢丝钳夹住导线并将其拉出槽，如图 3-3-13（e）所示。测量导线直径，数清各线圈匝数及并绕根数，绘制线圈外形图，并标注尺寸。完成表 3-3-4 的填写。

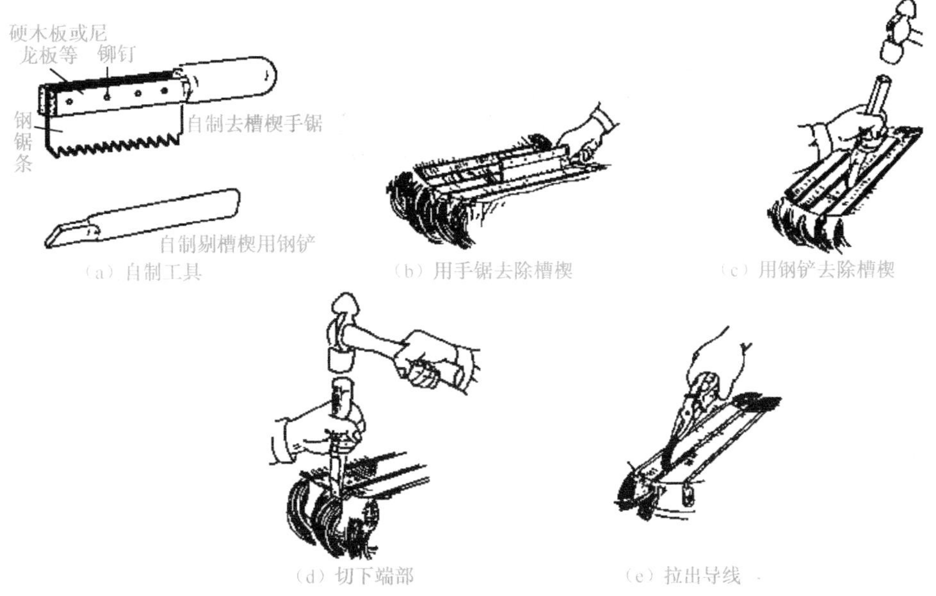

（a）自制工具 （b）用手锯去除槽楔 （c）用钢铲去除槽楔

（d）切下端部 （e）拉出导线

图 3-3-13 拆除旧绕组

操作步骤 4：清理定子槽。

操作要求：在清理过程中，不准用锯条、凿子在槽内乱拉、乱划，以免槽内出现毛刺，影响嵌线质量；要用专用工具轻轻剥去绝缘物，再用皮老虎或压缩空气吹去槽内灰尘及其他杂质，直到定子槽内全部清理干净为止。

操作步骤 5：绕制线圈。

操作要求：绕制线圈所用的线模如图 3-3-14 所示，导线在线模槽里尽量紧密排列平整，不要交叉相叠；在绕制线圈的过程中要随时注意导线质量，如图 3-3-15 所示，若存在绝缘层破损或隐伤、断线情况，则必须进行修复和更换。

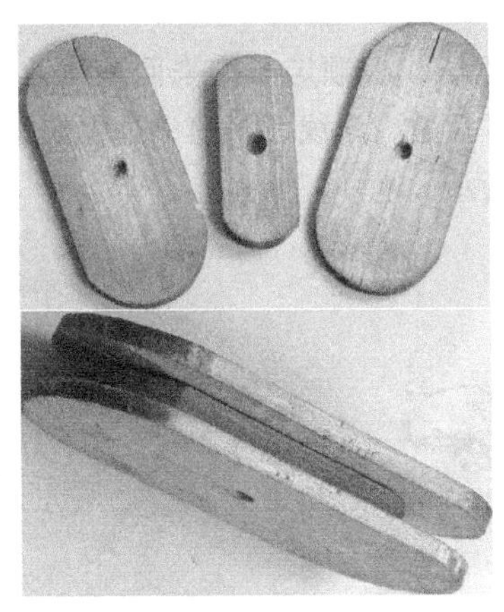
图 3-3-14 绕制线圈所用的线模

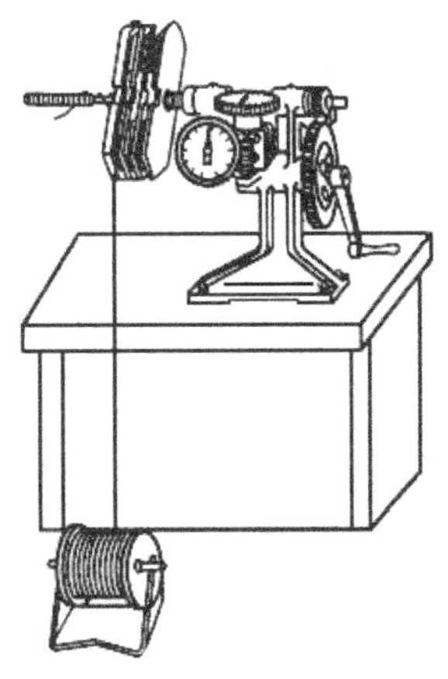
图 3-3-15 绕制线圈

操作步骤 6：放置槽绝缘纸。

操作要求：槽绝缘纸两端各伸出铁芯槽 5～10mm，反折也伸出 5～10mm，使伸出槽的部分为双层的，以增加强度。槽绝缘纸的宽度以放到槽口下转角为宜，如图 3-3-16 所示。

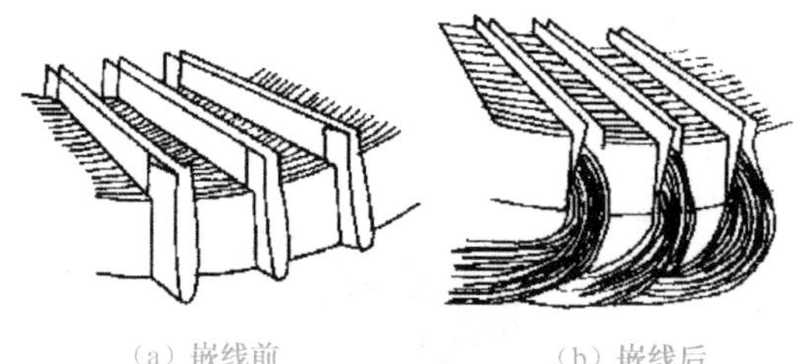

（a）嵌线前　　（b）嵌线后

图 3-3-16　槽绝缘示意图

2）绕组嵌线

在嵌线前，最好先画出绕组平面展开图和接线圆图，作为参考。嵌线是比较细致的工作，一定要按工艺要求进行，稍不注意就会擦伤导线绝缘层与槽绝缘纸，造成匝间短路与接地故障，同时要考究工艺技术。

（1）嵌线工艺要求

操作步骤 1：理线、嵌线。

操作要求：首先理好线圈，然后用手将导线的一边疏散开，再用手指将导线捻成扁片状，从定子槽的左端轻轻地顺入槽绝缘纸中，顺势将导线轻轻地从槽口左端拉入槽内；若一次拉入有困难，则可将留在槽外的导线理好放平，用划线板把导线一根一根地划入槽内。理线、嵌线过程如图 3-3-17 所示。

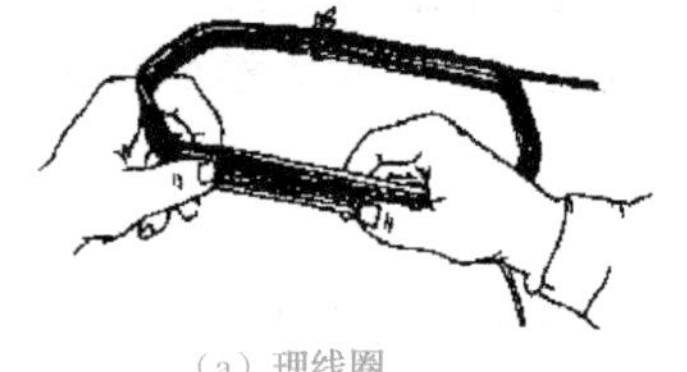

（a）理线圈

拉

（b）拉、压线入槽

（c）划线入槽

图 3-3-17　理线、嵌线过程

操作步骤 2：压线、封槽口。

操作要求：嵌完线圈，若槽内导线太满，则可用压线板顺定子槽来回地压几次，将导线压紧，以便能将竹楔顺利打入槽口，但一定要注意不可猛敲。压线、封槽口过程如图 3-3-18 所示。

24 个槽全部嵌完线圈后的实物图如图 3-3-19 所示。

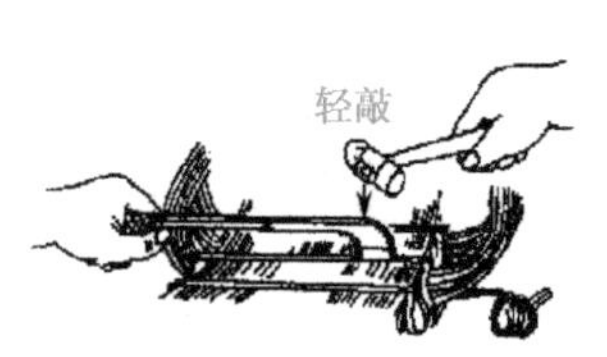

（a）轻敲压脚压实槽内导线

（b）用槽楔压倒另一侧槽绝缘纸并推进

图 3-3-18　压线、封槽口过程

图 3-3-19　24 个槽全部嵌完线圈后的实物图

操作步骤 3：相间绝缘处理及端部整形。

操作要求：在线圈端部，每个极相组端部之间必须加垫青壳纸，把两相绕组完全隔开；

为了不影响通风和使转子容易装入定子内膛，还必须对绕组端部进行整形，使其呈外大里小的喇叭口形状。相间绝缘处理及端部整形过程如图 3-3-20 所示。

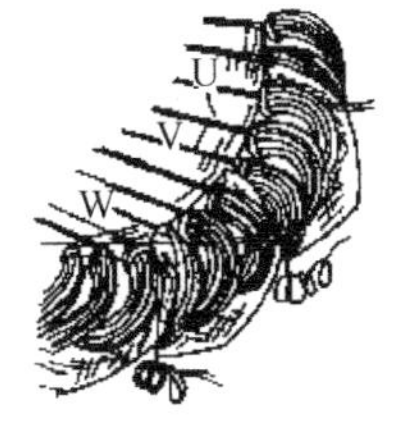

（a）插入相间绝缘纸

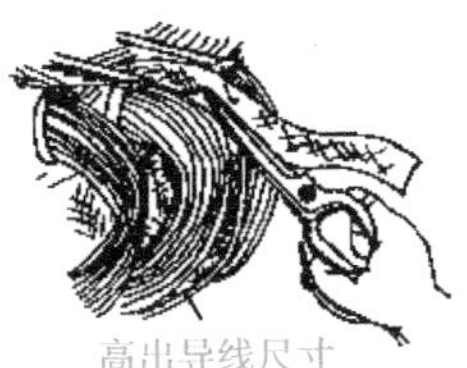

高出导线尺寸
内圆3mm，外圆5mm

（b）修剪相间绝缘纸

（c）用垫打法对绕组端部进行整形

图 3-3-20　相间绝缘处理及端部整形过程

操作步骤 4：绕组接线。

操作要求：根据图 3-3-6 进行绕组接线，在接线时，由于线圈起始端头比较多，所以一定要注意区分哪个是线圈首端，哪个是线圈尾端，哪把是起把，哪把是落把。绕组接线实物图如图 3-3-21 所示。

图 3-3-21　绕组接线实物图

（2）嵌线工序要求

① 起把。

在 1 号槽内嵌入一个线圈有效边（U 相），隔一个槽，在 23 号槽内再嵌入一个线圈有效边（W 相），这两个线圈的另一个有效边暂不嵌入，即采用吊把工艺。

工程经验

吊把又称翻把，“把”是对线圈有效边的称呼。吊把是为了嵌入最后几个线圈的第一个边，而将起初几个起把线圈的另一个有效边撩起的过程。例如，1 号槽线圈的另一个有效边暂不嵌入 6 号槽，23 号槽线圈的另一个有效边也暂不嵌入 4 号槽，目的是给 3 号槽和 5 号槽起把线圈留有嵌线空间，使三相绕组的端部整齐一致，待 3 号槽起把线圈嵌毕后，再将 6 号槽和 4 号槽的线圈边分别嵌入。吊把示意图如图 3-3-22 所示。撩起的线圈可用其他线圈的端头拉住有效边，为防止未嵌入槽内的线圈边和铁芯相接触及磨破导线绝缘层，要在导线的下面垫上牛皮纸或绝缘纸。

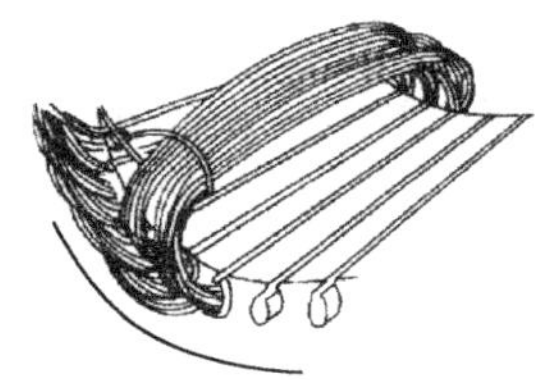

（a）用其他线圈的端头拉住有效边

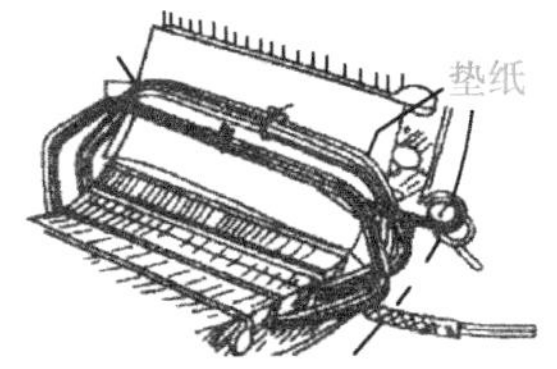

（b）放起把线圈垫纸

图 3-3-22　吊把示意图

② 中间嵌线。

在 21 号槽内嵌入一个线圈有效边（V 相），将线圈的另一个有效边嵌入 2 号槽，以后均是向后退着（顺时针方向）每隔一个槽嵌入一个线圈，直到嵌完 3 号槽起把线圈且线圈的另一个有效边嵌入 8 号槽为止。

③ 落把。

当嵌完 3 号槽后，依次把两个吊把线圈的剩余边分别嵌入 6 号槽和 4 号槽，完成落把工作。

3）装配后的工序

（1）机械检查

相关要求：检查机械部分的装配质量，包括所有紧固螺钉是否拧紧；用手盘动转轴，转子是否灵活、无扫膛、无松动，轴承是否发出杂声。

（2）电气性能检查

相关要求：用绝缘电阻表检查三相异步电动机定子绕组之间及定子绕组对地之间的绝缘情况，其阻值不得小于 0.5MΩ；按铭牌要求接好电源线，在机壳上接好保护接地线。

（3）空载试运行

相关要求：对三相异步电动机通电进行空载试运行，测量空载相电流及空载转速，看是否符合允许值；检查三相异步电动机温升是否正常及运转过程中有无异响。

【任务考核与评价】

表 3-3-5　三相异步电动机定子绕组重绕的考核

任务内容	配分	评分标准			自评	互评	教师评
填写检修重绕记录卡	10	① 记录铭牌信息 2 分 ② 记录绕组的相关信息，包括绕组形式、绕组节距、线圈匝数等 8 分					
拆除旧绕组	20	① 操作方法是否得当 5 分 ② 测量导线直径，数清各线圈匝数及并绕根数 15 分					
嵌线前工艺	15	① 定子槽清理情况，铁芯有无损伤 5 分 ② 线圈绕制情况，是否紧密，有无损伤 5 分 ③ 槽绝缘纸放置情况，位置是否适当 5 分					
嵌线工艺	35	① 理线、嵌线，压线、封槽口，相间绝缘处理，端部整形，接线操作方法是否得当 25 分 ② 起把、落把过程是否合适 10 分					
装配后工序	10	① 机械检查 2 分 ② 电气性能检查 3 分 ③ 空载试运行 5 分					
安全文明操作	10	违反 1 次 扣 5 分					
定额时间	4h	每超过 20min 扣 5 分					
开始时间		结束时间		总评分			

任务 4 三相异步电动机的维护与维修训练

□【任务要求】

本任务要求学生通过对三相异步电动机的维护与维修方法的学习，掌握三相异步电动机的维护与维修技能，能使三相异步电动机安全、可靠地投入运行。

1. 知识目标

① 熟悉三相异步电动机运行中的监视工作，掌握监视工作的主要内容。

② 了解三相异步电动机的定期检修工作，以及检修的期限和项目。

③ 熟悉三相异步电动机的常见故障，掌握常见故障的排除方法。

2. 技能目标

能对三相异步电动机进行监视和维护；能迅速、准确地判断出三相异步电动机的故障原因，并排除故障。

□【任务相关知识】

1. 三相异步电动机运行中的监视

三相异步电动机在投入运行后，应经常对其进行监视和维护，以了解其工作状态，及时发现异常现象，并进行处理，将故障消灭在萌芽状态。在运行监视过程中，现场维修人员通过听、看、嗅、摸等方式，凭工作经验就可大致判断出三相异步电动机的运行状态。例如，如果三相异步电动机在运行时发出的声音是有规律的清脆声，俗称“机器音乐”，则说明三相异步电动机处在轻载或正常运行状态；如果三相异步电动机在运行时发出很沉闷的声音，则说明三相异步电动机处在重载运行状态；如果三相异步电动机在运行时有焦煳刺鼻异味，则说明三相异步电动机温升过高，应尽快停止运行。

三相异步电动机运行中的监视工作主要包括以下内容。

1）运行监视

(1) 监视电源电压的变动情况

为了监视电源电压的变动情况，最好在三相异步电动机电源上装一块电压表。通常，电源电压的波动值不应超过额定电压的 ±10%，任意两相电压之差不应超过额定电压的 5%，如图 3-4-1 所示。

图 3-4-1 监视电源电压的变动情况

(2) 监视三相异步电动机的运行电流

在正常情况下，三相异步电动机的运行电流不应超过铭牌上标明的额定电流。同时，还应注意三相电流是否平衡。通常，任意两相间的电流之差不应超过额定电流的 10%。对于容量较大的三相异步电动机，应装设电流表监测；对于容量较小的三相异步电动机，应随时用钳形电流表测量，如图 3-4-2 所示。

(3) 监视三相异步电动机的温升

三相异步电动机的温升不应超过其铭牌上标明的允许温升限度。三相异步电动机的温升可用温度计测量，如图 3-4-3 所示。最简单的方法是用手背触及三相异步电动机的外壳，若外壳烫手，则表明三相异步电动机过热，此时可在外壳上洒几滴水，如果水急剧汽化，并有“咝咝”声，则表明三相异步电动机明显过热。

图 3-4-2　测量三相异步电动机的运行电流

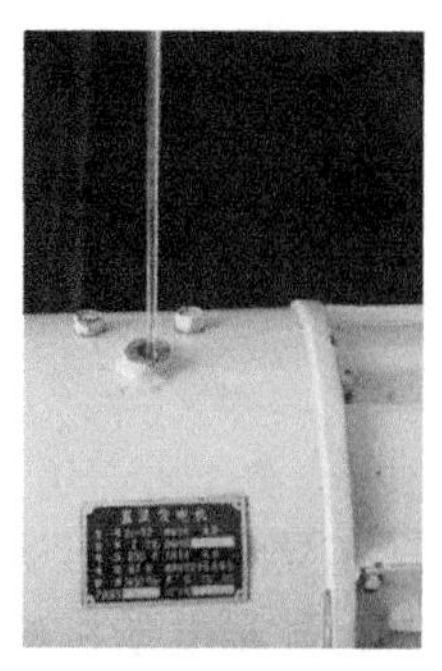

图 3-4-3　测量三相异步电动机的温升

工程经验

当无温度测量仪表时，可用手感法粗略判断三相异步电动机外壳的温度。注意：在用手去触摸三相异步电动机外壳前，应确认三相异步电动机外壳是否已经可靠接地，并用验电笔确认三相异步电动机外壳是否带电。用手指内侧摸三相异步电动机外壳，根据能停留的时间长短和承受能力来粗略判定其温度。因为每个人对热的敏感程度不同（这与手上皮肤的状态和感觉器官的性能有关），所以不好给出一个通用的数据，但下面的内容有一定的参考价值。当手可长时间放置时，温度在 40℃以下；当可坚持几十秒时，温度为 40～45℃；当可坚持十几秒时，温度在 50℃左右；当一接触就不由自主地立即缩回时，温度在 70℃以上。

（4）检查三相异步电动机运行中的声音、振动和气味

对于运行中的三相异步电动机，应经常检查其外壳有无裂纹，螺钉是否脱落或松动，有无异响或振动等。在监视时，要特别注意三相异步电动机有无冒烟和异味出现，若嗅到焦煳味或看到冒烟，如图 3-4-4 所示，则必须立即断电并进行检查和处理。

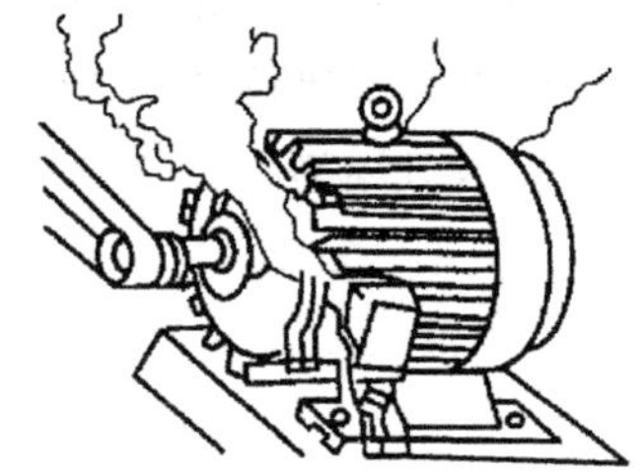

图 3-4-4　三相异步电动机运行中冒烟

（5）监视轴承工作情况

对于轴承部位，要注意它的温度和响声。若温度升高、响声异常，则可能是由轴承缺油或磨损导致的。

（6）监视传动装置工作情况

用联轴器传动的三相异步电动机，若中心校正不好，则会在运行时发出响声，并伴随着振动。机械振动使联轴器的螺栓胶垫迅速磨损，这时应重新校正中心。用传动带传动的三相异步电动机，应注意传动带不应过松，以免打滑，也不应过紧，以免使三相异步电动机轴承过热。

2）运行处置

现场维修人员在发生以下严重故障情况时，应立即断电并进行检查和处理。

① 人身触电事故。

② 三相异步电动机冒烟。

③ 三相异步电动机剧烈振动。

④ 三相异步电动机轴承过热。

⑤ 三相异步电动机转速迅速下降，温度迅速升高。

2. 三相异步电动机的定期维护

定期对三相异步电动机进行维护是消除故障隐患、防止故障发生或故障影响扩大的重要措施。定期维护分为定期小修和定期大修。

1）定期小修的周期和项目

定期小修一般不拆卸三相异步电动机，只对其进行清理和检查。定期小修的周期为 6～12 个月。定期小修的主要项目如下。

① 对三相异步电动机外壳、风罩处的灰尘、油污及其他杂物等进行清除，检查、清扫三相异步电动机的通风道及冷却装置，以保证良好的通风、散热，避免对三相异步电动机部件造成腐蚀。

② 检查三相异步电动机绕组的绝缘情况，检查接地线是否可靠。

③ 检查三相异步电动机与基础架构及配套设备之间的安装连接是否可靠，检查三相异步电动机与负载传动装置的连接是否良好。

④ 检查三相异步电动机端盖、底脚螺栓和带轮顶丝是否紧固，如有松动，应及时拧紧。

⑤ 拆下轴承盖，检查润滑油或润滑脂是否干涸、变质，并及时加润滑油或更换洁净的润滑脂，处理完毕后，应注意上好轴承盖及紧固螺栓。

⑥ 检查三相异步电动机的启动和保护装置是否完好。

2）定期大修的周期和项目

三相异步电动机的定期大修应结合负载机械的大修进行。定期大修的周期一般为 2～3 年。在进行定期大修时，需要把三相异步电动机全部拆开，进行以下项目的检查和修理。

（1）定子的清扫及检修

① 用 0.2～0.3MPa 的干净压缩空气吹净通风道和绕组端部的灰尘及其他杂质，并用棉布蘸汽油擦净绕组端部的油垢，必须注意防火，如果油垢较厚，则可用木板或绝缘板制成的刮片清除。

② 检查外壳、底脚，应无开焊、裂纹和损伤变形等异常现象。

③ 检查铁芯各部位，应紧固且完整，没有过热变色、锈斑、磨损、变形、折断和松动等异常现象。铁芯的松紧可用小刀片或螺丝刀插试，若有松弛现象，则应在松弛处打入绝缘材料的楔子。若发现铁芯有局部过热烧出的蓝色痕迹，则应进行处理。

④ 检查槽楔是否有松动、断裂、变形等现象，用小木槌轻轻敲击应无空振声。如果松动的槽楔超过全长的 1/3，则必须退出槽楔，加绝缘垫后重新打紧。

⑤ 检查定子绕组端部绝缘层有无损坏、过热、漆膜脱落现象，检查端部绑线、垫块等有无松动。若漆膜有脱落、膨胀、变焦和裂纹等现象，则应刷漆修补，当脱落严重时应在彻底清除后，重新喷涂绝缘漆，甚至更换绕组。若端部绑线松弛或断裂，则应重新绑扎牢固。

⑥ 检查定子绕组引线及接线盒，引线绝缘层应完好无损，否则应重包绝缘层，引线焊接应无虚焊、开焊，引线应无断股，引线接头应紧固无松动。

⑦ 测量定子绕组的绝缘电阻，判断绕组有无短路或绝缘层是否受潮。若绕组有短路、接地（碰壳）故障，则应进行修理；若绝缘层受潮，则应根据具体情况和现场条件选用适当的干燥方法进行干燥处理。

（2）转子的清扫及检修

① 先用 0.2～0.3MPa 的干净压缩空气吹扫转子各部位的积灰，再用棉布蘸汽油擦除油垢，最后用干净的棉布擦净。

② 检查转子铁芯，应紧密、无锈蚀、损伤和过热变色等现象。

③ 检查转子绕组，对于笼型转子，导条及导电端环应紧固可靠，没有断裂和松动，若发现开焊、断条等现象，则应进行修理；对于绕线型转子，除要检查与定子绕组相同的项目以外，还要检查转子两端钢轧带是否紧固可靠，有无松动、移位、断裂、过热和开焊等现象。

④ 检查绕线型转子的集电环和电刷装置，检查并清扫电刷架、集电环引线，调整电刷压力，打磨集电环，还要检查举刷装置，其动作应灵活可靠。

⑤ 检查风扇叶片，风扇叶片应紧固，铆钉应齐全，用木槌轻敲叶片，响声应清脆，风扇上的平衡块应紧固无移位。

⑥ 检查转轴滑动面，应洁净光滑，无碰伤、锈斑及变形。

(3) 轴承的清扫及检修

① 清除轴承内的旧润滑油，用汽油或煤油清洗后，再用干净的棉布擦拭干净，清洗后不得将刷毛或布丝遗留在轴承内。

② 对清洗后的轴承进行仔细检查，轴承内外圈应光滑，无伤痕、裂纹和锈迹，用手拨转应转动灵活，无卡涩、制动、摇摆及轴向窜动等缺陷，否则应进行修理或更换新轴承。

③ 测量轴承间隙，滑动轴承的间隙可用塞尺测量，滚动轴承的间隙可用铅丝测量，若测得的轴承间隙超过规定值，则应进行修理或更换新轴承。

④ 检查轴承盖、轴承、放油门及轴头等接合部位，密封应严实，无漏油现象。

3. 三相异步电动机的常见故障及处理方法

三相异步电动机的常见故障一般分为电气故障和机械故障，这些故障通常是由馈电线路问题、电动机自身问题及机械负载问题等引发的。例如，在馈电线路方面，可能由熔断器熔断造成电动机受电端电源缺相；在电动机方面，可能由长期不用受潮造成定子绕组绝缘水平降低，甚至短路；在机械负载方面，可能由轴承过热碎裂造成电动机堵转等。总之，引发电动机故障的原因很多，也很复杂，有时即使是同一种故障现象，也可能是多种原因造成的。在分析三相异步电动机的故障时，可以从馈电线路（主要是电源侧）、电动机自身及机械负载3个方面入手，对每个方面逐一进行原因梳理、甄别、排除，再结合个人实践经验，就能条理清楚、快速、准确地判断出三相异步电动机的故障原因。

下面列举几种故障现象及处理方法以供参考。

1）三相异步电动机启动阶段故障

故障现象1：接入电源就烧断熔断器。

分析与处理：一要从馈电线路（电源侧）入手，检查熔断器额定电流是否太小，检查三相交流电源是否缺相；二要检查三相异步电动机定子绕组是否断相或接地；三要检查负载是否过大而导致启动电流过大，从而烧断熔断器。

故障现象2：通电后不启动，也无任何声响。

分析与处理：

① 配电设备中有两相或三相电路未接通。问题一般发生在熔断器或开关触点上。测量三相异步电动机接线端的电压，找出未接通电源的相，然后“顺藤摸瓜”，找到故障点。

② 三相异步电动机内有两相或三相电路未接通。问题一般发生在接线部位。测量三相异步电动机接线端的电阻，不通者有断路故障。

故障现象3：通电后不启动或缓慢转动并发出“嗡嗡”的异常声响。

此种故障现象持续时间不能过长，如果时间过长，则三相异步电动机的三相绕组就会过热，严重时甚至烧毁，绕组“闷烧”的现场情况如图 3-4-5 所示。当发现此类故障时，应尽早停机，排除故障。

图 3-4-5 绕组“闷烧”的现场情况

分析与处理：

① 配电设备中有一相电路未接通或接触不实。问题一般发生在熔断器、开关触点或导线连接点处，如熔断器熔断、接触器或空气开关三相触点接触压力不均衡、导线连接点松动或氧化等。测量三相异步电动机接线端的电压，无电压者为电源未接通的相，电压低者为有接触不良故障的相，然后“顺藤摸瓜”，找到故障点。

② 三相异步电动机内有一相电路未接通。问题一般发生在接线部位，如连接片未压紧（螺钉松动）、引出线与接线桩之间垫有绝缘套管等绝缘物、三相异步电动机内部接线漏接或接点松动、一相绕组有断路故障等。测量三相异步电动机接线端的电阻，查找故障点。

③ 绕组内有严重的匝间短路、相间短路或对地短路。匝间短路故障可用匝间试验仪查找，或者测量三相异步电动机接线端的电阻，电阻小的可能有严重的匝间短路故障；测量绝缘电阻可找到相间短路或对地短路故障点。

④ 有一相绕组的头尾接反或绕组内部有接反的线圈。用匝间试验仪查找，此时曲线将严重不重合但不抖动，三相电流严重不平衡；若测量电阻，则三相阻值的大小和平衡情况正常。

⑤ 定子、转子严重相擦（俗称扫膛）。此时电动机会发出异常噪声，拆机检查可看到明显的擦痕。扫膛严重时三相异步电动机的磁路严重不均匀，绕组容易因过电流而被烧毁。有扫膛故障的定子如图 3-4-6（a）所示，转子如图 3-4-6（b）所示。

（a）

（b）

图 3-4-6 扫膛故障现场

2）三相异步电动机运行阶段故障

故障现象 1：外壳带电。

分析与处理：一要检查电源线与接地线是否弄错；二要检查绕组是否因受潮或绝缘层老化而被击穿；三要检查引出线与接地线绝缘层的绝缘性是否变差。

工程要求

在安装电动机时，机壳必须接地，即必须对电动机的壳体与接地体进行良好的金属连接，以保证人体的安全。在正常情况下，低压输电线路中由分布电容而产生的泄漏电流可以忽略不计，但是当电动机的绝缘损坏后，机壳因短路而带电，当人体接触机壳时，电流经人体与地构成通路，造成触电事故。若机壳接地，因人体电阻远远大于接地电阻（按规程要求接地电阻应小于 4Ω），故绝大部分电流将通过接地电阻与分布电容构成回路，通过人体的电流非常小，从而保证了人体的安全。

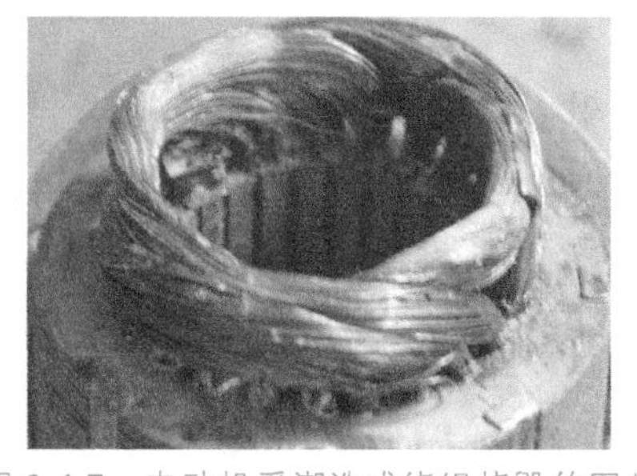
图 3-4-7　电动机受潮造成绕组烧毁的图片

故障现象 2：绝缘电阻阻值降低。

分析与处理：绝缘电阻阻值降低的最主要原因是定子绕组受潮或被水淋湿，其次是受高温烘烤或过电压冲击。如果不是很严重，则将绕组加热烘干即可；如果很严重，则要浸漆处理或更换绝缘材料，甚至更换绕组。图 3-4-7 所示为电动机受潮造成绕组烧毁的图片。

故障现象 3：振动。

分析与处理：振动多由机械及外界原因引起，如加工时同轴度较差、转子未校好平衡、轴承磨损、铁芯变形或松动、基础不坚实或底脚安装得不平、螺栓松动、转轴变形、风扇不平衡等。当然，笼型转子导条断裂、定子绕组断相也会导致振动。对这些原因加以分析，逐一排除。

故障现象 4：运行时有杂声。

分析与处理：引起杂声的原因有轴承磨损、定子与转子相擦、风扇擦风罩、风路被堵、定子或转子铁芯松动，以及断相运行和电压过高等。

工程经验

三相异步电动机在运行时，其各部分发出的声音是不同的。在正常情况下，滚珠轴承发出的是“咕噜”声，风扇发出的是“呼呼”声，有经验的师傅借助螺钉旋具听声音，就可大致判断出故障所在位置，如图 3-4-8 所示。如果轴承发出的是“哗哗”声，则说明轴承室内缺少润滑油或润滑脂，这时需要及时给轴承添加润滑油或更换新润滑脂，否则再继续运行下去，就可能导致轴承过热、滚珠碎裂、电动机“抱轴”堵转及定子绕组“闷烧”；如果在均匀的噪声中混杂一种不均匀的“嚓嚓”声，则说明定子与转子相擦，即扫膛，扫膛严重时可能烧毁定子绕组，此时应拆卸电动机，查明原因，重新装配；如果电动机转速变得较慢，并伴有“嗡嗡”声，则说明三相异步电动机正在单相运行，即缺相，此时最好立即停机，待故障排除后再重新投入运行。

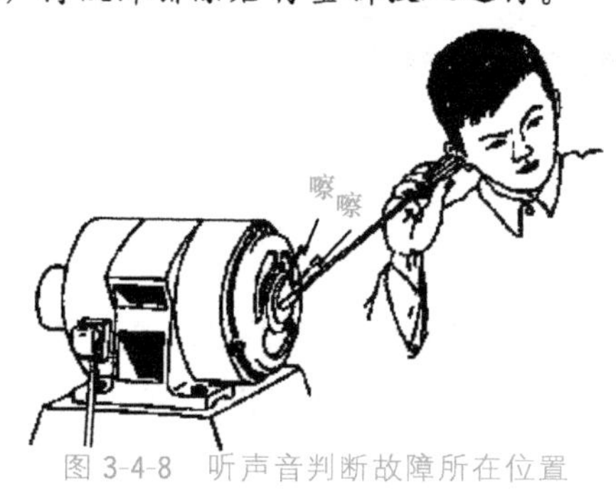

图 3-4-8　听声音判断故障所在位置

故障现象 5：轴承过热。

分析与处理：轴承过热，一是由于轴承损坏；二是由于轴承与转轴或端盖配合过松或过紧；三是由于润滑脂过多或过少，而且油质差；四是由于前、后端盖不在同一水平线上。

故障现象 6：在电压正常的情况下，空载电流较大。

分析与处理：空载电流较大的原因有如下几个，可通过检查与测量确定。

① 定子绕组匝数少于正常值。测量绕组的直流电阻，阻值会小于正常值。

② 定子、转子之间的气隙较大。测量转子的外圆直径，测量值会小于正常值。

③ 定子、转子轴向错位较多。测量定子、转子轴向位置尺寸，若错位较多，则应用压装机将定子铁芯压到合适的轴向位置处。

④ 铁芯硅钢片质量较差（硅钢片为不合格品或在修理过程中用火烧法拆除有故障的绕组时将铁芯烧坏）。

⑤ 铁芯长度不足或叠压不实造成有效长度不足。

⑥ 叠压时压力过大，将铁芯硅钢片的绝缘层压破，使原绝缘层的绝缘性能达不到要求，造成片间绝缘电阻阻值下降，铁芯涡流损耗加大，空载电流增大（此时空载损耗增加的幅度要大于空载电流增加的幅度）。

⑦ 绕组接线有错误。常见的错误如下。

- 应该为三相星形连接，实为三相三角形连接。
- 并联支路数多于设计值（如应为 1 路串联实为 2 路并联，或应为 2 路并联实为 4 路并联，此时电流将成倍数地增长）。测量直流电阻可确定是否为此种接线错误，拆下接线端的端盖，目测绕组端部接线情况可发现故障所在位置。
- 线圈头尾接反。此时，电阻数值正常，若个别相出现此错误，则空载电流的三相不平衡度较大。

⑧ 在额定频率为 60Hz 的三相异步电动机中通入了 50Hz 的交流电。

故障现象 7：三相异步电动机过热或冒烟。

分析与处理：三相异步电动机在运行过程中温升过高甚至冒烟，三相定子绕组全部变成黑褐色或黑色，端部绑扎带变色、变脆甚至断裂。其原因：一是电源电压过高或过低；二是负载增大；三是正反转或启动过于频繁；四是风路受阻；五是绕组断相、相间短路、匝间短路或笼型转子导条断裂等。可通过万用表及其他仪器来判断，逐一排除。三相异步电动机相间短路绕组烧毁图片如图 3-4-9 所示，三相异步电动机匝间短路绕组烧毁的图片如图 3-4-10 所示。

图 3-4-9 三相异步电动机相间短路绕组烧毁图片

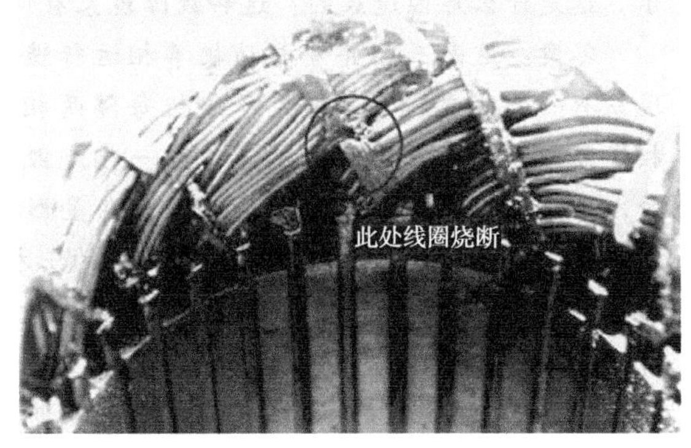

图 3-4-10 三相异步电动机匝间短路绕组烧毁图片

故障现象 8：带负载运行时转速低于额定值。

分析与处理：一是电源电压过低；二是笼型转子导条断裂、绕线型转子绕组断相，或者电刷与集电环接触不良；三是负载过大。可通过万用表来判断。

故障现象 9：三相异步电动机在运行时线路电流表显示的数值没有超过其额定电流值，但运行一段时间以后三相异步电动机的轴承和轴伸很热，立即停机检查，没有查出三相异步电动机有异常，电源电压也正常。

分析与处理：出现这种现象的主要原因可能是将应为三角形连接的三相定子绕组接成了星形连接。此时的转矩为正常运行时的 1/3 左右，输出功率达不到正常运行时的 1/3，所以拖动负载的力量将远远不足，迫使转子转速下降很多，转差率会很大。因为转子电流的大小与转差率成正比，转子绕组（对于笼型转子，为铸铝导条或铜导条）的热损耗又与转子电流的平方成正比，所以转子绕组将很快发热并达到很高的温度（时间长时其铁芯将被烧得变色）。转子的高温通过铁芯传给转轴和轴承，所以表现出温度过高的现象。

故障现象 10：绕组局部烧毁或部分变色。

分析与处理：若绕组出现局部烧毁现象，则说明该处发生了匝间短路、相间短路或对地短路；若部分绕组变色，则说明已有短路但还未达到最严重的程度。匝间短路和对地短路的现象分析如图 3-4-11 所示。

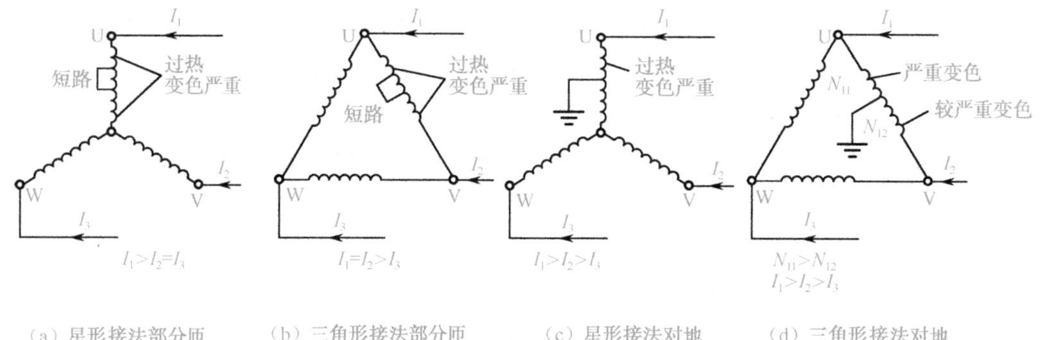

（a）星形接法部分匝间短路电路　（b）三角形接法部分匝间短路电路　（c）星形接法对地短路电路　（d）三角形接法对地短路电路

图 3-4-11　匝间短路和对地短路的现象分析

课堂讨论

问题 1：三相异步电动机定子绕组烧毁图片如图 3-4-12 所示，这是什么原因造成的？这种故障现象有何特点？

答案：这是三相异步电动机单相运行造成的。这种故障现象有一个明显特点，即定子绕组每隔两相烧毁一相，即一相烧毁，另外两相完好，或者每隔一相烧毁两相，即两相烧毁，另外一相完好。当电源缺相时，在星形接法下运行的三相绕组烧毁两相，在三角形接法下运行的三相绕组烧毁一相。图 3-4-13（a）、(b）给出的是 4 极三相异步电动机缺相烧毁的情况。

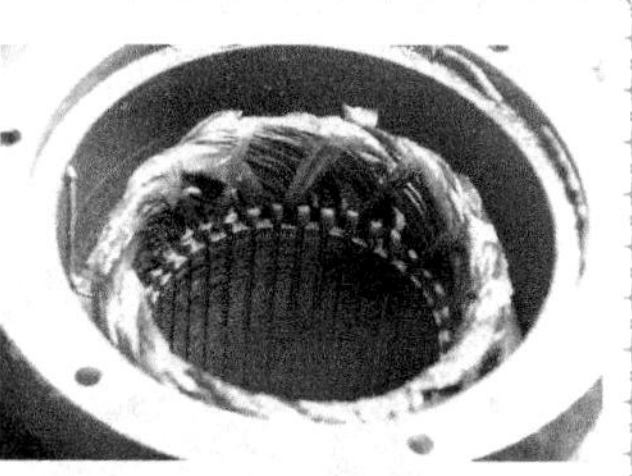

图 3-4-12　三相异步电动机定子绕组烧毁图片

问题 2：被烧毁的定子绕组所在的相是断相绕组所对应的相吗？

答案：肯定不是，恰恰相反，没有被烧毁的定子绕组所在的相正是断相绕组所对应的相。

当一相电源线断开时，对于在星形接法下运行的三相绕组，与断开的电源线相接的一相无电流，另外两相仍然通电，如图 3-4-13（c）所示。在外加负载一定的情况下，通电的两相绕组电流将增大很多，经过一段时间后，若没有过电流或过热保护，这两相绕组就会因过热而烧毁。

当一相电源线断开时，对于在三角形接法下运行的三相绕组，三相中都会有电流通过，但与电源线断开的两相中的电流将比剩余一相中的电流小，如图 3-4-13（d）所示。在外加负载一定的情况下，这一相绕组中的电流将远大于其额定值，经过一段时间后，若没有过电流或过热保护，这一相绕组就会因过热而烧毁。

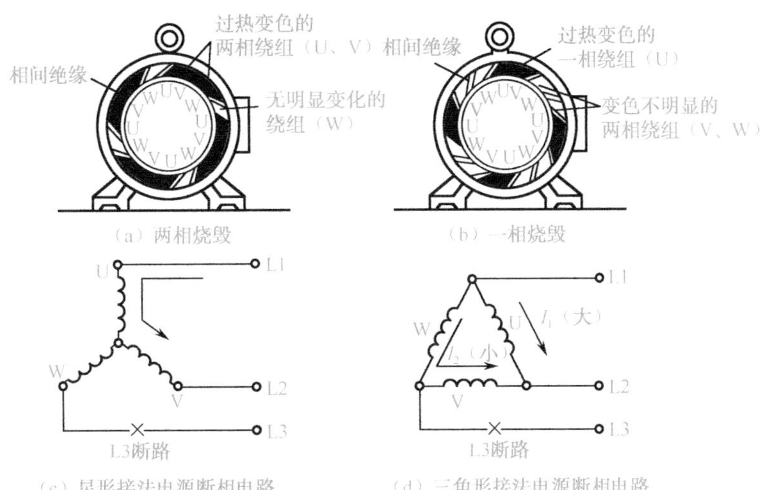

图 3-4-13　4 极三相异步电动机三相绕组中有一相或两相烧毁情况和原因分析

问题 3：三相异步电动机电源缺相的原因有哪些？

答案：电源缺相一般发生在供电线路上，如接触器有一对触点未闭合或未完全闭合，导线连接点断开、严重松动或接触部分氧化，供电导线断裂等，少数发生在电源与三相异步电动机接线端子的连接部位。

三相异步电动机常见电气故障和机械故障的现象、故障原因及处理方法如表 3-4-1 和表 3-4-2所示。

表 3-4-1　三相异步电动机常见电气故障的现象、故障原因及处理方法

序　　号	故障现象	故障原因	处理方法
1	电动机不能启动	① 电源未接通 ② 绕组断路 ③ 绕组接地或相间短路、匝间短路 ④ 绕组接线错误 ⑤ 熔断器烧断 ⑥ 绕线型转子电动机启动时误操作 ⑦ 过电流继电器整定值太小 ⑧ 老式启动开关油杯缺油 ⑨ 控制设备接线错误	① 检查开关、熔断器及电动机引出导线 ② 将断路部位加热到绝缘等级所允许的温度，使漆软化，然后将断路处导线挑起，用同规格的导线将断掉部分补焊后，包好绝缘层，再经涂漆、烘干处理 ③ 处理方法同②，只是将接地或短路部位垫好绝缘层，然后涂漆、烘干 ④ 核对接线图，将端部加热后重新按正确接法接好（包括绑扎、绝缘处理及涂漆） ⑤ 查出原因，查出故障点，按电动机规格配新熔断器 ⑥ 检查集电环短路装置及启动变阻器位置，启动时应先串接变阻器，启动完成后再接短路装置 ⑦ 适当调高整定值 ⑧ 加新油至油面线 ⑨ 校正接线

续表

序号	故障现象	故障原因	处理方法
2	电动机接通电源后，熔断器被烧断	① 单相启动 ② 定子、转子绕组接地或短路 ③ 电动机负载过大或被卡住 ④ 熔断器额定电流过小 ⑤ 绕线型转子电动机所接的启动电阻太小或被短路 ⑥ 电源到电动机之间的连接线短路	① 检查电源线、电动机引出线、熔断器、开关接触点，找出断线或假接故障后进行修复 ② 采用仪表检查并进行修复 ③ 将负载调到额定值，排除被拖动机构故障 ④ 熔断器对电动机过载不起保护作用，一般应按下式选择熔断器：熔断器额定电流＝堵转电流/（2～3） ⑤ 增大启动电阻或消除短路故障 ⑥ 检查出短路点后进行修复
3	通电后电动机不启动且“嗡嗡”地响	① 改级重绕后槽配合不当 ② 定子、转子绕组断路 ③ 绕组引出线首末端接错或绕组内部接反 ④ 电动机负载过大或被卡住 ⑤ 电源未能全部接通 ⑥ 电压过低 ⑦ 对于小型电动机，润滑脂变硬或装配太紧	① 选择合适的绕组形式和绕组节距，适当减小转子直径，重新计算绕组参数 ② 查明断路点并进行修复；检查绕线型转子电刷与集电环接触状态，检查启动电阻是否断路或阻值过大 ③ 在定子绕组中通入直流电，检查绕组极性，判定绕组首末端连接是否正确 ④ 检查设备，排除故障 ⑤ 更换被烧熔断的熔断器；紧固接线桩松动的螺钉；用万用表检查电源线断线或假接故障，然后进行修复 ⑥ 如果将应采用三角形接法的绕组误接成星形接法，那么应改回三角形接法；当电源电压太低时，应与供电部门联系解决；当电源线压降太大造成电压过低时，应改用粗电缆线 ⑦ 选择合适的润滑脂，提高装配质量
4	电动机外壳带电	① 电源线与接地线弄错 ② 电动机绕组受潮，绝缘层严重老化 ③ 引出线与接线盒接地 ④ 线圈端部碰端盖接地	① 纠正错误 ② 烘干处理，将老化的绝缘层更换掉 ③ 包扎或更新引出线绝缘层，修理接线盒 ④ 拆下端盖，检查接地点。要对线圈接地点进行包扎、绝缘处理和涂漆，端盖内壁要垫绝缘纸
5	电动机在空载或负载运行时，电流表表针不稳、摆动	① 绕线型转子电动机有一相电刷接触不良 ② 绕线型转子电动机集电环短路装置接触不良 ③ 笼型转子开焊或断裂 ④ 绕线型转子一相断路	① 调整刷压和改善电刷与集电环的接触面 ② 检修或更新短路装置 ③ 采用开口变压器或其他方法检查 ④ 用校验灯、万用表等检查出断路位置，然后排除故障
6	电动机启动困难，加额定负载后，电动机的转速比额定转速低	① 电源电压过低 ② 将应采用三角形接法的绕组误接成星形接法 ③ 笼型转子开焊或断裂 ④ 绕线型转子电刷或启动变阻器接触不良 ⑤ 定子、转子绕组有局部线圈接错或接反 ⑥ 重绕时线圈匝数过多 ⑦ 绕线型转子一相断路 ⑧ 电刷与集电环接触不良	① 用电压表或万用表检查电动机输入端电源线电压，然后进行处理 ② 改回三角形接法 ③ 检查出开焊或断裂位置后进行修理 ④ 检查电刷与启动变阻器接触部位 ⑤ 查出误接处并改正 ⑥ 按正确匝数重绕 ⑦ 用校验灯、万用表等检查出断路位置，然后排除故障 ⑧ 改善电刷与集电环的接触面，如磨电刷接触面、车削集电环表面等

续表

序号	故障现象	故障原因	处理方法
7	绝缘电阻阻值降低	① 绕组受潮或被水淋湿 ② 绕组绝缘层沾满灰尘、油垢 ③ 电动机接线板损坏，绝缘层老化破裂 ④ 绕组导线绝缘层老化	① 进行加热烘干处理 ② 清洗绕组绝缘层，并进行干燥、浸渍处理 ③ 更换或修理接线盒及接线板，重包引线绝缘层 ④ 若经鉴定可以继续使用，则可进行清洗、干燥、重新涂漆处理；若绝缘层老化以致不能安全运行，则须更换绝缘层
8	三相空载电流对称平衡，但普遍增大	① 重绕时线圈匝数不够 ② 将应采用星形接法的绕组误接成三角形接法 ③ 电源电压过高 ④ 电动机装配不当（如装反，定子、转子铁芯未对齐，端盖螺栓固定不匀称使端盖偏斜或松动等） ⑤ 气隙不均或增大 ⑥ 拆线时铁芯过热烧损	① 重绕线圈，增加至合理的匝数 ② 改回星形接法 ③ 测量电源电压，如果电源本身电压过高，则与供电部门协商解决 ④ 检查装配质量，消除故障 ⑤ 调整气隙，对于曾经车过转子的电动机需要换新转子或改绕，纠正空载电流大的问题 ⑥ 检修铁芯或重新计算绕组进行补偿
9	电动机运行时有杂声，运行不正常	① 改极重绕后槽配合不当 ② 转子擦绝缘纸或槽楔 ③ 轴承磨损，有故障 ④ 定子、转子铁芯松动 ⑤ 电压太高或三相电压不平衡 ⑥ 定子绕组接错 ⑦ 绕组有故障（如短路） ⑧ 重绕时每相匝数不相等 ⑨ 轴承中缺少润滑脂 ⑩ 风扇碰风罩或通风道堵塞 ⑪ 气隙不均匀，定子、转子相擦	① 校修定子、转子槽配合情况 ② 修剪绝缘纸或检修槽楔 ③ 检修或更换新轴承 ④ 检查松动原因，重新压铁芯进行处理 ⑤ 测量电源电压，检查电压过高和三相电压不平衡的原因并进行处理 ⑥ 查找并排除故障 ⑦ 查找并排除故障 ⑧ 重新绕线，调整匝数 ⑨ 清洗轴承，增加润滑脂，使其充满轴承室净容积的1/3～1/2 ⑩ 修理风扇和风罩使其几何尺寸合适，清理通风道 ⑪ 调整气隙，提高装配质量
10	电动机过热或冒烟	① 电源电压过高，使铁芯磁通密度过饱和，从而导致电动机温升高 ② 电压过低，在额定负载下电动机温升高 ③ 灼线时铁芯被过灼，铁耗增大 ④ 定子、转子相擦 ⑤ 绕组表面沾满尘垢或其他异物，影响电动机散热 ⑥ 电动机过载或拖动的生产机械阻力过大，使电动机发热 ⑦ 电动机频繁启动或正反转过多 ⑧ 笼型转子导条断裂或绕线型转子绕组接线松脱，电动机在额定负载下转子发热，使电动机温升高	① 如果电源电压超标准很多，则应与供电部门联系解决 ② 如果是因为电源线电压降过大，则可更换较粗的电源线；如果是因为电源电压过低，则可与供电部门联系，提高电源电压 ③ 做铁芯检查实验，检修铁芯，排除故障 ④ 检查故障原因，如果轴承间隙超限，则应更换新轴承；如果转轴弯曲，则应进行调整处理；如果铁芯松动或变形，则应处理铁芯，消除故障 ⑤ 清扫或清洗电动机，并使电动机通风道畅通 ⑥ 排除拖动机械故障，减小阻力；根据电流指示，若超过额定电流，则需要减轻负载、更换较大容量电动机或采取增容措施 ⑦ 减少电动机启动及正反转次数或更换合适的电动机 ⑧ 查明导条断裂或接线松脱的位置，重新补焊或旋紧紧固螺钉

续表

序　号	故障现象	故障原因	处理方法
10	电动机过热或冒烟	⑨ 绕组匝间短路、相间短路及对地短路 ⑩ 进风温度过高 ⑪ 风扇故障，通风不良 ⑫ 电动机两相运转 ⑬ 重绕后绕组浸漆不良 ⑭ 环境温度升高或电动机通风道堵塞 ⑮ 绕组接线错误	⑨ 用开口变压器和绝缘电阻表检查，并排除故障 ⑩ 检查冷却系统是否有故障，检查周围环境温度是否正常 ⑪ 检查电动机风扇是否损坏，风扇的叶片是否变形或未固定好，必要时更换风扇 ⑫ 检查熔断器、开关接触点，排除故障 ⑬ 要采取二次浸漆工艺，最好采用真空浸漆措施 ⑭ 改善环境温度，采取降温措施，隔离电动机附近的高温热源，避免让电动机在日光下暴晒 ⑮ 若将应采用星形接法的绕组误接成三角形接法，或将应采用三角形接法的绕组误接成星形接法，则应改正接线
11	空载运行时空载电流不平衡且相差很大	① 重绕时三相绕组线圈匝数不均 ② 绕组首末端接错 ③ 电源电压不平衡 ④ 绕组有故障，如匝间短路、某组线圈接反等	① 重绕绕组 ② 查明首末端，改正后再启动电动机试验 ③ 测量电源电压，找出原因，予以消除 ④ 拆开电动机，检查绕组极性和故障，然后改正或消除故障
12	层间绝缘层击穿	① 层间垫条材质差或厚度不够 ② 层间垫条垫偏或尺寸不合适 ③ 线圈松动使层间垫条磨损	① 改用材质好的垫条（如环氧玻璃布板）或适当加厚垫条 ② 要求下料尺寸正确，操作细心，严格按工艺规程操作 ③ 可加槽衬或加厚垫条，或者采用 VPI 整浸工艺
13	匝间绝缘层击穿	① 匝间绝缘层材质不良 ② 绕线、嵌线时匝间绝缘受损 ③ 匝间绝缘层厚度不够或结构不合理	① 用浸树脂漆或采用“三合一”粉云母带加强绝缘 ② 严格按工艺规程操作 ③ 按匝间电压大小正确选择匝间绝缘层厚度或绝缘结构
14	绕组接地故障	① 电动机长期过载，绝缘层老化变质引起绝缘层对地击穿 ② 输电线绝缘层因雷击过电压或操作过电压而被击穿 ③ 导电粉尘积累使爬电距离缩小产生对地击穿闪络 ④ 齿压片开焊、铁芯叠压不紧、齿部颤动及弯曲的齿压片刮磨线圈绝缘层 ⑤ 线圈短路烧焦绝缘层	① 调整负载或更换容量合适的电动机，避免局部过热 ② 增添或检查防雷保护装置 ③ 定期清扫，增设防尘密封装置 ④ 详细检查各部分的焊接质量、变形情况，经校正或补焊保证垫片、齿压片等固定良好；当铁芯叠压不紧时，应添加硅钢片或加厚齿压片，并重新压装铁芯 ⑤ 检查短路原因，拆除部分线圈，补加绝缘层并进行浸漆、烘干处理
15	绕组断路	① 线圈端部受到机械力、电磁力的作用，导致导线焊接点开焊 ② 焊接工艺不当，焊接点过热引起开焊 ③ 导线材质不好，有夹层、脱皮等缺陷	① 检查焊接点，重新补焊并加强绕组端部的固定措施 ② 严格按焊接工艺要求操作 ③ 更换合格导线并进行绝缘处理

续表

序号	故障现象	故障原因	处理方法
16	绕组短路	① 线路过电压 ② 绕组线圈绝缘层老化 ③ 绕组缝隙内堆积粉尘过多 ④ 遭受机械力、电磁力作用后绝缘层受损	① 调整过电压保护值 ② 更换绕组或绝缘层 ③ 清扫或洗涤绕组，然后烘干、浸漆、再烘干 ④ 局部加强绝缘性或更换绕组、绝缘层，然后浸漆、烘干
17	定子线圈绝缘层磨损或电腐蚀	① 线圈与槽壁间间隙过大（对于采用模压工艺的绕组） ② 槽楔松动 ③ 线圈外形尺寸超差 ④ 防晕漆失效 ⑤ 绝缘层上沾有污垢、粉尘	① 可浸 1032 绝缘漆或树脂漆，将槽内空隙填满 ② 更换槽楔（调整槽楔的宽度或厚度）或在槽楔下加垫条 ③ 按图纸要求重绕线圈 ④ 起出线圈，重新涂防晕漆 ⑤ 清洗或吹拂污垢、粉尘
18	泄漏电流大	① 电动机受潮 ② 绝缘层表面有污垢、粉尘 ③ 绝缘层老化	① 清洗后将绕组烘干 ② 清扫或洗涤绕组绝缘层 ③ 更换绝缘层
19	介质损耗增大	① 线圈受损，使绝缘层内部产生较多的气隙 ② 绝缘层受损 ③ 绝缘处理不当 ④ 绝缘层老化	① 进行真空浸渍处理 ② 清理后局部补强，然后浸漆、烘干 ③ 改进绝缘处理方法 ④ 更换绝缘层
20	线圈与端箍之间磨损击穿	① 线圈松动 ② 端箍固定、绑扎不牢 ③ 绝缘层上沾满粉尘	① 绑扎后整体浸树脂漆，然后烘干 ② 绑扎后整体浸树脂漆，然后烘干 ③ 清理绝缘层，若要重新嵌线，则可将端箍改为非金属材质的
21	线圈端部绝缘层有机械损伤	① 拆装时碰伤 ② 局部修理或更换线圈时碰伤附近线圈	① 应按工艺规程操作，局部损伤可用环氧胶修复 ② 检查故障情况，可以进行局部修理或更换部分线圈
22	槽楔松动	① 槽楔材质老化、收缩 ② 楔下垫条老化、松动 ③ 槽楔尺寸与铁芯配合不当 ④ 整块磁性槽楔在电磁力作用下磨损	① 换槽楔，目前国内 F 级、B 级绝缘材料采用的是 3240 环氧玻璃布带，其物理、化学性能较稳定，且有较好的热稳定性 ② 加厚垫条，重新放入垫条及槽楔 ③ 选择合适的槽楔尺寸 ④ 改用磁性槽泥，若用整块磁性槽楔，则应采用 VPI 整浸工艺
23	伸出铁芯部分的笼条拱起	当电动机处于启动、制动或正反转状态时，笼条内流过较大电流，在电热效应下笼条局部热胀；当启动、制动、正转或反转状态终了后，笼条开始收缩，在离心力作用下，当笼条端部强度不够时，便产生笼条拱起故障	加热拱起部分，用机械方法使拱起部分调直；拆下笼条，调直后再插入槽内焊接；更换强度较高的笼条

续表

序　号	故障现象	故障原因	处理方法
24	端部笼条沿转子旋转方向弯曲	这种故障常发生在转子具有较大的圆周速度和实心端环电动机转子上，这是由于钢制端箍固定不好，笼条在端箍圆周惯性作用下弯曲	将端箍改用无纬带绑扎或更换玻璃钢材质的端箍；加强端环与转子支架的配合，使之符合公差配合要求
25	焊接的铜端环在焊口接触处断开	为了节省铜料，在修理时有时将几段铜料经焊接制成圆形端环，这种拼成的端环如果焊接不良，会在运行过程中胀开，并割破定子绝缘层	采用铜料锻制整体端环；改善焊接工艺；正确切开焊接坡口
26	铸铝转子风扇叶片变形或断掉	① 拆装时风扇叶片受到机械损伤 ② 铸铝时风扇叶片中有夹杂物	① 按工艺规定正确操作 ② 采用氩弧焊机补焊
27	铸铝转子笼条断裂	① 铝液或槽内含有较多杂质 ② 复用用火熔化的旧铝，其中含有杂质 ③ 单冲时转子冲片个别槽漏冲 ④ 转子铁芯压装过紧，铸铝后转子铁芯胀开，有过大的压力使铝条拉断 ⑤ 浇注时中途停顿，先后注入的铝液结合不好 ⑥ 铸铝后脱模早	① 检查铝液化学成分 ② 用火熔化的旧铝不可直接复用 ③ 熔化铝后，将漏冲的槽冲开 ④ 更换铜笼焊接结构 ⑤ 更换新转子 ⑥ 更换新转子
28	铸铝转子槽斜线犬牙交错，歪扭不齐	① 转子叠片时槽壁不整齐 ② 轴斜键与冲片键槽配合过松 ③ 转子铁芯预热后乱扔乱滚，冲片产生周向位移	① 将铝熔化后，重新叠片 ② 更换冲片或修理键槽 ③ 按工艺规程操作
29	笼条在槽内松动	① 笼条尺寸过小 ② 槽形尺寸不一致 ③ 笼条或槽形磨损	① 按槽形选笼条尺寸 ② 校正槽形 ③ 更换笼条或校正槽形
30	楔形笼条由槽口凸出	① 电动机转速过高 ② 笼条下面的垫条松动或弹力不够	① 检查改极时转子强度 ② 紧固垫条
31	双笼转子钢条开焊	① 电动机在重载下频繁启动、制动 ② 上笼电流密度过大，启动操作不合理	① 启动次数按产品说明书规定执行 ② 应按规定操作

续表

序号	故障现象	故障原因	处理方法
32	铜笼在端环处断裂	① 产生机械振动及笼条在槽内松动 ② 端环采用焊接结构，焊接工艺不当	① 解决振动和松动问题 ② 按工艺规程正确施焊
33	铜笼开焊	① 焊接工艺不当 ② 笼条与端环配合间隙不正确 ③ 笼条在槽内松动 ④ 机组振动 ⑤ 焊条牌号不合适 ⑥ 电动机过载	① 按正确工艺施焊 ② 使间隙均匀，为 0.1～0.2mm ③ 按序号 29 的方法处理松动 ④ 解决机组振动问题 ⑤ 选用牌号合适的焊条 ⑥ 解决电动机过载问题
34	铝端环上有轴向和径向裂纹	① 铸造时铝液中夹渣 ② 铝液中含有杂质 ③ 铸模设计不合理	① 控制浇注温度和化学成分 ② 去除铝液中的杂质 ③ 修改设计

表 3-4-2　三相异步电动机常见机械故障的现象、故障原因及处理方法

序号	故障现象	故障原因	处理方法
1	电动机振动	① 轴承磨损，间隙不合格 ② 气隙不均 ③ 转子不平衡 ④ 机壳强度不够 ⑤ 基础强度不够或安装不平 ⑥ 风扇不平衡 ⑦ 绕线型转子的绕组短路 ⑧ 笼形转子开焊、断路 ⑨ 定子绕组故障（短路、断路、接地连接错误等） ⑩ 转轴弯曲 ⑪ 铁芯变形或松动 ⑫ 靠背轮或带轮安装不符合要求 ⑬ 齿轮接手松动 ⑭ 电动机底脚螺栓松动	① 检查轴承间隙 ② 调整气隙，使之符合规定 ③ 检查原因，进行清理，紧固各部分螺栓后校平衡 ④ 找出薄弱点，进行加固，增加机械强度 ⑤ 将基础加固，并将电动机底脚垫平，最后紧固 ⑥ 检修风扇，校正几何形状和校平衡 ⑦ 检查后重新进行绝缘处理 ⑧ 进行补焊或更换笼条 ⑨ 检查出故障后，进行局部重绕处理 ⑩ 校直转轴 ⑪ 校正铁芯，然后重新叠装铁芯 ⑫ 重新校正，必要时检修靠背轮或带轮，重新安装 ⑬ 检查齿轮接手，进行修理，使之符合要求 ⑭ 紧固电动机底脚螺栓或更换不合格的底脚螺栓
2	轴承发热超过规定	① 润滑脂过多或过少 ② 油质不好，含杂质 ③ 轴承内、外套配合不合理 ④ 油封太紧 ⑤ 轴承盖偏心，与轴相擦 ⑥ 电动机两侧端盖或轴承盖未装平 ⑦ 轴承有故障、含杂质等 ⑧ 电动机与传动机构连接偏心或传动带过紧 ⑨ 轴承型号小，过载，使滚动体承受载荷过大 ⑩ 轴承间隙过大或过小 ⑪ 滑动轴承油环转动不灵活	① 按规定要求加润滑油或润滑脂 ② 检查油内有无杂质，更换洁净润滑脂 ③ 过松时，采用胶黏剂或低温镀铁处理；过紧时，适当车细轴颈，使之符合公差配合要求 ④ 更换或修理油封 ⑤ 修理轴承盖，使之与轴的间隙合适 ⑥ 按正确工艺将端盖或轴承盖装到止口内，然后均匀紧固螺钉 ⑦ 更换损坏的轴承，对含有杂质的轴承要彻底清洗、换油 ⑧ 校准电动机与传动机构连接的中心线，并调整传动带的张力 ⑨ 选择型号合适的轴承 ⑩ 更换新轴承 ⑪ 检修油环，使油环尺寸正确，校平衡

【任务实施】

1. 任务实施器材

① 三相异步电动机（型号为 Y90S-4，1.1kW）　　一台/组

② 绝缘电阻表、钳形电流表、转速表及万用表　　各一块/组

③ 电工工具　　一套/组

④ 带综合保护功能的交流电源实训台　　一台/组

2. 任务实施步骤

1）三相异步电动机日常维护

操作提示：在搬动三相异步电动机时，应注意安全，不要碰伤手脚；在抽出转子过程中，不要碰伤定子绕组。

操作步骤 1：外观检查。

操作要求：清洁三相异步电动机壳体，检查机座、底脚有无裂痕及铭牌有无脱落等。

操作步骤 2：绝缘检查。

操作要求：用绝缘电阻表测量 Y90S-4 型三相异步电动机的相间及对地绝缘电阻，记录电动机铭牌参数及绝缘测量结果，给出电动机能否上电运行的结论，并填写表 3-4-3。

表 3-4-3　三相异步电动机测量数据记录表

型　号	额定功率	额定电压	额定电流	额定转速	额定频率	接　法
生产厂名	UV 间绝缘	UW 间绝缘	VW 间绝缘	对地绝缘	绝缘等级	外观情况
检查结论						

操作步骤 3：运行监视。

操作要求：以听、看、嗅、摸、测几种方式，判断三相异步电动机的运行状态。“听”，借助螺钉旋具听三相异步电动机运行声音，判定负载轻重、是否扫膛、轴承是否有异响；“看”，观察三相异步电动机壳体，判定其振动幅度是否过大、是否有冒烟现象；“嗅”，闻周围空气中是否有绕组过热时散发的焦煳气味，判定绕组是否工作异常；“摸”，用手指内侧触摸三相异步电动机外壳，根据手能停留的时间长短和承受能力来粗略判定其温度；“测”，测量实际工作电压、电流及转速，定量分析三相异步电动机工作状态，并填写表 3-4-4。

表 3-4-4　三相异步电动机运行记录表

负载情况	功　率	实际电压	实际电流	实际转速	接　法
空载					
满载					

2）三相异步电动机故障设置

(1) 缺相故障

故障操作：将交流电源 U 相熔断器拆除，启动三相异步电动机并运行。

操作要求：“听”，借助螺钉旋具听三相异步电动机运行声音，判定噪声是否增大，是否听到“嗡嗡”声；“看”，观察三相异步电动机壳体，判定其振动幅度是否增大；“摸”，用手

指内侧摸三相异步电动机外壳，判定温升是否过高；“测”，测量实际工作电压、电流及转速，填写表 3-4-5。将表 3-4-5 与表 3-4-4 进行比较，总结电动机缺相的故障现象。

表 3-4-5 缺相运行记录表

时间	功率	实际电压	实际电流	实际转速	接法
缺相前					
缺相后					

（2）接法错误故障

故障操作：将三相异步电动机的运行接法由星形改成三角形，启动三相异步电动机。

操作要求：“听”，借助螺钉旋具听三相异步电动机运行声音，判定噪声是否增大，是否听到“呼呼”声；“看”，观察三相异步电动机壳体，看是否有冒烟现象；“摸”，用手指内侧摸三相异步电动机外壳，判定温升是否过高；“测”，测量实际工作电压、电流及转速，填写表 3-4-6。将表 3-4-6 与表 3-4-4 进行比较，总结三相异步电动机接法错误的故障现象。

表 3-4-6 接法错误运行记录表

接法	功率	实际电压	实际电流	实际转速
星形接法				
三角形接法				

注意：① 为保证学生安全，不允许在三相异步电动机运行时设置故障，每组指定一名学生作为安全员，实时进行安全监护；② 为防止三相异步电动机烧毁，通常在三相异步电动机空载状态下设置故障，而且只能短时间工作，如果发现温升过高，则应立即停机。

3）三相异步电动机故障分析

操作要求：实训现场摆放着多台已经解体了的有故障的三相异步电动机，如图 3-4-14～图 3-4-17所示，逐台观察故障现象，实测三相异步电动机绕组，进行故障分析，给出故障结论。

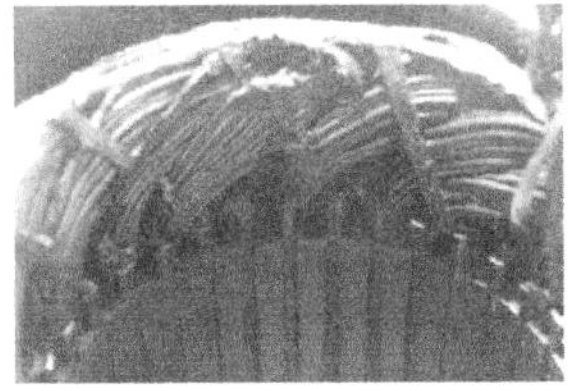

图 3-4-14 有故障的三相异步电动机之一

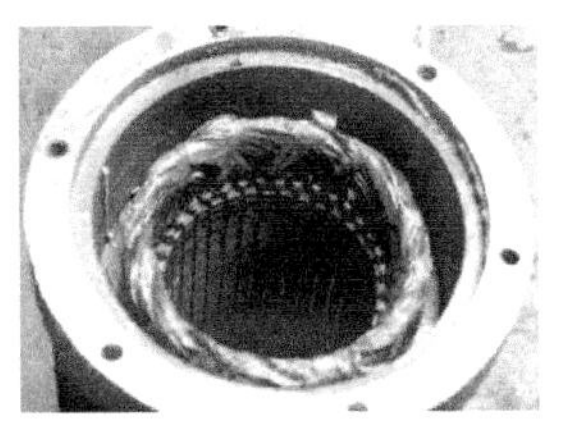
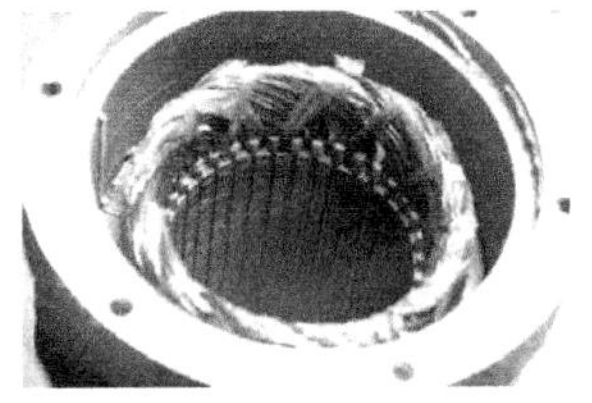

图 3-4-15 有故障的三相异步电动机之二

图 3-4-16　有故障的三相异步电动机之三

图 3-4-17　有故障的三相异步电动机之四

【任务考核与评价】

表 3-4-7　三相异步电动机维护与维修的考核

任务内容	配分	评分标准			自评	互评	教师评
日常维护	20	① 外观检查　4 分 ② 绝缘检查　8 分 ③ 运行监视　8 分					
故障分析	30	① 故障分析思路是否清晰　15 分 ② 确定的最小故障范围是否正确　15 分					
故障排除	20	① 能否找出故障点　10 分 ② 排除故障的方法是否正确　10 分					
其他	20	① 在排除故障时，若产生新的故障后不能自行修复，则每个故障扣 10 分；若可以修复，则每个故障扣 5 分 ② 损坏电动机扣 20 分					
安全文明操作	10	违反 1 次　扣 5 分					
定额时间	45min	每超过 5min　扣 5 分					
开始时间		结束时间		总评分			

项目四 变压器的维护与维修

变压器是一种静止的电气设备，它利用电磁感应原理，将某一数值的交变电压变换为同频率另一数值的交变电压。作为电能传输或信号传输装置，变压器在电力系统和自动化控制系统中得到了广泛应用。在国民经济的其他部门，作为特种电源或为满足特殊的需要，变压器也发挥着重要作用。

任务1 电力变压器的巡检训练

□【任务要求】

本任务要求学生通过对电力变压器日常巡检及故障现象分析的学习，全面认识电力变压器，掌握电力变压器的巡检内容及方法。

1. 知识目标

① 了解电力变压器投入运行前和运行过程中的检查。

② 了解电力变压器的故障分析及处理方法。

③ 了解电力变压器的定期检查项目。

2. 技能目标

能对电力变压器进行日常巡检，监视其运行状况。

□【任务相关知识】

电力变压器对电能的经济传输、分配和安全使用具有重要意义。为保证电力变压器能长期、安全、可靠地运行，必须十分重视其日常巡检工作。

1. 电力变压器投入运行前的检查

无论是新出厂的电力变压器还是检修以后的电力变压器，在投入运行前都必须进行仔细的检查。

① 检查型号和规格。检查电力变压器的型号和规格是否符合要求。

② 检查各种保护装置。检查熔断器的规格和型号是否符合要求；检查报警系统、继电保护系统是否完好，工作是否可靠；检查避雷装置是否完好；检查气体继电器是否完好，内部有无气体，若有气体，则应打开气阀盖，放掉气体。

③ 检查监视装置。检查各检测仪表的规格是否符合要求，是否完好；检查油温指示器、油位显示器是否完好，油位是否在与环境温度相对应的油位线上。

④ 外观检查。检查箱体各个部位有无渗油现象；检查防爆膜是否完好；检查箱体是否进

行了可靠的接地；检查各电压级的出线套管是否有裂缝、损伤，安装是否牢靠；检查导电排及电缆连接处连接是否牢固可靠。

⑤ 消防设备的检查。检查消防设备的数量和种类是否符合要求。

⑥ 测量各电压级绕组对地的绝缘电阻。20～30kV 的电力变压器的绝缘电阻值应不小于 300MΩ，3～6kV 的电力变压器的绝缘电阻值应不小于 200MΩ，0.4kV 以下的电力变压器的绝缘电阻值应不小于 90MΩ。

2. 电力变压器运行过程中的检查

为保证电力变压器安全运行，在电力变压器运行过程中要定期进行检查，以提高变电质量，及时发现和排除故障。

① 监视仪表。电压表、电流表、功率表等应每小时抄表一次；当过载运行时，应每半小时抄表一次；当这些仪表不在控制室时，每班至少抄表两次。对于安装在配电盘上的温度计，应在记录电流数值的同时记录温度数值；对于安装在电力变压器上的温度计，应在巡视电力变压器时记录温度数值。

② 现场检查。有值班人员的，应每班检查一次，每天至少检查一次，每星期进行一次夜间检查；无值班人员的，至少每月检查一次，当遇到特殊情况或气候急剧变化时要及时检查。

③ 做好记录。

3. 电力变压器的故障分析及处理

1）了解故障发生时的情况

电力变压器发生故障的原因比较复杂，为了正确和快速地分析原因，在进行故障分析及处理之前，应详细了解电力变压器在故障发生时的一些情况。

① 电力变压器的运行状况、种类及过载状况。

② 电力变压器的温升及电压状况。

③ 故障发生前的气候与环境，如气温、湿度及有无雷雨等。

④ 查看电力变压器的运行记录、前次大修记录和质量评价等。

⑤ 了解保护装置动作的性质，如短路保护、启动保护等。

2）故障分析及处理

容量在 560kV·A 以上的电力变压器都配有保护装置，在故障发生时都有相应的保护装置动作。其中，能比较准确地反应电力变压器故障的是气体继电器，及时对气体继电器动作时产生的气体进行分析，能较准确地判定故障的性质。电力变压器产生气体的分析如表 4-1-1 所示。

表 4-1-1　电力变压器产生气体的分析

气体性质	故障状况	说　明
灰黑色	绝缘油碳化	接触不良或电力变压器局部过热
黄色，难燃	木质制件被烧毁	停电检查
灰白色，可能有臭味	纸质制件被烧毁	立即停电检查
无色、不可燃气体（空气）		排出绝缘油中的空气

4. 电力变压器的定期检查

① 检查瓷管表面是否清洁，有无破损、裂纹及放电痕迹，螺栓有无损坏，以及有无其他

异常情况，若发现上述缺陷，则应尽快停电检修。

② 检查箱体有无渗油和漏油现象，严重的要及时处理；检查散热管温度是否均匀。

③ 检查储油柜的油位高度是否正常，若发现油面过低则应加油；检查油色是否正常，必要时进行油样化验。

④ 检查油面温度计的温度和室温之差（温升）是否符合规定，对照负载情况，检查是否有因电力变压器内部故障而引起的过热。

⑤ 检查防爆管上的防爆膜是否完好，有无冒烟现象。

⑥ 检查导电排及电缆接头处有无发热变色现象，若贴有示温蜡片，则应检查蜡片是否熔化，若熔化，则应停电检查，找出原因并进行修复。

⑦ 检查电力变压器有无异常声响，或响声是否比以前增大。

⑧ 检查箱体接地是否良好。

⑨ 检查电力变压器室内消防设备干燥剂是否吸潮变色，需要时进行烘干处理或调换。

⑩ 定期进行油样化验。

此外，在进出电力变压器室时，应及时关门上锁，以防止小动物窜入而引起重大事故。

【任务实施】

1. 任务实施器材

学院变电所内相关器材。

2. 任务实施步骤

操作步骤 1：记录铭牌信息。

操作要求：电力变压器铭牌如图 4-1-1 所示，认真观察并记录铭牌信息，填写表 4-1-2。

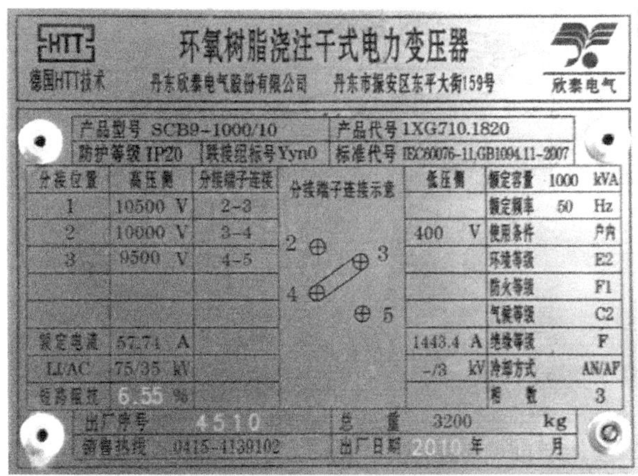

图 4-1-1 电力变压器铭牌

表 4-1-2 电力变压器铭牌信息记录表

产品型号	额定容量	额定电压	额定电流	短路阻抗	额定频率	使用条件
连接组标号	绝缘等级	防护等级	冷却方式	生产厂名	出厂序号	质量

操作步骤 2：电力变压器的巡检。

操作要求：在教师或值班人员的指导下检查运行中的电力变压器。抄录电压表、电流表、功率表的读数；记录油面温度和室内温度；检查各密封处有无漏油现象；检查高、低压瓷管是否清洁，有无破裂及放电痕迹；检查导电排及电缆接头处有无变色现象，有示温蜡片的，检查蜡片是否熔化；检查防爆膜是否完好；检查硅胶是否变色；检查有无异常声响；检查油箱接地是否完好；检查消防设备是否完整，性能是否良好。将抄录下的有关数据填入如表 4-1-3 所示的巡检记录表中。

表 4-1-3　巡检记录表

<table>
<tr><td rowspan="3">铭牌数据</td><td>产品型号</td><td colspan="2"></td><td>额定容量</td><td colspan="3"></td></tr>
<tr><td>额定电压</td><td colspan="2"></td><td>额定电流</td><td colspan="3"></td></tr>
<tr><td>接法</td><td colspan="2"></td><td>额定温升</td><td colspan="3"></td></tr>
<tr><td rowspan="14">巡检记录</td><td rowspan="2">高压侧</td><td>电压</td><td></td><td rowspan="2">输入功率</td><td rowspan="2" colspan="3"></td></tr>
<tr><td>电流</td><td></td></tr>
<tr><td rowspan="2">低压侧</td><td>电压</td><td></td><td>电流</td><td colspan="3"></td></tr>
<tr><td>功率表读数</td><td></td><td>功率因数</td><td colspan="3"></td></tr>
<tr><td>油面温度</td><td></td><td>室温</td><td></td><td>实际温升</td><td colspan="2"></td></tr>
<tr><td rowspan="2">绝缘瓷管</td><td>清洁</td><td></td><td>有裂痕</td><td></td><td>有放电痕迹</td><td></td></tr>
<tr><td>不清洁</td><td></td><td>无裂痕</td><td></td><td>无放电痕迹</td><td></td></tr>
<tr><td rowspan="2">防爆膜</td><td>完好</td><td></td><td rowspan="2">导电排和电缆接头</td><td colspan="2">有变色现象</td><td></td></tr>
<tr><td>不完好</td><td></td><td colspan="2">无变色现象</td><td></td></tr>
<tr><td rowspan="2">硅胶</td><td>变色</td><td></td><td rowspan="2">有无异常声响</td><td rowspan="2"></td><td rowspan="2">有无漏油</td><td rowspan="2"></td></tr>
<tr><td>未变色</td><td></td></tr>
<tr><td rowspan="2">接地线</td><td>可靠</td><td></td><td rowspan="2">消防设备
品种数量</td><td rowspan="2" colspan="3"></td></tr>
<tr><td>不可靠</td><td></td></tr>
</table>

□【任务考核与评价】

表 4-1-4　电力变压器巡检的考核

<table>
<tr><th>任务内容</th><th>配分</th><th colspan="3">评分标准</th><th>自评</th><th>互评</th><th>教师评</th></tr>
<tr><td>巡检内容</td><td>40</td><td colspan="3">① 能否识别铭牌信息　10 分
② 能否识别电力变压器部件　10 分
③ 能否读取电力变压器运行数据　20 分</td><td></td><td></td><td></td></tr>
<tr><td>巡检记录</td><td>40</td><td colspan="3">① 记录信息是否详细　10 分
② 记录信息是否正确　30 分</td><td></td><td></td><td></td></tr>
<tr><td>安全文明操作</td><td>20</td><td colspan="3">每触摸或拨动室内电气设备一次　扣 5 分</td><td></td><td></td><td></td></tr>
<tr><td>定额时间</td><td>25min</td><td colspan="3">每超过 5min　扣 5 分</td><td></td><td></td><td></td></tr>
<tr><td>开始时间</td><td></td><td>结束时间</td><td></td><td>总评分</td><td colspan="3"></td></tr>
</table>

任务2 小型变压器的绕制训练

□【任务要求】

本任务要求学生通过对小型变压器绕制工艺的学习，掌握小型变压器绕制技能，并能使所绕变压器安全、可靠地投入运行。

1. 知识目标

① 了解小型变压器的结构。

② 掌握小型变压器的绕制工艺。

2. 技能目标

能手工对小型变压器进行绕制。

□【任务相关知识】

手工绕制小型变压器是指先将绕组骨架套在木芯上，再将木芯固定到绕线机上进行绕线，待小型变压器线包绕制完毕，从绕线机上连同木芯一起取下线包，随后将木芯从绕组骨架中取出，然后装配铁芯，并进行浸漆与烘干。

1. 木芯与骨架

1）木芯

木芯套在绕线机转轴上，用来支撑绕组骨架，以便于绕线。木芯如图 4-2-1 所示，其材料通常为干燥、坚实的木材。

2）骨架

骨架用来支撑绕组，也可使绕组对地绝缘。骨架有普通简易式骨架和积木式骨架两种。普通简易式骨架如图 4-2-2（a）所示，一般由绝缘纸卷制而成；积木式骨架如图 4-2-2（b）所示，一般由绝缘板拼制而成。

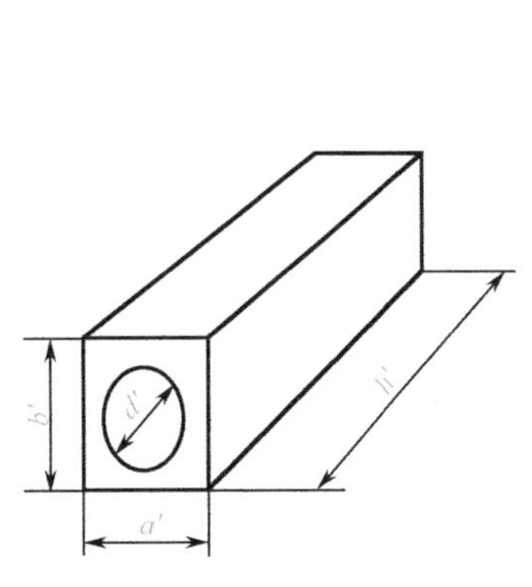

图 4-2-1 木芯

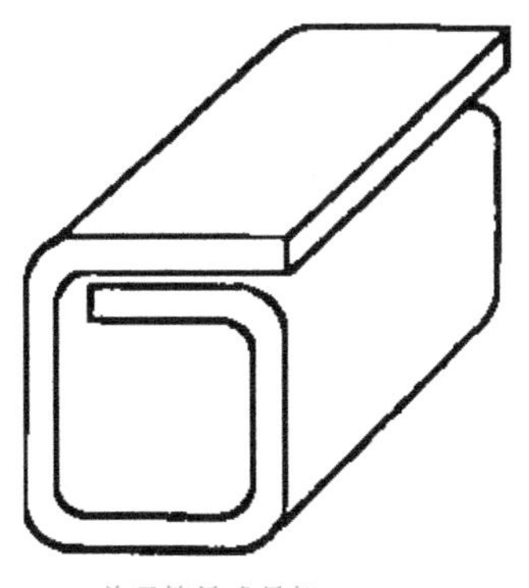

（a）普通简易式骨架

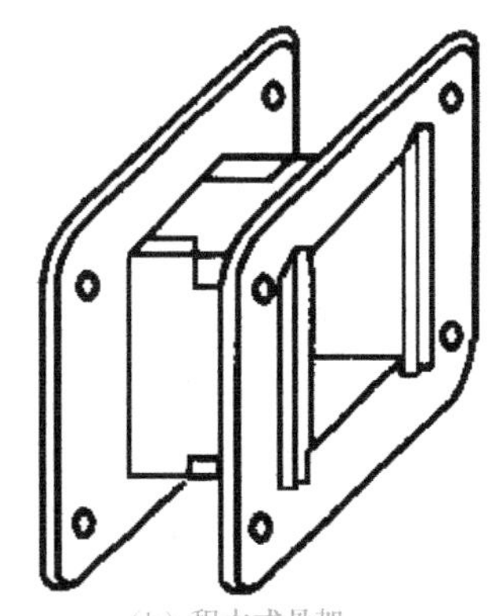

（b）积木式骨架

图 4-2-2 骨架

2. 绕组的绕制

1）绕组的绕制要求

绕组绕制的好坏是决定变压器质量的关键。绕组的绕制要求有如下几点。

① 绕组要绕得紧，外一层要紧压在内一层上，绕好后线包一般呈方形。

② 绕线要平整，要密绕，一圈紧靠一圈，不可重叠，也不可稀密不均匀，相邻导线之间不应留有空隙。

③ 绕组内部最好没有接头。

2）绕组的绕制过程

将木芯连同绕组骨架一起装在绕线机的转轴上，两端用螺母夹紧，即可进行绕线。

（1）起头及引出线

在起头时先制作引出线。当绕组导线直径在 0.5mm 以下时，用外接引出线；当绕组导线直径在 0.6mm 以上时，可以用绕组本身导线作为引出线。需要注意的是，引出线必须处于变压器铁芯柱的外表面，不可设在铁芯柱窗口部分。

（2）绕线

绕线机要牢固地固定在工作台上，绕线机转轴要平直，木芯与转轴要同心以保证转轴旋转平稳、无晃动和颤抖。在绕线时，导线应向绕成绕组的方向偏转 3°～5°。

（3）屏蔽

静电屏蔽层是安放在变压器一次侧、二次侧绕组之间的一层铜箔。如果没有铜箔，则可用细漆包线密绕一层，将漆包线的一个端头开路放置，另一个端头作为接地引出线。

（4）绕线收尾

若使用软绝缘线作为引出线，则在每个绕组绕到最后 20 圈左右时，在绕制绕组的前进方向应放一块对折的绝缘材料条，再继续绕下去，最后切断导线，将线头从绝缘材料条的折缝中穿出，拉紧绝缘材料条。若使用焊片作为引出线，则需要在每个绕组的最后一层预先把焊片放上，最后切断导线，将导线的尾端焊在焊片上。

（5）绕组表面绝缘处理

绕组绕制结束后，要对绕组表面进行绝缘处理，用宽度与绕组高度相同的绝缘纸和黄蜡绸等绝缘材料，在绕组表面缠绕两周并粘接牢固。

（6）绕组的检查

绕组绕制完成后，要对绕组进行测量检查，只有各项参数正常后，才能进行变压器组装。绕组的测量检查主要有直流电阻检查、线圈匝数检查及绝缘电阻检查。

3. 铁芯装配

变压器铁芯装配的要求如下。

① 铁芯要装紧，这样不仅可以防止铁芯从骨架中脱出，还可以保证它的有效截面积，又可以避免绕组通电后因振动而产生杂声。

② 在装配铁芯时不得划破或碰伤骨架，因为这样会切伤导线，造成断路或短路。

③ 铁芯磁路中不应有气隙，各片开口处要衔接紧密。

④ 要注意装配平整、美观。

在装配前首先检查硅钢片的质量，硅钢片应平整、无毛刺，硅钢片表面绝缘层应完好，无锈蚀等不良现象。

4. 浸漆与烘干

变压器装配完毕，经过初步检测后，便可进行浸漆与烘干处理。浸漆的主要作用是提高绕组的绝缘性能和机械性能，提高变压器所能承受的工作温度。

□【任务实施】

1. 任务实施器材

① BK-50 型变压器　　　　一台/组

② 手摇绕线机　　　　一个/组

③ ZC-7 型绝缘电阻表、MF-47 型万用表　　　　各一块/组

④ 电工工具　　　　一套/组

2. 任务实施步骤

操作提示：木芯和骨架做好后，请教师检验，合格后方可开始绕制绕组。因实训材料需要反复使用，也为保证变压器线圈重绕质量，在绕线时一定要注意，不要损坏电磁漆包线的绝缘层。

操作步骤 1：制作木芯。

操作要求：用木块按比铁芯中心柱截面积（$a\times b$）略大的尺寸（$a'\times b'$）制成木芯，如图 4-2-3 所示。木芯的中心孔径为 10mm，宽度要求比硅钢片舌宽略宽 0.2mm，长度要求比硅钢片窗口高度长 2～3mm，高度要求比硅钢片叠厚略大一点。木芯的各边必须互相垂直，用细砂纸磨光表面并略微磨去边角的锐棱。

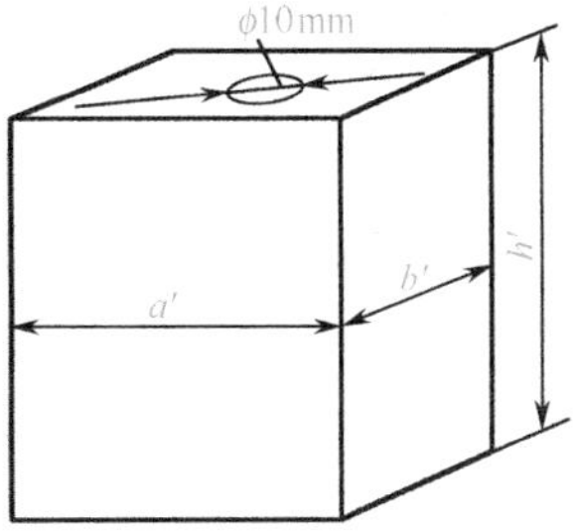

图 4-2-3　制作木芯

操作步骤 2：制作骨架。

操作要求：根据木芯的外形尺寸，用绝缘纸折出骨架外形，如图 4-2-4（a）所示；沿图 4-2-4（b）中所示的虚线用裁纸刀划出浅沟，沿沟痕把弹性纸折成方形；第 5 面与第 1 面重叠，用胶水黏合。

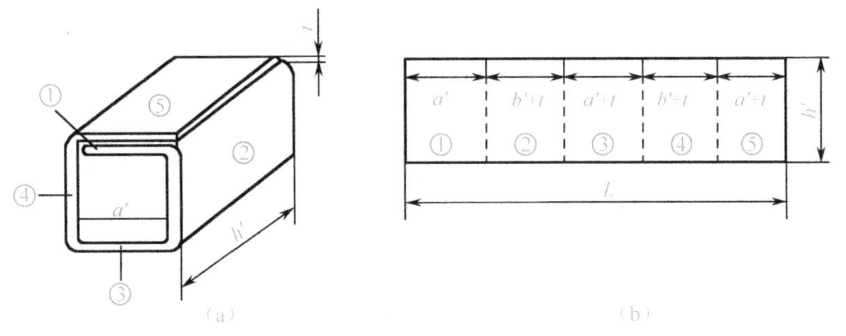

图 4-2-4　制作骨架

操作步骤 3：绕线。

操作要求：导线要求绕得紧密、整齐，不允许有叠线现象；在绕线时，将导线稍微拉向绕线前进方向的相反方向约 5°，如图 4-2-5 所示，拉线的手顺绕线前进方向移动，拉力大小应根据导线粗细而定，以使导线排列整齐。

操作步骤 4：制作屏蔽层。

操作要求：屏蔽层用厚度约为 0.1mm 的铜箔制作，其宽度比骨架长度稍短 1～3mm，长

度比一次侧绕组的周长短 5mm 左右，如图 4-2-6 所示，夹在一次侧、二次侧绕组的绝缘垫层间，绝对不能碰到导线或自行短路，铜箔上焊接一根多股软线作为引出接地线。

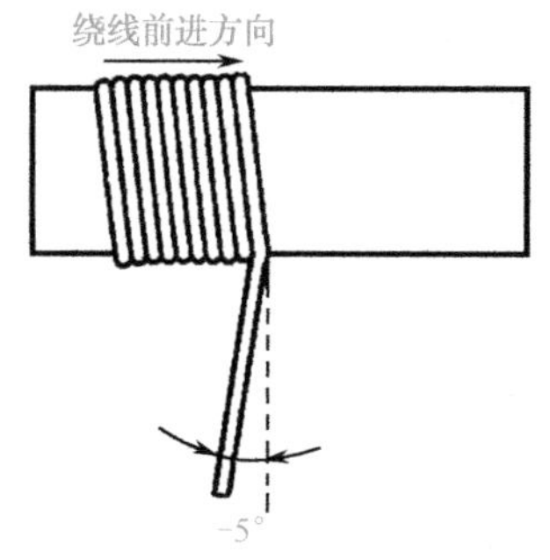

图 4-2-5　绕线过程中的拉线方法

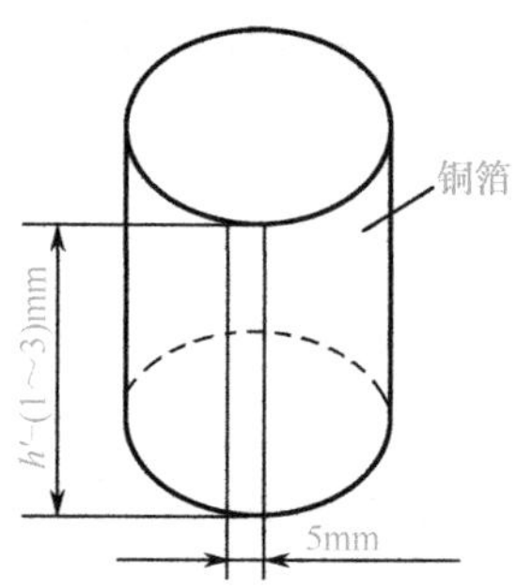

图 4-2-6　屏蔽层的形状

操作步骤 5：制作引出线。

操作要求：引出线利用原线绞合后引出，如图 4-2-7 所示，一次侧绕组引出线放在左侧，二次侧绕组引出线放在右侧。

操作步骤 6：绝缘处理。

操作要求：将线包放在 70～80℃的烘箱内，预热 3～5h 取出，取出后立即浸入 1260 漆等绝缘漆中约 0.5h，取出后在通风处滴干，然后在 80℃的烘箱内烘 8h 左右即可。

操作步骤 7：铁芯装配。

操作要求：镶片应从线包两边一片一片地交叉对镶，如图 4-2-8 所示，镶到中部时要两片两片地对镶。镶片时要用螺钉旋具撬开夹缝才能插入，插入后，用木槌轻轻敲击至紧固。在插条形片时，不可直向插片，以免擦伤线包。镶片完毕后，把变压器放在平板上，用木槌将硅钢片敲打平整，E 形硅钢片接口间不能留有空隙，最后用螺栓或夹板紧固铁芯。

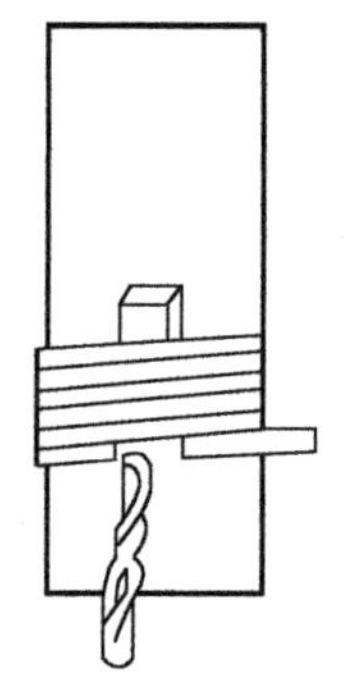
图 4-2-7　制作引出线

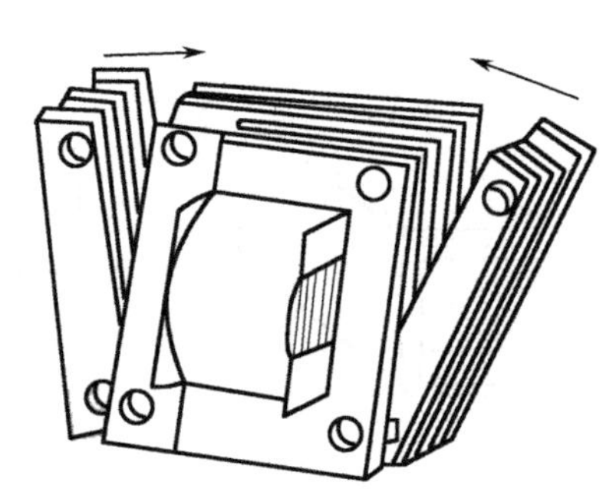
图 4-2-8　交叉镶片法

操作步骤 8：检测。

操作要求：用绝缘电阻表测量各绕组间和它们对铁芯的绝缘电阻，其绝缘电阻值应不小于 90MΩ。当一次侧电压加到额定值时，二次侧各绕组的空载电压允许误差为 ±5%，中心抽头电压误差为 ±2%；当一次侧输入额定电压时，其空载电流为额定电流值的 5%～8%。

□【任务考核与评价】

表 4-2-1 小型变压器绕制的考核

任务内容	配 分	评分标准			自 评	互 评	教师评
绕组质量	50	① 二次侧电压误差为 ± 3%，每超过 1%，扣 10 分 ② 中心抽头电压误差为 ± 1%，每超过 0. 5%，扣 10 分 ③ 绕组间短路，扣 30 分 ④ 绕组接地（碰铁芯），扣 30 分					
外形	30	① 线包不紧实，扣 10 分 ② 镶片不整齐，有空隙，扣 5～20 分 ③ 引出线端未做电压值标记，扣 20 分 ④ 焊片与青壳纸铆接不牢，每处扣 5 分					
引出线	10	① 有虚焊或假焊，每处扣 5 分 ② 引出线未套绝缘套管，每处扣 5 分					
安全文明操作	10	违反 1 次		扣 5 分			
定额时间	120min	每超过 10min		扣 5 分			
开始时间		结束时间		总评分			

任务 3 变压器同极性端的判别训练

□【任务要求】

本任务要求学生通过对变压器同极性端的认识，学会正确判别变压器的同极性端，并能根据判别结果进行绕组间的连接。

1. 知识目标

① 了解变压器同极性端的概念。

② 了解变压器同极性端的意义。

③ 掌握变压器同极性端的判别方法。

2. 技能目标

能对小型变压器进行同极性端的判别。

□【任务相关知识】

1. 变压器同极性端的概念

变压器一次侧、二次侧绕组中产生的感应交变电动势是没有固定极性的。这里所说的变压器线圈的极性是指一次侧、二次侧线圈的相对极性，即当一次侧线圈的某一端在某个瞬间电位为正时，二次侧线圈一定在同一瞬间有一个电位为正的对应端，这两个对应端称为变压器的同极性端，又称为变压器的同名极性端，通常加“•”来表示。

2. 同极性端的意义

当变压器只有一个一次侧绕组和一个二次侧绕组时，它的极性对变压器的运行没有任何影响。但是，当变压器有两个或两个以上的一次侧绕组和几个二次侧绕组时，在使用中就必须注意它们的正确连接，不然轻则不能正常使用，重则会烧毁变压器或用电设备。

如图 4-3-1 所示，变压器一次侧有两个相同的绕组，两个绕组的额定电压都是 110V。若把变压器接到交流电压为 220V 的电源上使用，则必须把两个绕组串联，串联方法有两种：一种是将接线端 2 和 3 连起来，接线端 1 和 4 之间接 220V 的交流电压，如图 4-3-2 所示，此时两个绕组中的感应电动势方向相同，合成电动势增大，由于感应电动势与电源电压反向，绕组中的电流很小，这种串联称为正向串联，是正确的。另一种是把接线端 2 和 4 连接在一起，接线端 1 和 3 之间接 220V 的交流电压，如图 4-3-3 所示，此时两个绕组中的感应电动势方向相反，相互抵消，铁芯中无磁通产生，绕组中的合成感应电动势为 0，220V 电源电压全部加在只有很小直流电阻的一次侧绕组上，绕组中通过的电流很大，将会烧毁绕组，这种串联称为反向串联，是应该避免的。从上面的分析可以看出，要判断绕组端头的电压极性，正确连接绕组是很重要的。

若电源电压为 110V，两个一次侧绕组应并联，并联时只能将对应的同级性端连在一起，如图 4-3-4 所示，否则将会有烧毁绕组的可能。

反过来，若需要将两个绕组串联，则应把两个绕组的异极性端连在一起，剩下的两个接线端接电源。同理，在对二次侧绕组进行串联或并联时，也必须根据同极性端进行正确连接。串联时接错，输出电压为零；并联时接错，将导致绕组烧坏。

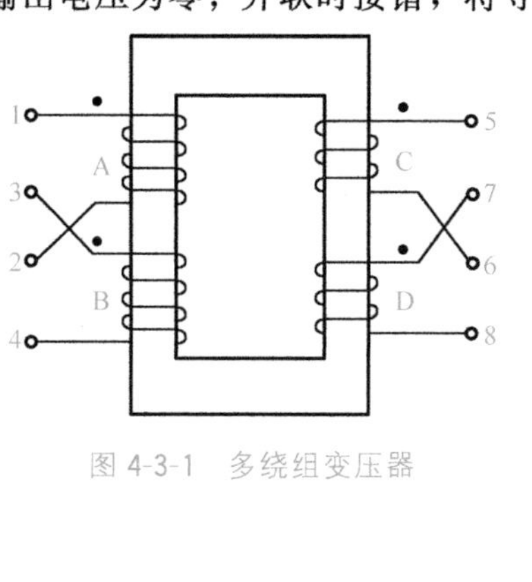

图 4-3-1　多绕组变压器

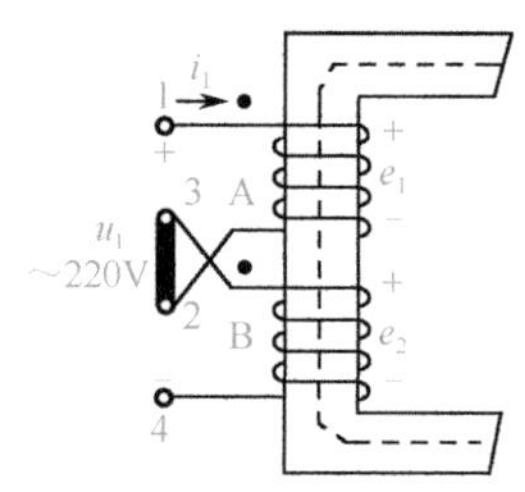

图 4-3-2　正向串联

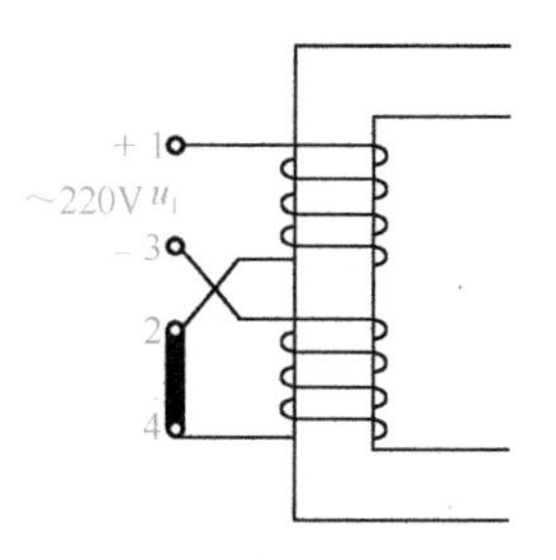

图 4-3-3　反向串联

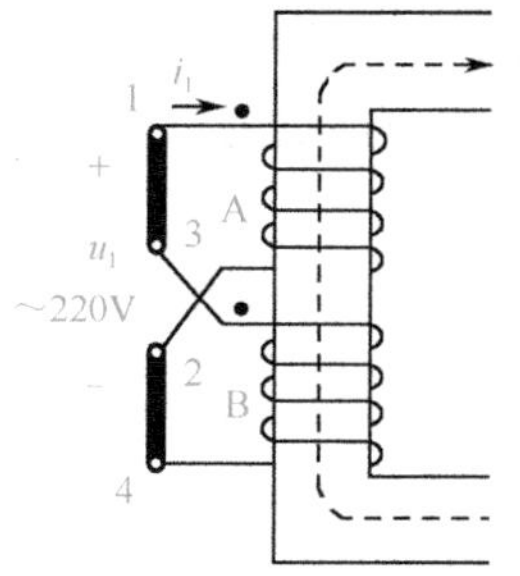

图 4-3-4　绕组的并联

3. 变压器同极性端的判别方法

不管绕组是串联还是并联，都必须分清绕组的同极性端。变压器同极性端的判别方法有观察法、直流法、交流法 3 种。

1）观察法

在可以辨清绕组绕向时，使用观察法判别变压器的同极性端。观察变压器一次侧、二次侧绕组的实际绕向，应用楞次定律、安培定则来判别。例如，变压器一次侧、二次侧绕组的实际绕向如图 4-3-5 所示。在合上开关的一瞬间，一次侧绕组电流 I_1产生主磁通 ϕ_1，在一次侧绕组中产生自感电动势 E_1，在二次侧绕组中产生互感电动势 E_2和感应电流 I_2，应用楞次定律可以确定 E_1、E_2和 I_2的实际方向，同时可以确定 U_1、U_2的实际方向。这样可以判别出一次侧绕组 A 端与二次侧绕组 a 端电位都为正，即 A、a 是同极性端；一次侧绕组 X 端与二次侧绕组 x 端电位都为负，即 X、x 是同极性端。

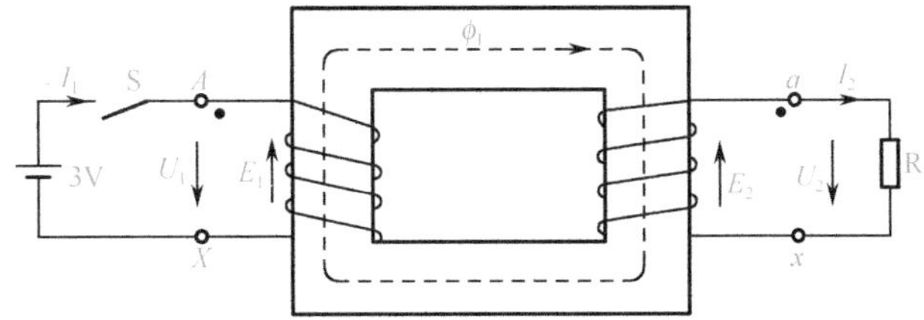

图 4-3-5 使用观察法判别变压器的同极性端

2）直流法

在无法辨清绕组绕向时，可以用直流法来判别变压器的同极性端。将 1.5V 或 3V 的直流电源按图 4-3-6 连接，直流电源接入高压绕组，直流毫伏表接入低压绕组。在合上开关的一瞬间，若毫伏表表针向正方向摆动，则接直流电源正极的端子与接直流毫伏表正极的端子是同极性端。

3）交流法

将高压绕组一端用导线与低压绕组一端相连接，同时将高压绕组及低压绕组的另一端接交流电压表，如图 4-3-7 所示。在高压绕组两端接入低压交流电源，测量 U_1和 U_2值，若$U_1>U_2$，则 A、a 为同极性端；若 $U_1<U_2$，则 A、a 为异极性端。

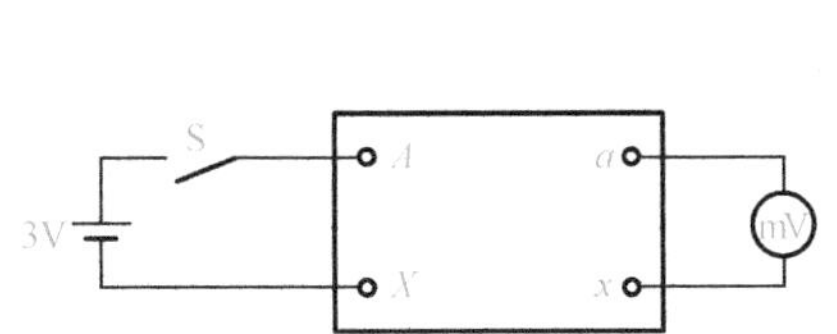

图 4-3-6 使用直流法判别变压器的同极性端

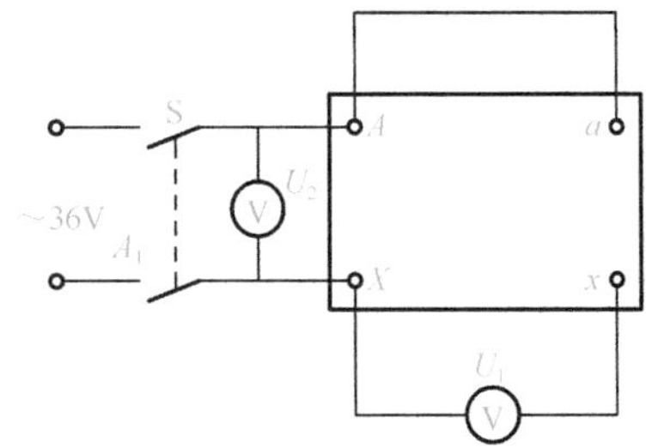

图 4-3-7 使用交流法判别变压器的同极性端

□【任务实施】

1. 任务实施器材

① JB-1 型单相教学变压器	一台/组
② 直流稳压电源	一台/组
③ ZC-7 型绝缘电阻表、MF-47 型万用表	各一块/组
④ 自耦调压器	一台/组

⑤ 直流毫伏表　　　　　　　　　　　　　　一块/组

2. 任务实施步骤

操作提示：电源应接在高压绕组侧，电源电压可以选择 380V 或 220V，但电压量程要在对应的位置上；通电时要注意安全，应有监护人员在场。

1）直流法判别

操作步骤 1：测量变压器绕组直流电阻。

操作要求：JB-1 型单相教学变压器如图 4-3-8 所示，用万用表的“×1”挡分别测量高压绕组 A、X 之间和低压绕组 a、x 之间的直流电阻，判定绕组通断情况，给出变压器各绕组通断结论。

（a）接线桩

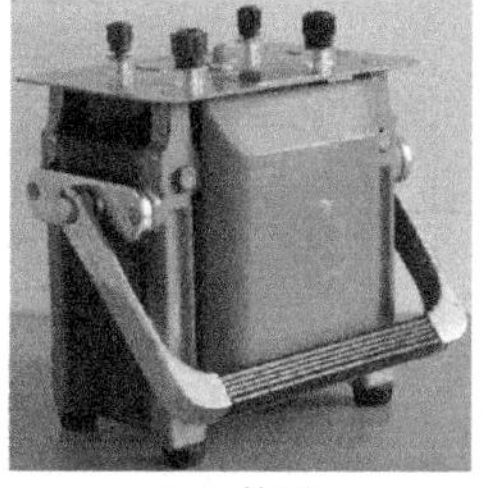

（b）外形

图 4-3-8　JB-1 型单相教学变压器

操作步骤 2：测量变压器绕组的绝缘电阻。

操作要求：用绝缘电阻表测量高压、低压绕组之间及两个绕组对壳体的绝缘电阻，测量时保持绝缘电阻表手柄以 120r/min 的转速匀速转动，待表针稳定后读取测量值；依据测量值判定绕组绝缘情况。

操作步骤 3：判别同极性端。

操作要求：按照图 4-3-6 接线；在接通电源瞬间观察直流毫伏表表针摆动的方向，依据现象给出同极性端结论。

2）交流法判别

操作步骤 1：同直流法。

操作步骤 2：同直流法。

操作步骤 3：判别同极性端。

操作要求：按照图 4-3-7 接线；接通电源，读取两个电压表的实际测量值并进行比较，依据比较结果给出同极性端结论。

【任务考核与评价】

表 4-3-1　变压器同极性端判别的考核

任务内容	配分	评分标准	自评	互评	教师评
测量变压器绕组的直流电阻	10	① 记录变压器绕组直流电阻的测量值　4 分 ② 判定变压器绕组通断情况　6 分			
测量变压器绕组的绝缘电阻	10	① 记录变压器绕组绝缘电阻的测量值　4 分 ② 判定变压器绕组绝缘情况　6 分			

续表

任务内容	配分	评分标准			自评	互评	教师评
直流法判别同极性端	35	① 电路接线是否正确 10分 ② 能否准确描述测量中出现的现象 15分 ③ 能否给出正确的结论 10分					
交流法判别同极性端	35	① 电路接线是否正确 10分 ② 能否准确描述测量中出现的现象 15分 ③ 能否给出正确的结论 10分					
安全文明操作	10	违反1次 扣5分					
定额时间	20min	每超过5min 扣5分					
开始时间		结束时间		总评分			

项目五　单相异步电动机的维护与维修

单相异步电动机不但具有结构简单、成本低廉、噪声小、运行可靠、维修方便等优点，而且使用方便，可以直接接单相220V交流电源使用，所以单相异步电动机广泛应用于工业、农业、医疗和家用电器等领域，如为电风扇、洗衣机、电冰箱、空调、鼓风机、吸尘器等提供动力。

任务1　单相异步电动机的认识

【任务要求】

本任务要求学生通过对单相异步电动机结构和铭牌的学习，全面了解单相异步电动机的型号及主要技术数据，掌握单相异步电动机的运行控制方法。

1. 知识目标

① 了解脉动磁场和单相异步电动机的工作原理。

② 了解单相异步电动机的结构。

③ 熟悉单相异步电动机的铭牌。

④ 熟悉单相异步电动机的温升、防护形式及工作制要求。

⑤ 掌握单相异步电动机的运行控制方法。

2. 技能目标

能读懂单相异步电动机的铭牌，能正确接线及进行运行控制。

【任务相关知识】

1. 单相绕组的脉动磁场

现场演示

演示过程：将单相异步电动机的负载卸掉，解开电容与单相异步电动机之间的连接线并用绝缘材料包好，然后给单相异步电动机通电（注意做好绝缘工作），用手（或工具）旋转转轴（目的是让其朝一个方向旋转），发现单相异步电动机朝拧动的方向启动并能稳定地旋转起来，如图5-1-1所示。待断电停转后再通电，向相反的方向旋转转轴，发现单相异步电动机转子同样能顺势反方向转动起来。

演示结论：单相异步电动机的定子磁场与三相异步电动机的定子磁场有很大的不同，单相异步电动机的定子磁场不是旋转的，所以它没有启动转矩，不能自行启动。要使单相异步电动机能自行启动，且沿某规定方向旋转，必须加以其他措施。

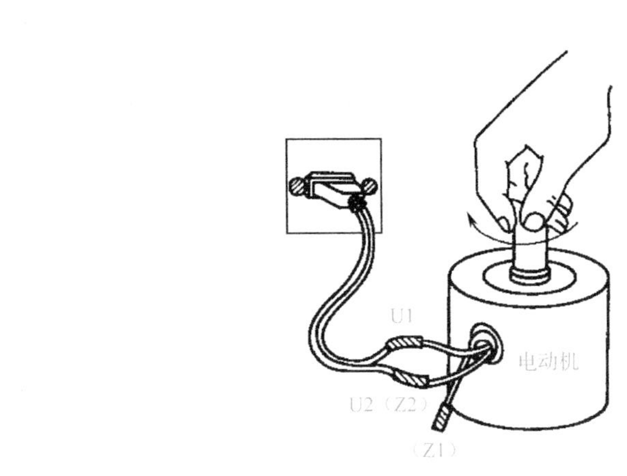

图 5-1-1 单相异步电动机的启动演示

首先来分析在单相定子绕组中通入单相交流电后产生磁场的情况。

如图 5-1-2（a）所示，假设在单相交流电的正半周，电流从单相定子绕组的左半侧流入，从右半侧流出，则由电流产生的磁场如图 5-1-2（b）所示，该磁场的大小随电流大小的变化而变化，方向则保持不变。当电流为零时，磁场也为零。当电流变为负半周时，产生的磁场方向也随之发生变化，如图 5-1-2（c）所示。由此可见，向单相异步电动机定子绕组通入单相交流电后，产生的磁场大小及方向在不断地变化，但磁场的轴线却固定不变，这种磁场称为脉动磁场。

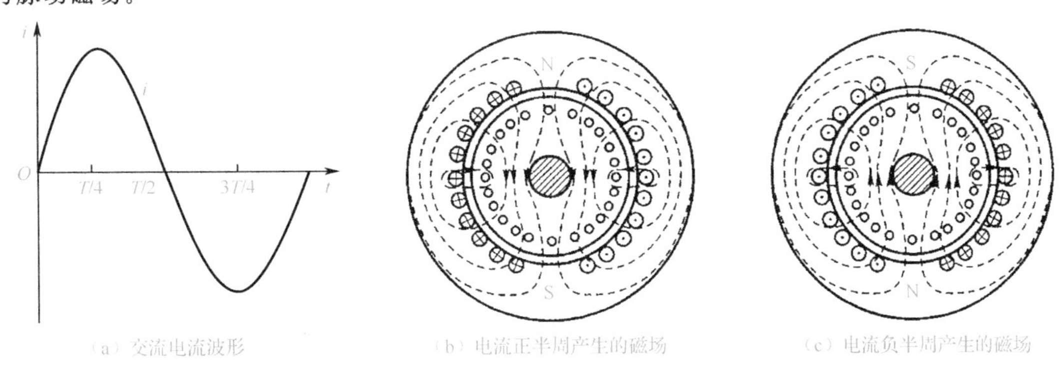

图 5-1-2 单相异步电动机产生的脉动磁场

由于磁场只脉动而不旋转，因此单相异步电动机的转子如果原来是静止不动的，则在脉动磁场作用下，转子导体与磁场之间因没有相对运动而不产生感应电动势和电流，也就不存在电磁力的作用，转子仍然静止不动，即单相异步电动机没有启动转矩，不能自行启动，这是单相异步电动机的一个主要缺点。如果用外力去拨动一下电动机的转子，转子导体就切割磁感线，从而有感应电动势和电流产生，并将在磁场中受到力的作用，与三相异步电动机转动原理一样，转子将顺着拨动的方向转动起来。因此，要使单相异步电动机具有实际使用价值，就必须解决其启动问题。

2. 单相异步电动机的工作原理

如图 5-1-3 所示，在单相异步电动机定子上放置在空间上相差 90°的两相定子绕组 U1、U2 和 Z1、Z2，向这两相定子绕组中通入在时间上相差 90°电角度的两相交流电流 i_Z和 i_U，就会产生旋转磁场。由此可以得出结论：向在空间上相差 90°的两相定子绕组中通入在时间上相差一定电角度的两相交流电流，其合成磁场是沿定子和转子空气隙旋转的旋转磁场。

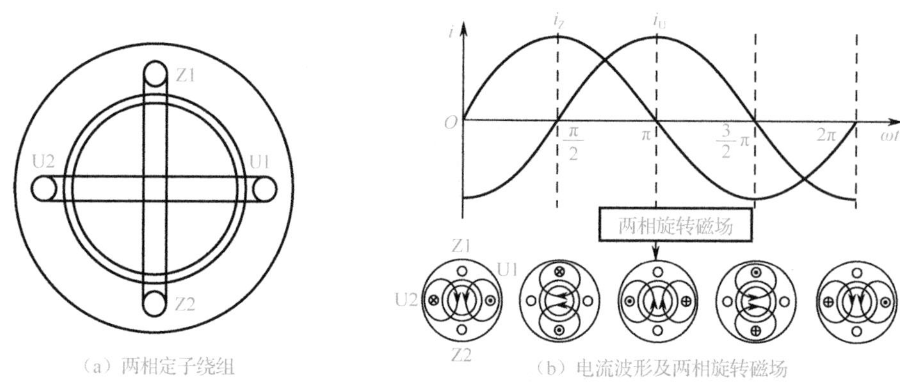

（a）两相定子绕组　　（b）电流波形及两相旋转磁场

图 5-1-3　两相旋转磁场的产生

由以上分析可见，解决单相异步电动机的启动问题，实际上就是解决气隙中旋转磁场的产生问题。因为一个绕组的单相异步电动机没有启动转矩，所以为了解决启动问题，在定子上安装两套绕组，一个是主绕组（又称工作绕组），另一个是副绕组（又称启动绕组），二者在空间上相差 90°。两个绕组通以两相交流电流产生旋转磁场，从而产生启动转矩。

3. 单相异步电动机的结构认识

单相异步电动机的基本结构和三相异步电动机类似，主要由定子和转子两个基本部分组成，在定子和转子之间具有一定的气隙。封闭式单相异步电动机如图 5-1-4 所示。

由于单相异步电动机的尺寸较小，且往往与被拖动机械组成一体，所以其机械部分的结构有时会与三相异步电动机有较大的区别，如洗衣机电动机、电风扇电动机、罩极式电动机等，分别如图 5-1-5、图 5-1-6、图 5-1-7 所示。

图 5-1-4　封闭式单相异步电动机

图 5-1-5　洗衣机电动机

图 5-1-6 电风扇电动机

图 5-1-7 罩极式电动机

课堂讨论

问题：某型号单相异步电动机的结构如图 5-1-8 所示，请指出哪一部分是电动机的定子，哪一部分是电动机的转子，这是一台什么用途的电动机。

结论：这台电动机的整体结构如图 5-1-8（a）所示，如果仅从表面上来看，它与普通单相异步电动机的结构十分相似，但是如果再仔细观察图 5-1-8（b）会发现，在电动机铁芯的外圆上开有线槽，而且嵌有绕组；在电动机的轴心内穿有导线，而且轴上并没有任何滑环装置，这说明如图 5-1-8（b）所示的部分应该是电动机的定子，而如图 5-1-8（a）所示的部分的外部应该是电动机的转子。当这台电动机工作时，电动机的轴相对静止、不能转动，而它的外壳却能相对旋转且转动自如。

根据这台电动机的运转特点，可确定这是一台吊扇用电动机。

（a）整体结构

（b）定子结构

（c）拆解结构

图 5-1-8 某型号单相异步电动机的结构

4. 单相异步电动机的铭牌

不同类型的单相异步电动机的铭牌分别如图 5-1-9、图 5-1-10、图 5-1-11 所示。因为电动机的型号及主要技术数据都标注在铭牌上，所以铭牌是选用、安装和维修电动机的重要依据，要正确使用电动机就必须看懂其铭牌。

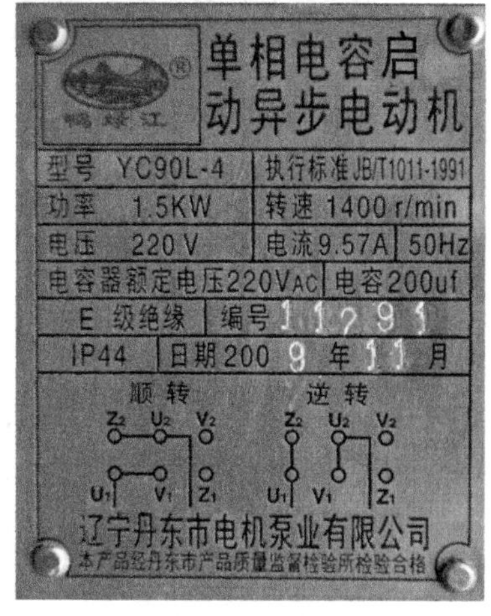

图 5-1-9 单相电容启动异步电动机铭牌

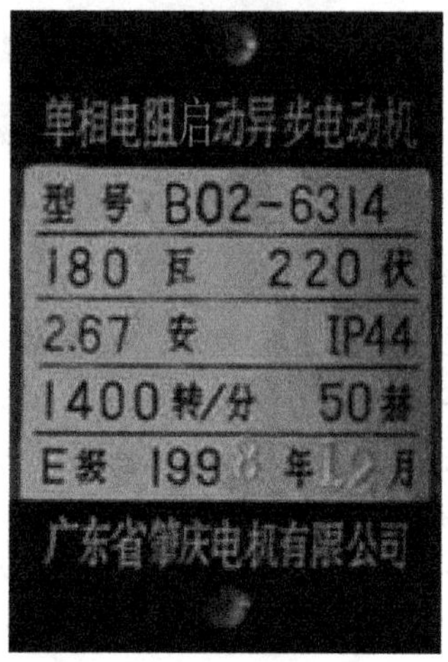

图 5-1-10 单相电阻启动异步电动机铭牌

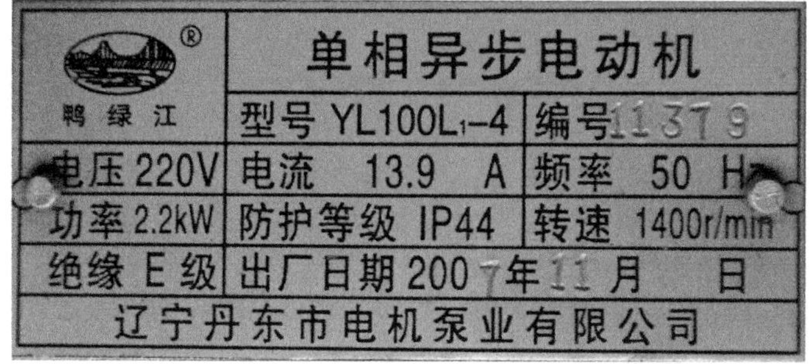

图 5-1-11 双值电容单相异步电动机铭牌

1）型号

通用型单相异步电动机有 YU、YC、YY 三个基本系列，这三个系列是我国自行设计生产的节能型产品，用以取代 JZ、JY、JX 和 BO、CO、DO 等旧系列产品。到目前为止，单相异步电动机已进行了四次全国统一设计，其系列代号变化过程如表 5-1-1 所示。

表 5-1-1 单相异步电动机产品系列代号变化过程

基本系列产品名称	第一次统一设计 20 世纪 50 年代	第二次统一设计 20 世纪 70 年代	第三次统一设计 20 世纪 80～90 年代	第四次统一设计 当今
单相电阻启动异步电动机	JZ	BO	BO2	YU
单相电容启动异步电动机	JY	CO	CO2	YC
单相电容运行异步电动机	JX	DO	DO2	YY
双值电容单相异步电动机	—	—	E	YL
单相罩极电动机	—	—	F	YJ

单相异步电动机的型号由系列代号、设计序号、机座代号、特征代号及特殊环境代号组成，如图 5-1-12 所示。

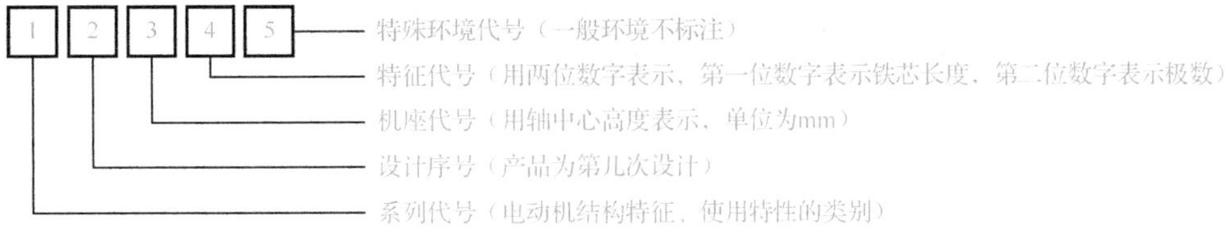

图 5-1-12 单相异步电动机的型号组成

图 5-1-9 所示铭牌的型号含义如图 5-1-13 所示。

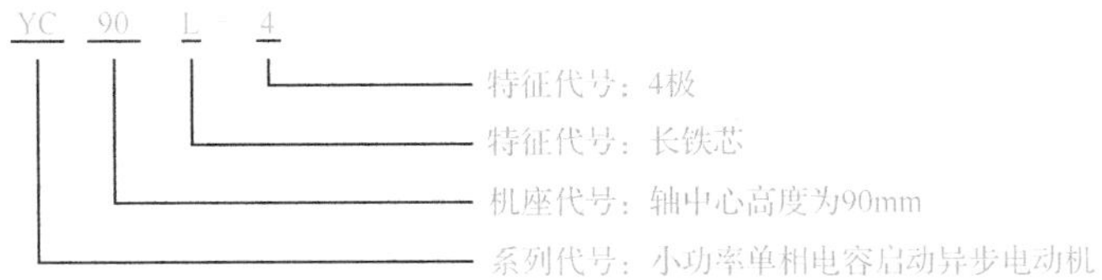

图 5-1-13 图 5-1-9 所示铭牌的型号含义

图 5-1-10 所示铭牌的型号含义如图 5-1-14 所示。

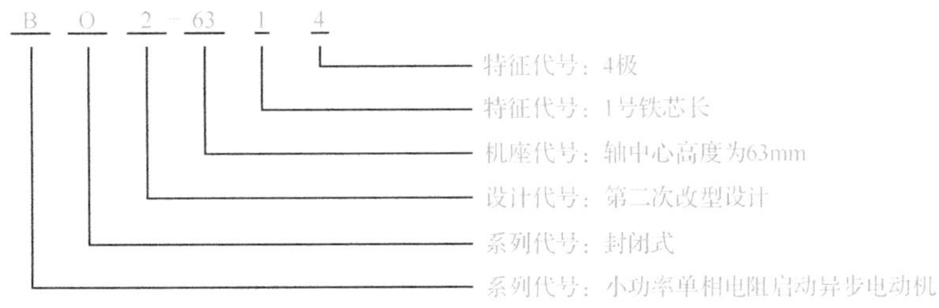

图 5-1-14 图 5-1-10 所示铭牌的型号含义

图 5-1-11 所示铭牌的型号含义如图 5-1-15 所示。

图 5-1-15 图 5-1-11 所示铭牌的型号含义

2）额定功率 P_N

额定功率是指电动机在额定状况下运行时，转轴上输出的机械功率，一般以 W 为单位，应注意额定功率是机械功率，而不是从电源侧输入的电功率。

我国标准中确定的小功率单相异步电动机功率选取推荐值有（单位为 W）：6、10、16、25、40、60、90、120、180、250、370、550 及 750 等。

3）额定电压 U_N

额定电压是保证电动机正常工作所需要的电压，一般指加在定子绕组上的电压，单位为 V。根据国家标准规定，电源电压在 ±5%范围内波动时，电动机应能正常工作。电动机使用的电压一般均为标准电压，我国单相异步电动机的标准电压有 12V、24V、36V、42V 和 220V。

4）额定电流 I_N

额定电流是指当电动机在额定电压、额定功率和额定转速下运行时，流过定子绕组的电流，单位为 A。

5）额定频率 f_N

额定频率是指保证定子同步转速为额定值的电源频率，单位为 Hz。对单相异步电动机，我国使用的额定频率是 50Hz。

6）额定转速 n_N

额定转速是指电动机在额定电压、额定频率和额定功率下运行时的转速，单位为 r/min。

7）工作方式

工作方式是指电动机的工作是连续式还是间断式。连续运行的电动机可以间断工作，但间断运行的电动机不能连续工作，否则会烧毁电动机。

5. 单相异步电动机的接线端子

图 5-1-16 表示电容启动式或电容启动/运行式单相异步电动机的内部主绕组、副绕组、离心开关和外部电容在接线柱上的接法。在单相异步电动机接线盒内的接线板上，设有 6 个接线端子（U1、U2，V1、V2，Z1、Z2），如图 5-1-17 所示，其中 U1 与 U2 对应主绕组的首端和末端、Z1 与 Z2 对应副绕组的首端和末端、V1 与 V2 对应离心开关（安装在端盖里面）的引出线。国家标准规定，6 个接线端子排成上、下两排，下排 3 个接线端子从左至右依次为 U1、V1、Z1，上排 3 个接线端子从左至右依次为 Z2、U2、V2，在制造和维修时均应按这个顺序排列。

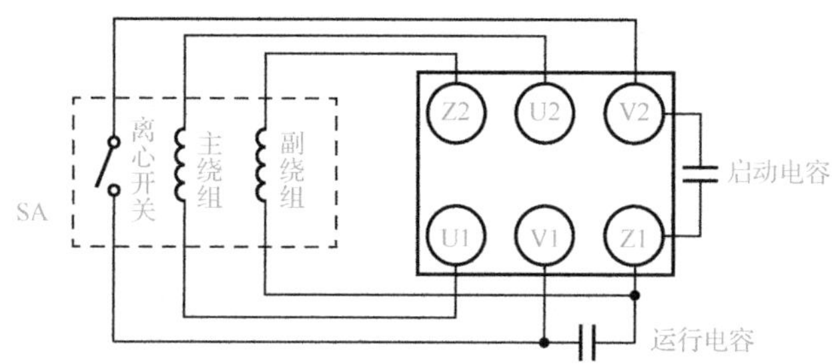

图 5-1-16　单相异步电动机内、外电路接线方法示意图

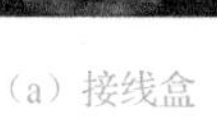
（a）接线盒

（b）接线板

图 5-1-17　接线盒和接线板实物图

工程经验

问题 1：若单相异步电动机有接线盒，则怎样接电源？

结论：线径较大、阻值较小的两根线是主绕组，即运行绕组，线径较小、阻值较大的两根线是副绕组，即启动绕组，完整的接线方法是把副绕组跟电容、离心开关串联后，与主绕组并联，再接入电源。通电后如果发现转向不对，则把副绕组、电容、离心开关串联后的接头跟主绕组对调即可。

问题 2：若单相异步电动机没有接线盒，只能看见 3 根线，则怎样接电源？

结论：如果只能看见 3 根线，不要管它颜色如何，用万用表测量 3 根线之间的电阻。有两根线电阻大，把电容接在这两端。另外一根是公共线，用万用表分别测量公共线与电容两端的电阻，电阻小的是运行绕组，把这两个接头接 220V 电源。用绝缘胶布包好接头，装好端盖，注意防水。

6. 单相异步电动机的控制

1）单相异步电动机的正反转控制

单相异步电动机的转向与旋转磁场的转向相同，因此要使单相异步电动机反转就必须改变旋转磁场的转向，其方法有两种：一种是把工作绕组的首端和末端与电源的接法对调，如图 5-1-18 所示；另一种是把启动绕组的首端和末端与电源的接法对调，如图 5-1-19所示。

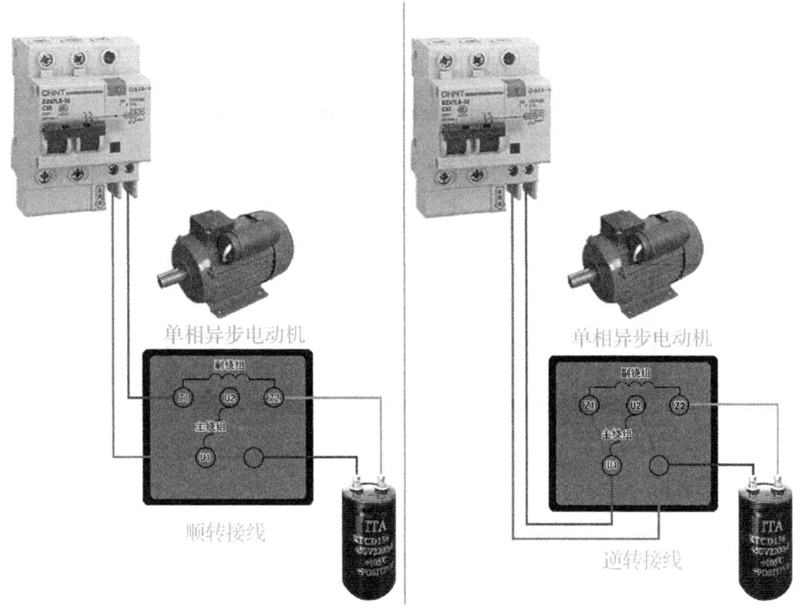

图 5-1-18 方法一的接线示意图

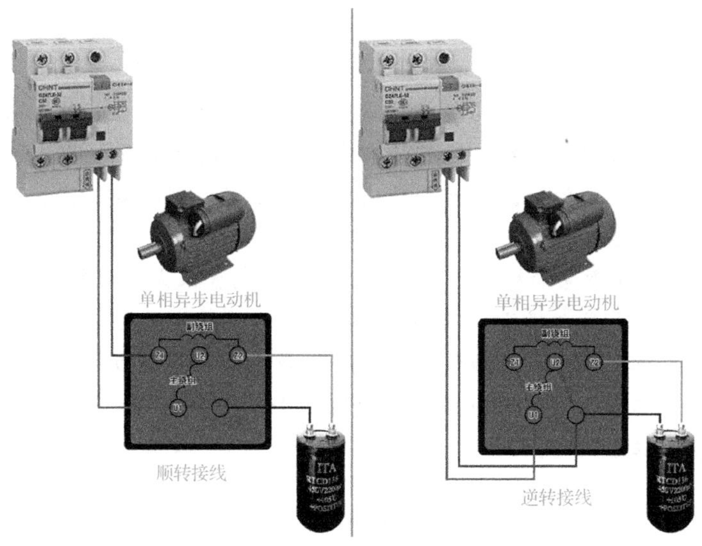

图 5-1-19　方法二的接线示意图

工程要求

在实际工程中，电工必须按照单相异步电动机接线盒内的接线图进行接线。以型号为 YL100L-4 的 2.2kW 电动机的接线为例，其接线盒内提供的实际接线图如图 5-1-20所示。当需要电动机正转控制时，按照图 5-1-20 中的左图例进行接线；当需要电动机反转控制时，按照图 5-1-20 中的右图例进行接线。为便于读者理解图 5-1-20，在此给出了与图 5-1-20 相对应的原理图，如图 5-1-21 所示。

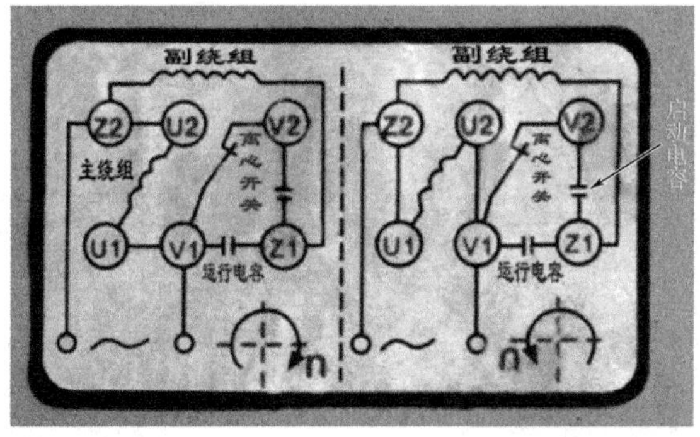

图 5-1-20　单相异步电动机实际接线图

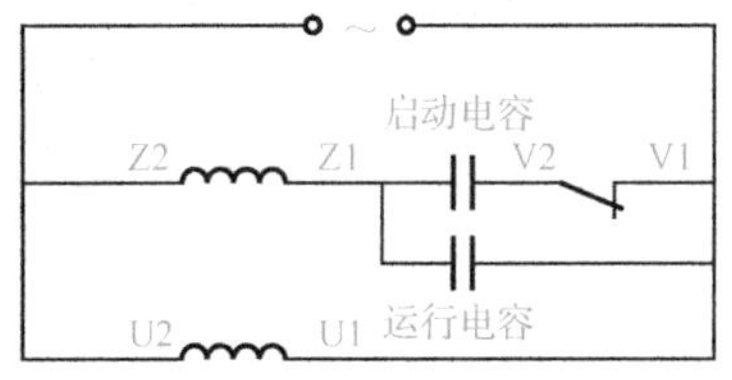

(a) 正转（顺时针）原理图

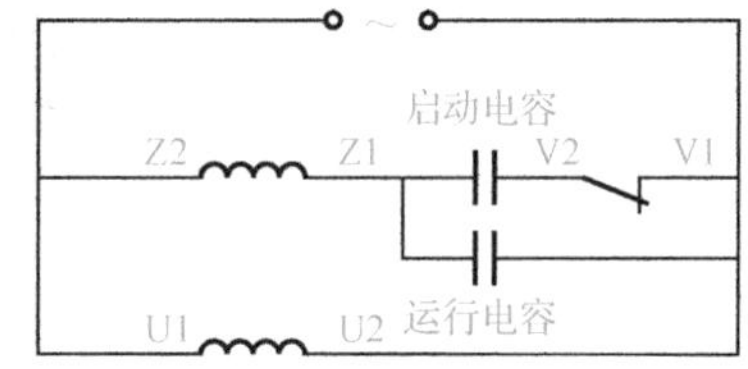

(b) 反转（逆时针）原理图

图 5-1-21　对应原理图

新技术

杭州龙科电子有限公司向市场推出了一种具有三重互锁保护功能的单相电动机正反转控制模块，其外形如图 5-1-22 所示。

图 5-1-22 单相电动机正反转控制模块

(1) 概述

① 该模块主电路输入/输出端与正反转控制端之间采用光电隔离，绝缘介质耐压大于 2000V。

② 该模块内 A 向和 B 向之间转换在控制端已设置硬件、软件互锁，可有效防止正反转开关同时导通。

③ 该模块中有上电保护电路，无浪涌冲击，抗干扰能力强，可靠性高。可控硅采用 DCB 陶瓷基板，电流规格为 15～90A。

④ 用 LED 显示电动机旋转方向，当两路 LED 都不亮时为停止状态。

⑤ 输入控制电压为 DC 12～24V，控制线可任意选择共阳极或共阴极接法。当控制线为共阳极接法时，A－、B－端低电平有效，当 A－、B－端同时为低电平时模块自动关闭。当控制线为共阴极接法时，A＋、B＋端高电平有效，当 A＋、B＋端同时为高电平时模块自动关闭。

⑥ 该模块适用于普通电容式单相异步电动机。

(2) 产品型号及命名

单相电动机正反转控制模块型号如表 5-1-2 所示。

表 5-1-2 单相电动机正反转控制模块型号

额定电流/A	15	30	60	90
产品型号	LSF-2Z15D2	LSF-2Z30D2	LSF-2Z60D2	LSF-2Z90D2

型号命名原则如图 5-1-23 所示。

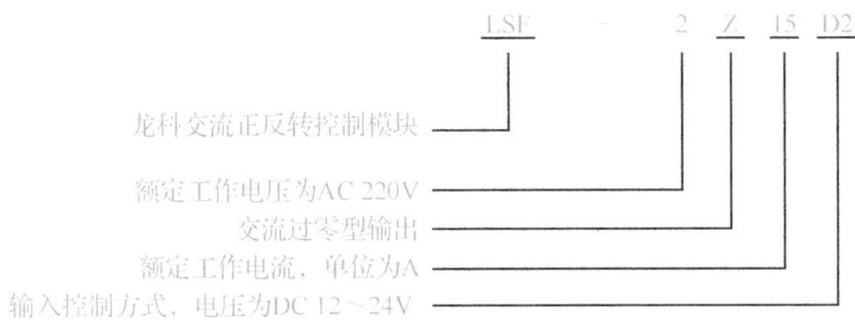

图 5-1-23 型号命名规则

(3) 外形尺寸及接线图

单相电动机正反转控制模块的外形尺寸如图 5-1-24 所示。

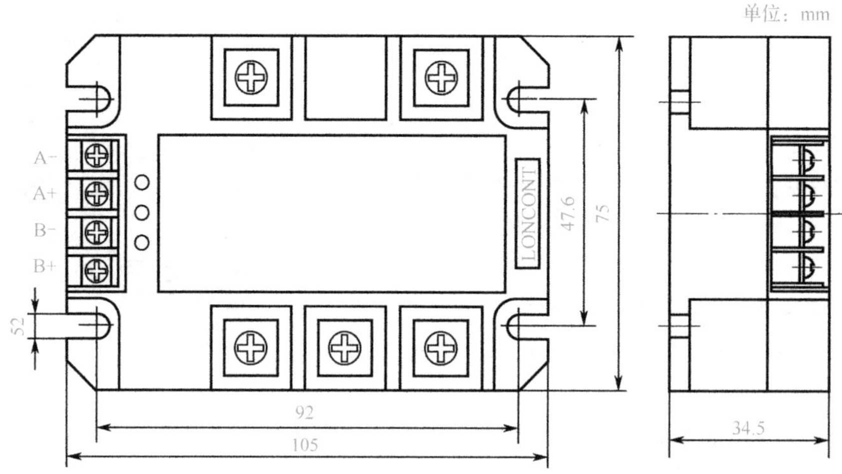

图 5-1-24　单相电动机正反转控制模块的外形尺寸

单相电动机正反转控制模块的控制电路接线图如图 5-1-25 所示，其中图 5-1-25（a）为正反转输入控制端共阳极接法，图 5-1-20（b）为正反转输入控制端共阴极接法。

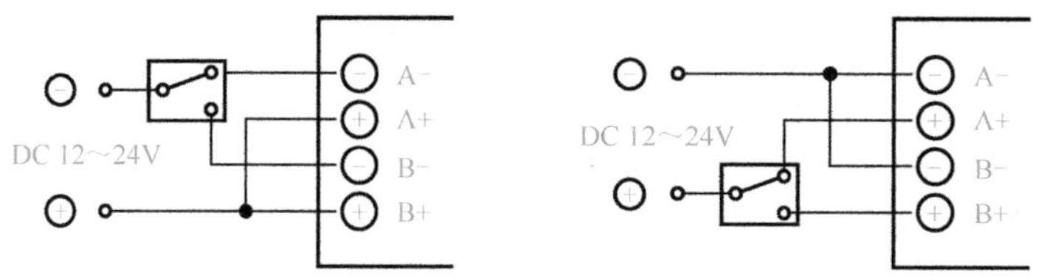

（a）正反转输入控制端共阳极接法　　（b）正反转输入控制端共阴极接法

图 5-1-25　单相电动机正反转控制模块的控制电路接线图

单相电动机正反转控制模块的主电路接线图如图 5-1-26 所示，其中①和③为交流电源输入端，②、④、⑥接负载。

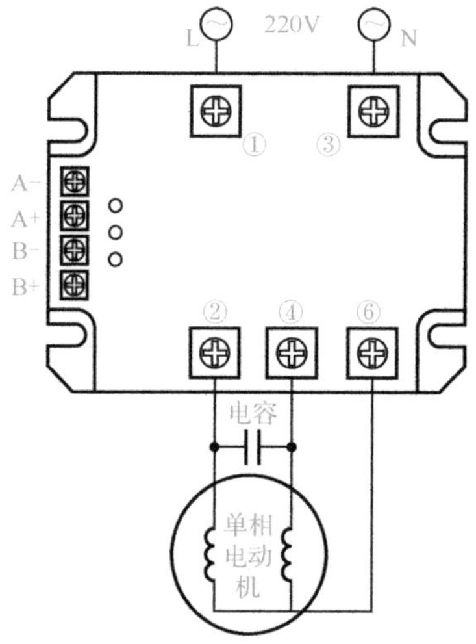

图 5-1-26　单相电动机正反转控制模块的主电路接线图

2）单相异步电动机的调速控制

（1）用副绕组调速

对电容式单相异步电动机，可利用改变绕组外加电压的方法达到调速的目的。一般通过改变主绕组和副绕组的连接方式来改变加在主绕组上的电压。副绕组和主绕组的绕向相同，并放在同一个槽内。用副绕组调速的接线原理图如图 5-1-27 所示。

（2）用电抗器变压调速

对罩极和电容式单相异步电动机，可利用电抗器提供可变电压的方法达到调速的目的。用电抗器变压调速的接线原理图如图 5-1-28 所示。

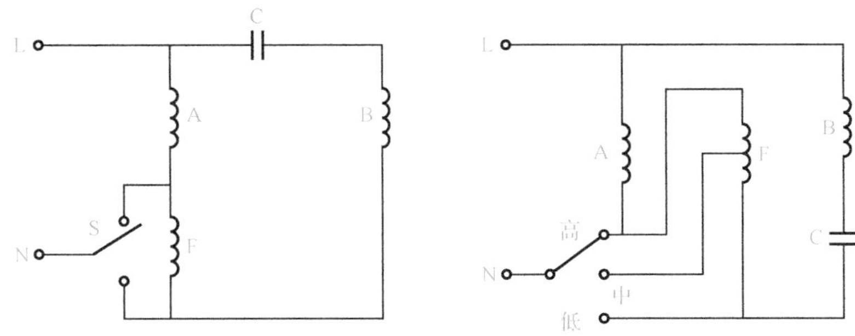

图 5-1-27 用副绕组调速的接线原理图

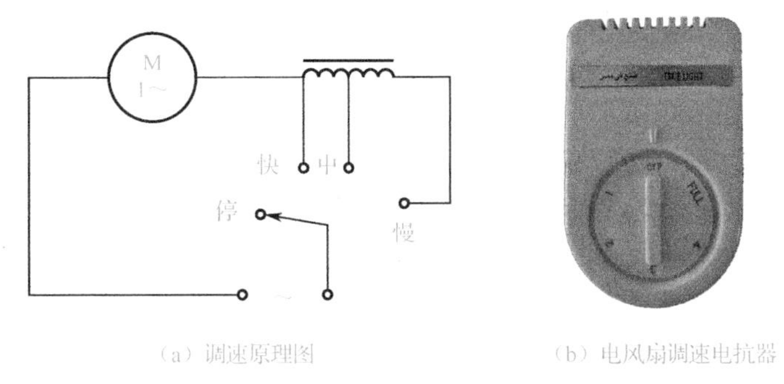

（a）调速原理图　　（b）电风扇调速电抗器

图 5-1-28 用电抗器变压调速的接线原理图

□【任务实施】

1. 任务实施器材

① YC90S-4 型 1.1kW 单相异步电动机　　一台/组

② 兆欧表、钳形电流表、手持式转速表及万用表　　各一块/组

③ 十字螺钉旋具、一字螺钉旋具、钢板尺、活扳手和尖嘴钳　　各一个/组

④ 带综合保护功能的交流电源实训台　　一台/组

2. 任务实施步骤

1）单相异步电动机的认识

操作步骤 1：记录铭牌信息。

操作要求：实训电动机照片如图 5-1-29 所示，其铭牌如图 5-1-30 所示，认真观察并记录铭牌信息，填写表 5-1-3。

图 5-1-29　实训电动机照片

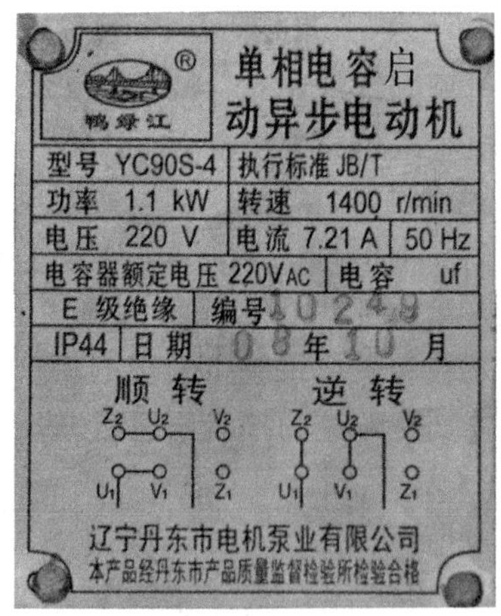

图 5-1-30　实训电动机的铭牌

表 5-1-3　单相异步电动机铭牌信息记录表

型　号	额定功率	额定电压	额定电流	额定转速	额定频率	标准编号	噪声级
接　法	绝缘等级	防护等级	工作制	生产厂名	出厂编号	生产日期	质　量

操作步骤 2：测量中心高度及底座尺寸。

操作要求：用直尺测量电动机转轴的中心至底脚平面的高度，测量电动机底座的长、宽，核对测量值是否与铭牌信息一致，填写表 5-1-4。。

表 5-1-4　三相异步电动机测量数据表

中心高度/mm	底座长度/mm	底座宽度/mm	实际转速/（r/min）		实际电流/A	
			正转控制		正转控制	
			反转控制		反转控制	

2）单相异步电动机单向旋转控制

操作步骤 1：单相异步电动机正转控制。

操作要求：YC90S-4 型单相异步电动机铭牌上标注的接线方式如图 5-1-31 所示。按如图 5-1-31（a）所示的接线方式接线，单相异步电动机端子板上的实物接线如图 5-1-32 所示。启动单相异步电动机，观察其旋转方向。待转速稳定后，用手持式转速表测量单相异步电动机的实际转速，用钳形电流表测量单相异步电动机的实际电流，认真读数并记录。核对转速测量值、电流测量值是否与铭牌信息一致，填写表 5-1-4。

操作步骤 2：单相异步电动机反转控制。

操作要求：按如图 5-1-31（b）所示的接线方式接线，单相异步电动机端子板上的实物接线如图 5-1-33 所示。启动单相异步电动机，观察其旋转方向。待转速稳定后，用手持式转速表测量单相异步电动机的实际转速，用钳形电流表测量单相异步电动机的实际电流，认真读数并记录。核对转速测量值、电流测量值是否与铭牌信息一致，填写表 5-1-4。

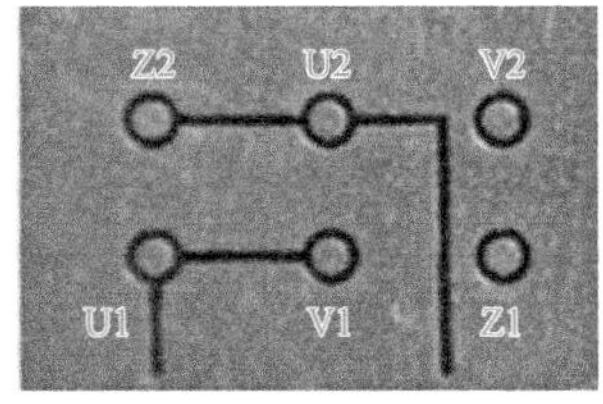

（a）正转接线方式

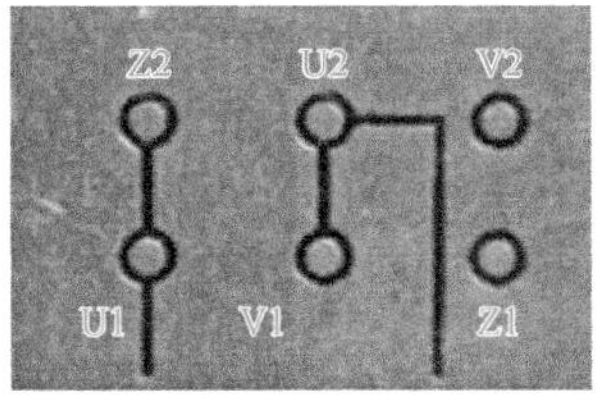

（b）反转接线方式

图 5-1-31　YC90S-4 型单相异步电动机铭牌上标注的接线方式

图 5-1-32　正转实物接线

图 5-1-33　反转实物接线

3）单相异步电动机正反转控制

操作步骤 1：使用如图 5-1-34 所示的九柱倒顺开关，进行单相异步电动机的正反转控制。

操作要求：根据图 5-1-35 进行接线，正反转控制现场照片如图 5-1-36 所示，端子板上的实物接线如图 5-1-37 所示，倒顺开关上的实物接线如图 5-1-38 所示。将倒顺开关手柄拨到正转挡位，观察单相异步电动机的启动和旋转方向；将倒顺开关手柄拨到空挡位，观察单相异步电动机的自由停车状态；将倒顺开关手柄拨到反转挡位，观察单相异步电动机的启动和旋转方向。

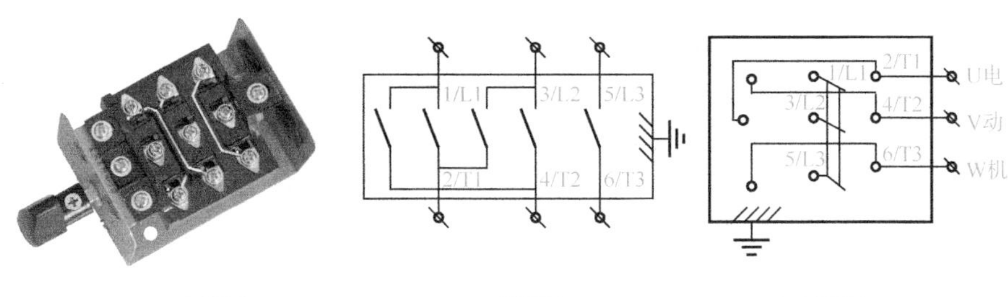

（a）外形图　　（b）原理图　　（c）接线图

图 5-1-34　九柱倒顺开关

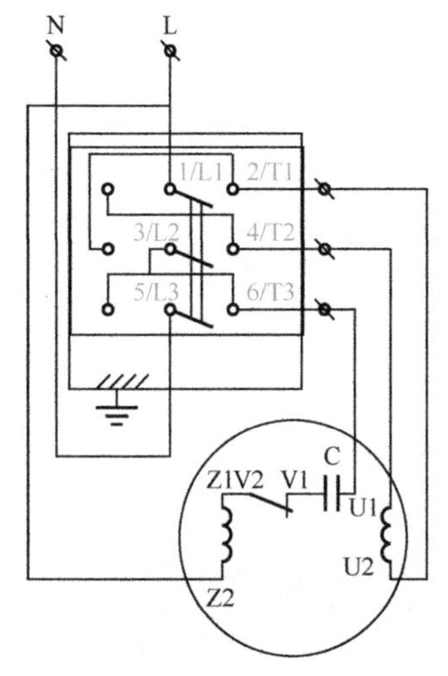

图 5-1-35　正反转控制原理图

图 5-1-36　正反转控制现场照片

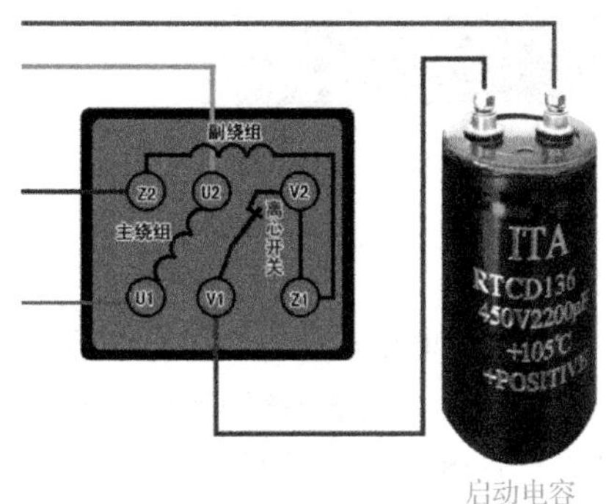

（a）端子板上接线示意图

（b）端子板上接线照片

图 5-1-37　端子板上的实物接线

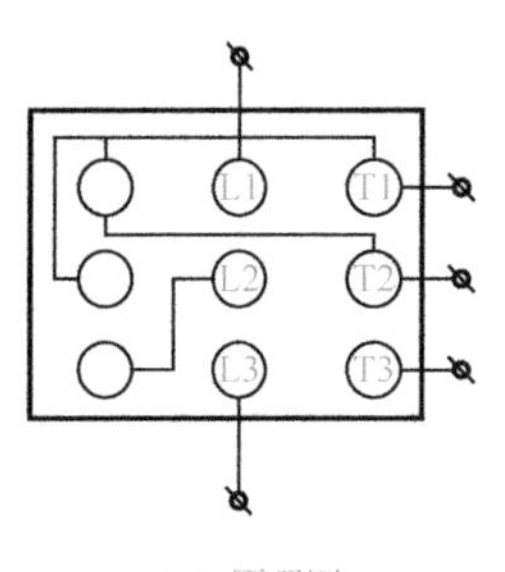

（a）原理图

（b）实物图

图 5-1-38　倒顺开关上的实物接线

□【任务考核与评价】

表 5-1-5 触电现场抢救的考核

任务内容	配分	评分标准		自评	互评	教师评
记录铭牌信息	10	① 认识铭牌 ② 铭牌信息记录准确、全面	5 分 5 分			
测量中心高度及底座尺寸	20	① 测量中心高度的方法是否正确、测量值是否准确 ② 测量底座尺寸的方法是否正确、测量值是否准确 ③ 会进行数据比较和验证	5 分 5 分 10 分			
单向连续旋转控制	30	① 接线方法是否正确 ② 是否按规定方向旋转 ③ 会进行数据比较和验证	10 分 10 分 10 分			
正反转控制	30	①接线方法是否正确 ②是否按规定方向旋转 ③会进行数据比较和验证	10 分 10 分 10 分			
安全文明操作	10	违反一次	扣 5 分			
定额时间	30min	每超过 5min	扣 5 分			
开始时间		结束时间		总评分		

任务 2 单相异步电动机的故障分析

□【任务要求】

本任务要求学生通过对单相异步电动机故障原因的剖析，掌握分析、判断单相异步电动机简单故障的能力，并能及时排除故障。

1. 知识目标

① 熟悉单相异步电动机的常见故障现象。

② 了解单相异步电动机的故障特点及排查步骤。

③ 掌握单相异步电动机故障的分析方法。

2. 技能目标

能快速、准确地判断出单相异步电动机的故障原因及故障点，并排除故障。

□【任务相关知识】

单相异步电动机所发生的故障，无论在现象上还是在处理方法上都和三相异步电动机有许多相同之处。但由于单相异步电动机在结构上的特殊性，它的故障也与三相异步电动机有所不同，如启动装置故障、启动绕组故障、电容故障等。

1. 单相异步电动机故障排查步骤

当单相异步电动机发生故障时，应根据故障现象对其相应部分进行处理，具体排查步骤如下。

第一步：用手盘动单相异步电动机的转轴，检查单相异步电动机转子转动是否灵活。如果转轴转动灵活，则排除单相异步电动机机械故障的可能性。

第二步：检查单相异步电动机的供电电源电压是否正常。

第三步：检查线路有无松动、断线。

第四步：检查电容的好坏。

第五步：检查单相异步电动机绕组的好坏。

第六步：检查单相异步电动机内部离心开关接触是否良好。

2. 启动故障的分析与修理

单相异步电动机常见的启动故障有以下几类。

（1）单相异步电动机不能启动

单相异步电动机不能启动可能的原因有：

① 电源线或单相异步电动机引线断路；

② 开关损坏或开关引线断路；

③ 开关线圈烧坏；

④ 定子绕组有断路故障；

⑤ 定子绕组内部连接线松脱、断路；

⑥ 启动绕组断路；

⑦ 转子导条断裂或端环断裂；

⑧ 启动电容断路；

⑨ 润滑脂干涸或轴承损坏；

⑩ 定子、转子相擦；

⑪ 单相异步电动机严重过载。

针对上述原因，可相应采用以下方法处理：

① 查出断路处并接好或更换引线；

② 修复或更换开关、接好引线；

③ 更换相同规格的开关线圈；

④ 查出断路点，重新接好、焊牢；

⑤ 查出断路点，重新接好、焊牢；

⑥ 查出断路点，重新接好、焊牢；

⑦ 更换转子；

⑧ 用万用表检测启动电容的断路故障，确定后更换新的启动电容；

⑨ 对于润滑脂干涸的轴承，应清理后换上新的润滑脂，并且润滑脂的装入量不得超过轴承室容积的70%，如果轴承损坏则更换新轴承；

⑩ 仔细检查端盖是否太松，转子铁芯是否变形，转轴是否弯曲等，找出故障并进行相应处理；

⑪ 减轻负载或更换合适容量的单相异步电动机。

(2) 单相异步电动机通电后熔断器很快熔断

单相异步电动机通电后熔断器很快熔断可能的原因有：

① 电动机主、副绕组接错、短路或接地，致使较大的短路电流将熔断器熔断；

② 电动机主、副绕组的引出线接地，以致大电流使熔断器熔断；

③ 单相异步电动机所拖动的负载被卡住，堵转电流将熔断器熔断。

针对上述原因，可相应采用以下方法处理：

① 用万用表或电阻表测量单相异步电动机主、副绕组的电阻值，找出故障位置并予以排除；

② 仔细清理绕组所有的引出线端，并用欧姆表检查各套绕组，找出接地故障位置并予以修复；

③ 查看单相异步电动机所拖动的负载，找出故障位置并予以排除。

(3) 单相异步电动机启动后很快发热甚至烧坏部分绕组

单相异步电动机启动后很快发热甚至烧坏部分绕组可能的原因有：

① 主绕组有短路或接地故障；

② 主、副绕组接线错误；

③ 主、副绕组之间短路；

④ 单相异步电动机启动后离心开关触点未断开；

⑤ 单相异步电动机负载过大。

针对上述原因，可相应采用以下方法处理：

① 用万用表检查单相异步电动机绕组电阻值的大小来检查短路故障，用欧姆表找出绕组的接地故障位置并予以修复；

② 检查主、副绕组的接线或用万用表测量其电阻值，找出错误后改正接线；

③ 测量单相异步电动机总电流或副绕组回路电流，找出故障位置并予以修复；

④ 更换离心开关；

⑤ 减轻负载或更换合适容量的单相异步电动机。

3. 运行故障的分析与修理

单相异步电动机常见的运行故障有以下几类。

(1) 单相异步电动机的转速过快或过慢

单相异步电动机的转速过快或过慢可能的原因有：

① 转轴弯曲，导致定子、转子相擦，转速慢；

② 定子、转子不同心，气隙不均匀；

③ 机壳与端盖配合松，同心度差；

④ 轴承损坏，摩擦阻力增大；

⑤ 定子绕组局部短路，转速过快；

⑥ 电源电压过低；

⑦ 负载过大。

针对上述原因，可相应采用以下方法处理：

① 校直转轴或更换转轴，消除定子、转子相擦故障；

② 找出不同心的原因并予以修复；

③ 更换端盖，按机壳配端盖；

④ 更换同规格新轴承；

⑤ 检测找出故障点，并予以修复；

⑥ 将电源电压调整至额定值；

⑦ 减轻负载或更换合适容量的单相异步电动机。

（2）单相异步电动机运行时很快发热

单相异步电动机运行时很快发热可能的原因有：

① 电动机主绕组接地或短路；

② 电动机主、副绕组之间短路；

③ 电动机主、副绕组接错；

④ 单相异步电动机启动后离心开关或继电器未断开，使副绕组长期运行而发热，严重时甚至将绕组烧毁；

⑤ 单相异步电动机电源电压过低。

针对上述原因，可相应采用以下方法处理：

① 找出故障位置，视故障程度和范围酌情处理；

② 找出故障位置，视故障程度和范围酌情处理；

③ 找出绕组错接处，并予以改正；

④ 找出故障处，维修或更换离心开关；

⑤ 将电源电压调整至额定值。

（3）单相异步电动机过热

单相异步电动机过热可能的原因有：

① 轴承配合过紧；

② 轴承内润滑脂干涸，有异物；

③ 轴承损坏；

④ 定子、转子铁芯相擦；

⑤ 定子绕组严重受潮；

⑥ 定子绕组局部短路；

⑦ 负载过大，超载运行；

⑧ 操作不当，使用错误。

针对上述原因，可相应采用以下方法处理：

① 精车轴承室，使配合符合要求；

② 更换合格的新润滑脂；

③ 更换同型号、合格的新轴承；

④ 查出原因，修复并消除相擦现象；

⑤ 按照烘烤工艺干燥定子；

⑥ 找出故障点，消除短路故障；

⑦ 按规定调整负载；

⑧ 按操作规程正确使用。

（4）单相异步电动机接地

单相异步电动机接地可能的原因有：

① 定子绕组绝缘层严重受潮；

② 定子绕组绝缘层老化击穿；

③ 内部接线松脱与金属机壳相碰。

针对上述原因，可相应采用以下方法处理：

① 按照烘烤工艺干燥定子；

② 找出故障，修复或更换定子绕组；

③ 找出松动处，并重新紧固好。

(5) 电动机运行时有异常声音

电动机运行时有异常声音可能的原因有：

① 风扇损坏；

② 风扇松动；

③ 风扇和挡风板位置、距离错误；

④ 轴承有故障；

⑤ 定子、转子不同心，严重相擦；

⑥ 单相异步电动机振动强烈；

⑦ 定子绕组局部短路；

⑧ 离心开关或继电器损坏；

⑨ 单相异步电动机的轴向间隙太大；

⑩ 单相异步电动机内部进入杂物；

⑪ 单相异步电动机转子存在不平衡故障；

⑫ 皮带轮或联轴器不平衡；

⑬ 单相异步电动机的转轴弯曲。

针对上述原因，可相应采用以下方法处理：

① 修理或更换风扇；

② 紧固好风扇；

③ 调整好风扇和挡风板的位置；

④ 检查轴承，若损坏则应更换；

⑤ 查出不同心原因后，进行相应的修复；

⑥ 找出振动原因，并予以消除；

⑦ 找出故障点，并予以修复；

⑧ 修理或更换离心开关、继电器；

⑨ 调整轴向间隙；

⑩ 拆开单相异步电动机，清除其内部杂物；

⑪ 拆开单相异步电动机，对转子重新校动平衡；

⑫ 对皮带轮或联轴器校静平衡；

⑬ 拆开单相异步电动机，校直或更换转轴。

4. 实例分析

下面列举几种常见的故障现象及产生故障的原因以供参考。

【例 5-2-1】 故障现象：某潜水泵电动机绕组烧毁，如图 5-2-1 所示。

原因分析：从图 5-2-1（a）中可看出，被烧毁的绕组匝数少、线径细，所以被烧毁的绕组肯定是副绕组（启动绕组）。在拆解电动机之前，已盘动过该电动机，电动机转动灵活，无异常响动，说明该电动机自身机械部分正常。在拆解电动机之后，发现了如图 5-2-1（b）所示的情况，因此可以判定电动机是因为长时间过载，导致副绕组过热而烧毁的。

故障判断：潜水泵电动机过载。

故障处理：更换电动机全部绕组。

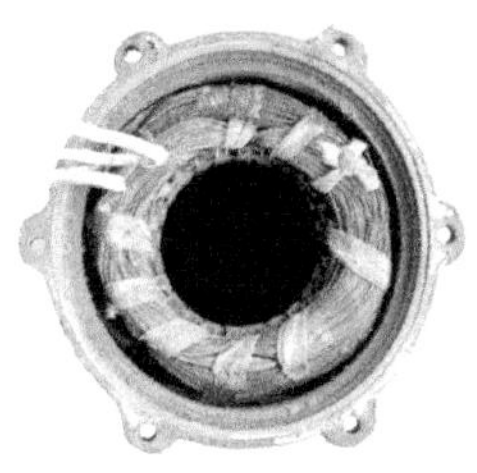

（a）绕组端部照片

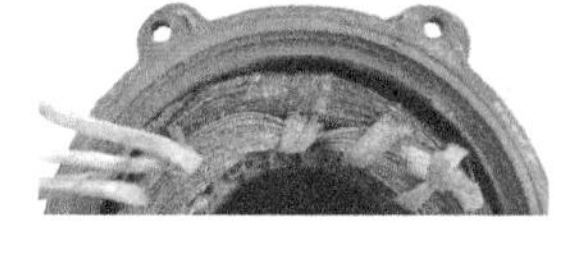

（b）绕组局部照片

图 5-2-1　某潜水泵电动机绕组烧毁照片

【例 5-2-2】 故障现象：某吊扇电动机绕组烧毁，如图 5-2-2 所示。

原因分析：从图 5-2-2（a）中可看出，电动机已经发生了严重过热，整个绕组已烧毁。从图 5-2-2（b）中可看出，电动机的轴承发生了碎裂，电动机的转轴已“抱死”。据此，可以判定绕组烧毁的原因是电动机自身轴承故障。

故障判断：吊扇电动机机械故障。

故障处理：更换电动机全部绕组、更换新的轴承。

（a）绕组端部照片

（b）轴伸端照片

图 5-2-2　某吊扇电动机绕组烧毁照片

【例 5-2-3】 故障现象：某仪用罩极式电动机绕组烧毁，如图 5-2-3 所示。

原因分析：从图 5-2-3 中可看出，电动机的四个线圈只有一个被烧毁，其他三个线圈完好，这说明被烧毁的线圈一定是“碰壳”了。

故障判断：罩极式电动机绕组对地短路。

故障处理：更换被烧毁的线圈、重新接线及装配。

【例 5-2-4】 故障现象：某风扇电动机绕组烧毁，如图 5-2-4 所示。

原因分析：从图 5-2-4 中可看出，当打开绕组绑扎线以后，在启动绕组（线径较细的绕组）的端部发现有局部烧焦现象，这种情况是嵌线的时候漆包线受伤造成的。

故障判断：启动绕组匝间短路。

故障处理：更换电动机全部绕组。

图 5-2-3 某仪用罩极式电动机绕组烧毁照片

图 5-2-4 某风扇电动机绕组烧毁照片

【例 5-2-5】 故障现象：某潜水泵通电后电动机不转，只听到嗡嗡的声音。

原因分析：发生这种故障的原因很多，可能是电动机被卡死或电动机严重过载、主绕组或辅助绕组开路、离心开关触点未闭合、启动电容接线开路或损坏等。所以在排查故障时，首先检查电动机的转动情况，先排除机械故障的可能性。然后依次排查绕组接线、离心开关及启动电容。在用万用表检查启动电容时，发现启动电容开路，则说明故障出在启动电容上，如图 5-2-5 所示。

故障判断：启动电容损坏。

故障处理：更换启动电容。

图 5-2-5 潜水泵电动机的启动电容

工程实践

怎样用万用表检查电容的好坏？

当怀疑一个电容已经损坏或有质量问题时，可用指针式万用表来粗略判定，如图 5-2-6所示。

将万用表置于电阻“×1k”（或“×100”）挡。用两支表笔分别接触被测电容的两个电极。观察表针的反应，并按反应情况确定电容的质量状态。

（1）表针很快摆到零位（0 处）或接近零位，然后慢慢地往回走（向∞一侧），走到某处停下来。这说明该电容是基本完好的，返回停留位置越接近∞点，其质量越好，离得较远说明漏电较多（最好不用）。

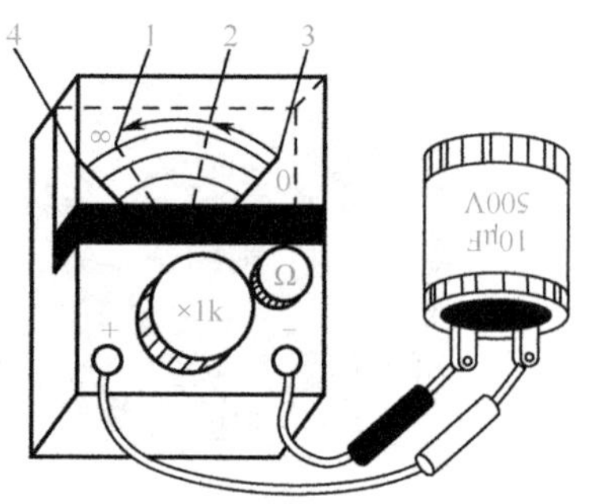

1—表针返回较多（好的）；2—表针返回较少（较差的）；3—表针不返回（短路的）；4—表针不动（断路的）。

图 5-2-6　用万用表判断电容的好坏

这是因为，用万用表测量电阻实际上是给被测导体加一个固定数值的直流电压（由万用表内安装的电池提供），此时将有一个与之相对应的电流，利用欧姆定律将此电流转换成电阻数值刻度表示在表盘上。例如，若电压为 9V 时电流为 0.03A，则导体的电阻为 9V/0.03A = 300Ω，0.03A 在表盘上的位置刻度为 300Ω。

对于一个好的电容，在其两端刚刚加上直流电压时，开始充电，电流将瞬时达到最大值，对电阻而言就是接近于 0，随着充电过程的进行，电流也将逐渐减小。从理论上来讲，电容的两个极板之间应该是完全绝缘的，所以上述充电过程的最终结果应该是电流为零，反映到电阻上，最后应该返回到∞点（电流等于零的位置）处。但实际上所有的电容极板之间都是不完全绝缘的，所以在外加电压下都会有一个较小的电流，称为电容的漏电电流，这就是指针不能完全返回到∞点的原因。万用表表针返回的多少可以说明漏电电流的大小，返回多则说明漏电电流小，返回少则说明漏电电流大。漏电电流不可太大，否则将造成电路的一些不正常现象，严重时电路将不能正常工作。若漏电电流较大，则电容将比正常时热得多。

（2）表针很快摆到零位（0 处）或接近零位之后就不动了，说明该电容的两个极板之间已发生了短路故障，该电容不可再用。

（3）当表笔与电容的两个电极开始接触时，表针不动，说明该电容的内部连线已断开（一般发生在电极与极板的连接处），该电容不可再用。

【例 5-2-6】　故障现象：某双筒洗衣机脱水电动机转速低，脱水电动机如图 5-2-7 所示。

原因分析：出现这种故障有两种可能，一是电容损坏，脱水电动机为单相电容运行异步电动机，电容起移相作用，使电动机获得一定的启动转矩与运行转矩。如果电容损坏，必然使电动机的转矩降低。二是脱水电动机定子绕组有局部短路，使转矩和转速都降低。首先检查电容的好坏，然后检查脱水电动机定子绕组是否局部短路。将万用表置于电阻“×1”或“×10”挡，测量运行绕组与启动绕组的直流电阻，在正常情况下，30～45W 脱水电动机的运行绕组电阻为 65～95Ω，启动绕组电阻为 110～165Ω，启动绕组的电阻值应比运行绕组的电阻值大 60%左右。功率大的电动机的绕组电阻值偏小，如果检测到的电阻值不符合上述要求，则说明绕组内有短路故障。为了进一步验证，可实测电动机的运行电流，若超过 0.6A，则说明绕组内有短路故障。经检测，此脱水电动机运行绕组的电阻为 47Ω，说明运行绕组内有短路故障。

故障判断：运行绕组内有短路故障。

故障处理：首先，拆开脱水电动机，用电吹风机的热风吹软线圈后，剪去端部的绑扎线，找出线包与线包之间的连接点，用万用表电阻“×1”挡，测量各线包的电阻值，发现第二个线包的电阻值偏小，说明该线包中有短路故障。其次，仔细检查该线包，发现短路点在线包的端部表面，用电吹风机的热风吹软端部导线，用镊子细心地剔开短路处的导线，在中间垫上绝缘纸或绝缘布，并涂上绝缘漆。如果定子绕组短路严重，或者短路点在定子槽内，则应更换绕组。再次，消除短路后，重新检测，各线包的电阻值相等。最后，将定子绕组恢复原样，安装后试机，脱水桶转速恢复正常。

图 5-2-7 脱水电动机

工程实践

怎样用充、放电法判断电容的好坏？

当手头没有万用表时，可用充、放电的方法粗略地判断电容的好坏。所用的电源一般为直流电源（特别是电解电容等有极性的电容，一定要使用直流电源），电压不应超过被检测电容的耐压值（标注在电容上），常用 3～6V 的干电池电源。对于工作时接在交流电路中的电容，也可使用交流电源，但当电压较高时应注意安全。

在电容两端接通直流电源后，等待少许时间就将电源断开。然后用一段导线的一端接电容的一个电极，另一端接电容的另一个电极，同时观察电极与导线之间是否有放电火花。

若有放电火花，则说明电容是好的，并且放电火花较大的电容容量也较大（对于同一规格的电容使用同一电源充电时而言）；若没有放电火花，则说明电容是坏的，如图 5-2-8 所示。

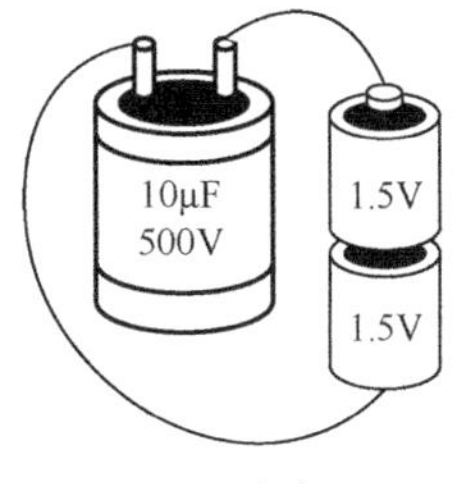

（a）充电

（b）放电火花大（好的）

（c）放电火花小（较差的）

（d）没有放电火花（坏的）

图 5-2-8 用充、放电法判断电容的好坏

【例 5-2-7】 故障现象：风扇用罩极电动机通电后不启动。

原因分析：该电动机通电后不能启动，可能的原因有多种，如电源断电、转轴卡住、罩极短路环断裂或开焊、磁极线圈有接地故障或断路故障。逐项检查，如果电源有电，转轴转动灵活，罩极短路环完好，用兆欧表检查各磁极线圈均无接地故障，用万用表电阻“×1k”挡测磁极线圈两引出线端头，万用表指针不动，则说明线圈串联回路不通，进一步检查，查出有一个磁极线圈末端引线断开。

故障判断：线圈断路。

故障修理：首先，将断开的磁极两引线端头清除漆膜后理直并拧紧，焊好。其次，由分析知此次开焊、断裂不是由机械拉力导致的，而是焊口受酸性焊剂腐蚀的结果。用酒精松香配制的焊剂，将所有连接处补焊一遍。再次，重新检查，一切正常。最后，装配试机，故障排除。

工程实践

当三相异步电动机改用单相电源供电时接线方法是怎样的？接入的电容容量应为多少？

当使用现场只有单相220V电源，但没有单相异步电动机时，可将三相异步电动机接电容后改成单相异步电动机。改成的单相异步电动机容量一般在1kW以内。

（1）关于接线的问题

在改动接线时，三相绕组的连接方法不动，即原为星形接法的还为星形接法，原为三角形接法的还为三角形接法（因为国家标准中规定3kW及以下的三相异步电动机一般采用星形接法，所以三角形接法的很少见），原与三相电源相接的三个出线端中的任意两个分别与电源两端（L为相线，俗称火线；N为中性线，俗称零线）相接，剩余的一个先与电容相接，之后电容的另一端与电源的一端相接，但是与火线相接还是与零线相接，要根据所需的转向确定，因为采用不同的接法，电动机的转向是不同的。

所接电容可采用两个设置成并联形式：一个容量较大，用于启动，叫作启动电容，其容量用C_1表示，该电容在启动完成后，应和电路断开；另一个容量较小，用于运行，叫作运行电容，其容量用C_2表示。当所用电动机的负载不需要较高的启动转矩（如空载或轻载启动）时，可只接入一个电容，如图5-2-9所示。

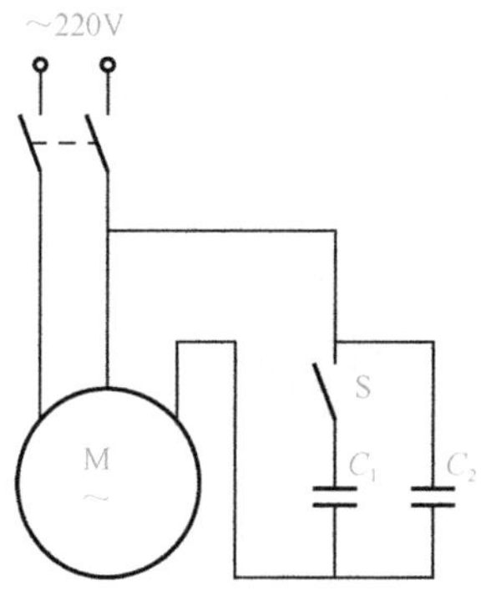

（a）接两个电容的接线图

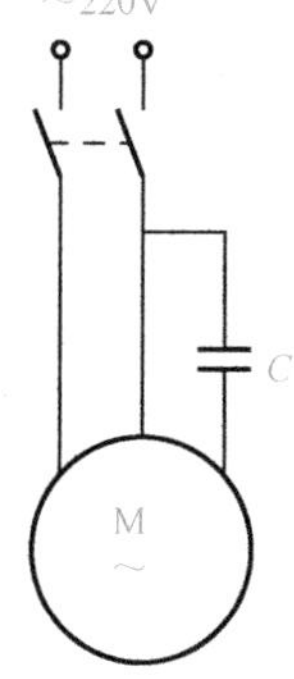

（b）只接一个电容的接线图

图5-2-9 三相异步电动机改用单相电源供电运行的接线电路图

（2）关于接入电容容量的问题

接入电容容量的口诀是根据下述经验公式得出的（电动机的功率用P表示，单位为W；电容的容量用C_1和C_2表示，单位为μF）。

① 运行电容。

对于三相绕组采用星形接法的电动机，有

$$C_{2Y}=0.06P$$

对于三相绕组采用三角形接法的电动机，有

$$C_{2\Delta}=0.1P$$

② 启动电容。

启动电容的容量计算可不考虑电动机的接法，一般取运行电容容量的 2.5 倍左右。经过核算，每 10W 配 2～3μF 电容。

(3) 关于接入电容耐压的问题

电容的另一个重要指标是耐压值，该值不应小于所用电源的最高电压值，对于正弦交流电，应不低于其最大值，即不低于有效值的$\sqrt{2}$（可取近似值 1.5）倍，对于 220V 电源，应为 330V。

(4) 举例

现有一台型号为 $Y80_1$-4 的三相异步电动机，其额定功率为 0.55kW，当其三相绕组采用星形接法时，额定电压为 380V（线电压），请给出改成单相异步电动机后启动电容和运行电容的容量及耐压值。单相电源的电压为 220V。

本例中电动机的三相绕组采用星形接法，额定功率为 0.55kW，相当于 5.5 个 100W 或 55 个 10W。运行电容和启动电容的容量 C_{2Y}和 C_{1Y}分别为

$$C_{2Y}=6P=6\times5.5=33\mu F$$

$$C_{1Y}=(2\sim3)P=(2\sim3)\times55=110\sim165\mu F$$

因为所用交流单相电源的电压为 220V，所以电容的耐压值应不小于 330V。

【任务实施】

1. 任务实施器材

① YC90S-4 型 1.1kW 单相异步电动机　　一台/组

② 兆欧表、钳形电流表、转速表及万用表　　各一块/组

③ 十字螺钉旋具、一字螺钉旋具、活扳手和尖嘴钳　　各一个/组

④ 带综合保护功能的交流电源实训台　　一台/组

2. 任务实施步骤

注意事项：为保证学生实训安全，不允许在电动机运行时设置故障。每组指定一名学生作为安全员，实时进行安全监护。为防止电动机烧毁，通常在电动机空载状态下设置故障，而且只能短时间工作，如果发现电动机温升过高，应立即停止运行。

1) 电容故障的设置与排除

操作步骤：先将启动电容拆除，然后接通单相交流电源。

操作要求：“看”，观察电动机转轴，判定电动机能否正常启动；“听”，借助螺钉旋具听电动机运行的声音，判定噪声是否增大，是否听到“嗡嗡”声；“摸”，用手指内侧摸电动机外壳，判定温升是否过高；　“测”，测量实际工作电压、电流及转速，填写表 5-2-1。将

表 5-2-1中的参数与电动机铭牌上的参数进行比较，总结电容故障的现象。

表 5-2-1　电容故障运行记录表

项　　目	运行声音描述	实 际 电 压	实 际 电 流	实 际 转 速	结　　论
启动电容拆除前					
启动电容拆除后					

2）机械故障的设置与排除

操作步骤：将电动机的转轴人为地堵转，启动电动机；去除堵转。

操作要求："听"，借助螺钉旋具听电动机运行的声音，判定噪声是否增大，是否听到"呼呼"声；"看"，观察电动机壳体，是否有冒烟现象；"摸"，用手指内侧摸电动机外壳，判定温升是否过高；"测"，测量实际工作电压、电流及转速，填写表 5-2-2。将表 5-2-2 中的参数与电动机铭牌上的参数进行比较，总结机械故障的现象。

表 5-2-2　机械故障运行记录表

项　　目	运行声音描述	实 际 电 压	实 际 电 流	实 际 转 速	结　　论
堵转时					
去除堵转时					

3）故障原因分析

相关要求：实训现场摆放着多台已经解体了的故障电动机，逐台观察故障现象，实测电动机绕组，进行原因分析，给出故障结论。

【任务考核与评价】

表 5-2-3　单相异步电动机故障分析的考核

任务内容	配　　分	评分标准			扣　　分	得　　分
电容故障	20	① 能不能找出故障点　10 分 ② 排除故障的方法是否正确　10 分				
机械故障	20	① 能不能找出故障点　10 分 ② 排除故障的方法是否正确　10 分				
故障原因分析	30	① 分析思路是否清晰　15 分 ② 能不能说明故障原因　15 分				
其他	20	① 在排除故障时，产生新的故障后不能自行修复，每个故障扣 10 分；可以修复，每个故障扣 5 分 ② 损坏电动机扣 20 分				
安全文明操作	10	违反一次　扣 5 分				
定额时间	45min	每超过 5min　扣 5 分				
开始时间		结束时间		总评分		

项目六　认识控制电机

任务 1　步进电机的认识及控制训练

控制电机属于微特电机范畴，它不能用于电力拖动场合，而是作为控制系统的执行元件、检测元件和解算元件使用。控制电机的种类很多，最常用的是步进电机和伺服电机。

【任务要求】

本任务要求学生通过对步进电机的学习，全面了解步进电机的结构、工作原理及驱动方式，掌握步进电机的运行控制方法。

1. 知识目标

① 了解步进电机的结构。

② 熟悉步进电机的工作原理。

③ 熟悉步进驱动器的接口。

2. 技能目标

能对步进控制系统进行正确接线，能控制步进电机运行。

【任务相关知识】

步进电机是一种将脉冲信号转换成角位移的控制电机。这种电机每输入一个脉冲信号，输出轴便转动一定的角度，因此步进电机又称为脉冲电机。因为步进电机输出轴的角位移量与输入脉冲数成正比，所以只要控制输入的脉冲数和频率，就能对步进电机进行精确的定位和转速控制。本任务以 Kinco 品牌的步进电机和步进驱动器为例，介绍步进电机的结构、工作原理、驱动方式和实践应用。

1. 步进电机的结构

Kinco 步进电机的外部结构如图 6-1-1 所示。步进电机的功率一般都比较小，所以它的体积比较小，外壳呈方形，且没有底座，采用立式安装。

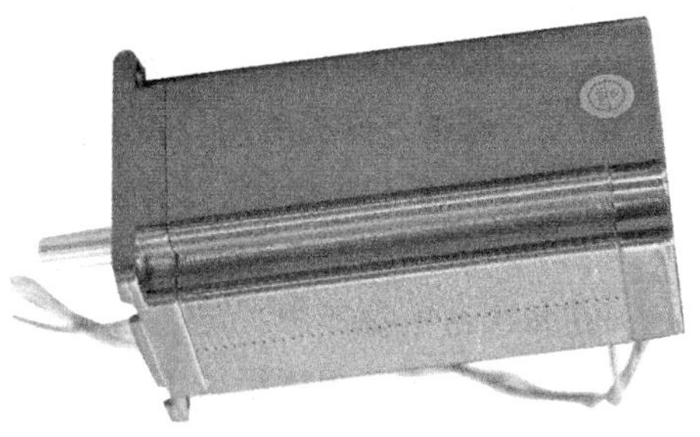

图 6-1-1　Kinco 步进电机的外部结构

步进电机的内部结构如图 6-1-2 所示。定子的磁极采用凸极式结构，并均匀分布在定子内膛中；在每个磁极上都套装了一个励磁线圈，由这些励磁线圈构成三相绕组。转子采用稀土永磁材料制成，呈圆柱体，外边缘呈齿形结构。

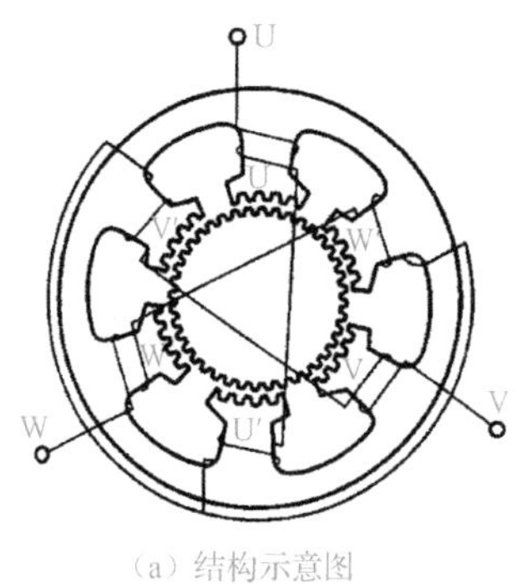

（a）结构示意图

（b）结构照片

图 6-1-2　步进电机的内部结构

2. 步进电机的工作原理

步进电机的磁极分布和绕组连接如图 6-1-3 所示。从图 6-1-3 中可看出，定子有 6 个磁极，转子有 4 个均匀分布的齿，三相绕组采用星形接法。

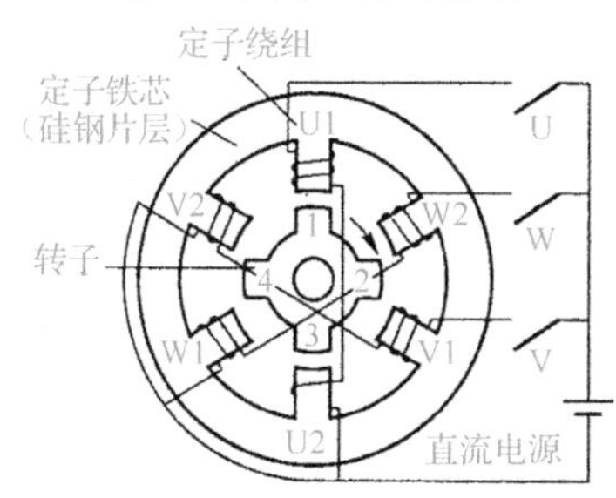

图 6-1-3　步进电机的磁极分布和绕组连接

1）三相三拍控制分析

在每次通电循环中，定子三相绕组有三种通电状态，这种通电控制方式就是三相三拍控制。例如，定子三相绕组按 U→V→W 的顺序轮流通电，这就属于三相三拍控制，其中的每一种通电状态称为一个节拍。

① 当图 6-1-3 中的 U 相绕组单独接通电源时，U 相绕组中有电流通过，气隙中产生一个沿 U1U2 轴线方向的磁场。在磁拉力作用下，转子铁芯齿 1、3 与 U 相绕组轴线 U1U2 对齐，如图 6-1-4（a）所示。

② 当图 6-1-3 中的 V 相绕组单独接通电源时，V 相绕组中有电流通过，气隙中产生一个沿 V1V2 轴线方向的磁场。在磁拉力作用下，转子铁芯齿 2、4 与 V 相绕组轴线 V1V2 对齐，如图 6-1-4（b）所示。此时转子已按顺时针方向转过 30°电角度。

③ 当图 6-1-3 中的 W 相绕组单独接通电源时，W 相绕组中有电流通过，气隙中产生一个沿 W1W2 轴线方向的磁场。在磁拉力作用下，转子铁芯齿 1、3 与 W 相绕组轴线 W1W2 对齐，如图 6-1-4（c）所示。此时转子已按顺时针方向又转过 30°电角度。

2）三相六拍控制分析

在每次通电循环中，定子三相绕组有六种通电状态，这种通电控制方式就是三相六拍控制。例如，定子三相绕组按 U→UV→V→VW→W→WU→U 的顺序轮流通电，这就属于三相六拍控制，其中三拍为单相单独通电，另外三拍为两相同时通电。

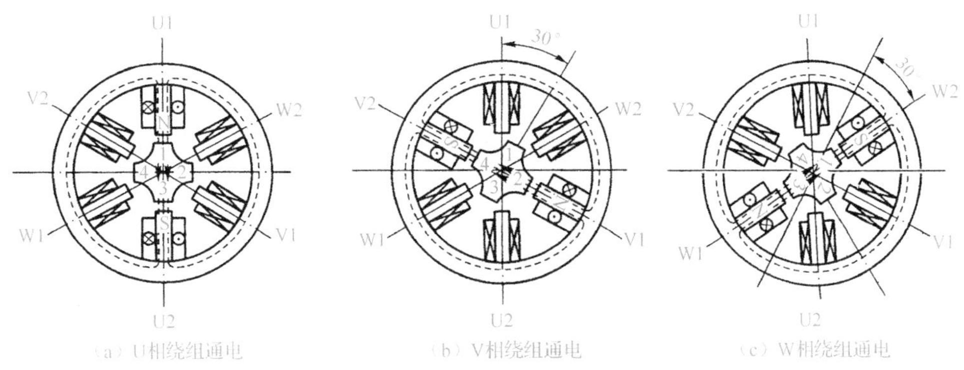

图 6-1-4 三相反应式步进电机工作原理图（三相三拍运行）

① 当图 6-1-5 中的 U 相绕组单独接通电源时，U 相绕组中有电流通过，气隙中产生一个沿 U1U2 轴线方向的磁场。在磁拉力作用下转子铁芯齿 1、3 与 U 相绕组轴线 U1U2 对齐，如图 6-1-5（a）所示。

② 当图 6-1-5 中的 U 相和 V 相绕组同时接通电源时，U 相和 V 相绕组中有电流通过，转子铁芯齿 3、4 间的槽轴线与 W1W2 槽轴线对齐，磁拉力将拉动转子铁芯转过 15°电角度，即一拍转过 15°电角度，如图 6-1-5（b）所示。

③ 当图 6-1-5 中的 V 相绕组单独接通电源时，V 相绕组中有电流通过，转子铁芯齿 2、4 与 V 相绕组轴线 V1V2 对齐，此时转子按顺时针方向又转过 15°电角度，如图 6-1-5（c）所示。

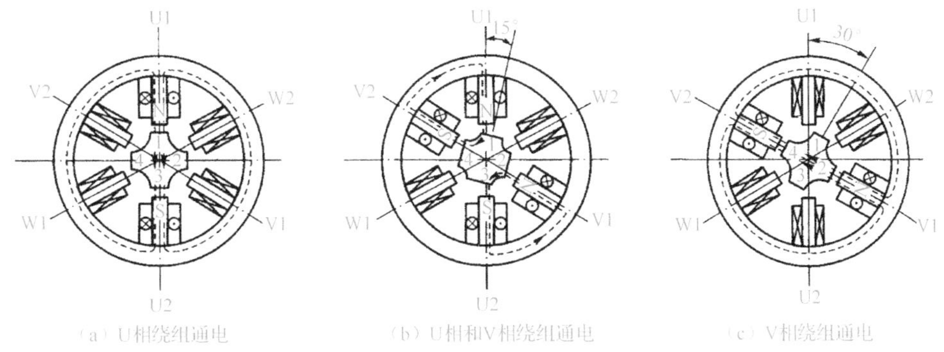

图 6-1-5 三相步进电机工作原理图（三相六拍运行）

通过以上分析可得出如下结论。

① 改变定子三相绕组的通电顺序，就可改变步进电机的旋转方向。

② 电机转速取决于输入脉冲的频率，频率越高，转速就越快。

③ 定子绕组的相数与定子的磁极数相对应。在节拍数相同的情况下，相数越多，每次转过的电角度就越小。步进电机定子绕组通常有两相、三相、四相和五相四种形式。

④ 在定子绕组相数相同的情况下，节拍数越多，每次转过的电角度就越小。

⑤ 电机的齿数越多，每次转过的电角度就越小。

3. 步进驱动器的认识

步进驱动器作为一种特殊电源装置与步进电机配套使用，步进驱动器按一定次序给定子绕组通入电脉冲信号，步进电机转子就会转过与脉冲数相对应的电角度。

步科 Kinco 3M458 型步进驱动器的外部结构如图 6-1-6 所示，输入端子的名称及作用说明如表 6-1-1，输出端子的名称及作用说明如表 6-1-2 所示。

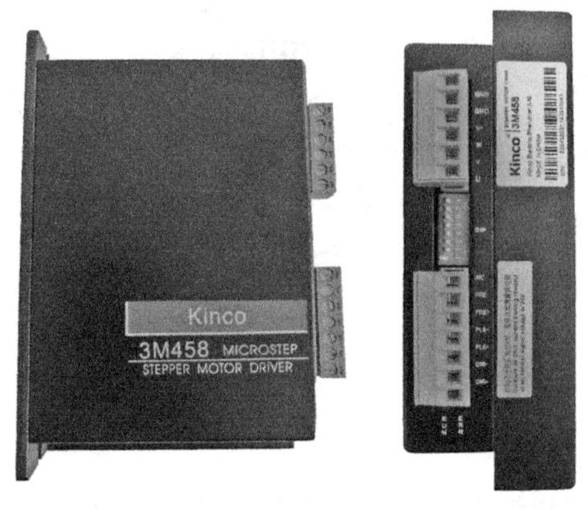

（a）侧面　（b）正面

图 6-1-6　步科 Kinco 3M458 型步进驱动器的外部结构

表 6-1-1　输入端子的名称及作用说明

端　子	名　称	作用说明
PLS+	脉冲输入端口+	控制步进电机的位移量
PLS-	脉冲输入端口-	
DIR+	方向控制端口+	控制步进电机的运行方向
DIR-	方向控制端口-	
FRE+	制动控制端口+	控制步进电机的制动
FRE-	制动控制端口-	
NC	公共端	提供电压参考点

表 6-1-2　输出端子的名称及作用说明

端　子	名　称	作用说明
U	U 相脉冲输出端口	驱动步进电机
V	V 相脉冲输出端口	
W	W 相脉冲输出端口	
V+	电源端口+	DC 24V 步进驱动器工作电源输入
GND	电源端口-	

步进驱动器外部电路接线图如图 6-1-7 所示。

在步进驱动器的面板上，通常设有若干个具有专门用途的小型控制开关，如图 6-1-8 所示。其中，DIP1～DIP3 为细分设置开关，它们的作用是设置步进电机每旋转一周所需要的脉冲数，步进驱动器的细分设置说明如表 6-1-3 所示。DIP4 为静态电流设置开关，如果 DIP4 为 ON 状态，则步进电机在静止时接受全电流制动控制；如果 DIP4 为 OFF 状态，则步进电机在静止时接受半电流制动控制。DIP5～DIP8 为电流设置开关，它们的作用是设置步进电机输出电流的大小，也就是设置步进电机输出电磁转矩的大小，步进驱动器输出电流设置说明如表 6-1-4 所示。

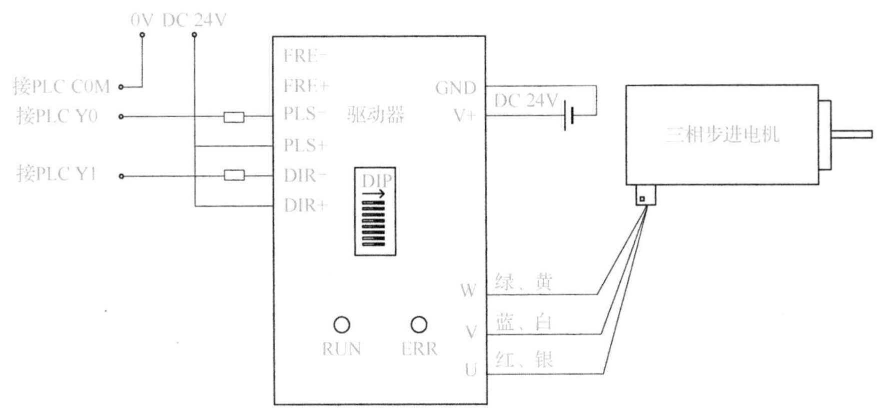

图 6-1-7 步进驱动器外部电路接线图

图 6-1-8 步进驱动器的 DIP 开关

表 6-1-3 步进驱动器的细分设置说明

DIP1	DIP2	DIP3	细分/（步/r）
1	1	1	400
1	1	0	500
1	0	1	600
1	0	0	1000
0	1	1	2000
0	1	0	4000
0	0	1	5000
0	0	0	10000

表 6-1-4 步进驱动器输出电流设置说明

DIP5	DIP6	DIP7	DIP8	输出电流/A
0	0	0	0	3.0
0	0	0	1	4.0
0	0	1	1	4.6
0	1	1	1	5.2
1	1	1	1	5.8

注意：步进驱动器一般采用 PLC 来控制，由于不同品牌、不同系列、不同型号的 PLC 输出类型是不相同的，所以在进行 PLC 与步进驱动器的硬件连接时，一定要注意 PLC 的输

出类型，这样才能保证两者之间的正确连线。根据 PLC 输出类型的不同，PLC 和步进驱动器之间的接线有两种方式：一种是共阳极接法，另一种是共阴极接法，如图 6-1-9 所示。例如，三菱 FX 系列 PLC 支持共阳极接法，所以该系列 PLC 的输出口应该和步进驱动器的输入负端口连接，如图 6-1-7 所示。另外，在使用 DC 24V 电源时，为限制 PLC 的输出电流，PLS－端子和 DIR－端子需要串入 2kΩ 的小瓦数电阻。

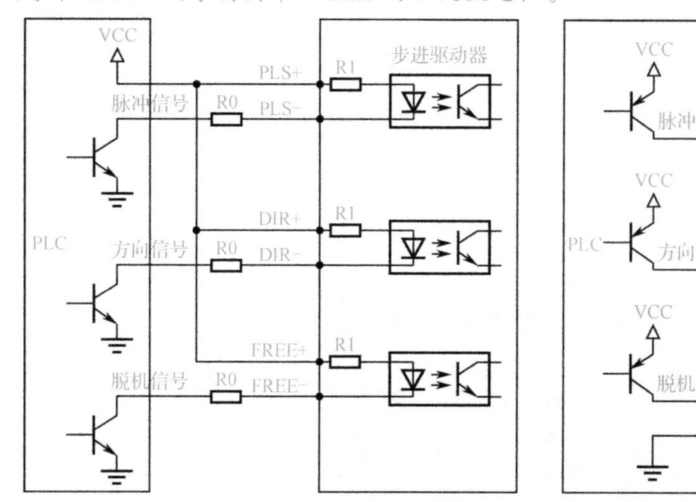

（a）共阳极接法

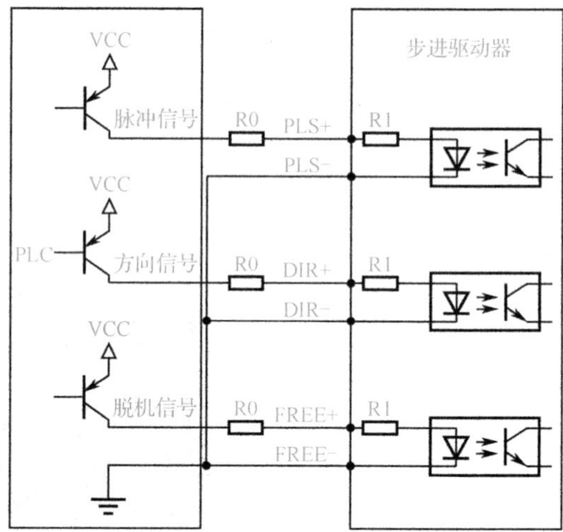

（b）共阴极接法

图 6-1-9　PLC 和步进驱动器之间的接线方式

4. 步进电机的主要性能指标

1）步距角 α

每给一个脉冲信号，电机转子对应转过的角度称为步距角，常用电角度来表示，即

$$\alpha = \frac{360^\circ}{Nz_r}$$

式中，z_r为转子齿数；N 为运行拍数。

2）齿距角 θ_s

相邻两齿中心线间的夹角称为齿距角，通常定子和转子具有相同的齿距角。齿距角为

$$\theta_s = \frac{360^\circ}{z_r}$$

3）最大静转矩 T_m

最大静转矩是指每相绕组通额定电流时所得的值。一般来说，最大静转矩值较大的电机可以带动较大的负载。负载转矩和最大静转矩的比值通常为 0.3～0.5。

4）精度

步进电机的精度有两种表示方法：一种是用步距误差最大值来表示；另一种是用步距累计误差最大值来表示。

最大步距误差是指电机旋转一周期间相邻两步之间最大步距和理想步距的差值，用理想步距的百分数表示。

最大步距累计误差是指从任意位置开始经过任意步期间角位移误差的最大值。步进电机每转一圈的步距累计误差为零。

5）启动频率

步进电机在一定负载下启动和停止均不失步的最高频率称为启动频率，又称为极限启动频率

6）运行频率

运行频率是指在拖动一定负载使频率连续上升时，步进电机能不失步运行的极限频率。其大小与负载转矩有关。

5. 步进电机的控制

步进电机的控制框图如图 6-1-10 所示。PLC 向步进驱动器发送高速脉冲信号，步进驱动器根据输入的脉冲数和频率驱动步进电机按规定的速度和角度旋转。

1）脉冲输出指令

PLC 作为控制器，经常以高速脉冲输出方式控制步进电机运行，因此需要使用脉冲输出指令。三菱 FX 系列 PLC 有多个脉冲输出指令，这里只简单介绍其中一个——PLSY 指令。

PLSY 指令格式如图 6-1-11 所示。

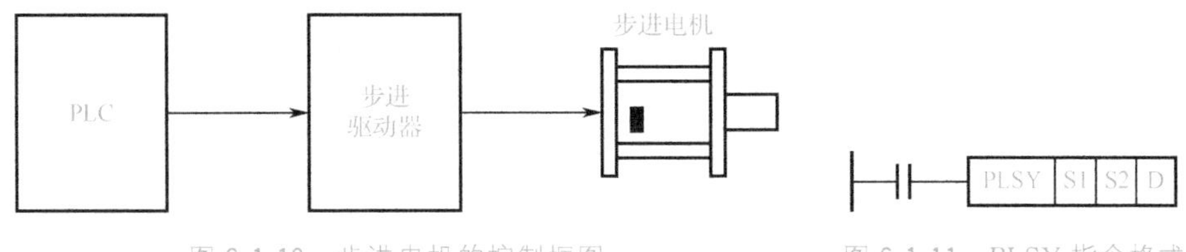

图 6-1-10 步进电机的控制框图 图 6-1-11 PLSY 指令格式

指令解读：当驱动条件成立时，从输出口 D 输出一个频率为 S1、脉冲个数为 S2 的脉冲串。S1 是输出脉冲频率或其储存地址；S2 是输出脉冲个数或其储存地址，如果 S2 = K0，则输出连续脉冲；D 是指定脉冲串输出口，仅限 PLC 的 Y0、Y1 或 Y2。

2）应用举例

控制一台步进电机正反转往复运行，脉冲频率为 5000 个/s，脉冲数为 30 000 个。

本例中用到的输入/输出元件及其控制功能如表 6-1-5 所示，步进电机正反转往复运行控制程序如图 6-1-12 所示。

表 6-1-5 输入/输出元件及其控制功能

说　明	PLC 软元件	元件文字符号	元 件 名 称	控 制 功 能
输入	X000	SB1	启动按钮	启动
	X001	SB2	停止按钮	停止
输出	Y000	PLS-	脉冲输出端口	位移控制
	Y001	DIR-	方向控制端口	方向控制

当以点动方式按下启动按钮时，X000 的常开触点瞬时变为常闭，驱动 PLC 执行[SET M0]指令，使 M0 继电器得电。M0 常开触点的闭合，驱动 PLC 执行[PLSY K5000 K30000 Y000]指令，使步进电机以 5000 个脉冲/s 的速度正转运行。当步进电机正转走完 30 000 个脉冲后，M8029 特殊功能继电器得电，驱动 PLC 执行[RST M0]指令，使 M0 继电器失电。M0 继电器的失电，驱动 PLC 执行[SET M1]指令，使 M1 继电器得电。M1 常开触点的闭合，驱动 PLC 执行[PLSY K5000 K30000 Y000]指令，同时 Y001 线圈也得

电，使步进电机以 5000 个脉冲/s 的速度反转运行。当步进电机反转走完 30 000 个脉冲后，M8029 特殊功能继电器得电，驱动 PLC 执行[RST　M1]指令，使 M1 和 Y001 继电器失电。M1 继电器的失电，驱动 PLC 再次执行[SET　M0]指令，使程序进入下一个循环状态。

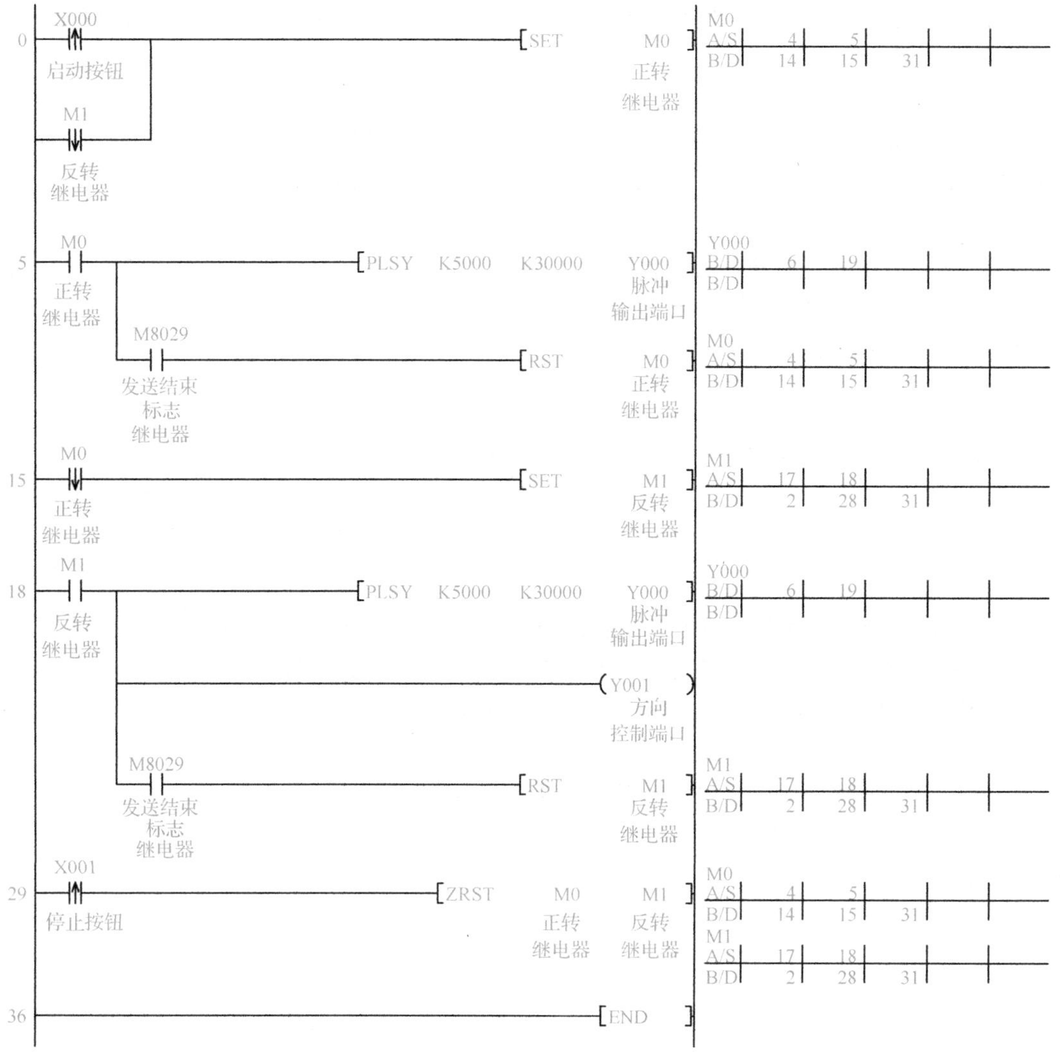

图 6-1-12　步进电机正反转往复运行控制程序

当以点动方式按下停止按钮时，X001 的常开触点瞬时变为常闭，驱动 PLC 执行[ZRST　M0　M1]指令，使 M0 和 M1 继电器失电，PLC 不再执行[PLSY　K5000　K30000　Y000]指令，步进电机停止运行。

【任务实施】

1. 任务实施器材

① 步科 Kinco 2S56Q 型步进电机　　　　一台/组

② 步科 Kinco 3M458 型步进驱动器　　　　一台/组

③ 三菱 FX_{3U}系列 FX_{3U}-40MT 型步进驱动器　　一台/组

④ DR-75-24 型直流 24V 开关电源　　一台/组

⑤ DZ47-10 型低压断路器　　一只/组

⑥ 网孔板　　一块/组

⑦ 电工工具和耗材包　　一套/组

2. 任务实施步骤

1）步进电机的认识

本次实训使用的步进电机如图 6-1-13 所示。

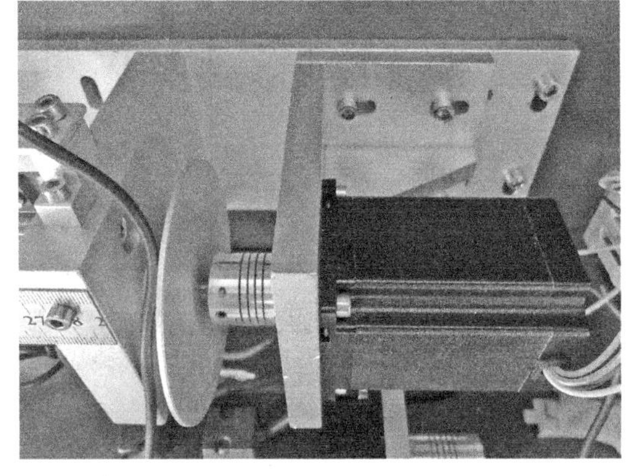

图 6-1-13　本次实训使用的步进电机

相关要求：识别绕组的引出线；识别步进电机的铭牌，认真观察并记录铭牌上的有关信息，包括型号、生产厂商、防护等级、相数及接法等。

2）步进驱动器的认识

本次实训使用的步进驱动器接口如图 6-1-14 所示。

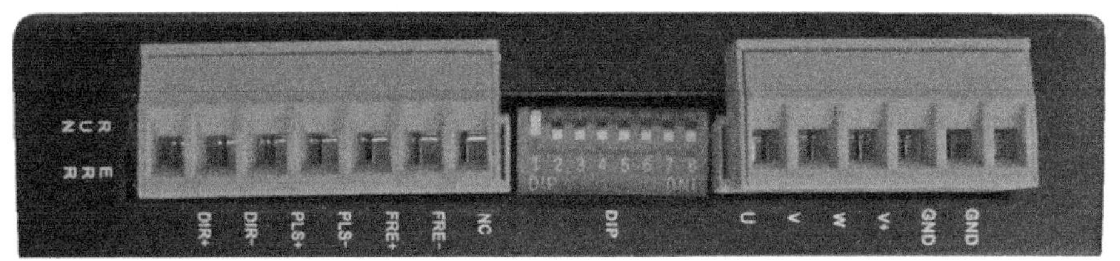

图 6-1-14　本次实训使用的步进驱动器接口

相关要求：对照图 6-1-14 识别步进驱动器的接口。

3）步进电机间歇运行控制

（1）控制要求

控制一台步进电机间歇式工作，即该步进电机每转 5 整圈后自动停止，停 10s 后，再转 5 整圈，停 10s，接下来依此顺序循环运行。

（2）步进控制系统设计

根据控制要求，编制 PLC 的输入/输出地址分配表，如表 6-1-6 所示；设计步进控制系统接线图，如图 6-1-15 所示；设计步进电机运行控制程序，如图 6-1-16 所示。

表 6-1-6　输入/输出地址分配表

说　明	PLC 软元件	元件文字符号	元 件 名 称	控 制 功 能
输入	X000	SB0	按钮	启动
	X001	SB1	按钮	停止
输出	Y000	PLS-	脉冲输出端口	位移控制

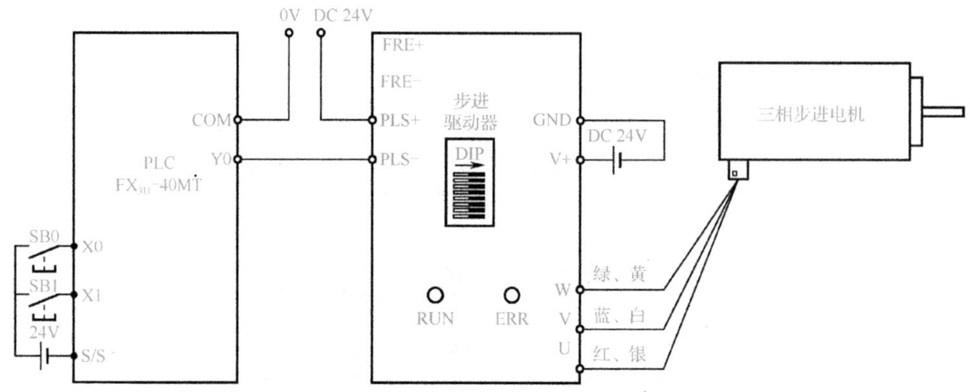

图 6-1-15　步进控制系统接线图

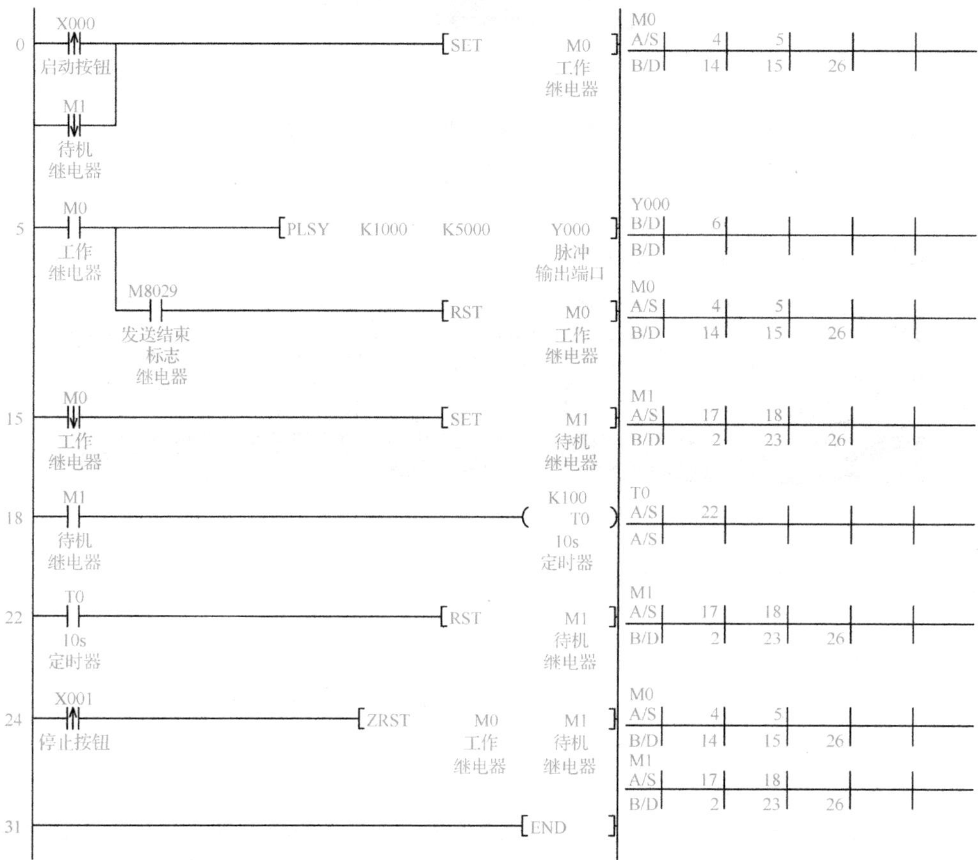

图 6-1-16　步进电机运行控制程序

（2）系统调试

检查步进控制系统的硬件接线是否与图 6-1-15 保持一致，检查接线端子的压接情况，观察接线是否有松脱现象。硬件电路经确认正确无误后，系统才可以上电调试。

第一步：设置细分，将细分开关 DIP1 置为“ON”状态。

现场工况：细分设置图示如图 6-1-17 所示，步进电机旋转 5 整圈需要 5000 个脉冲。

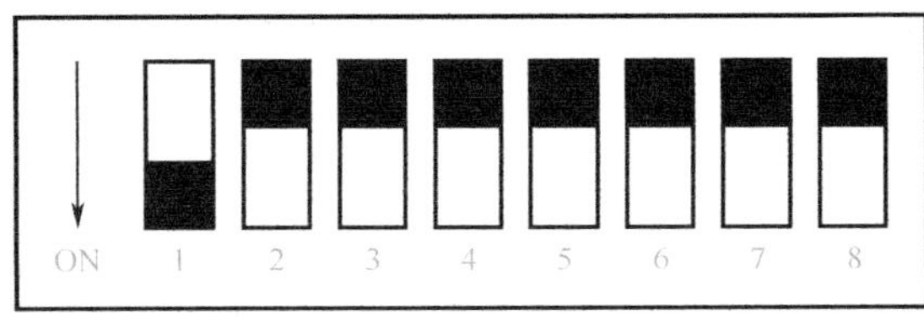

图 6-1-17 细分设置图示

第二步：系统上电，将如图 6-1-16 所示的程序传给 PLC。

现场工况：PLC 的 POW 和 RUN 指示灯亮，步进电机没有旋转。

第三步：以点动方式按压启动按钮 SB0。

现场工况：PLC 的 Y0 指示灯亮，步进电机正转运行；步进电机正转 5 整圈后，Y0 指示灯熄灭，步进电机停止运行；待机 10s 后，步进电机再次正转运行，后续进入循环工作状态。

第四步：以点动方式按压停止按钮 SB1。

现场工况：PLC 的输出指示灯熄灭，步进电机停止旋转。

□【任务考核与评价】

表 6-1-7 步进电机认识及控制训练的考核

任务内容	配分	评分标准			自评	互评	教师评
步进电机的认识	20	① 能正确识别步进电机引出线 10 分 ② 能正确识读步进电机铭牌 10 分					
步进驱动器的认识	20	①能识别步进驱动器的输入端子 10 分 ②能识别步进驱动器的输出端子 10 分					
步进电机控制	50	①硬件设计和接线 20 分 ②软件设计和调试 30 分					
安全文明操作	10	违反一次 扣 5 分					
定额时间	30min	每超过 5min 扣 5 分					
开始时间		结束时间		总评分			

任务 2 伺服电机的认识及控制训练

□【任务要求】

本任务要求学生通过对伺服电机的学习，全面了解伺服电机的结构、工作原理及驱动方式，掌握伺服电机的运行控制方法。

1. 知识目标

① 了解交流伺服电机的结构。

② 熟悉交流伺服电机的工作原理。

③ 熟悉交流伺服驱动器的接口。

2. 技能目标

能对伺服控制系统进行正确接线，能控制伺服电机运行。

【任务相关知识】

伺服电机也称为执行电机，它能将电压信号转变为电机转轴的角速度或角位移输出。伺服电机分为直流伺服电机和交流伺服电机两大类，与直流伺服电机相比，交流伺服电机具有运行稳定、可控性好、响应快速、灵敏度高及机械特性好等优点。因此，交流伺服电机占据市场主导地位，本任务中所涉及的伺服电机专指交流伺服电机。

1. 伺服电机的结构

三菱伺服电机的外部结构如图 6-2-1 所示，它主要由定子、转子和编码器组成。

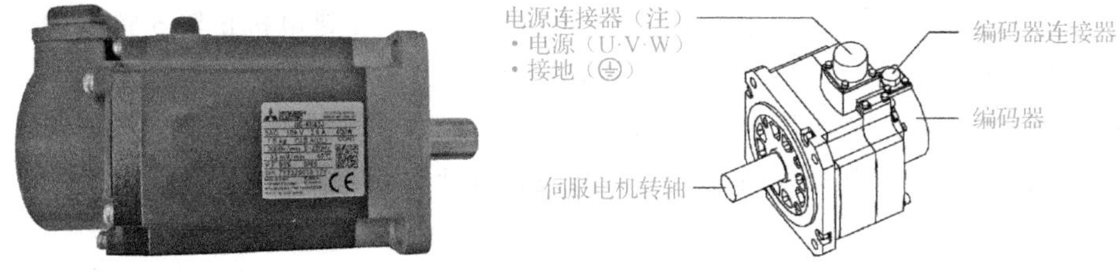

图 6-2-1　三菱伺服电机的外部结构

伺服电机的定子结构与普通交流电机的定子结构一样，由铁芯和绕组两部分组成；伺服电机的转子结构不同于普通交流电机的转子结构，它采用稀土永磁材料制成。伺服电机的编码器电路如图 6-2-2 所示，编码器安装在伺服电机转轴上，这样就使得编码器的码盘能随伺服电机的转轴同步转动。当伺服电机转轴旋转时，编码器对外输出脉冲信号，其分辨率为 131 072 个脉冲/r，该脉冲信号通过传输线反馈到伺服驱动器，使伺服电机自身构成一个控制闭环。

图 6-2-2　伺服电机的编码器电路

2. 伺服电机的工作原理

伺服电机的工作原理和普通交流电机的工作原理一样。当上位机（假设为 PLC）向伺服驱动器发出运行控制指令时，伺服驱动器就会给伺服电机的定子绕组通入三相交流电，这样在定子内膛中就会产生一个旋转磁场。永磁式的转子由于受到定子旋转磁场的作用，会沿着定子磁场的旋转方向跟随定子磁场做同步转动。同时，伺服电机自带的编码器输出脉冲信号，该脉冲信号反馈给伺服驱动器，伺服驱动器再将反馈值与目标值进行比较，调整转子转动的角度，如图 6-2-3 所示。

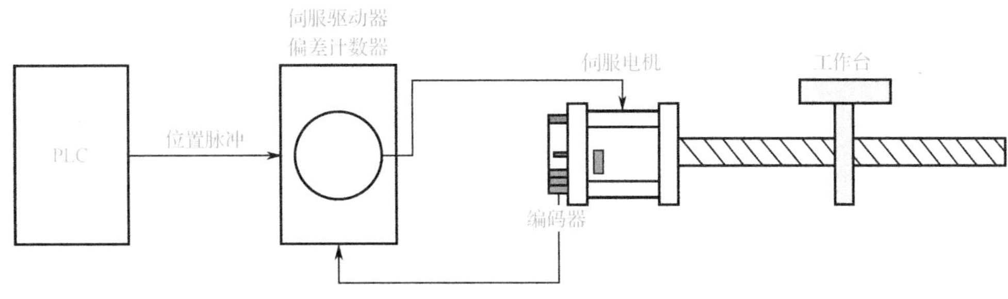

图 6-2-3　伺服电机运行控制框图

课堂讨论

问题：伺服电机与同步电机有何异同？

答案：这两种电机的定子结构和工作原理基本相同，因此，伺服电机可以看作同步电机。但从转子结构上来看，伺服电机的转子是永磁体，不需要励磁，而大型同步电机的转子有励磁绕组，需要通过励磁来建立转子磁场。从运行精度上来看，伺服电机自身带有编码器，其运行精度高，而且编码器分辨率越高，其运行精度就越高。从控制参量上来看，伺服电机可以控制速度、方向和旋转角度三个参量，而同步电机只可以控制速度和方向两个参量。从使用场合上来看，伺服电机用于运动控制场合，而同步电机用于拖动场合。

3. 伺服驱动器的认识

伺服电机必须由伺服驱动器驱动才能旋转，伺服驱动器的作用类似于变频器作用于三相交流感应式电机，因此伺服驱动器和伺服电机必须成套使用。本任务以三菱 MR-JE 系列伺服驱动器为例，介绍伺服驱动器的使用。

注意：在伺服控制系统集成时，由于不同厂家生产的伺服驱动器和伺服电机一般是不匹配的，所以伺服驱动器和伺服电机要尽量选用同一个品牌的，用户最好不要随意混合搭配。

三菱 MR-JE 系列伺服驱动器是一款经济型驱动器，其外部结构及说明如图 6-2-4 所示，型号命名原则如图 6-2-5 所示，主电路接线图如图 6-2-6 所示，控制电路接线图如图 6-2-7 所示。

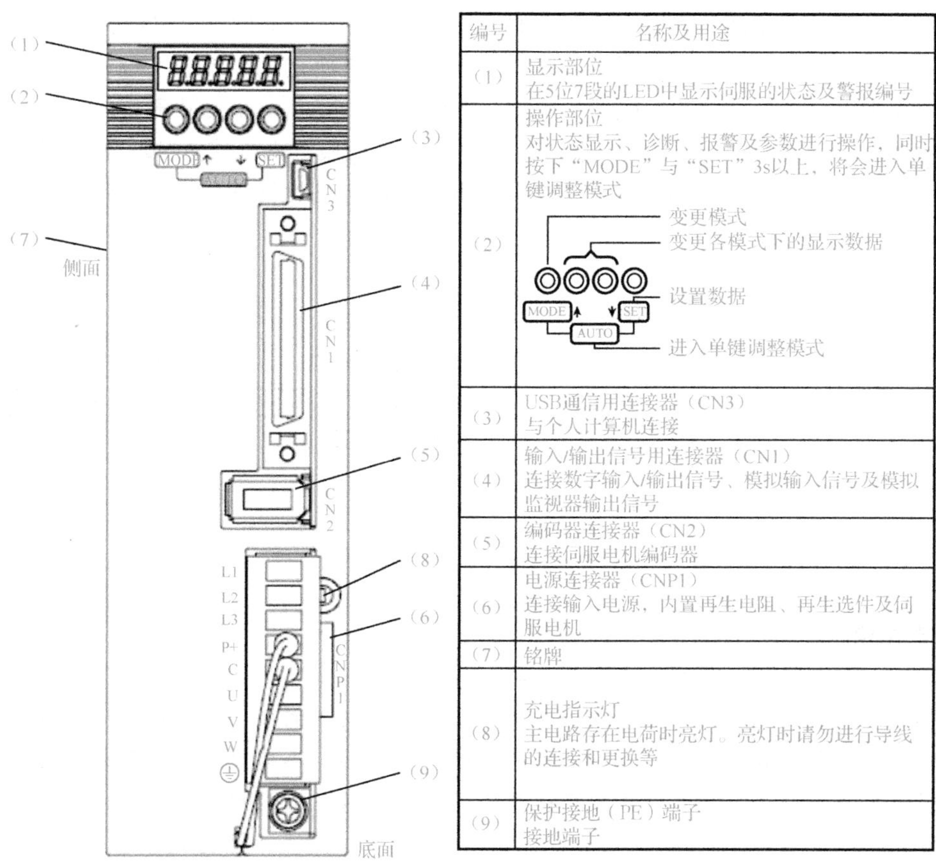

编号	名称及用途
（1）	显示部位 在5位7段的LED中显示伺服的状态及警报编号
（2）	操作部位 对状态显示、诊断、报警及参数进行操作，同时按下“MODE”与“SET”3s以上，将会进入单键调整模式 变更模式 变更各模式下的显示数据 设置数据 MODE　SET　AUTO 进入单键调整模式
（3）	USB通信用连接器（CN3） 与个人计算机连接
（4）	输入/输出信号用连接器（CN1） 连接数字输入/输出信号、模拟输入信号及模拟监视器输出信号
（5）	编码器连接器（CN2） 连接伺服电机编码器
（6）	电源连接器（CNP1） 连接输入电源，内置再生电阻、再生选件及伺服电机
（7）	铭牌
（8）	充电指示灯 主电路存在电荷时亮灯。亮灯时请勿进行导线的连接和更换等
（9）	保护接地（PE）端子 接地端子

图 6-2-4　三菱 MR-JE 系列伺服驱动器的外部结构及说明

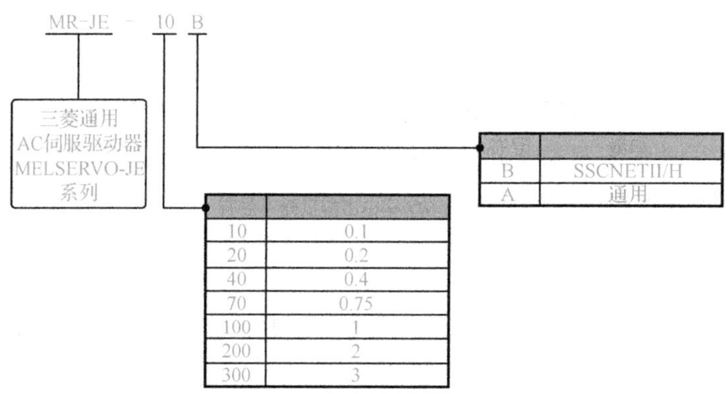

B	SSCNETII/H
A	通用

10	0.1
20	0.2
40	0.4
70	0.75
100	1
200	2
300	3

图 6-2-5　三菱 MR-JE 系列伺服驱动器的型号命名原则

关闭
开启
伺服驱动器
紧急停止开关
故障 RA1
MC
(注4)
MC
SK
CNP1
电源
单相AC 200V ~240V
(注1)
MCCB
MC
L1
L2
L3
U
V
W
P+
C
再生选件
(注2)
内置再生电阻
再生选件连接错误，会导致伺服驱动器损坏

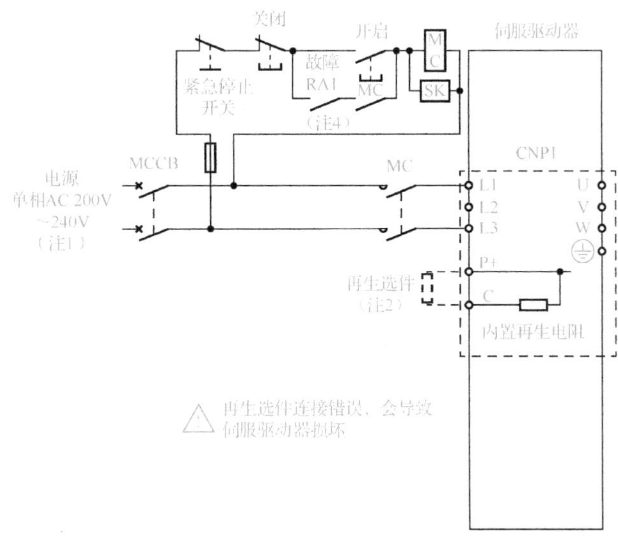

图 6-2-6 三菱 MR-JE 系列伺服驱动器的主电路接线图

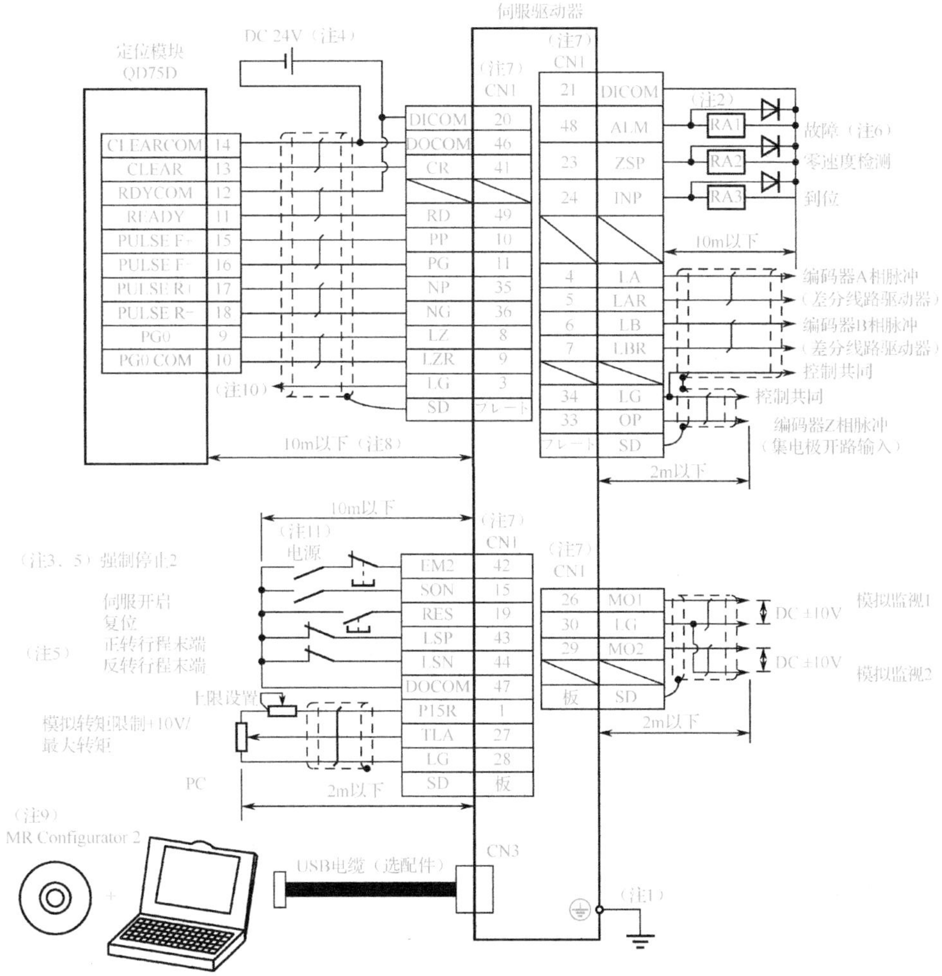

伺服驱动器
DC 24V（注4）
定位模块 QD75D
(注7) CN1
CLEARCOM 14
CLEAR 13
RDYCOM 12
READY 11
PULSE F+ 15
PULSE F- 16
PULSE R+ 17
PULSE R- 18
PG0 9
PG0 COM 10
DICOM 20
DOCOM 46
CR 41
RD 49
PP 10
PG 11
NP 35
NG 36
LZ 8
LZR 9
LG 3
SD プレート
(注10)
10m以下（注8）
21 DICOM
48 ALM
23 ZSP
24 INP
(注2)
RA1
RA2
RA3
故障（注6）
零速度检测
到位
10m以下
4 LA
5 LAR
6 LB
7 LBR
34 LG
33 OP
プレート SD
编码器A相脉冲（差分线路驱动器）
编码器B相脉冲（差分线路驱动器）
控制共同
控制共同
编码器Z相脉冲（集电极开路输入）
2m以下
10m以下
(注11) 电源
(注3、5) 强制停止2
伺服开启
复位
(注5)
正转行程末端
反转行程末端
上限设置
模拟转矩限制+10V/最大转矩
EM2 42
SON 15
RES 19
LSP 43
LSN 44
DOCOM 47
P15R 1
TLA 27
LG 28
SD 板
26 MO1
30 LG
29 MO2
板 SD
DC ±10V
DC ±10V
模拟监视1
模拟监视2
2m以下
2m以下
PC
(注9)
MR Configurator 2
USB电缆（选配件）
CN3
(注1)

图 6-2-7 三菱 MR-JE 系列伺服驱动器的控制电路接线图

课堂讨论

问题：步进电机与伺服电机有哪些不同呢？

答案：步进电机和伺服电机虽然都是控制电机，但两者在结构、工作原理、控制精度和低频特性等方面有很大的不同，具体如表 6-2-1 所示。

表 6-2-1 步进电机与伺服电机比较

项　目	步进电机	伺服电机
基本结构	定子采用凸极式，转子表面有齿，不带编码器	定子采用隐极式，转子表面光滑，带编码器
工作原理	脉冲信号控制，“一步一步”地运行	长信号控制，连续运行
功率	功率较小，最大功率只能达到瓦级	功率较大，最大功率能达到千瓦级
控制精度	采用开环控制方式，控制精度低	采用闭环控制方式，控制精度高
过载能力	几乎无过载能力	有 3 倍左右的过载能力
低频特性	在起步或低速运行时容易丢转，低频特性不好	全速域不丢转，低频特性好
稳定运行速域	一般在 200～500r/min	一般在 0～3000r/min
控制模式	速度（频率）、位置（脉冲数）	速度（频率）、位置（脉冲数）和扭矩（电流）
价格	相对便宜	相对昂贵

4. 伺服电机的应用

伺服电机具有很好的控制能力，广泛应用于定位控制、速度控制和转矩控制等场合，其中定位控制是最主要的应用。

1）定位控制

定位控制是指当伺服控制器发出控制指令后，伺服电机能驱动运动件（如机床工作台）按照指定的速度和指定方向完成指定的移位。在伺服电机被引入定位控制系统后，定位控制的运行速度和定位精度都得到了很大的提高，能够充分满足高精度控制要求。定位控制应用非常广泛，如机床工作台的移动、电梯的平层、定长处理、仓库码垛和食品包装等。

2）定位控制系统组成

采用伺服电机作为执行元件的定位控制系统框图如图 6-2-8 所示。

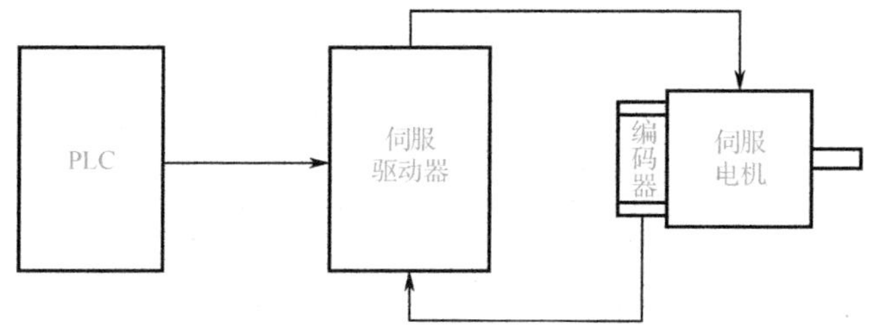

图 6-2-8 采用伺服电机作为执行元件的定位控制系统框图

在图 6-2-8 中，控制器是 PLC，其作用是通过执行程序下达控制指令，使伺服电机按控制要求完成移动和定位。目前，许多 PLC 不仅能提供多轴的高速脉冲输出，还能提供多种用于定位控制的指令，使定位控制程序的编制十分容易。另外，PLC 与伺服驱动器的硬件连接也十分简单。因此，PLC 在定位控制中具有重要意义，使用 PLC 作为定位控制系统的控制器已成为当前的一种趋势。

3）应用举例

举例：使用十字手柄开关，手动控制某工作台沿 *X* 轴和 *Y* 轴往复移动。

本例中用到的输入/输出元件及其控制功能说明如表 6-2-2 所示，手动控制工作台沿 *X* 轴和 *Y* 轴往复移动的程序如图 6-2-9 所示。

表 6-2-2 本例中用到的输入/输出元件及其控制功能说明

说　明	PLC 软元件	元件文字符号	元 件 名 称	控 制 功 能
输入	X002	SA1-1	十字手柄开关	沿 *X* 轴正向运行
	X003	SA1-2		沿 *X* 轴负向运行
	X004	SA1-3		沿 *Y* 轴正向运行
	X005	SA1-4		沿 *Y* 轴负向运行
输出	Y000	PP（CN1）	驱动器 1	*X* 轴脉冲输出
	Y010	NP（CN1）	驱动器 1	当 Y010 为 OFF 时，*X* 轴正方向控制 当 Y010 为 ON 时，*X* 轴负方向控制
	Y001	PP（CN1）	驱动器 2	*Y* 轴脉冲输出
	Y011	NP（CN1）	驱动器 2	当 Y011 为 OFF 时，*Y* 轴正方向控制 当 Y011 为 ON 时，*Y* 轴负方向控制

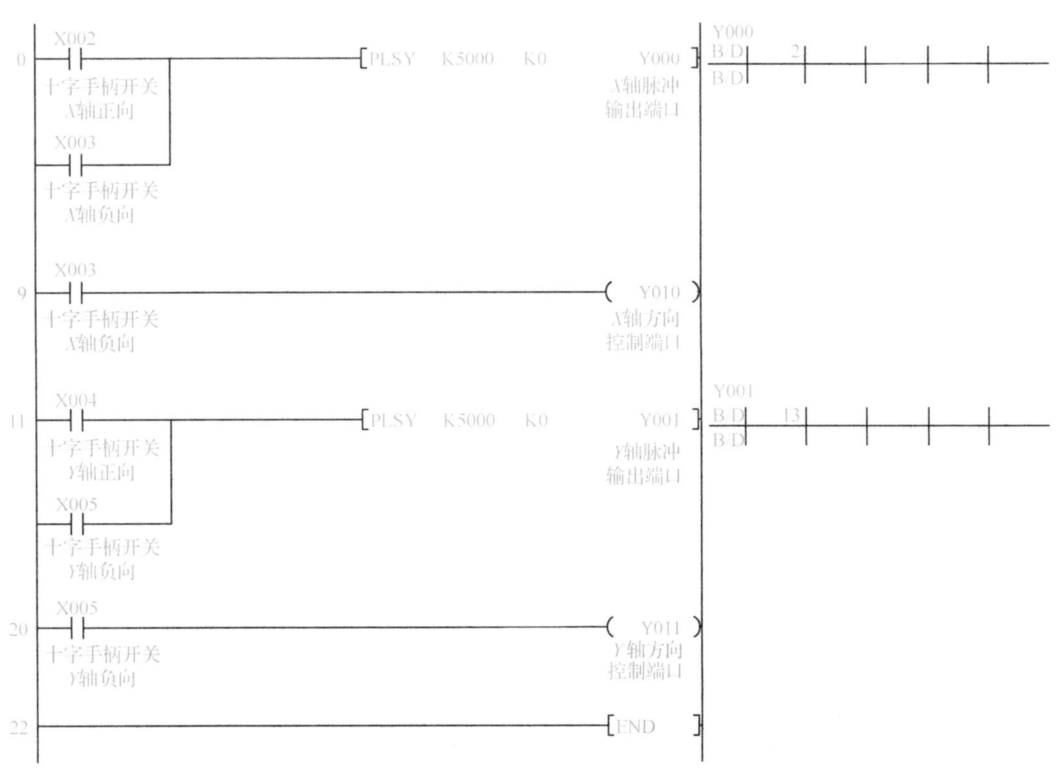

图 6-2-9 手动控制工作台沿 *X* 轴和 *Y* 轴往复移动的程序

① *X* 轴方向移动控制分析。

当将十字手柄开关向左侧拨动时，X002 的常开触点变为常闭，PLC 执行[PLSY K5000 K0

Y000]指令，工作台以5000个脉冲/s的速度沿 X 轴正向移动；当将十字手柄开关回拨至初始位置时，X002的常开触点恢复常开，PLC不执行[PLSY K5000 K0 Y000]指令，工作台停止移动。

当将十字手柄开关向右侧拨动时，X003的常开触点变为常闭，Y010继电器得电，PLC执行[PLSY K5000 K0 Y000]指令，工作台以5000个脉冲/s的速度沿 X 轴负向移动。当将十字手柄开关回拨至初始位置时，X003的常开触点恢复常开，PLC不执行[PLSY K5000 K0 Y000]指令，Y010继电器失电，工作台停止移动。

② Y 轴方向移动控制分析。

当将十字手柄开关向左侧拨动时，X004的常开触点变为常闭，PLC执行[PLSY K5000 K0 Y001]指令，工作台以5000个脉冲/s的速度沿 Y 轴正向移动；当将十字手柄开关回拨至初始位置时，X004的常开触点恢复常开，PLC不执行[PLSY K5000 K0 Y001]指令，工作台停止移动。

当将十字手柄开关向右侧拨动时，X005的常开触点变为常闭，Y011继电器得电，PLC执行[PLSY K5000 K0 Y001]指令，工作台以5000个脉冲/s的速度沿 Y 轴负向移动；当将十字手柄开关回拨至初始位置时，X005的常开触点恢复常开，PLC不执行[PLSY K5000 K0 Y001]指令，Y011继电器失电，工作台停止移动。

【任务实施】

1. 任务实施器材

① 三菱HG-KR43J型伺服电机　两台/组
② 三菱MR-JE-10A型伺服驱动器　两台/组
③ 三菱 FX_{3U}-32MT型PLC　一台/组
④ 两轴滑台（同步齿形带传动，尺寸为600mm×600mm）　一台/组
⑤ DR-75-24型直流24V开关电源　一台/组
⑥ DZ47-10型低压断路器　一只/组
⑦ 网孔板　一块/组
⑧ 电工工具和耗材包　一套/组

2. 任务实施步骤

1）伺服电机的认识

本次实训使用的伺服电机如图6-2-10所示，其铭牌如图6-2-11所示。

图6-2-10　本次实训使用的伺服电机

图6-2-11　本次实训使用的伺服电机的铭牌

相关要求：识别绕组和编码器的引出线；识别伺服电机的铭牌，认真观察并记录铭牌上的有关信息，包括型号、生产厂商、防护等级、相数及接法等。

2）伺服驱动器的认识

本次实训使用的伺服驱动器如图 6-2-12 所示。

图 6-2-12 本次实训使用的伺服驱动器

相关要求：对照图 6-2-6 识别伺服驱动器的主电路接口，对照图 6-2-7 识别伺服驱动器的控制电路接口。

3）工作台沿正方形轨迹运行控制

（1）控制要求

在两轴滑台上，分别控制两台伺服电机，使工作台沿 X 轴方向和 Y 轴方向运动，最终形成正方形运行轨迹。在每轴行程范围内，正方形的边长可自行确定。

（2）伺服控制系统设计

根据控制要求，编制 PLC 的输入/输出地址分配表，如表 6-2-3 所示；设计伺服控制系统接线图，如图 6-2-13 所示；设计工作台运行控制程序，如图 6-2-14 所示。

表 6-2-3 输入/输出地址分配表

说明	PLC 软元件	元件文字符号	元件名称	控制功能
输入	X000	SB0	启动按钮	启动
	X001	SB1	停止按钮	停止
输出	Y000	PP（CN1）	驱动器 1	X 轴脉冲输出
	Y010	NP（CN1）	驱动器 1	当 Y010 为 OFF 时，X 轴正方向控制 当 Y010 为 ON 时，X 轴负方向控制
	Y001	PP（CN1）	驱动器 2	Y 轴脉冲输出
	Y011	NP（CN1）	驱动器 2	当 Y011 为 OFF 时，Y 轴正方向控制 当 Y011 为 ON 时，Y 轴负方向控制

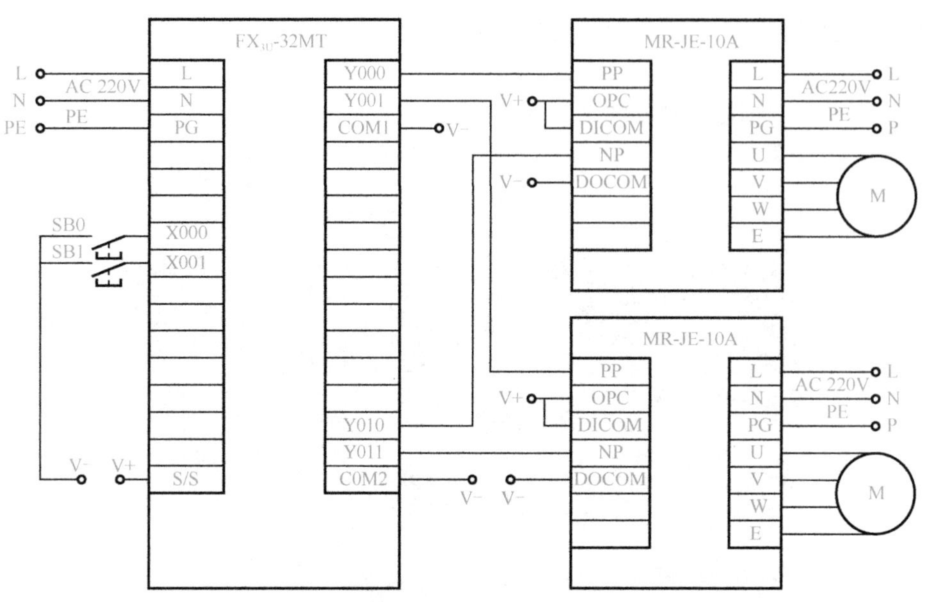

图 6-2-13　伺服控制系统接线图

（3）系统调试

检查伺服控制系统的硬件接线是否与图 6-2-13 保持一致，检查接线端子的压接情况，观察接线是否有松脱现象。硬件电路经确认正确无误后，系统才可以上电调试。

第一步：系统上电，将如图 6-2-14 所示的程序传给 PLC。

现场工况：PLC 的 POW 和 RUN 指示灯亮，伺服电机没有旋转。

第二步：以点动方式按压启动按钮 SB0。

① 观察工作台走正方形的第一个边。

现场工况：PLC 的 Y0 指示灯亮，*X* 轴伺服电机正转，工作台右移。

② 观察工作台走正方形的第二个边。

现场工况：PLC 的 Y1 指示灯亮，*Y* 轴伺服电机正转，工作台后移。

③ 观察工作台走正方形的第三个边。

现场工况：PLC 的 Y0 和 Y010 指示灯亮，*X* 轴伺服电机反转，工作台左移。

④ 观察工作台走正方形的第四个边。

现场工况：PLC 的 Y1 和 Y011 指示灯亮，*Y* 轴伺服电机反转，工作台前移。

第三步：以点动方式按压停止按钮 SB1。

现场工况：PLC 的输出指示灯熄灭，伺服电机停止旋转。

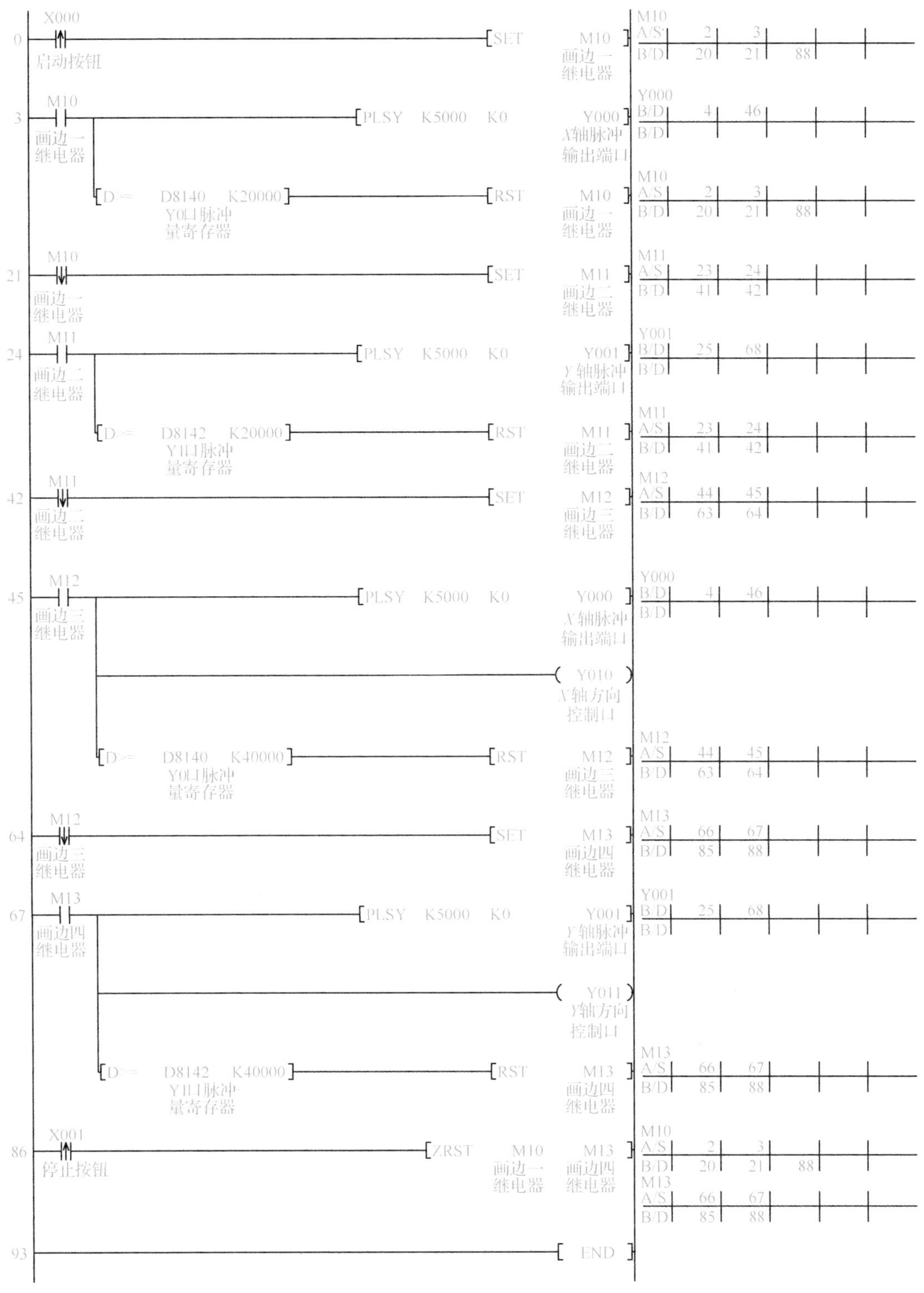

图 6-2-14 工作台运行控制程序

【任务考核与评价】

表 6-2-4　伺服电机认识及控制训练的考核

任务内容	配　分	评分标准			自　评	互　评	教师评
伺服电机的认识	20	① 能正确识别伺服电机引出线　10 分 ② 能正确识读伺服电机的铭牌　10 分					
伺服驱动器的认识	20	① 能识别伺服驱动器主电路接口　10 分 ② 能识别伺服驱动器控制电路接口　10 分					
伺服电机控制	50	① 硬件设计和接线　20 分 ② 软件设计和调试　30 分					
安全文明操作	10	违反一次　扣 5 分					
定额时间	30min	每超过 5min　扣 5 分					
开始时间		结束时间		总评分			

项目七 电气控制基本环节训练

电气控制基本环节是指用继电器、接触器等有触点的低压电器对三相异步电动机实行启动、运行、停止、正反转、调速、制动等自动化控制的各种单元电路。这些单元电路在生产实际中经过验证，已经成为电气控制技术的经典电路。熟练掌握这些电路，是认识、分析、安装、维修复杂生产机械控制电路的基础。

任务 1 点动控制电路的安装、接线与调试训练

【任务要求】

本任务要求学生通过对点动控制电路的学习，认识并熟悉电气控制基本环节，掌握点动控制电路的安装、接线与调试方法。

1. 知识目标

① 了解电气原理图、电器布置图、电器安装接线图及其绘制原则。

② 了解电气控制系统图的图形符号、文字符号。

③ 了解点动控制过程，掌握点动控制电路的工作原理。

④ 熟悉点动控制电路的电气原理图、电器布置图及电器安装接线图。

⑤ 掌握点动控制电路的安装、接线与调试方法。

2. 技能目标

能根据相关图纸文件完成点动控制电路的安装、接线与调试。

【任务相关知识】

1. 电气控制系统图

常见的电气控制系统图主要有电气原理图、电器布置图、电器安装接线图 3 种。

1）电气控制系统图的图形符号和文字符号

电气控制系统图是电气控制电路的通用语言。为了便于交流与沟通，在绘制电气控制系统图时，所有电器元件的图形符号和文字符号都必须符合国家标准的规定。

近年来，随着经济的发展，我国从国外引进了大量的先进技术和设备，为了掌握引进的先进技术和设备，加强国际交流和满足国际市场的需要，国家标准化管理委员会参照国际电工委员会（IEC）颁布的相关文件，颁布了一系列新的国家标准，主要有 GB/T 4728—2008/2018《电气简图用图形符号》、GB/T 6988. 1—2006/2008《电气技术用文件的编制》、GB/T

5094. 1—2005/2018《工业系统、装置与设备以及工业产品结构原则与参照代号》等。

电气控制系统图的图形符号和文字符号必须符合最新的国家标准。

图形符号是用来表示一个设备或概念的图形、标记或字符。符号要素是一种具有确定意义的简单图形，必须同其他图形组合才能构成一个设备或概念的完整符号。文字符号用以标明电路中的电器元件或电路的主要特征，数字标号用以区别电路不同线段。

2）电气原理图

电气原理图也称为电路图，是根据电路的工作原理绘制的，它表示电流从电源到负载的传送情况、电器元件的动作原理、所有电器元件的导电部件和接线端子之间的相互关系。通过它可以很方便地研究和分析电气控制电路，了解电气控制系统的工作原理。电气原理图并不表示电器元件的实际安装位置、实际结构尺寸和实际配线方法。

电气原理图绘制的基本原则如下。

① 电气控制电路根据电路中通过的电流大小可分为主回路和控制回路。主回路包括从电源到电动机的电路，是通过强电流的电路，用粗实线绘制在图面左侧或上部；控制回路是通过弱电流的电路，一般由按钮、电器元件的线圈、接触器的辅助触点、继电器的触点等组成，用细实线绘制在图面的右侧或下部。

② 电气原理图应按国家标准所规定的图形符号、文字符号绘制，在图中不画各电器元件实际的外形图。

③ 各电器元件及部件在电气原理图中的位置，要根据便于阅读的原则安排。同一电器的各个部件可以不画在一起，但要用同一文字符号标出。若有多个同一种类的电器元件，可在文字符号后加上数字符号下标，如 KM_1、KM_2等。

④ 在电气原理图中，控制回路的分支电路原则上应按照动作先后顺序排列。需要测试和拆、接外部引出线的端子，应用符号“空心圆”表示。

⑤ 所有电器元件的图形符号，必须按电器未接通电源和没有受外力作用时的状态绘制。当电器触点的图形符号垂直放置时，以“左开右闭”的原则绘制，即垂线左侧的触点为常开触点，垂线右侧的触点为常闭触点；当电器触点的图形符号水平放置时，以“上开下闭”的原则绘制，即水平线上方的触点为常开触点，水平线下方的触点为常闭触点。

⑥ 电气原理图中电器元件应按功能布置，一般按动作顺序从上到下、从左到右依次排列。在垂直布置时，类似项目应横向对齐；在水平布置时，类似项目应纵向对齐。所有的电动机图形符号应横向对齐。

⑦ 在电气原理图中，所有电器元件的型号、用途、数量、文字符号、额定数据，用小号字标注在其图形符号的旁边，也可填写在电器元件清单中。

根据电气原理图绘制的基本原则，观察如图 7-1-1 所示的某车床的电气原理图。此电气原理图分为交流主回路、交流控制回路、交流辅助电路 3 个部分，电路结构清晰。

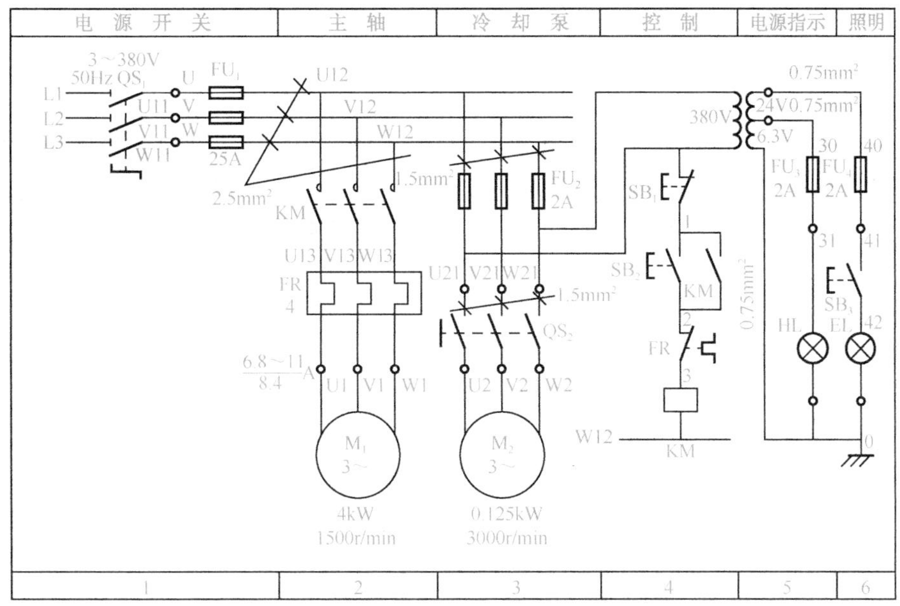

图 7-1-1 某车床的电气原理图

3）电器布置图

电器布置图表示各种电气设备或电器元件在机械设备或控制柜中的实际安装位置，为机械电气控制设备的改造、安装、维护、维修提供必要的资料。

电器元件要放在控制柜内，各电器元件的安装位置是由机床的结构和工作要求决定的。例如，行程开关应布置在能接收信号的地方，电动机要和被拖动的机械部件布置在一起。图 7-1-2所示为某车床的电器布置图。

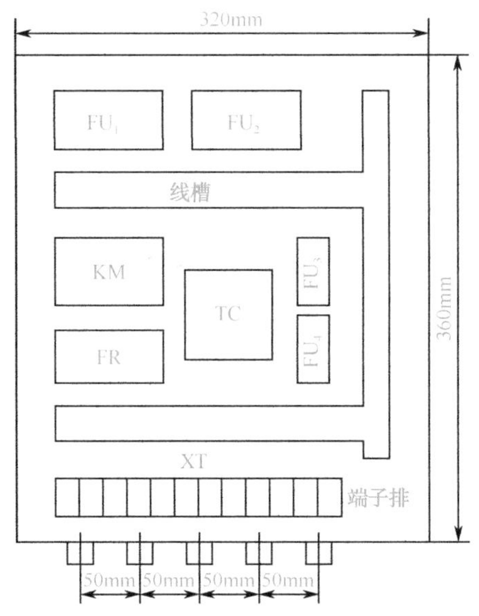

图 7-1-2 某车床的电器布置图

4）电器安装接线图

电器安装接线图是按照各电器元件实际相对位置绘制的接线图，根据电器元件布置最合理和连接导线最经济来安排。它清楚地表明了各电器元件的相对位置和它们之间的电路连接情况，还为电器元件配线及电气故障检修等提供了必要的依据。电器安装接线图的图形符号和文字符号应与电气原理图的图形符号和文字符号一致，同一电器元件的所有带电部件应画在一起，各个部件的布置应尽可能符合这个电器元件的实际情况，其比例和尺寸应根据实际情况而定。

绘制电器安装接线图应遵循以下几点。

① 用规定的图形符号、文字符号绘制各电器元件，电器元件所占图面要按实际尺寸以统一比例绘制，所在位置应与实际安装位置一致。

② 同一电器元件的所有带电部件应画在一起，并用点画线框起来，采用集中表示法。

③ 各电器元件的图形符号和文字符号必须与电气原理图中的一致，而且必须符合国家标准。

④ 在绘制电器安装接线图时，走向相同的多根导线可用单线表示。

⑤ 在绘制接线端子时，各电器元件的文字符号及端子排的编号应与电气原理图中的一致，并按电气原理图进行接线。各接线端子的编号必须与电气原理图中的导线编号一致。

图 7-1-3 所示为笼型异步电动机正反转控制的电器安装接线图。

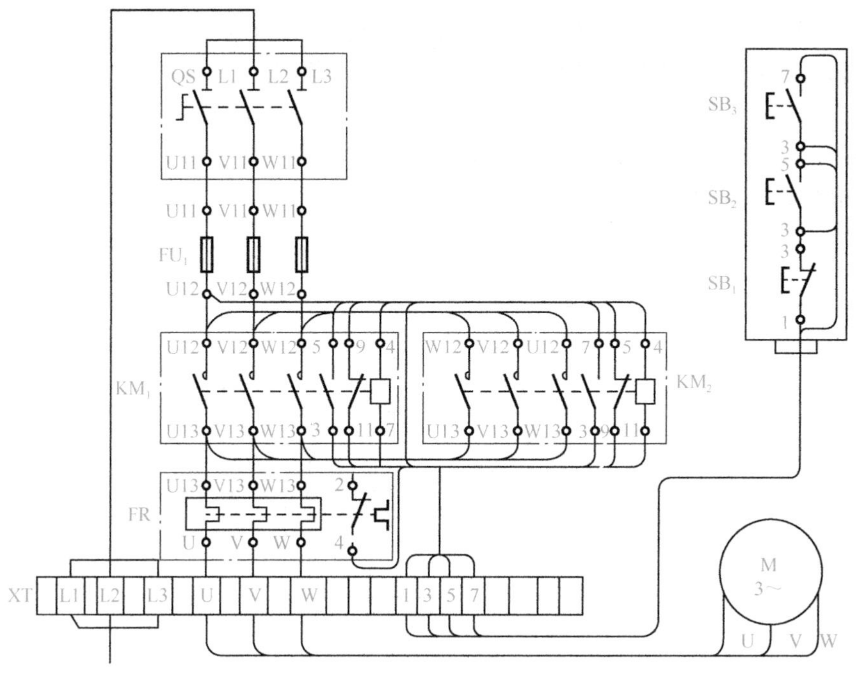

图 7-1-3 笼型异步电动机正反转控制的电器安装接线图

2. 电器装配工艺要求

电器装配工艺包括安装工艺和配线工艺。

1）安装工艺要求

这里主要介绍电器箱内或电器板上的安装工艺要求。对于定型产品，一般必须按电器布置图、电器安装接线图和工艺技术要求去安装电器元件，并且要符合国家或企业标准要求。

对于只有电气原理图的安装项目或现场安装工程项目，决定电器元件的安装、布局安排其实是与电气工艺设计施工作业同时进行的过程，因而布局安排是否合理在很大程度上影响着整个电路的工艺水平及安全性和可靠性。当然，允许有不同的布局安排方案。一般应注意以下几点。

① 仔细检查各电器元件是否良好，规格、型号等是否符合要求。

② 刀开关和空气开关都应垂直安装，合闸后手柄应向上指，分闸后手柄应向下指，不允许平装或倒装；受电端应在开关的上方，负载应在开关的下方，以保证分闸后闸刀不带电。组合开关在安装时应使手柄旋转在水平位置为分断状态。

③ RL 系列熔断器的受电端应为其底座的中心端。RT0、RM 等系列熔断器应垂直安装，其上端为受电端。

④ 带电磁吸引线圈的时间继电器应垂直安装，以保证继电器断电后，动铁芯释放后的运动方向符合重力垂直向下的方向。

⑤ 各电器元件安装位置要合理，间距要适当，以便于维修查线和更换电器元件；电器元件安装要整齐、匀称、平整，整体布局科学、美观、合理，为配线工艺提供良好的基础条件。

⑥ 电器元件的安装要松紧适度，保证既不松动，也不因过紧而损坏。

⑦ 安装电器元件要使用适当的工具，禁止用不适当的工具安装或敲打式安装。

2）板前配线工艺要求

板前配线是指在电器板正面明线敷设，完成整个电路连接的一种配线方法。这种配线方式的优点是便于维护、查找故障和维修，因为讲究整齐美观，所以配线速度稍慢。一般应注意以下几点。

① 要把导线拉直、拉平，去除小弯。

② 配线尽可能短，用线要少，要以最简单的形式完成电路连接。符合同一个电气原理图的实际配线方案有多种，接法因人而异，但是采用简单实用的方案不仅可以节约线材，还可以减少故障隐患点。因此，在具备同样控制功能的条件下，“以简为优”。

③ 排线要求横平竖直、整齐美观。变换走向应垂直变向，杜绝行线歪斜。

④ 主回路、控制回路在空间的平面层次不宜多于 3 层。同一类导线，要同层密排或间隔均匀。除短的行线以外，其他线一般要紧贴敷设面走线。

⑤ 同一平面层次的导线应高低一致，前后一致，避免交叉。

⑥ 对于较复杂的线路，宜先配控制回路，后配主回路。

⑦ 导线剥皮的长度要适当，并且保证不伤线芯。

⑧ 压线必须可靠，不松动，既不要压线过长而压到绝缘皮，也不要露导体过多。

⑨ 电器元件的接线端子，应该直接压线的必须用直接压线法，该做羊眼圈压线的必须围圈压线，并避免反圈压线。一个接（压）线端子上要避免“一点压三线”。

⑩ 盘外电器与盘内电器的连接导线，必须经过接线端子板压线。

⑪ 主回路、控制回路线头均应套装线头码（回路编号），以便于装配和维修。

⑫ 一般以接触器为中心，按由里向外、由低到高、先控制回路后主电路的顺序进行布线，以不妨碍后续布线为原则。

应该指出，在以上几点要求中，有些要求是相互制约或相互矛盾的，如“配线尽可能短”

与“避免交叉”等。这是需要反复实践操作，积累一定经验，才能掌握的工艺要领。

3）槽板配线工艺要求

槽板配线是采用塑料线槽板作为通道，除电器元件接线端子处一段引线外露以外，其余行线均隐藏于槽板内的一种配线方法。它的特点是配线工艺相对简单，配线速度较快，适用于某些定型产品的批量生产配线，但线材和槽板消耗较多。槽板配线中剥线、压线、端子使用等与板前配线有相同的工艺要求，此外还应注意以下几点要求。

① 根据行线数量和导线截面积，估算和确定槽板的规格、型号。配线后，宜使导线占用槽板内约 70％的空间。

② 规划槽板的走向，并按合理尺寸裁割槽板。

③ 槽板换向应拐直角弯，衔接方式宜用横、竖各 45°角对插方式。

④ 槽板与电器元件的间隔要适当，以方便压线和更换电器元件。

⑤ 安装槽板要紧固可靠，避免敲打而引起破裂。

⑥ 所有行线的两端应无一遗漏、正确地套装与电气原理图中的编号一致的线头码。

⑦ 应避免槽板内的行线过短而拉紧，应留有少量裕度，并尽量减少槽内交叉。

⑧ 穿出槽板的行线，应尽量保持横平竖直、间隔均匀、高低一致，避免交叉。

3. 点动控制电路

在日常生产中，很多生产机械由于生产工艺需要有时要进行调整运动，如机床的对刀调整、快速进给、控制电动葫芦等。为实现这种调整运动，应对拖动电动机实行点动控制，使电动机短时转动。

点动控制电路电气原理图如图 7-1-4 所示，其工作原理如下。

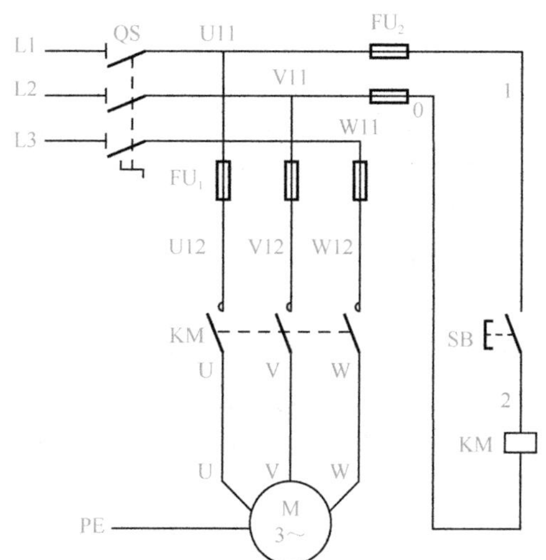

图 7-1-4　点动控制电路电气原理图

启动过程：先合上电源开关 QS，按下按钮 SB→接触器 KM 的线圈得电→接触器 KM 的主触点闭合→电动机 M 接通三相电源启动并运行。

停止过程：松开按钮 SB→接触器 KM 的线圈失电→接触器 KM 的主触点断开→电动机 M 断开三相电源停止运行。

□【任务实施】

1. 任务实施器材

① 钢丝钳、尖嘴钳、剥线钳、电工刀 一套/组

② 接线板、万用表 一套/组

③ 任务所需电器元件及设备清单如表 7-1-1 所示。

表 7-1-1 任务所需电器元件及设备清单

代 号	名 称	型 号	规 格	数 量
M	三相笼型异步电动机	Y-112M-4	4kW、380V、8.8A、1420r/min	1 台
QS	电源开关	HZ10-10/3	10A、三极	1 个
FU_1	螺旋熔断器	RL1-60/20	500V、60A、配熔体 20A	3 个
FU_2	螺旋熔断器	RL1-15/3	500V、15A、配熔体 3A	2 个
KM	交流接触器	CJ10-10	10A、线圈电压 380V	1 个
SB_1、SB_2	按钮	LA10-3H	保护式、3 扣按钮（代用）	1 个
XT	端子排	JX2-1015	10A、15 节	1 个

2. 任务实施步骤

操作提示：本任务使用的是 380V 交流电源，所以在通电试车时，必须保证有人监护；在实际工程控制中，按钮 SB 与电源开关 QS 不安装在电器板上，但在本任务中考虑到实际布线工艺，将 SB 和 QS 布置在电器板上。

操作步骤 1：检查电器元件。

操作方法：检查电器元件的额定参数是否符合控制要求；检查电器元件的外观，即有无裂纹、接线桩有无生锈、零部件是否齐全等；检查电磁机构及触点情况，即线圈有无断线或短路情况、触点是否有油污及磨损情况；检查电器元件动作情况，通过手动方式闭合电磁机构及触点，检查动作是否灵活、触点闭合与断开情况等。

操作要求：列出电器元件名称、型号、规格及数量，检查、筛选电器元件。

操作步骤 2：绘制电器布置图及电器安装接线图。

操作方法：根据电器元件实际情况，确定电器元件位置，电器元件的布置要整齐、合理，绘制电器布置图，如图 7-1-5 所示（供参考）；绘制电器安装接线图，正确标注线号，如图 7-1-6 所示（供参考）。

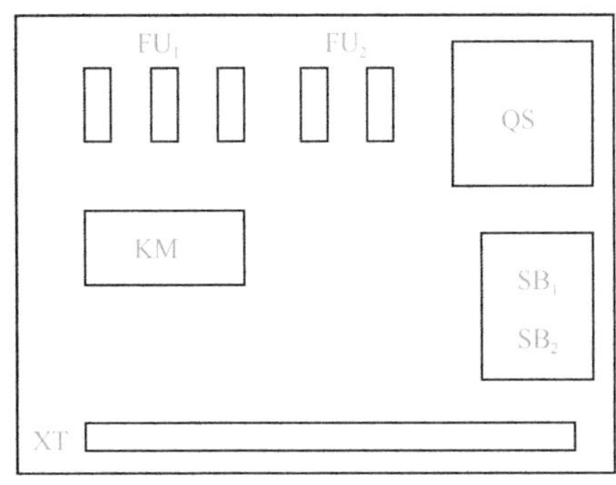

图 7-1-5 点动控制电路电器布置图

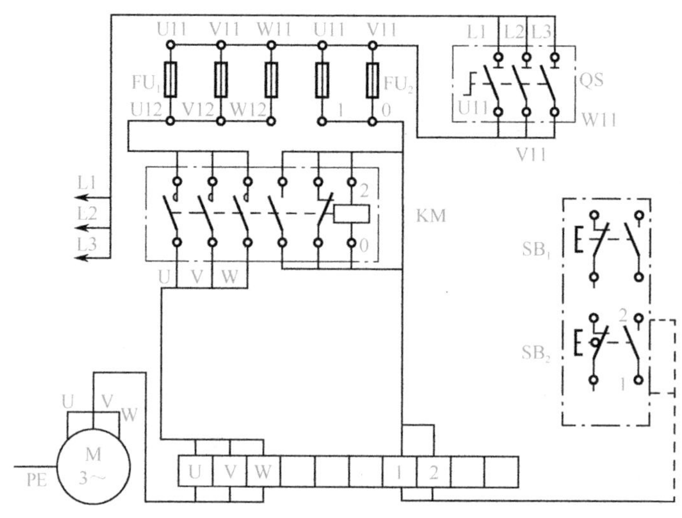

图 7-1-6　点动控制电路电器安装接线图

操作要求：保证图的正确性，无漏画、错画现象；电器元件的布置要整齐、合理。

操作步骤 3：安装与接线。

操作方法：根据图 7-1-5 安装固定电器元件，紧固程度要适当，既不松动又不损毁电器元件；根据图 7-1-6 逐段接线并核对，布线要平直、整齐、紧贴板面，走线要合理，接点不能松动，导线中间应无接头，尽量避免交叉。交流电源开关、熔断器和控制按钮的端子必须采用顺时针羊眼圈压线法，接触器的触点及端子排必须采用直接压线法；所有接点的压接要保证接触良好。

操作要求：按电气装配工艺要求实施安装与接线操作。

操作步骤 4：线路检查。

操作方法：首先对照电气原理图逐线检查，以排除错接、漏接及虚接等情况，具体方法主要包括手工法与万用表法。用手工法核对线号，检查接线端子的接触情况。用手工法检查完后再用万用表法检查，具体方法是先断开电源开关 QS，用手操作模拟触点的分合动作，将万用表拨到电阻“×1”挡，然后结合电气原理图对各线路进行检查，一般步骤如下。

主回路检查过程：首先去掉控制回路熔断器 FU_2 的熔体，以切除控制回路，用螺钉旋具按压接触器 KM 的主触点架，使主触点闭合，再用万用表分别测量电源开关 QS 下端各相之间的接线情况。在正常情况下，接点 U11、V11 之间和 U11、W11 之间及 V11、W11 之间的电阻值均应为 $R\to\infty$。如果某次测量结果为 $R\to 0$，则说明所测量的两相之间的接线有短路情况，应仔细逐线检查。

控制回路检查过程：插好控制回路的熔断器 FU_2，将万用表表笔分别接在控制回路电源线端子 U11、V11 处，测得电阻值应为 $R\to\infty$，即断路；按下按钮 SB，应测得接触器 KM 线圈的电阻值。若所测得的结果与上述情况不符，则将一支表笔接 U11 处，将另一支表笔依次接 1 号、2 号……各段导线两端的端子，即可查出短路点和断路点，并予以排除。移动表笔测量，逐步缩小故障范围，能够快速可靠地查出故障点。

操作要求：用手工法和万用表法检查线路，确保接线正确。

操作步骤 5：功能调试。

注意：只有在线路检查无误的情况下，才允许合上电源开关 QS。

操作方法：按下按钮 SB，观察接触器是否吸合、电动机是否正常启动并运行；松开按钮 SB，观察接触器是否释放、电动机是否停止运行。

操作要求：检查电动机是否受按钮 SB 的控制做点动运行；测听接触器主触点分合的动作声音和接触器线圈运行的声音是否正常；反复试验数次，检查控制电路动作的可靠性。

□【任务考核与评价】

本任务考核参照《电工国家职业技能鉴定考核标准》执行，评分标准参考表如表7-1-2所示。

表 7-1-2 评分标准参考表

<table>
<tr><th>任务内容</th><th>配 分</th><th colspan="2">评分标准</th><th>扣 分</th><th>得 分</th></tr>
<tr><td>电器元件安装</td><td>15</td><td colspan="2">① 电器元件安装松动（每个）
② 缺少安装螺钉（每个）
③ 安装不合理、歪斜、间距不当（每处）
④ 布局不合理
⑤ 熔断器受电端方向错误（每处）
⑥ 损坏电器元件（每个）</td><td>2
2
4
5
2
10</td><td></td></tr>
<tr><td>配线</td><td>35</td><td colspan="2">① 不按电气原理图接线
② 导线未拉直
③ 行线歪斜，层次过多、混乱（每处）
④ 导线交叉（每处）
⑤ 形式烦琐（每处）
⑥ 压线松动，剥线过长，反圈压线（每处）</td><td>5
5
4
2
4
2</td><td></td></tr>
<tr><td>通电试车</td><td>50</td><td colspan="2">① 第 1 次试车不成功
② 第 2 次试车不成功
③ 第 3 次试车不成功
④ 违反安全规程</td><td>15
15
20
5～50</td><td></td></tr>
<tr><td>定额时间</td><td>2h</td><td colspan="2">每超过 1 min</td><td>2</td><td></td></tr>
<tr><td>备注</td><td></td><td colspan="2">除定额时间外，各项内容的最高扣分不得超过配分数</td><td>成绩</td><td></td></tr>
<tr><td>开始时间</td><td></td><td>结束时间</td><td></td><td>实际时间</td><td></td></tr>
</table>

任务 2 单向连续运行控制电路的安装、接线与调试训练

□【任务要求】

本任务要求学生通过对单向连续运行控制电路的学习，熟悉电气控制基本环节，掌握单向连续运行控制电路的安装、接线与调试方法。

1. 知识目标

① 了解单向连续运行控制过程，掌握单向连续运行控制电路的工作原理。

② 熟悉单向连续运行控制电路的电气原理图、电器布置图及电器安装接线图。

③ 掌握单向连续运行控制电路的安装、接线与调试方法。

2. 技能目标

能根据相关图纸文件完成单向连续运行控制电路的安装、接线与调试。

【任务相关知识】

在实际生产中，往往要求电动机能够长时间连续运行，以实现车床主轴的旋转运动、传送带的物料运送、造纸机械的拖动等。为实现这种运动，应对拖动电动机实行长动控制，使电动机连续运行。

1. 电气原理图

单向连续运行控制电路电气原理图如图 7-2-1 所示。主回路由三相电源、电源开关 QS、熔断器 FU_1、接触器 KM 的主触点、热继电器 FR 的发热元件和电动机 M 组成。控制回路由熔断器 FU_2、停止按钮 SB_1（红色）、启动按钮 SB_2（黑色）、接触器 KM 的线圈及其常开辅助触点、热继电器 FR 的常闭触点组成。

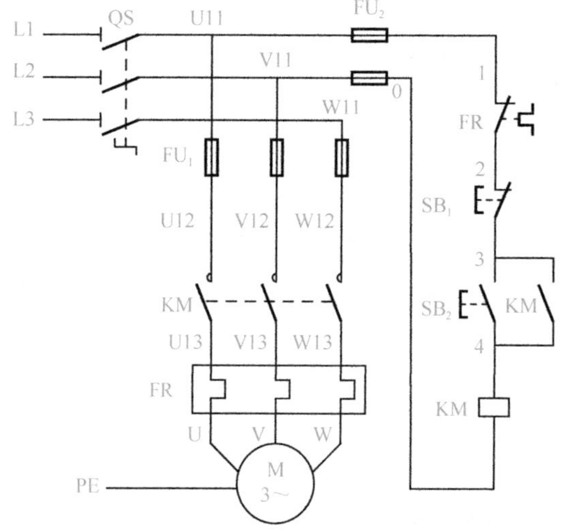

图 7-2-1 单向连续运行控制电路电气原理图

2. 工作原理

启动过程：先合上电源开关 QS，按下启动按钮 SB_2→接触器 KM 的线圈得电吸合→接触器 KM 的主触点闭合→电动机 M 接通三相电源启动并运行。这时与启动按钮 SB_2 并联的一个接触路 KM 的常开辅助触点闭合，这个触点叫自锁触点，自锁触点具有记忆功能。松开启动按钮 SB_2，控制回路通过控制器 KM 的自锁触点使线圈仍保持得电吸合状态。

停止过程：按下停止按钮 SB_1→接触器 KM 的线圈失电→接触器 KM 的主触点断开→电动机 M 断开三相电源停止运行。

□【任务实施】

1. 任务实施器材

① 钢丝钳、尖嘴钳、剥线钳、电工刀　　　　一套/组

② 接线板、万用表　　　　一套/组

③ 任务所需电器元件及设备清单如表 7-2-1 所示。

表 7-2-1 任务所需电器元件及设备清单

代号	名称	型号	规格	数量
M	三相笼型异步电动机	Y-112M-4	4kW、380V、8.8A、1420r/min	1 台
QS	电源开关	HZ10-10/3	10A、三极	1 个
FU_1	螺旋熔断器	RL1-60/20	500V、60A、配熔体 20A	3 个
FU_2	螺旋熔断器	RL1-15/3	500V、15A、配熔体 3A	2 个
KM	交流接触器	CJ10-10	10A、线圈电压 380V	1 个
FR	热继电器	JR16-20/3	20A、三相、发热元件 11A（整定值为 9.5A）	1 个
SB_1、SB_2	按钮	LA10-3H	保护式、3 扣按钮（代用）	1 个
XT	端子排	JX2-1015	10A、15 节	1 个

2. 任务实施步骤

操作步骤 1：检查电器元件。

操作方法和操作要求与本项目任务 1 中的有关内容相同。

操作步骤 2：绘制电器布置图及电器安装接线图。

操作方法：根据电器元件实际情况，确定电器元件位置，电器元件的布置要整齐、合理，绘制电器布置图，如图 7-2-2 所示（供参考）；绘制电器安装接线图，正确标注线号，如图 7-2-3 所示（供参考）。

操作要求：保证图的正确性，无漏画、错画现象；电器元件的布置要整齐、合理。

操作步骤 3：安装与接线。

操作方法：安装与接线方法与本项目任务 1 中的有关内容相同。单向连续运行控制电路安装范例如图 7-2-4 所示。

操作要求：按电气装配工艺要求实施安装与接线操作。

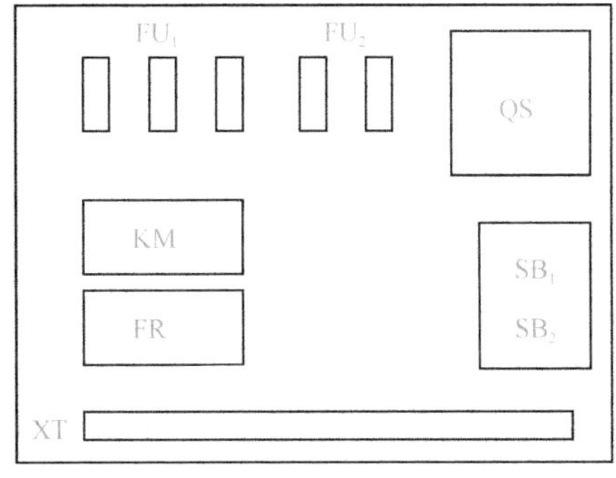

图 7-2-2 单向连续运行控制电路电器布置图

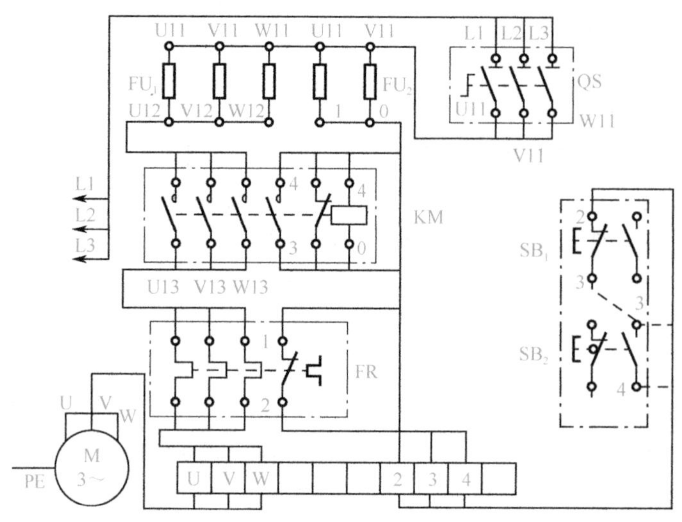

图 7-2-3　单向连续运行控制电路电器安装接线图

操作步骤 4：线路检查。

操作方法：线路检查方法与本项目任务 1 中的有关内容相同。

操作要求：用手工法和万用表法检查线路，确保接线正确。

操作步骤 5：功能调试。

注意：只有在线路检查无误的情况下，才允许合上电源开关 QS。

操作方法：按下按钮 SB_2，观察接触器是否吸合、电动机是否正常启动并运行；松开按钮 SB_2，观察接触器是否释放、电动机是否正常运行；按下按钮 SB_1，观察接触器是否释放、电动机是否停止运行。

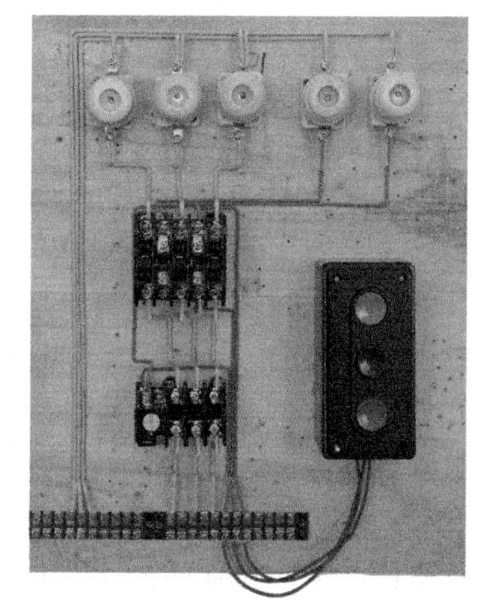

图 7-2-4　单向连续运行控制电路安装范例

操作要求：检查电动机是否受按钮 SB_2 的控制连续运行，是否受按钮 SB_1 的控制停止运行；测听接触器主触点分合的动作声音和接触器线圈运行的声音是否正常；反复试验数次，检查控制电路动作的可靠性。

3. 故障现象及分析

故障现象 1：当合上电源开关 QS 以后，按下启动按钮 SB_2，出现接触器不吸合、电动机不工作现象。

分析与处理：①检查控制电路的电源电压、熔断器 FU_2 的熔体及接触情况；②检查热继电器接线是否正确、常闭触点是否复位；③检查按钮盒接线是否正确、压接线是否松脱；④检查按钮盒内各线码与端子排编号是否一致；⑤检查接触器线圈是否断路，检查盘内控制电路各压接点的接触情况（如导线压线皮），特别是对于有互锁功能的电路，一定要重点检查常闭互锁触点状态（如触点压错位或动触桥虚断等）。在实训中，故障现象 1 的常见原因如图 7-2-5所示。

（a）互锁触点接线错误

（b）热继电器触点接线错误

（c）接触器线圈接点压线皮

（d）按钮接点反羊眼圈虚接

（e）接触器互锁触点缺失

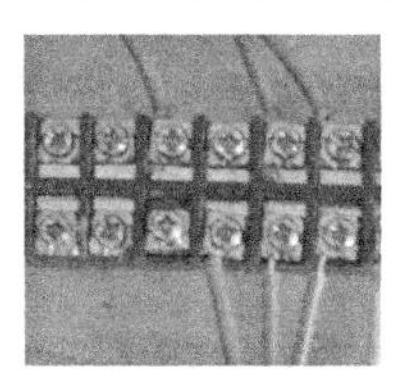
（f）端子排压线错误

图 7-2-5 故障现象 1 的常见原因

故障现象 2：当合上电源开关 QS 以后，接触器的线圈直接得电吸合，电动机立即运行。

分析与处理：出现这种故障现象的原因是控制回路接线错误，此种错误特别容易发生在端子排上和按钮盒内。以图 7-2-1 为例，如果将 3 号线和 4 号线在端子排上接反了，则接触器 KM 的线圈就直接跨接在电源两端，只要电源开关 QS 一闭合上电，就会出现上述故障。

故障现象 3：当合上电源开关 QS 以后，按下启动按钮 SB_2，电动机出现点动现象。

分析与处理：出现这种故障现象的原因是控制回路不自锁。以图 7-2-1 为例，出现这种故障现象的原因可能是 3 号线和 4 号线压线皮，也可能是接触器 KM 的常开辅助触点损坏、缺失，还可能是接线盒内导线松脱。

故障现象 4：当合上电源开关 QS 以后，按下启动按钮 SB_2，电动机运行振动，转速明显降低，并伴有沉闷的噪声。

分析与处理：出现这种故障现象的原因是主回路缺相，造成三相电动机单相运行。检查电源是否缺相，检查熔断器 FU1 是否熔断、接触是否良好，检查端子排上的 3 根负载线的接线情况，检查盘内主回路的触点是否接触良好。

□【任务考核与评价】

本任务考核参照《电工国家职业技能鉴定考核标准》执行，评分标准参考表如表7-1-2所示。

任务 3 正反转控制电路的安装、接线与调试训练

□【任务要求】

本任务要求学生通过对正反转控制电路的学习，熟悉电气控制基本环节，掌握正反转控制电路的安装、接线与调试方法。

1. 知识目标

① 了解正反转控制过程，掌握正反转控制电路的工作原理。

② 熟悉正反转控制电路的电气原理图、电器布置图及电器安装接线图。

③ 掌握正反转控制电路的安装、接线与调试方法。

2. 技能目标

能根据相关图纸文件完成正反转控制电路的安装、接线与调试。

【任务相关知识】

在生产加工过程中，往往要求电动机能够实现可逆运行，即正转与反转，如机床工作台的前进与后退、电梯的上升与下降、物料混合搅拌机的工作等。

1. 单互锁正反转控制电路

1）电气原理图

单互锁正反转控制电路电气原理图如图 7-3-1 所示。主回路由三相电源、电源开关 QS、熔断器 FU_1、接触器 KM_1 与 KM_2 的主触点、热继电器 FR 的发热元件、电动机 M 组成。控制回路由熔断器 FU_2、停止按钮 SB_1（红色）、正转启动按钮 SB_2（黑色）、反转启动按钮 SB_3（绿色）、接触器 KM_1 与 KM_2 的线圈及其辅助触点、热继电器 FR 的常闭触点组成。

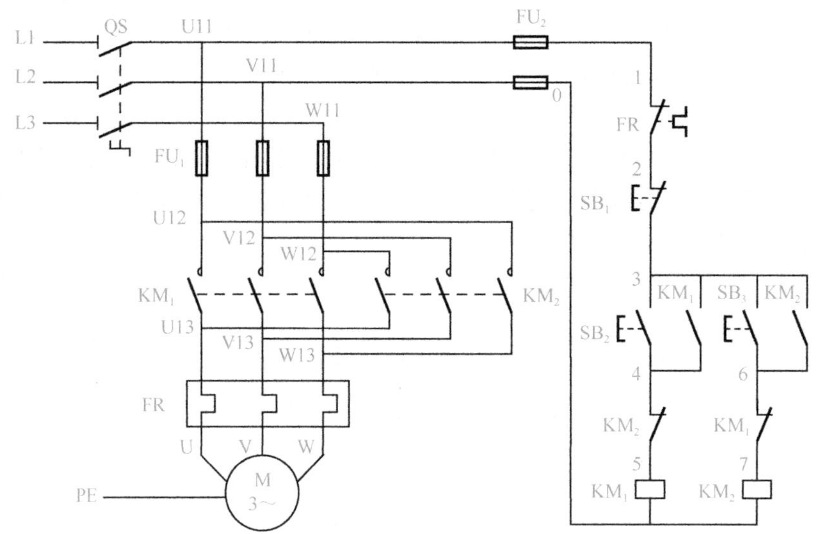

图 7-3-1 单互锁正反转控制电路电气原理图

2）工作原理

启动过程：先合上电源开关 QS，按下正转启动按钮 SB_2→接触器 KM_1 的线圈得电吸合→接触器 KM_1 的主触点和常开辅助触点闭合→电动机 M 接通三相电源正转启动并运行。这时接触器 KM_1 的一个与接触器 KM_2 的线圈串联的常闭辅助触点断开，这个触点叫互锁触点，互锁触点的作用是防止在接触器 KM_1 的线圈得电吸合期间，接触器 KM_2 的线圈也得电吸合，造成电源相间短路，这种利用两个接触器的常闭辅助触点互相控制的方法称为电气互锁。反转启动过程与正转启动过程类似。

停止过程：按下停止按钮 SB_1→接触器 KM_1、KM_2 的线圈全部失电→接触器 KM_1、KM_2 的主触点断开→电动机 M 断开三相电源停止运行。

单互锁正反转控制电路的运行操作顺序是“正—停—反”。

2. 双重互锁正反转控制电路

1）电气原理图

双重互锁正反转控制电路电气原理图如图 7-3-2 所示。双重互锁正反转控制电路与单互锁正反转控制电路相似，它相当于把电气互锁和机械互锁两个互锁电路整合在同一个电路中。

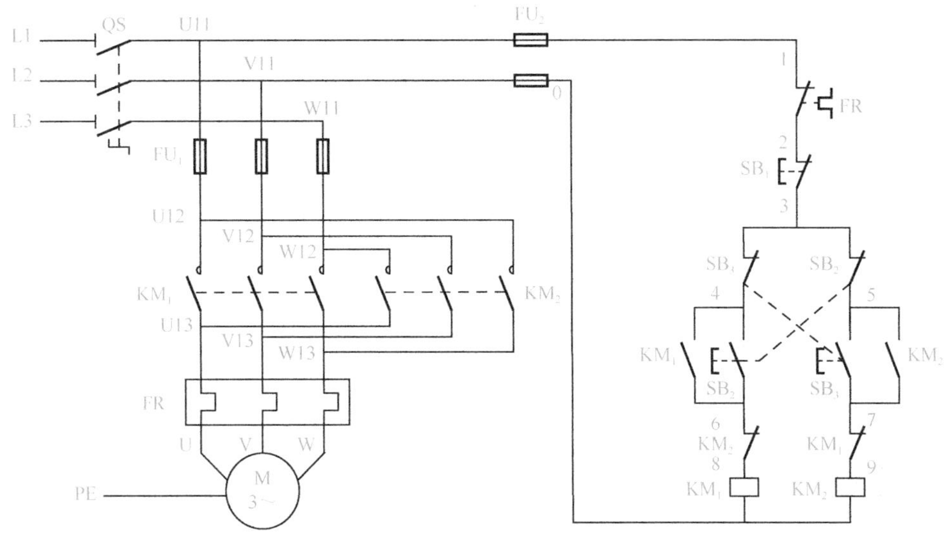

图 7-3-2 双重互锁正反转控制电路电气原理图

2）工作原理

启动过程：先合上电源开关 QS，按下正转启动按钮 SB_2→SB_2的常闭触点断开，对接触器 KM_2互锁→SB_2的常开触点闭合→接触器 KM_1的线圈得电→KM_1的常闭辅助触点先断开，再次对接触器 KM_2互锁，后接触器 KM_1的主触点和常开辅助触点同时闭合→电动机 M 接通三相电源正转启动并运行。若想反转，则按下反转启动按钮 SB_3→SB_3的常闭触点先断开，对接触器 KM_1互锁→KM_1的线圈失电→KM_1的主触点和常开辅助触点断开→电动机 M 断开电源，KM_1的互锁触点恢复闭合，为 KM_2的线圈得电做好准备→SB_3的常开触点后闭合→KM_2的线圈得电→KM_2的常闭辅助触点断开，再次对 KM_1互锁→KM_2的主触点和常开辅助触点同时闭合→电动机 M 反转启动并运行。

停止过程：按下停止按钮 SB_1→接触器 KM_1、KM_2的线圈全部失电→接触器 KM_1、KM_2的主触点断开→电动机 M 断开三相电源停止运行。

双重互锁正反转控制电路的运行操作顺序是“正—反—停”。

□【任务实施】

1. 任务实施器材

① 钢丝钳、尖嘴钳、剥线钳、电工刀　　　　一套/组

② 接线板、万用表　　　　一套/组

③ 任务所需电器元件及设备清单如表 7-3-1 所示。

表 7-3-1　任务所需电器元件及设备清单

代　号	名　称	型　号	规　格	数　量
M	三相笼型异步电动机	Y-112M-4	4kW、380V、8.8A、1420r/min	1 台
QS	电源开关	HZ10-10/3	10A、三极	1 个
FU_1	螺旋熔断器	RL1-60/20	500V、60A、配熔体 20A	3 个
FU_2	螺旋熔断器	RL1-15/3	500V、15A、配熔体 3A	2 个
KM_1、KM_2	交流接触器	CJ10-10	10A、线圈电压 380V	2 个
FR	热继电器	JR16-20/3	20A、三相、发热元件 11A（整定值 9.5A）	1 个
SB_1～SB_3	按钮	LA10-3H	保护式、3 扣按钮（代用）	1 个
XT	端子排	JX2-1015	10A、15 节	1 个

2. 任务实施步骤

1）单互锁正反转控制电路的安装、接线与调试

操作步骤 1：检查电器元件。

操作方法和操作要求与本项目任务 1 中的有关内容相同。

操作步骤 2：绘制电器布置图及电器安装接线图。

操作方法：根据电器元件实际情况，确定电器元件位置，电器元件的布置要整齐、合理，绘制电器布置图，如图 7-3-3 所示（供参考）；绘制电器安装接线图，正确标注线号，如图 7-3-4所示（供参考）。

操作要求：保证图的正确性，无漏画、错画现象；电器元件的布置要整齐、合理。

操作步骤 3：安装与接线。

操作方法：安装与接线方法与本项目任务 1 中的有关内容相同。单互锁正反转控制电路安装范例如图 7-3-5 所示。

操作要求：按电气装配工艺要求实施安装与接线操作。

操作步骤 4：线路检查。

操作方法：线路检查方法与本项目任务 1 中的有关内容相同。

操作要求：用手工法和万用表法检查线路，确保接线正确。

操作步骤 5：功能调试。

注意：只有在线路检查无误的情况下，才允许合上电源开关 QS。

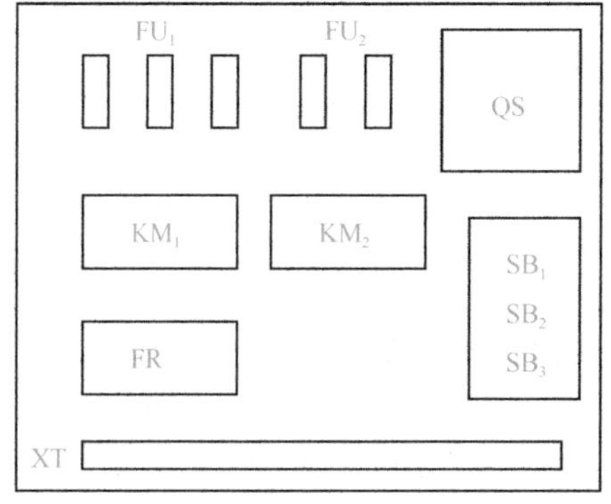

图 7-3-3　单互锁正反转控制电路电器布置图

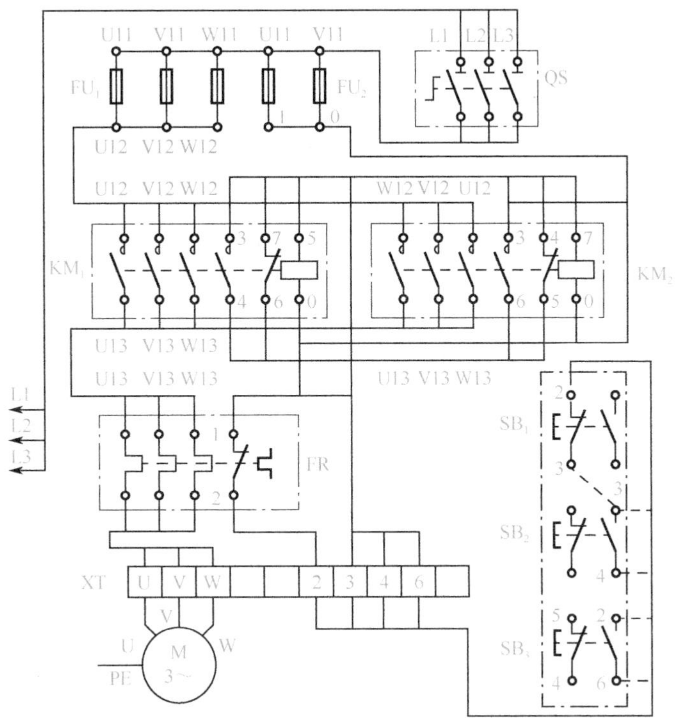

图 7-3-4 单互锁正反转控制电路电器安装接线图

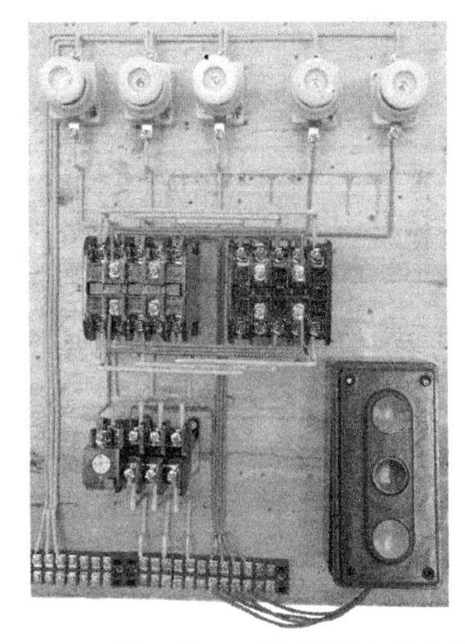

图 7-3-5 单互锁正反转控制电路安装范例

操作方法：按下按钮 SB_2，观察接触器 KM_1 是否吸合、电动机是否正转启动并运行；松开按钮 SB_2，观察接触器 KM_1 是否释放；按下按钮 SB_3，观察电动机是否继续运行；按下按钮 SB_1，观察接触器 KM_1 是否释放、电动机是否停止运行。按下按钮 SB_3，观察接触器 KM_2 是否吸合、电动机是否反转启动并运行；松开按钮 SB_3，观察接触器 KM_2 是否释放；按下按钮 SB_2，观察电动机是否继续运行；按下按钮 SB_1，观察接触器 KM_2 是否释放、电动机是否停止运行。

操作要求：验证单互锁正反转控制电路特有的“正—停—反”控制过程；反复试验数次，检查控制电路动作的可靠性。

2）双重互锁正反转控制电路的安装、接线与调试

操作步骤 1：检查电器元件。

操作方法和操作要求与本项目任务 1 中的有关内容相同。

操作步骤 2：绘制电器布置图及电器安装接线图。

操作方法：根据电器元件实际情况，确定电器元件位置，电器元件的布置要整齐、合理，绘制电器布置图，如图 7-3-3 所示（供参考）；绘制电器安装接线图，如图 7-3-6 所示（供参考）。

操作要求：保证图的正确性，无漏画、错画现象；电器元件的布置要整齐、合理。

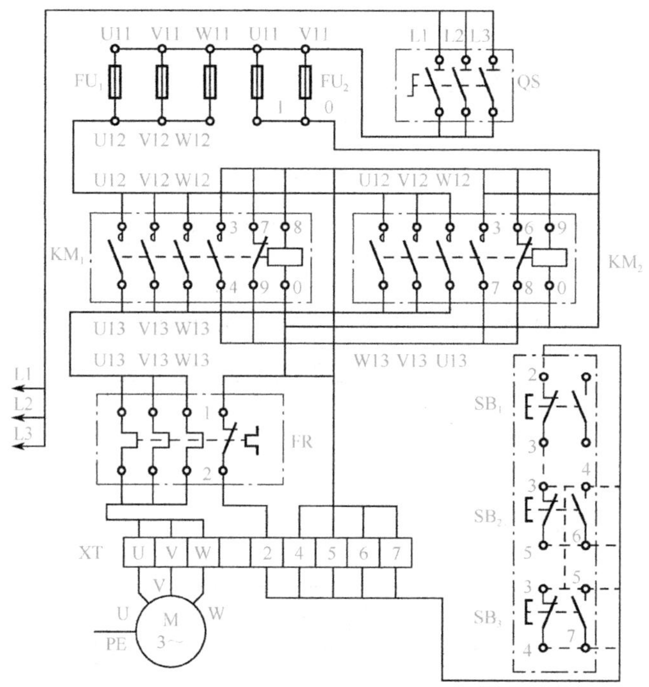

图 7-3-6　双重互锁正反转控制电路电器安装接线图

操作步骤 3：安装与接线。

操作方法：安装与接线方法与本项目任务 1 中的有关内容相同。双重互锁正反转控制电路安装范例如图 7-3-7 所示。

操作要求：按电气装配工艺要求实施安装与接线操作。

操作步骤 4：线路检查。

操作方法：线路检查方法与本项目任务 1 中的有关内容相同。

操作要求：用手工法和万用表法检查线路，确保接线正确。

操作步骤 5：功能调试。

注意：只有在线路检查无误的情况下，才允许合上电源开关 QS。

操作方法：双重互锁正反转控制方法与单互锁正反转控制方法相同。

操作要求：验证双重互锁正反转控制电路特有的“正—反—停”控制过程；反复试验数次，检查控制电路动作的可靠性。

图 7-3-7　双重互锁正反转控制电路安装范例

工程实践

在学习双重互锁正反转控制电路理论时，很多教材采用的是如图 7-3-8 所示的电气原理图，而不是如图 7-3-2 所示的电气原理图。通过读图可知，图 7-3-8 同样具有双重互锁正反转控制功能，但这个电路在实际工程中很少采用，这是为什么呢？

在实际工程中，对于同样的功能要求，人们希望控制电路越简洁越好，因为电路越简洁，就越能带来一系列的好处，如节省导线、经济性好、减少故障点、可靠性高、维修和维护方便等。图 7-3-8 对应的电器安装接线图如图 7-3-9 所示，而图 7-3-2 对应的电器安装接线图如图 7-3-6 所示。比较两者，前者盘内有 6 根线需要上端子排，对应有 6 根线需要进按钮盒；而后者盘内只有 5 根线需要上端子排，对应有 5 根线需要进按钮盒。

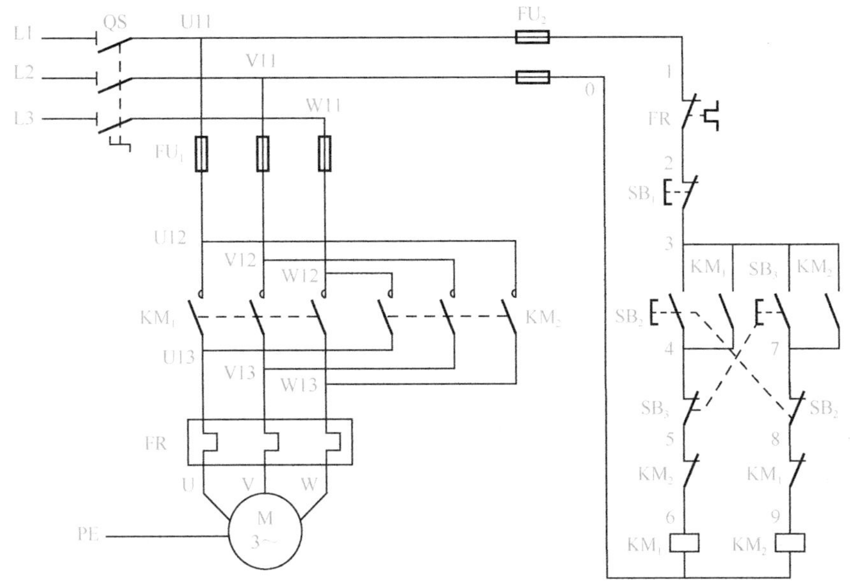

图 7-3-8 双重互锁正反转控制电路电气原理图

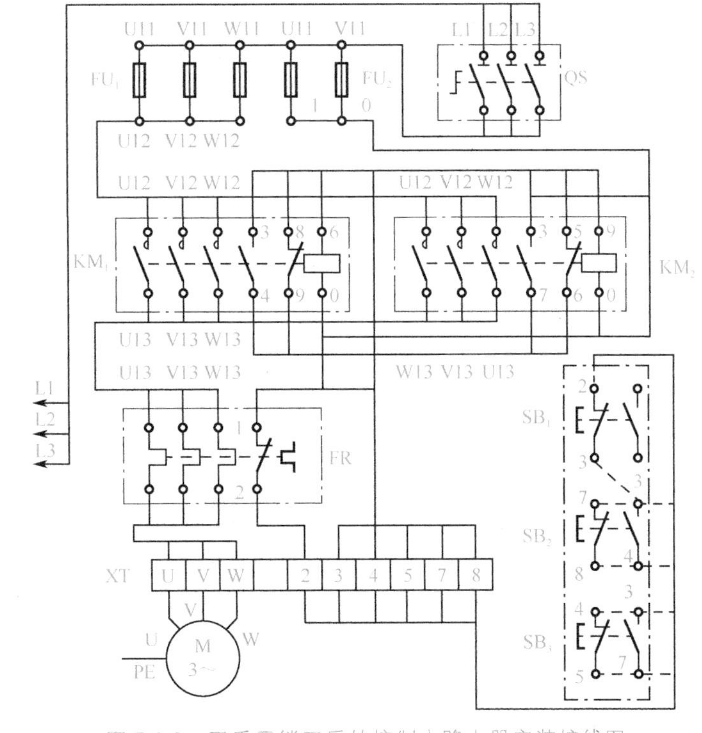

图 7-3-9 双重互锁正反转控制电路电器安装接线图

【任务考核与评价】

本任务考核参照《中级维修电工国家职业技能鉴定考核标准》执行，评分标准参考表如表 7-1-2所示。

任务 4　星形-三角形减压启动电路的安装、接线与调试训练

【任务要求】

本任务要求学生通过对星形－三角形减压启动电路的学习，熟悉电气控制基本环节，掌握星形－三角形减压启动电路的安装、接线与调试方法。

1. 知识目标

① 了解星形－三角形减压启动控制过程，掌握星形－三角形减压启动电路的工作原理。

② 熟悉星形－三角形减压启动电路的电气原理图、电器布置图及电器安装接线图。

③ 掌握星形－三角形减压启动电路的安装、接线与调试方法。

2. 技能目标

能根据相关图纸文件完成星形－三角形减压启动电路的安装、接线与调试。

【任务相关知识】

星形－三角形减压启动电路通过减小电动机定子绕组上的电压降低启动电流，从而启动电动机。因为启动力矩与定子绕组每相所加电压的平方成正比，所以减压启动的方法只适用于空载或轻载启动。当电动机启动到接近额定转速时，电动机定子绕组上的电压必须恢复到额定值，使电动机在正常电压下运行。凡是在正常运行时定子绕组采用三角形接法的三相笼型异步电动机均可采用星形－三角形减压启动方法启动。

1. 电气原理图

由时间继电器控制的星形－三角形减压启动电路电气原理图如图 7-4-1 所示。主回路由三相电源、电源开关 QS、熔断器 FU_1、主接触器 KM_1的主触点、三角形运行接触器 KM_2的主触点、星形启动接触器 KM_3的主触点、热继电器 FR 的发热元件和电动机 M 组成。控制回路由熔断器 FU_2，停止按钮 SB_1（红色），启动按钮 SB_2（黑色），主接触器 KM_1、三角形运行接触器 KM_2、星形启动接触器 KM_3的线圈及其辅助触点，热继电器 FR 的常闭触点组成。

2. 工作原理

先合上电源开关 QS，按下启动按钮 SB_2→接触器 KM_1的线圈得电→KM_1的常开辅助触点闭合而自锁→KM_3的线圈得电→KM_1、KM_3的主触点闭合→电动机 M 的绕组接成星形降压启动，同时 KT 的线圈得电开始延时，KM_3的互锁触点断开。当电动机 M 的转速上升到一定值时，KT 延时结束→KT 的常闭触点断开→KM_3的线圈失电→KM_3的主触点断开→电动机 M 的绕组解除星形连接，同时 KT 的常开触点闭合，KM_3的互锁触点闭合→KM_2的线圈得电→KM_2的主触点闭合→电动机 M 的绕组接成三角形全压运行，KM_2的互锁触点断开，使 KT 的线圈失电，KM_2的常开辅助触电闭合而自锁。当需要停止时，按下停止按钮 SB_1即可。

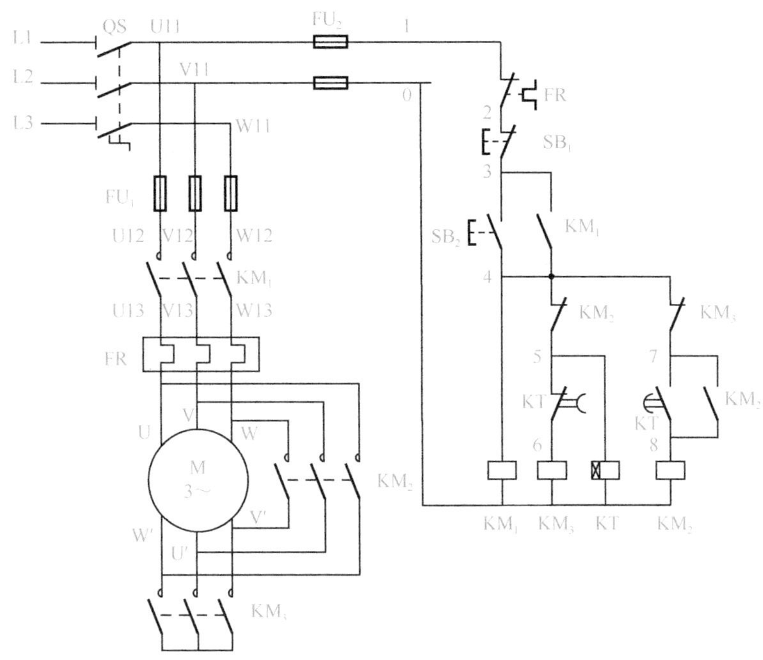

图 7-4-1 由时间继电器控制的星形－三角形减压启动电路电气原理图

□【任务实施】

1. 任务实施器材

① 钢丝钳、尖嘴钳、剥线钳、电工刀　　一套/组

② 接线板、万用表　　一套/组

③ 任务所需电器元件及设备清单如表 7-4-1 所示。

表 7-4-1 任务所需电器元件及设备清单

代　号	名　称	型　号	规　格	数　量
M	三相笼型异步电动机	Y-112M-4	4kW、380V、8.8A、1420r/min	1 台
QS	电源开关	HZ10-10/3	10A、三极	1 个
FU_1	螺旋熔断器	RL1-60/20	500V、60A、配熔体 20A	3 个
FU_2	螺旋熔断器	RL1-15/3	500V、15A、配熔体 3A	2 个
KM_1～KM_3	交流接触器	CJ10-10	10A、线圈电压 380V	3 个
FR	热继电器	JR16-20/3	20A、三相、发热元件 11A（整定值为 9.5A）	1 个
KT	时间继电器	JS7-2A	线圈电压 380V	1 个
SB_1、SB_2	按钮	LA10-3H	保护式、3 扣按钮（代用）	1 个
XT	端子排	JX2-1015	10A、15 节	1 个

2. 任务实施步骤

操作步骤 1：检查电器元件。

操作方法和操作要求与本项目任务 1 中的有关内容相同。

操作步骤 2：绘制电器布置图及电器安装接线图。

操作方法：根据电器元件实际情况，确定电器元件位置，电器元件的布置要整齐、合理，绘制电器布置图，如图 7-4-2 所示（供参考）；绘制电器安装接线图，正确标注线号，如图 7-4-3 所示（供参考）。

操作要求：保证图的正确性，无漏画、错画现象；电器元件的布置要整齐、合理。

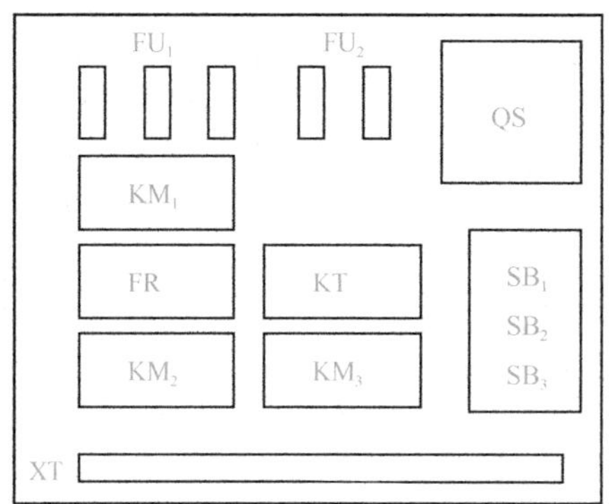

图 7-4-2　星形－三角形减压启动电路电器布置图

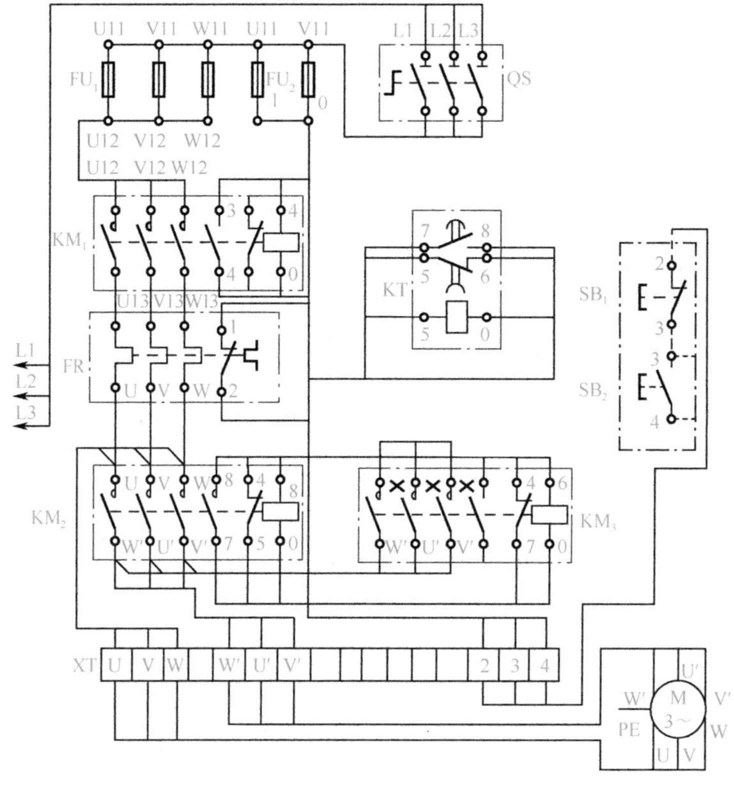

图 7-4-3　星形－三角形减压启动电路电器安装接线图

操作步骤 3：安装与接线。

操作方法：安装与接线方法与本项目任务 1 中的有关内容相同。

操作要求：按电气装配工艺要求实施安装与接线操作。

操作步骤 4：线路检查。

操作方法：线路检查方法与本项目任务 1 中的有关内容相同。

操作要求：用手工法和万用表法检查线路，确保接线正确。

操作步骤 5：功能调试。

注意：只有在线路检查无误的情况下，才允许合上电源开关 QS。

操作方法：按下按钮 SB_2，观察接触器 KM_1、KM_3 和时间继电器 KT 是否吸合及电动机是否减压启动；观察时间继电器 KT 是否正常延时；延时时间到后，观察电动机是否正常全压运行；按下按钮 SB_1，观察接触器是否释放、电动机是否停止运行。

操作要求：检查电动机是否受按钮 SB_2 的控制减压启动、是否受时间继电器 KT 的延时控制全压运行；检查电动机是否受按钮 SB_1 的控制停止运行；测听接触器主触点分合的动作声音和接触器线圈运行的声音是否正常；反复试验数次，检查控制电路动作的可靠性。

【任务考核与评价】

本任务考核参照《电工国家职业技能鉴定考核标准》执行，评分标准参考表如表7-1-2所示。

任务 5　能耗制动控制电路的安装、接线与调试训练

【任务要求】

本任务要求学生通过对能耗制动控制电路的学习，熟悉电气控制基本环节，掌握能耗制动控制电路的安装、接线与调试方法。

1. 知识目标

① 了解能耗制动控制过程，掌握能耗制动控制电路的工作原理。

② 熟悉能耗制动控制电路的电气原理图、电器布置图及电器安装接线图。

③ 掌握能耗制动控制电路的安装、接线与调试方法。

2. 技能目标

能根据相关图纸文件完成能耗制动控制电路的安装、接线与调试。

【任务相关知识】

制动是指在电动机或设备断电后强迫其迅速停止，这对于有些要求消除惯性、准确定位以提高工作效率的设备是必需的措施。

1. 电气原理图

能耗制动控制电路电气原理图如图 7-5-1 所示。主回路由三相电源、电源开关 QS、熔断器 FU_1、主接触器 KM_1 和 KM_2 的主触点、能耗制动接触器 KM_3 的主触点、热继电器 FR 的发热元件和电动机 M 组成。控制回路由熔断器 FU_2、停止按钮 SB_1（红色）、正转启动按钮 SB_2（黑色）、反转启动按钮 SB_3（黑色）、接触器 KM_1～KM_3 的线圈及其辅助触点、热继电器 FR 的常闭触点组成。

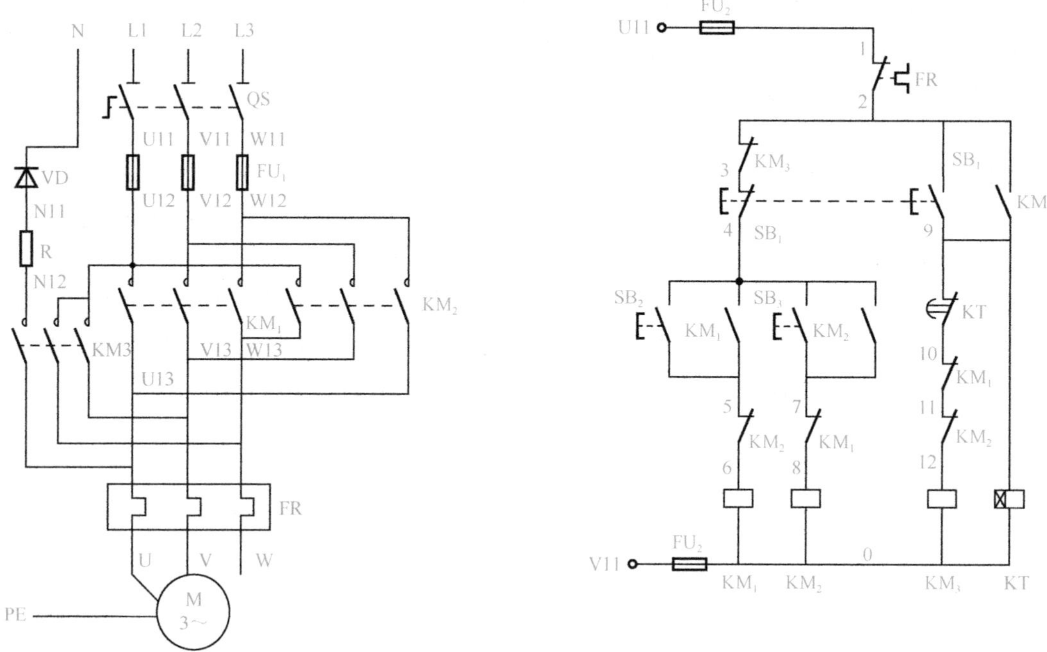

图 7-5-1　能耗制动控制电路电气原理图

2. 工作原理

先合上电源开关 QS，按下正转启动按钮 SB_2→主接触器 KM_1 得电并自锁→电动机 M 正转连续运行。按下停止按钮 SB_1，SB_1 的常闭触点先断开，KM_1 失电，后 SB_1 的常开触点闭合，接通接触器 KM_3 和时间继电器 KT 的线圈回路，其触点动作，KM_3 的常开辅助触点闭合起自锁作用；KM_3 的常开主触点闭合，使直流电压加在电动机动定子绕组上，电动机进行正向能耗制动，转速迅速下降，当接近于零时，时间继电器 KT 延时结束，其通电延时打开的常闭触点断开，切断接触器 KM_3 的线圈回路，此时 KM_3 的常开辅助触点恢复断开，KT 的线圈也随之失电，正向能耗制动结束。

【任务实施】

1. 任务实施器材

① 钢丝钳、尖嘴钳、剥线钳、电工刀　　　　一套/组

② 接线板、万用表　　　　一套/组

③ 任务所需电器元件及设备清单如表 7-5-1 所示。

表 7-5-1　任务所需电器元件及设备清单

代　号	名　称	型　号	规　格	数　量
M	三相笼型异步电动机	Y-112M-4	4kW、380V、8. 8A、1420r/min	1 台
QS	电源开关	HZ10-10/3	10A、三极	1 个
FU_1	螺旋熔断器	RL1-60/20	500V、60A、配熔体 20A	3 个
FU_2	螺旋熔断器	RL1-15/3	500V、15A、配熔体 3A	2 个

续表

代 号	名 称	型 号	规 格	数 量
KM_1～KM_3	交流接触器	CJ10-10	10A、线圈电压 380V	3 个
R	限流电阻		0.5Ω、50W	1 只
VD	整流二极管	2CZ30	30A、700V	1 只
FR	热继电器	JR16-20/3	20A、三相、发热元件 11A（整定值 9.5A）	1 个
KT	时间继电器	JS7-2A	线圈电压 380V	1 个
SB_1～SB_3	按钮	LA10-3H	保护式、3 扣按钮（代用）	1 个
XT	端子排	JX2-1015	10A、15 节	1 个

2. 任务实施步骤

操作步骤 1：检查电器元件。

操作方法和操作要求与本项目任务 1 中的有关内容相同。

操作步骤 2：绘制电器布置图及电器安装接线图。

操作方法：绘制电器布置图及电器安装接线图的方法与本项目任务 1 中的有关内容相同。能耗制动控制电路电器布置图如图 7-5-2 所示，能耗制动控制电路盘外电器安装接线图如图 7-5-3 所示。

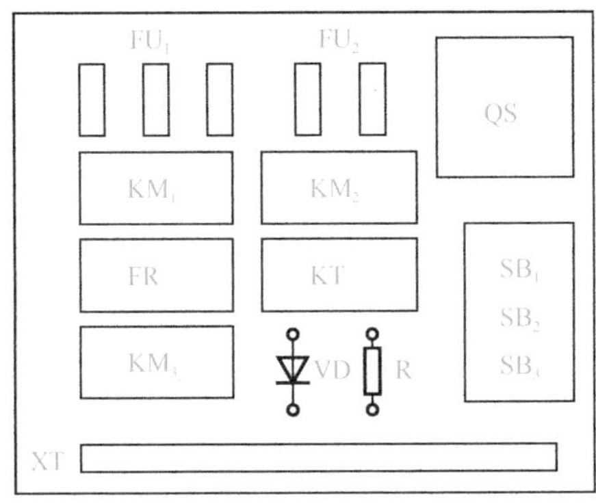

图 7-5-2　能耗制动控制电路电器布置图

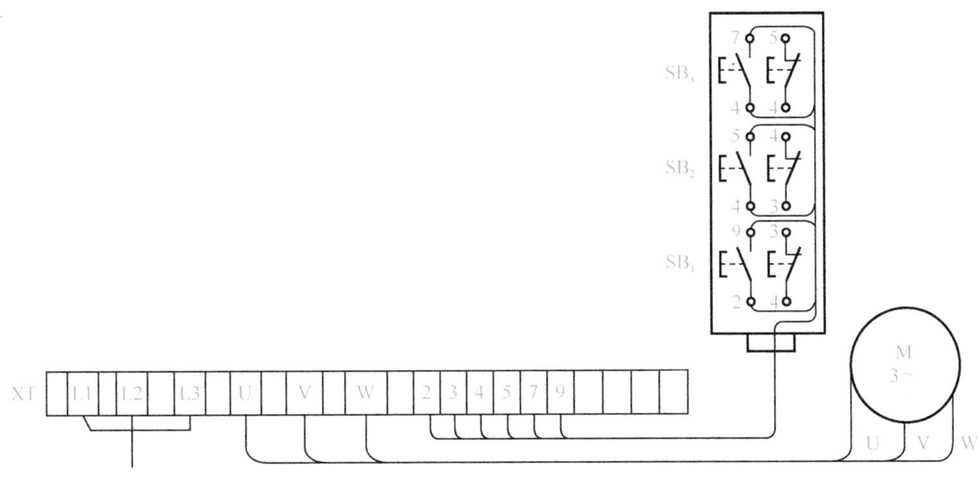

图 7-5-3　能耗制动控制电路盘外电器安装接线图

操作步骤 3：安装与接线。

操作方法：安装与接线方法与本项目任务 1 中的有关内容相同。

操作要求：按电气装配工艺要求实施安装与接线操作。

操作步骤 4：线路检查。

操作方法：线路检查方法与本项目任务 1 中的有关内容相同。

操作要求：用手工法和万用表法检查线路，确保接线正确。

操作步骤 5：功能调试。

注意：只有在线路检查无误的情况下，才允许合上交流电源开关 QS。

操作方法：按下按钮 SB_1，观察接触器 KM_3和时间继电器 KT 是否吸合、电动机是否能耗制动；观察时间继电器 KT 是否正常延时；延时时间到后，观察电动机是否停止运行。

操作要求：测听接触器主触点分合的动作声音和接触器线圈运行的声音是否正常；反复试验数次，检查控制电路动作的可靠性。

【任务考核与评价】

本任务考核参照《电工国家职业技能鉴定考核标准》执行，评分标准参考表如表7-1-2所示。

项目八 典型机床电气线路训练

在机电设备中，金属切削机床占有较大的比重，而且种类繁多。在这些设备中，用继电器、接触器等有触点的低压电器实现控制的设备并非少数，熟悉这些设备的安装、接线与调试方法是操作、维修机电设备的基础。

在常用机床设备中，CA6140 型车床和 X62W 型万能铣床的电气线路具有典型代表性，因此本项目选取这两种设备进行典型机床电气线路训练，目的在于使学生掌握这类设备电气线路的安装、接线与调试方法，以及电气线路常见的故障现象、故障原因与故障处理方法。

任务 1 CA6140 型车床电气线路的安装、接线与调试训练

【任务要求】

本任务要求学生通过对 CA6140 型车床电气线路的学习，了解 CA6140 型车床的基本结构，能识读 CA6140 型车床的电气原理图，掌握 CA6140 型车床电气线路的安装、接线与调试方法。

1. 知识目标

① 了解 CA6140 型车床的基本结构。

② 熟悉 CA6140 型车床的电气原理图、电器布置图。

③ 掌握 CA6140 型车床的电气线路分析方法。

2. 技能目标

能根据相关图纸文件完成 CA6140 型车床电气线路的安装、接线与调试，能对 CA6140 型车床电气线路进行检查及维护，能排除 CA6140 型车床电气线路的一般性故障。

【任务相关知识】

车床主要用于加工各种回转体（内外圆柱面、圆锥面、成型回转面及回转体的端面），也可用钻头、铰刀等进行钻孔和铰孔，还可以用来攻螺纹。车床一般分为卧式和立式两种，其中以卧式车床的使用最为普通。

1. CA6140 型车床的基本结构

CA6140 型车床主要由床身、主轴变速箱、挂轮箱、进给箱、溜板箱、溜板与刀架、尾座、光杠和丝杠等部分组成，如图 8-1-1 所示。

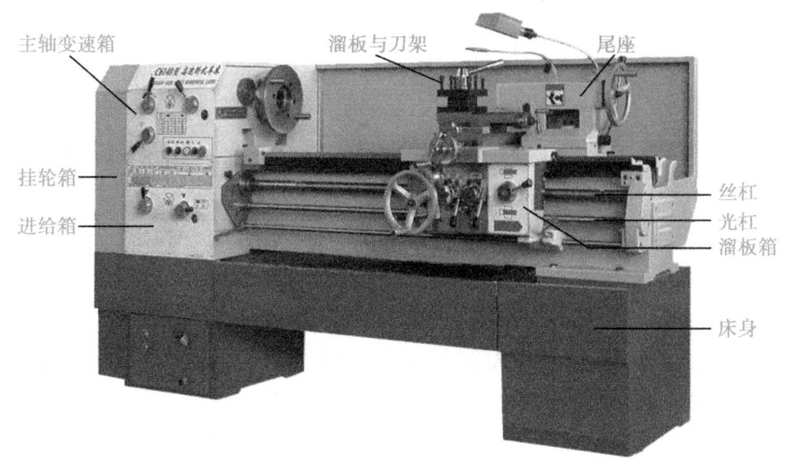

图 8-1-1　CA6140 型车床的基本结构

2. CA6140 型车床的电路分析

图 8-1-2 所示为 CA6140 型车床的电气原理图，分为主回路、控制回路及辅助电路 3 个部分。

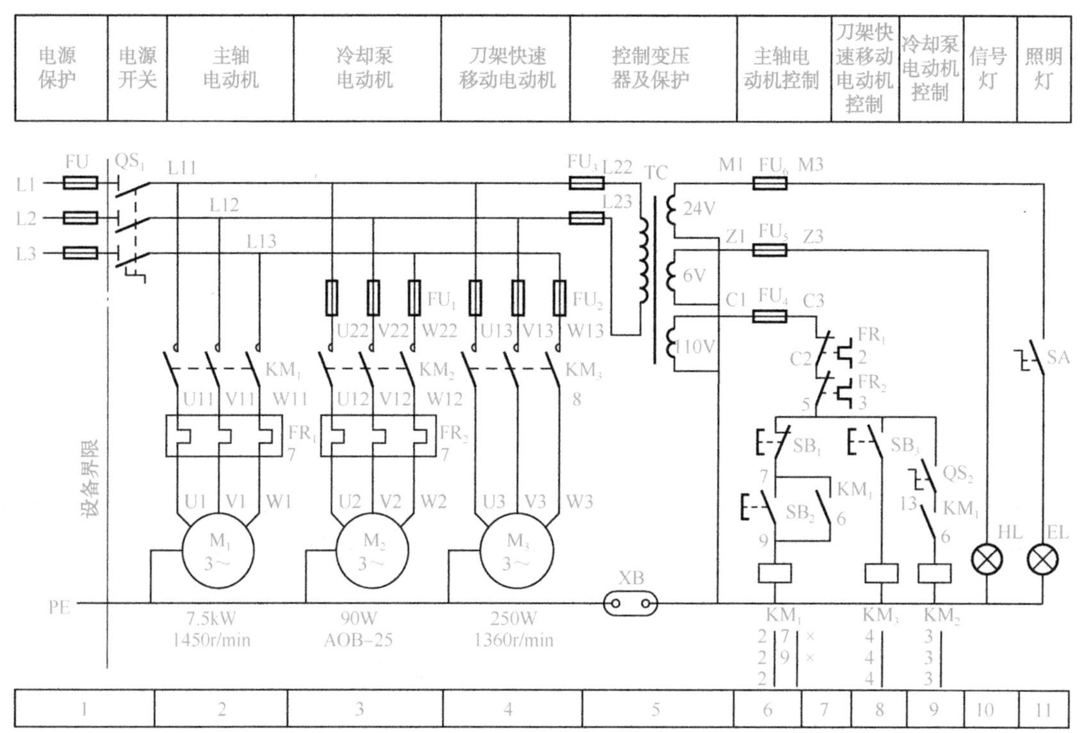

图 8-1-2　CA6140 型车床的电气原理图

1）主回路分析

在主回路中，一共有 3 台电动机。M_1 为主轴电动机，用于带动主轴旋转和带动刀架做进给运动；M_2 为冷却泵电动机，用来输送冷却液；M_3 为刀架快速移动电动机。

接通三相交流电源开关 QS_1，主轴电动机 M_1 由接触器 KM_1 控制，热继电器 FR_1 用于主

轴电动机 M_1 的过载保护，接触器 KM_1 还可用于失压和欠压保护。冷却泵电动机 M_2 由接触器 KM_2 控制，热继电器 FR_2 用于冷却泵电动机 M_2 的过载保护。刀架快速移动电动机 M_3 由接触器 KM_3 控制，只能点动运行。

2）控制回路分析

控制回路中的电压由控制变压器 TC 的二次侧提供，电压为 110V。

（1）主轴电动机 M_1 控制回路

按下启动按钮 SB_2，接触器 KM_1 的线圈得电吸合，KM_1 的主触点闭合，主轴电动机 M_1 启动运行，同时接触器 KM_1 的自锁触点和常开触点闭合。按下停止按钮 SB_1，主轴电动机 M_1 停止运行。主轴的正反转采用摩擦离合器实现。

（2）冷却泵电动机 M_2 控制回路

由于主轴电动机 M_1 和冷却泵电动机 M_2 采用顺序控制，所以只有在主轴电机 M_1 运行，即 KM_1 的常开触点闭合的情况下，冷却泵电动机 M_2 才能工作，当主轴电动机 M_1 停止运行时，冷却泵电动机 M_2 自动停止运行。如果在车削加工过程中，工艺需要使用冷却液，则可先合上开关 QS_2。

（3）刀架快速移动电动机 M_3 控制回路

刀架快速移动电动机 M_3 的启动是由安装在进给操纵手柄顶端的按钮 SB_3 控制的，它与交流接触器 KM_3 组成点动控制环节。刀架移动方向的改变，是由进给操纵手柄配合机械装置实现的。将进给操纵手柄扳到所需方向，按下按钮 SB_3，接触器 KM_3 的线圈得电吸合，刀架快速移动电动机 M_3 得电运行，带动工作台按指定方向快速移动。松开按钮 SB_3，接触器 KM_3 断电，刀架快速移动电动机 M_3 停止运行。

3）辅助电路分析

辅助电路包括照明灯电路与信号灯电路，由控制变压器 TC 的二次侧分别输出 24V 和 6V 电压，作为照明灯和信号灯的电源。EL 为机床的低压照明灯，由开关 SA 控制；HL 为电源的信号灯。合上电源开关 QS_1，HL 亮，表示机床电源已接通。

课堂讨论

问题：当机床设备发生故障时，经常需要更换已损坏的电器元件。例如，当需要更换照明白炽灯或更换接触器时，发现更换后的新白炽灯仍然不亮、新接触器仍然不吸合，这是怎么回事？

答案：因为在电动机拖动系统中，为了简化电路、减少电器元件使用数量及增加可靠性，电路电源一般常用 380V 电压等级，而机床电气控制系统为了保证操作者的安全，电路电源一般常用 110V 电压等级，甚至可能更低。所以，在更换机床设备的电器元件时，一定要注意选择电器元件的电压等级，如果选择的电压等级不合适，则白炽灯不会正常发光，接触器也不会正常吸合。

□【任务实施】

1. 任务实施器材

① 钢丝钳、尖嘴钳、剥线钳、电工刀　一套/组

② 接线板、万用表　一套/组

③ 任务所需电器元件及设备清单如表 8-1-1 所示。

表 8-1-1　任务所需电器元件及设备清单

代　　号	名　　称	型号和规格	数　　量	备　　注
QS_1	电源开关	HZ10-25/3	2	
KM_1～KM_3	交流接触器	CJ10-20	3	
FR_1	热继电器	JR16-20/3，整定电流 16.5A	1	
FR_2	热继电器	JR16-20/3，整定电流 0.32A	1	
FU_1、FU_2、FU_4、FU_6	熔断器	RL1-15/2	8	
FU_3、FU_5	熔断器	RL1-15/1	3	
TC	控制变压器	KB-100，380V/110、24、6V	1	
SB_1	停止按钮	LA19-11J	1	红色蘑菇头形
SB_2、SB_3	启动按钮	LA19-11	2	绿色
QS_2	冷却泵电源开关	HZ10-10/3	1	
SA	信号灯开关		1	
HL	信号灯	ZSD-0，6V	1	绿色
EL	照明灯	JC2，24V，40W	1	

2. 任务实施步骤

操作步骤 1：检查电器元件。

操作方法和操作要求与项目 5 的任务 1 中的有关内容相同。

操作步骤 2：绘制电器布置图及电器安装接线图。

操作方法：根据电器元件实际情况，确定电器元件位置，电器元件的布置要整齐、合理，绘制电器布置图如图 8-1-3 所示（供参考）；绘制电器安装接线图。

操作要求：保证图的正确性，无漏画、错画现象；电器元件的布置要整齐、合理。

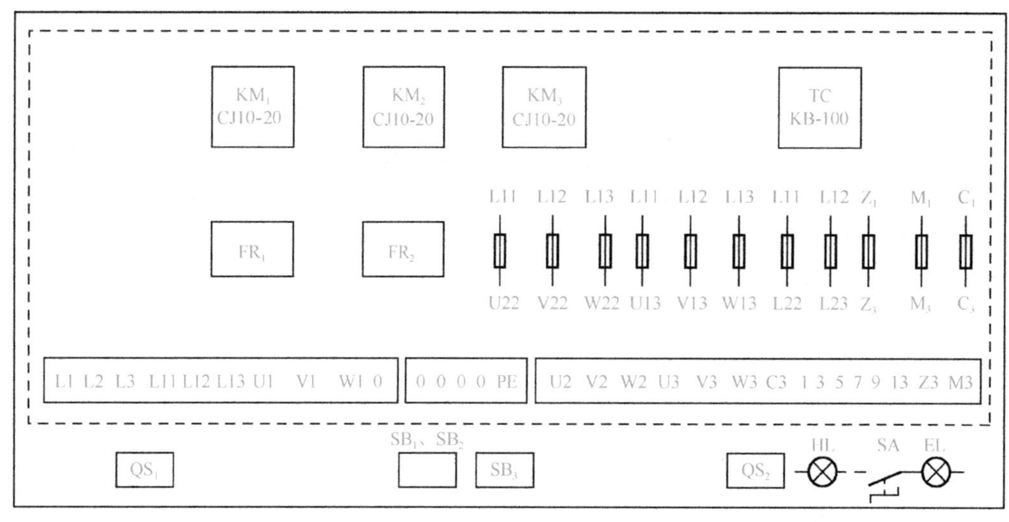

图 8-1-3　CA6140 型车床的电器布置图

操作步骤 3：安装与接线。

操作方法：安装与接线方法与项目七的任务 1 中的有关内容相同。

操作要求：按电气装配工艺要求实施安装与接线操作。

操作步骤 4：线路检查。

操作方法：线路检查方法与项目七的任务 1 中的有关内容相同。

操作要求：用手工法和万用表法检查线路，确保接线正确。

操作步骤 5：功能调试。

注意：只有在线路检查无误的情况下，才允许合上电源开关 QS_1。

操作方法：按下按钮 SB_2，观察接触器 KM_1 是否吸合、主轴电动机 M_1 是否启动并运行；合上开关 QS_2，观察接触器 KM_2 是否吸合、冷却泵电动机 M_2 是否启动；松开按钮 SB_2，观察主轴电动机 M_1 和冷却泵电动机 M_2 是否连续运行；按下按钮 SB_1，观察接触器 KM_1 和 KM_2 是否释放、主轴电动机 M_1 和冷却泵电动机 M_2 是否停止运行；按下按钮 SB_3，观察接触器 KM_3 是否吸合、刀架快速移动电动机 M_3 是否启动并运行；松开按钮 SB_3，观察接触器 KM_3 是否释放、刀架快速移动电动机 M_3 是否停止运行。

操作要求：检查主轴电动机 M_1、冷却泵电动机 M_2、刀架快速移动电动机 M_3 的受控工作状态；测听接触器主触点分合的动作声音和接触器线圈运行的声音是否正常；反复试验数次，检查控制电路动作的可靠性。

3. 故障现象及分析

故障现象 1：主轴电动机 M_1 不能启动。

分析与处理：检查接触器 KM_1 是否吸合，若接触器 KM_1 吸合，则故障发生在电源电路和主回路上，可按下列步骤检修。

① 合上开关 QS_1，用万用表测量接触器受电端 L11、L12、L13 之间的电压，如果电压是 380V，则电源电路正常。如果测量发现上述任意两相之间无电压，则说明电源电路发生故障，应检查熔断器 FU_1 和 FU_2 的熔体是否熔断，检查开关 QS_1、熔断器 FU_1 和 FU_2 的接线端是否接触不良，检查三相电源的相电压是否正常。查明电器元件损坏的原因，更换相同型号的熔体或开关，重新上紧各接点，保证其接触良好。

② 断开开关 QS_1，手动使接触器 KM_1 吸合，使其主触点强制闭合，用电阻检查法检查 L11、U1 之间和 L12、V1 之间及 L13、W1 之间的电阻，如果测得的阻值都比较小，则检查电动机 M_1 及其连接导线；如果测得的阻值差异很大，则检查接触器 KM_1 的主触点、热继电器 FR_1 的接线点及连接导线。查明电器元件损坏的原因，修复或更换同型号的电器元件或电动机；重新上紧各接点，保证其接触良好。

③ 检查电动机机械部分是否良好。

若接触器 KM_1 不吸合，则可按下列步骤检修。

① 排查控制回路的电源，检查熔断器 FU_3、FU_4 的熔体是否熔断或接触不良，检查控制变压器 TC 是否有 110V 电压输出，如果发现问题，则可断定是控制回路电源故障。查明电器元件损坏的原因，更换相同型号的熔体，重新上紧各接点，保证其接触良好。

② 检查接触器 KM_1 的线圈是否完好，检查热继电器 FR_1 和 FR_2 的常闭控制触点，检查按钮 SB_1 是否闭合，检查 SB_2 按下后常开触点是否闭合。查明电器元件损坏的原因，修复或更换同型号的电器元件，重新上紧各接点，保证其接触良好。

故障现象 2：主轴电动机 M_1 启动后不能自锁，即当按下启动按钮 SB_2 时，主轴电动机 M_1 能启动并运行，松开 SB_2 后，M_1 也随之停止运行。

分析与处理：造成这种故障的原因是接触器 KM_1 的自锁触点接触不良或自锁部分连接导线松脱，检查接触器 KM_1 的自锁触点及导线压接情况。查明故障原因，修复或更换同型号的电器元件；重新上紧各接点，保证其接触良好。

故障现象 3：主轴电动机 M_1 不能停车，即当按下停止按钮 SB_1 时，主轴电动机 M_1 继续运行。

分析与处理：造成这种故障的原因多是接触器 KM_1 的主触点熔焊，停止按钮 SB_1 的触点直通或导线短路，接触器 KM_1 铁芯表面粘有污垢。可采用下列方法判定是哪种原因造成电动机 M_1 不能停车：断开 QS_1，若接触器 KM_1 释放，则说明故障为 SB_1 的触点直通或导线短路；若接触器 KM_1 过一段时间释放，则说明故障为铁芯表面有污垢；若接触器 KM_1 不释放，则说明故障为主触点熔焊。查明电器元件损坏的原因，修复或更换同型号的电器元件；重新上紧各接点，保证其接触良好。

故障现象 4：主轴电动机 M_1 在运行中突然停车，即主轴电动机 M_1 在正常运行一段时间后，不受停止按钮 SB_1 的控制，而自行停止运行。

分析与处理：造成这种故障的主要原因是热继电器 FR_1 动作。发生这种故障后，一定要找出热继电器 FR_1 动作的原因，排除后才能使其复位。引起热继电器 FR_1 动作的原因可能是三相电源电压不平衡、热继电器 FR_1 的整定值偏小、电源电压较长时间过低、负载过大及主轴电动机 M_1 的连接导线接触不良等。更换三相电源、重新调整热继电器 FR_1 的整定值；重新上紧各接点，保证其接触良好。

【任务考核与评价】

本任务考核参照《中级维修电工国家职业技能鉴定考核标准》执行，评分标准参考表如表8-1-2所示。

表 8-1-2　评分标准参考表

任务内容	配分	评分标准	扣分	得分
电器元件安装	30	① 电器箱内部电器元件安装不符合要求： 整体布局不合理 电器元件排列不整齐、不匀称（每处） 电器元件安装不牢固（每处） ② 电器箱外部电器元件安装不牢固（每处） ③ 电动机安装和接线不符合要求（每处） ④ 损坏电器元件（每个） ⑤ 导线通道敷设不合要求（每条）	 10 2～4 5 5～10 5～10 5～10 2～5	
配线	30	① 不按电气原理接线 ② 电器箱内导线敷设不符合要求（每条） ③ 接点不符合要求或漏套线头码（箱内每处） 接点不符合要求或漏套线头码（箱外每处） ④ 导线有接头（每处） ⑤ 放到接线盒内的导线没有余量（每根） ⑥ 不按容量选用导线 ⑦ 漏接地线	20 2 2 4 10 3 5～10 10	

续表

任务内容	配 分	评分标准		扣 分	得 分
通电试车	40	① 熔体规格配错（每个） ② 热继电器未整定好（每个） ③ 通电试车控制操作不熟练 ④ 通电试车1次不成功 2次不成功 3次不成功 ⑤ 违反安全文明操作规程		3 5 5 15 15 10 10～40	
定额时间	2.5日	每超过0.5h		10	
备注		除定额时间以外，各项内容的最高扣分不得超过配分数		成绩	
开始时间		结束时间		实际时间	

任务2 X62W型万能铣床电气线路的安装、接线与调试训练

【任务要求】

本任务要求学生通过对X62W型万能铣床电气线路的学习，了解X62W型万能铣床的基本结构，能识读X62W型万能铣床的电气原理图，掌握X62W型万能铣床电气线路的安装、接线与调试方法。

1. 知识目标

① 了解X62W型万能铣床的基本结构。

② 熟悉X62W型万能铣床的电气原理图、电器布置图。

③ 掌握X62W型万能铣床的电气线路分析方法。

2. 技能目标

能根据相关图纸文件完成X62W型万能铣床电气线路的安装、接线与调试，能对X62W型万能铣床电气线路进行检查及维护，能排除X62W型万能铣床电气线路的一般性故障。

【任务相关知识】

X62W型万能铣床是一种通用的多用途机床，它可以用圆柱铣刀、圆片铣刀、角度铣刀、成型铣刀及端面铣刀等工具对零件进行平面、斜面、螺旋面及成型表面的加工，还可以加装万能铣头和圆工作台来扩大加工范围。因此，X62W型万能铣床是机械加工企业常用的机床。

1. X62W型万能铣床的基本结构

X62W型万能铣床的基本结构如图8-2-1所示。

床身固定在底座上，在床身内装有主轴的传动机构和变速操纵机构，在床身的顶部有水平导轨，上面装着带有一个或两个刀杆支架的悬梁。刀杆支架用来支撑铣刀心轴的一端，心轴另一端固定在主轴上。刀杆支架在悬梁上及悬梁在床身顶部的水平导轨上都可以水平移动，

以便安装不同的心轴。在床身的前面有垂直导轨，升降台可沿着垂直导轨上下移动。在升降台上面的水平导轨上，装有可在水平主轴轴线方向移动（横向移动）的溜板，溜板上部有可转动部分，工作台就在溜板上部可转动部分的导轨上做垂直于主轴轴线方向的移动（纵向移动）。工作台上有燕尾槽用于固定工件，这样安装在工作台上的工件就可以在3个互相垂直的方向上调整位置或进给。

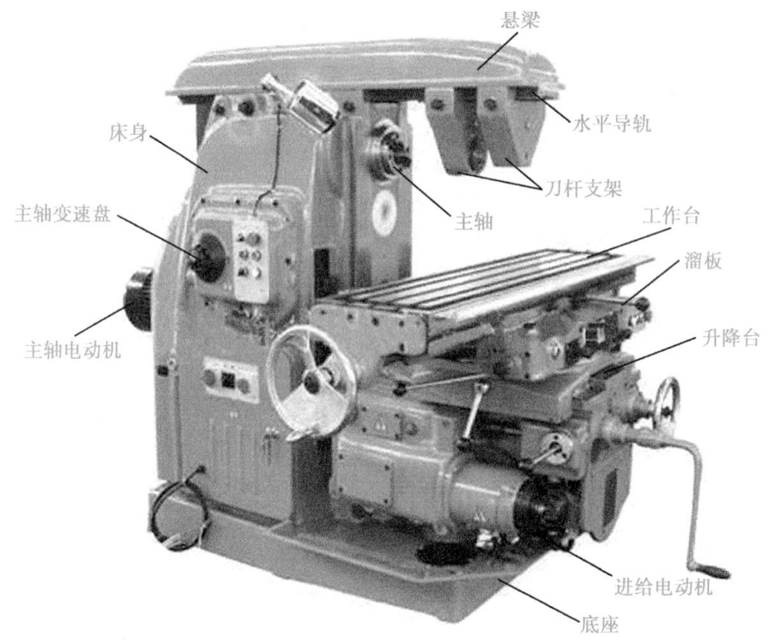

图 8-2-1　X62W 型万能铣床的基本结构

此外，由于转动部分可绕垂直轴线左转一个角度（通常为±45°），因此工作台在水平面上除了能在水平或垂直于主轴轴线方向上进给，还能在倾斜方向上进给，可以加工螺旋槽，故称万能铣床。

2. X62W 型万能铣床的运动形式

X62W 型万能铣床有3种运动形式，即主运动、进给运动和辅助运动。

主运动是指主轴带动铣刀的旋转运动。顺铣和逆铣过程对应主轴的正转和反转。

进给运动是指工作台的前后（横向）、左右（纵向）和上下（垂直）方向的运动或圆工作台的旋转运动。进给运动的方向通过操纵手柄实现机电联合控制。

辅助运动是指工作台在进给方向上的快速移动、旋转运动等。

3. X62W 型万能铣床电路分析

X62W 型万能铣床的电气原理图如图 8-2-2 所示，分为主回路、控制回路及辅助电路3个部分。

1）主回路分析

主回路中共有3台电动机，分别是主轴电动机 M_1、工作台进给电动机 M_2、冷却泵电动机 M_3。对主轴电动机 M_1 的要求是通过转换开关 SA_5 控制正反转，并具有制动功能及瞬动功能；对工作台进给电动机 M_2 的要求是能进行正反转控制、快慢速控制和限位控制，并通过机械机构实现工作台上下、左右、前后方向的改变；对冷却泵电动机 M_3 只要求能进行单向连续运行控制。

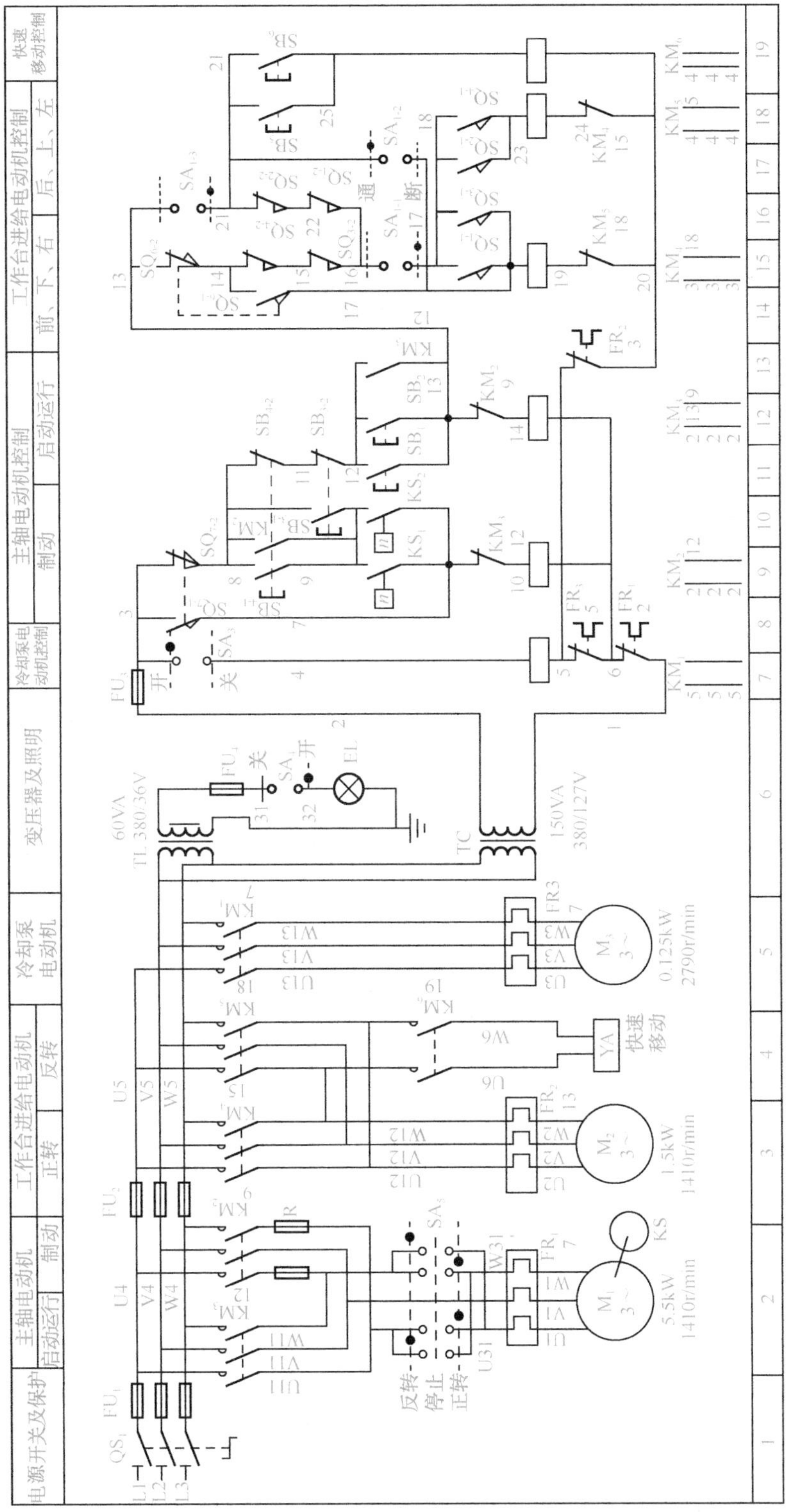

图8-2-2 X62W型万能铣床的电气原理图

接通三相交流电源开关 QS_1，主轴电动机 M_1 由接触器 KM_2、KM_3 控制，热继电器 FR_1 用于主轴电动机 M_1 的过载保护，接触器 KM_3 还可用于失压和欠压保护。工作台进给电动机 M_2 由接触器 KM_4、KM_5 控制，热继电器 FR_2 用于工作台进给电动机 M_2 的过载保护。冷却泵电动机 M_3 由接触器 KM_1 控制，只能单向连续运行。

2）控制回路分析

（1）主轴电动机控制回路

在图 8-2-2 中，启动按钮 SB_1、SB_2 分别装在铣床两处，实现两地启停控制，以方便操作；SB_3、SB_4 是停止（制动）按钮，都是复式按钮；SA_5 是倒顺开关，用来改变主轴电动机 M_1 的旋转方向；热继电器 FR_1 用于主轴电动机 M_1 的过载保护；KM_3 是主轴电动机 M_1 的运行接触器，KM_2 是主轴电动机 M_1 的反接制动接触器；SQ_7 是与主轴变速手柄联动的瞬动行程开关。主轴电动机 M_1 是经过弹性联轴和变速机构的齿轮传动链来传动的，可使主轴获得 18 级转速。

① 主轴电动机 M_1 的启动。

当需要启动主轴电动机 M_1 时，先将图 8-2-2 中的转换开关 SA_5 扳到主轴电动机 M_1 所需要的旋转方向（正转或反转），然后按下启动按钮 SB_1 或 SB_2，接触器 KM_3 的线圈得电并自锁，接触器 KM_3 的线圈的接通回路是 2→FU_3→3→$SQ_{7\text{-}2}$→8→$SB_{4\text{-}2}$→11→$SB_{3\text{-}2}$→12→SB_1 或 SB_2 的常开触点→13→KM_2 的常闭触点→14→KM_3 的线圈→6→FR_1 的常闭触点→1，KM_3 的主触点闭合，主轴电动机 M_1 启动。

主轴电动机 M_1 启动后，当转速达到一定数值时，速度继电器 KS 的常开触点 KS_1 或 KS_2 闭合（由主轴电动机 M_1 的转向所决定），为主轴电动机 M_1 的制动做准备。

② 主轴电动机 M_1 的制动及停止。

当需要主轴电动机 M_1 停止运行时，按下停止按钮 SB_3 或 SB_4，SB_3 或 SB_4 的常闭触点先断开，使接触器 KM_3 的线圈失电，主轴电动机 M_1 断电，随后 SB_3 或 SB_4 的常开触点闭合，由于 KS_1 或 KS_2 已经预先闭合，因此接触器 KM_2 的线圈得电并自锁，使主轴电动机 M_1 的电源相序改变，进行反接制动。当主轴电动机 M_1 的转速趋近于零时，速度继电器 KS 的常开触点 KS_1 或 KS_2 断开，接触器 KM_2 的线圈断电，切断主轴电动机 M_1 的电源，制动过程结束，主轴电动机 M_1 停止运行。控制回路中，接触器 KM_3 和 KM_2 的常闭触点起互锁作用。

③ 主轴变速控制（瞬时冲动）。

主轴变速时的瞬时冲动（瞬动）是利用变速手柄与瞬动行程开关 SQ_7 通过机械上的联动机构进行控制的。

主轴变速可在主轴转动和主轴停转两种情况下进行，主轴停转时的变速过程只是比主轴转动时少反接制动过程。以主轴转动时为例，主轴变速瞬动控制过程如下：先把变速手柄下压，然后拉到前面，在快落到第 2 道槽内时，转动变速盘，选择所需转速；在将手柄拉向第 2 道槽时，手柄带动凸轮将压下弹簧杆，使瞬动行程开关 SQ_7 动作，$SQ_{7\text{-}2}$ 先断开，切断接触器 KM_3 的线圈回路，主轴电动机 M_1 断电；$SQ_{7\text{-}1}$ 后接通，接触器 KM_2 的线圈得电，主轴电动机 M_1 反接制动；当变速手柄被拉到第 2 道槽时，瞬动行程开关 SQ_7 已不受凸轮所压而复位，主轴电动机 M_1 停止运行；接着把变速手柄以较快的速度从第 2 道槽推向原来的位置，凸轮又短时压下瞬动行程开关 SQ_7，使 $SQ_{7\text{-}2}$ 断开，$SQ_{7\text{-}1}$ 接通，接触器 KM_2 的线圈短时得电，使主轴电动机 M_1 反向转动一下，以利于变速后的齿轮啮合；当变速手柄继续以较快的速度被推到原来位置时，瞬动行程开关 SQ_7 复原，接触器 KM_2 的线圈断电，主轴电动机 M_1 停止运行，变速瞬动控制结束。

(2) 工作台进给电动机控制回路

转换开关 SA_1 是长工作台和圆工作台的切换开关。当转换开关 SA_1 处于长工作台位置时，转换开关 SA_1 的触点 SA_{1-1}、SA_{1-3} 闭合，SA_{1-2} 断开；当转换开关 SA_1 处于圆工作台位置时，转换开关 SA_1 的触点 SA_{1-1}、SA_{1-3} 断开，SA_{1-2} 闭合。热继电器 FR_2 用于工作台进给电动机 M_2 的过载保护。SQ_6 为进给变速瞬动行程开关，与进给变速手柄联动。

当工作台做进给运动时，进给变速瞬动行程开关 SQ_6 的触点 SQ_{6-1} 断开，SQ_{6-2} 闭合。转换开关 SA_1 处于长工作台位置。长工作台的运动有 6 个方向，即上、下、左、右、前、后，下面分别进行分析。

① 工作台的上下（垂直）进给和前后（横向）进给的控制。

工作台的上下（垂直）进给和前后（横向）进给是由工作台垂直与横向操纵手柄来控制的。操纵手柄的联动机构与行程开关 SQ_3 和 SQ_4 相连。SQ_4 控制工作台向上及向后进给，SQ_3 控制工作台向下及向前进给。此手柄有 5 个位置，这 5 个位置是联锁的，各方向的进给不能同时接通。当工作台垂直进给到上限或下限位置时，床身导轨旁的挡铁和工作台底座上的挡铁撞动十字手柄使其回到中间位置，行程开关动作，工作台便停止进给，从而实现垂直进给的终端保护。工作台的横向进给的终端保护也是利用装在工作台上的挡铁撞动十字手柄来实现的。

当主轴电动机 M_1 的接触器 KM_3 动作之后，KM_3 的常开辅助触点把工作台进给电动机控制回路的电源接通，所以只有在主轴电动机 M_1 启动之后，进给运动和快速移动才能启动。

a. 工作台向上进给的控制。

在主轴电动机 M_1 启动后，需要工作台向上进给运动时，将手柄向上扳，其联动机构一方面接通垂直传动离合器，为垂直进给做好准备；另一方面压下行程开关 SQ_4，使其常闭触点 SQ_{4-2} 断开，而常开触点 SQ_{4-1} 闭合，接触器 KM_5 的线圈得电。KM_5 的线圈接通回路为 2→FU_3→3→SQ_{7-2}→8→SB_{4-2}→11→SB_{3-2}→12→KM_3 的常开触点→13→SA_{1-3}→21→SQ_{2-2}→22→SQ_{1-2}→16→SA_{1-1}→18→SQ_{4-1}→23→KM_5 的线圈→24→KM_4 的常闭触点→20→FR_2 的常闭触点→5→FR_3 的常闭触点→6→FR_1 的常闭触点→1，KM_5 的主触点闭合，M_2 反转，拖动工作台向上进给。KM_5 的常闭触点断开，串联在 KM_4 的线圈回路中，起互锁作用。当手柄扳到中间挡位时，一方面断开垂直传动离合器，另一方面 SO_4 不再受压，KM_5 断电，M_2 停止。

b. 工作台向后进给的控制。

当将手柄向后扳时，由联动机构接通横向传动离合器，压下行程开关 SO_4，可使工作台向后进给。KM_5 的线圈接通回路与工作台向上进给时相同。

c. 工作台向下进给的控制。

当将手柄向下扳时，其联动机构一方面接通垂直传动离合器，为垂直进给做好准备；另一方面压下行程开关 SQ_3，使其常闭触点 SQ_{3-2} 断开，而常开触点 SQ_{3-1} 闭合，接触器 KM_4 的线圈得电。KM_4 的线圈接通回路为 2→FU_3→3→SQ_{7-2}→8→SB_{4-2}→11→SB_{3-2}→12→KM_3 的常开触点→13→SA_{1-3}→21→SQ_{2-2}→22→SQ_{1-2}→16→SA_{1-1}→18→SQ_{3-1}→17→KM_4 的线圈→19→KM_5 的常闭触点→20→FR_2 的常闭触点→5→FR_3 的常闭触点→6→FR_1 的常闭触点→1，KM_4 的主触点闭合，M_2 正转，拖动工作台向下进给。KM_4 的常闭触点断开，串联在 KM_5 的线圈

回路中，起互锁作用。

d. 工作台向前进给的控制。

当将手柄向前扳时，其联动机构接通横向传动离合器，压下行程开关 SQ_3，可实现工作台向前进给。KM_4的线圈接通回路与工作台向下进给时相同。

② 工作台的左右（纵向）进给的控制。

工作台的左右进给同样是依靠工作台进给电动机 M_2来拖动的，由工作台纵向操纵手柄来控制。手柄有 3 个位置，即向右、向左、零位（中间位置）。当将手柄扳到向右或向左进给方向时，手柄的联动机构压下行程开关 SQ_1或 SQ_2，使接触器 KM_4或 KM_5动作，来控制工作台进给电动机 M_2的正反转。可通过调整安装在工作台两端的挡铁来调整工作台左右进给的行程，当工作台纵向进给到极限位置时，挡铁撞动工作台纵向操纵手柄，使它回到中间位置，工作台停止进给，从而实现纵向进给的终端保护。

a. 工作台向右进给的控制。

主轴电动机 M_1启动后，当将手柄向右扳时，其联动机构一方面接通纵向传动离合器；另一方面压下行程开关 SQ_1，使其常闭触点 SQ_{1-2}断开，而常开触点 SQ_{1-1}闭合，接触器 KM_4的线圈得电。KM_4的线圈接通回路为 2→FU_3→3→SQ_{7-2}→8→SB_{4-2}→11→SB_{3-2}→12→KM_3的常开触点→13→SQ_{6-2}→14→SQ_{4-2}→15→SQ_{3-2}→16→SA_{1-1}→18→SQ_{1-1}→17→KM_4的线圈→19→KM_5的常闭触点→20→FR_2的常闭触点→5→FR_3的常闭触点→6→FR_1的常闭触点→1，KM_4的主触点闭合，M_2正转，拖动工作台向右进给。当将手柄扳到中间位置时，其联动机构一方面断开纵向传动离合器；另一方面使 SQ_1不受压，KM_5断电，M_2停止。

b. 工作台向左进给的控制。

主轴电动机 M_1启动后，当将手柄向左扳时，其联动机构一方面接通纵向传动离合器；另一方面压下行程开关 SQ_2，使其常闭触点 SQ_{2-2}断开，而常开触点 SQ_{2-1}闭合，接触器 KM_5的线圈得电。KM_5的线圈接通回路为 2→FU_3→3→SQ_{7-2}→8→SB_{4-2}→11→SB_{3-2}→12→KM_3的常开触点→13→SQ_{6-2}→14→SQ_{4-2}→15→SQ_{3-2}→16→SA_{1-1}→18→SQ_{2-1}→23→KM_5的线圈→24→KM_4的常闭触点→20→FR_2的常闭触点→5→FR_3的常闭触点→6→FR_1的常闭触点→1，KM_5的主触点闭合，M_2反转，拖动工作台向左进给。

③ 工作台的快速移动。

为了提高生产效率，X62W 型万能铣床在加工过程中，当需要调整长工作台的位置时，要求工作台快速移动；当正常铣削时，要求工作台以原进给速度（常速）移动。

工作台的快速移动也是由工作台进给电动机 M_2来拖动的，在纵向、横向和垂直 6 个方向上都可以实现快速移动控制。动作过程是：将转换开关 SA_1 扳到长工作台位置，启动主轴电动机 M_1，将进给操纵手柄扳到需要的位置，工作台按照选定的方向做进给移动；再按下快速移动按钮 SB_5或 SB_6（SB_5和 SB_6为两地控制），使接触器 KM_6的线圈得电，KM_6的主触点闭合，快速移动电磁铁 YA 的线圈通电、衔铁吸合；在电磁铁 YA 的衔铁动作时，通过杠杆使摩擦离合器合上，减少中间传动装置，使工作台按原运动方向快速移动；当松开快速移动按钮 SB_5或 SB_6时，快速移动电磁铁 YA 断电，摩擦离合器断开，快速移动停止，工作台仍按原进给速度及方向继续进给。因此，工作台快速移动是点动控制。

若要求快速移动在主轴电动机 M_1不运行的情况下进行，则可将转换开关 SA_5扳到停止位置，然后将进给操纵手柄扳至需要的方向，按下主轴电动机启动按钮和快速移动按钮，工作台就可按选定的方向快速移动。

④ 进给变速控制（瞬时冲动）。

X62W 型万能铣床是通过机械方法改变变速齿轮传动比来获得不同的进给速度的。在改变工作台进给速度时，为了使齿轮易于啮合，需要使工作台进给电动机 M_2 瞬时冲动（瞬动）一下。其操作顺序是：将蘑菇形手柄向外拉出，转动蘑菇形手柄，转盘也跟着转动，把所需进给速度的标尺数字对准箭头；然后把蘑菇形手柄用力向外拉到极限位置，随即推回原位，变速结束。在把蘑菇形手柄拉到极限位置的瞬间，其联动机构瞬时压合行程开关 SQ_6，使 SQ_{6-2} 先断开，后 SQ_{6-1} 接通，接触器 KM_4 得电。KM_4 的线圈接通回路为 2→FU_3→3→SQ_{7-2}→8→SB_{4-2}→11→SB_{3-2}→12→KM_3 的常开触点→13→SA_{1-3}→21→SQ_{2-2}→22→SQ_{1-2}→16→SQ_{3-2}→15→SQ_{4-2}→14→SQ_{6-1}→17→KM_4 的线圈→19→KM_5 的常闭触点→20→FR_2 的常闭触点→5→FR_3 的常闭触点→6→FR_1 的常闭触点→1，KM_4 的主触点闭合，M_2 正转。因为 KM_4 瞬时通电，故工作台进给电动机 M_2 只是瞬动一下，从而可保证变速齿轮易于啮合。当手柄推回原位后，行程开关 SQ_6 复位，接触器 KM_4 断电，工作台进给电动机 M_2 瞬动结束。

注意：进给变速必须在主轴电动机 M_1 已经启动、SA_1 扳到长工作台位置、工作台静止状态下方可进行。

⑤ 圆工作台运动的控制。

圆工作台运动指的是工作台绕自己的垂直中心转动。为了加工螺旋槽、弧形槽等，X62W 型万能铣床还附有圆工作台及传动机构，在使用时将它安装在工作台和纵向进给传动机构上，其回转运动是由工作台进给电动机 M_2 经过传动机构来拖动的。

要使圆工作台工作，须先将转换开关 SA_1 扳到圆工作台位置，这时 SA_{1-2} 闭合，SA_{1-1} 和 SA_{1-3} 断开；然后将工作台的进给操纵手柄扳到中间位置（零位），此时行程开关 SQ_1～SQ_4 的常闭触点全部处于接通位置，这时按下主轴电动机启动按钮 SB_1 或 SB_2，主轴电动机 M_1 启动，工作台进给电动机 M_2 也因接触器 KM_4 的线圈得电而启动，并通过机械传动使圆工作台按照需要的方向运动。KM_4 的线圈接通回路为 2→FU_3→3→SQ_{7-2}→8→SB_{4-2}→11→SB_{3-2}→12→KM_3 的常开触点→13→SQ_{6-2}→14→SQ_{4-2}→15→SQ_{3-2}→16→SQ_{1-2}→22→SQ_{2-2}→21→SA_{1-2}→17→KM_4 的线圈→19→KM_5 的常闭触点→20→FR_2 的常闭触点→5→FR_3 的常闭触点→6→FR_1 的常闭触点→1。

由电气原理图可知，圆工作台不能反转，只能沿一个方向做回转运动。控制圆工作台运动的是交流接触器 KM_4，其线圈通路需要 SQ_1～SQ_4 四个行程开关的常闭触点闭合，所以扳动工作台任一进给操纵手柄都将使圆工作台停止工作，这就保证了工作台的进给运动与圆工作台运动不可能同时进行。若按下主轴电动机 M_1 的停止按钮，主轴电动机 M_1 的停止运行，圆工作台也同时停止运动。

(3) 冷却泵电动机控制回路

合上电源开关 QS_1，将转换开关 SA_3 扳到开位置，接触器 KM_1 的线圈得电。KM_1 的线圈接通回路为 2→FU_3→3→SA_3→4→KM_1 的线圈→5→FR_3 的常闭触点→6→FR_1 的常闭触点→1，KM_1 的主触点闭合，冷却泵电动机 M_3 运行，通过传动机构将冷却液输送到机床切削部分，进行冷却。

3）照明电路分析

机床局部照明电路由照明变压器 TL 供给 36V 安全电压，转换开关 SA_4 为照明灯控制开关。

【任务实施】

1. 任务实施器材

① 钢丝钳、尖嘴钳、剥线钳、电工刀　　　一套/组

② 接线板、万用表　　　　　　　　　　　一套/组

③ 任务所需电器元件及设备清单如表 8-2-1 所示。

表 8-2-1　任务所需电器元件及设备清单

代　号	名　称	型号和规格	数　量	备　注
KM_2、KM_3	交流接触器	CJ10-20/127V	2	
KM_1、KM_4～KM_6		CJ10-10/127V	4	
TC	控制变压器	KB-150，380/127V	1	
TL	照明变压器	KB-50，380/36V	1	
SQ_1、SQ_2	行程开关	LX1-11K	2	
SQ_3、SQ_4		LX2-131	2	
SQ_6、SQ_7		LX3-11K	2	
QS_1	组合开关	HZ1-60/3，E26	1	
SA_1		HZ1-10/3，E16	1	
SA_3、SA_4		HZ10-10/2	2	
SA_5		HZ3-133，三极	1	
SB_3、SB_4	按钮	LA2，5A/500V	2	红
SB_1、SB_2		LA2，5A/500V	2	绿
SB_5、SB_6		LA2，5A/500V	2	黑
R	制动限流电阻	ZB2-1，45 Ω	2	
FR_1	热继电器	JR0-20/3，整定电流 12.5A	1	
FR_2		JR0-20/3，整定电流 3.3A	1	
FR_3		JR0-20/3，整定电流 0.4A	1	
FU_1	熔断器	RL1-60/35	3	
FU_2		RL1-15/10	3	
FU_3		RL1-15/6	1	
FU_4		RL1-15/2	1	
KS	速度继电器	JY1-2A/380V	1	
YA	牵引电磁铁	MQ1-5141，380V	1	拉力，15kg
EL	低压照明灯	K-2，螺口	1	40W/24V

2. 任务实施步骤

操作步骤 1：检查电器元件。

操作方法和操作要求与项目七的任务 1 中的有关内容相同。

操作步骤 2：绘制电器布置图及电器安装接线图。

操作方法：根据电器元件实际情况，确定电器元件位置，电器元件布置要整齐、合理，绘制电器布置图，如图 8-2-3 所示（供参考）；绘制电器安装接线图。

操作要求：保证图的正确性，无漏画、错画现象；电器元件的布置要整齐、合理。

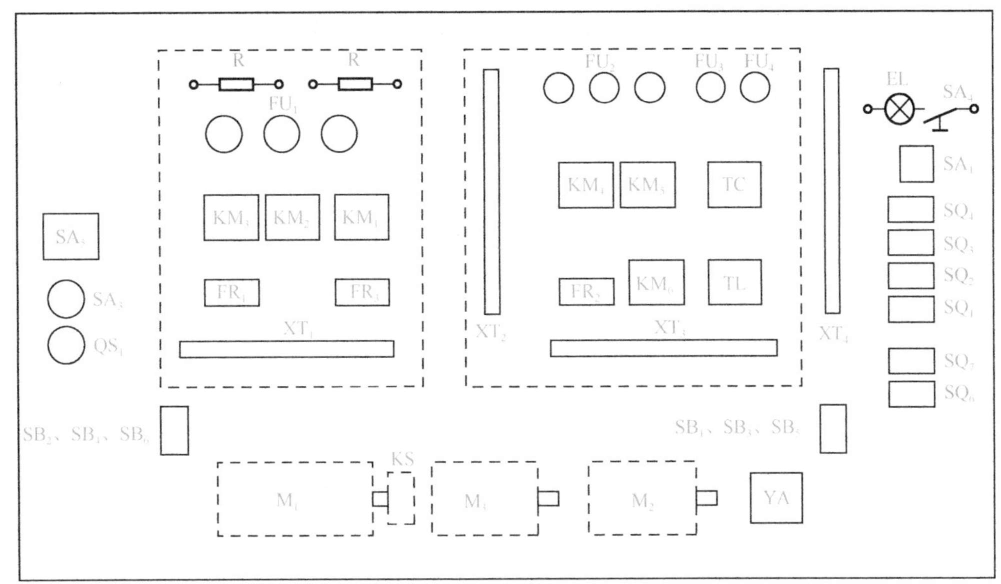

图 8-2-3 X62W 型万能铣床的电器布置图

操作步骤 3：安装与接线。

操作方法：安装与接线方法与项目七的任务 1 中的有关内容相同。

操作要求：按电气装配工艺要求实施安装与接线操作。

操作步骤 4：线路检查。

操作方法：线路检查方法与项目七的任务 1 中的有关内容相同。

操作要求：用手工法和万用表法检查线路，确保接线正确。

操作步骤 5：功能调试。

注意：只有在线路检查无误的情况下，才允许合上交流电源开关 QS_1。

操作方法：具体功能调试操作方法如下。

第 1 步：闭合 QS_1。

第 2 步：扳动 SA_4，检查 EL 亮灭情况。

第 3 步：扳动 SA_3，检查接触器 KM_1 的通断电情况及冷却泵电动机 M_3 的运行情况。

第 4 步：主轴电动机 M_1 运行情况检查。将转换开关 SA_5 扳到停止位置，转换开关 SA_5 处于断开挡位，按下启动按钮 SB_1 或 SB_2，观察接触器 KM_3 的通电并自锁情况；按下停止按钮 SB_3 或 SB_4，观察接触器 KM_3 是否断电释放；手动使 SQ_7 动作和释放，观察接触器 KM_3、KM_2 的通断情况。

第 5 步：工作台进给电动机 M_2 运行情况检查。在 KM_3 通电并自锁的前提下，分别扳动工作台纵向、横向与垂直操纵手柄，观察接触器 KM_4、KM_5 的通断电情况及工作台进给电动机 M_2 的正反转情况；分别按下按钮 SB_5 或 SB_6，观察接触器 KM_6 的通断电情况及快速移动电磁铁 YA 的通电吸合情况；当工作台纵向、横向与垂直操纵手柄均在中间位置时，手动使

SQ_6动作和释放，观察接触器 KM_4 的通断电情况及工作台进给电动机 M_2 的运行情况；将转换开关 SA_1 扳到圆工作台位置，观察接触器 KM_4 的通电情况及工作台进给电动机 M_2 的运行情况。

当以上均正常时，将转换开关 SA_5 扳到主轴电动机 M_1 所需要的旋转方向开始运行操作。

操作要求：检查主轴电动机 M_1、工作台进给电动机 M_2、冷却泵电动机 M_3 的受控工作状态；测听接触器主触点分合的动作声音和接触器线圈运行的声音是否正常；反复试验数次，检查控制电路动作的可靠性。

3. 故障现象及分析

故障现象 1：主轴电动机 M_1 不启动，即按下启动按钮 SB_1 或 SB_2 后，主轴不转动。

分析与处理：首先检查控制回路电源是否正常，检查转换开关 SA_5 是否断开，然后根据 KM_3 的吸合情况决定检修控制回路还是检修主回路。

① 若 KM_3 不吸合，则检修控制回路。KM_3 的线圈接通回路为 2→FU_3→3→$SQ_{7\text{-}2}$→8→SB_4 的常闭触点→11→SB_3 的常闭触点→12→SB_1 或 SB_2 的常开触点→13→KM_2 的常闭触点→14→KM_3 的线圈→6→FR_1 的常闭触点→1。重点检查 3 号线至 8 号线之间、KM_2 的常闭触点是否可靠接通等。可根据其他动作缩小故障范围。例如，若冷却泵动作正常，则可判断 2 号线至 3 号线之间、6 号线至 1 号线之间没有问题等。使用万用表用电阻法或电压法测量电器元件和导线，逐步缩小故障范围，直至找到故障点。

② 若 KM_3 吸合，则检修主回路。主回路中有关主轴电动机 M_1 的完整回路为 U_4、V_4、W_4→KM_3 的主触点→U_{11}、V_{11}、W_{11}→SA_5→U_{31}、V_{31}、W_{31}→FR_1 的发热元件→U_1、V_1、W_1。重点检查 SA_5 是否扳到正转或反转位置。在检修主回路时，使用电压法要比使用电阻法快捷。

故障现象 2：按下停止按钮 SB_3 或 SB_4 后，主轴电动机 M_1 不能停车。

分析与处理：

① 主轴电动机 M_1 启动、制动频繁，容易使接触器 KM_3 的主触点熔焊，这时按下停止按钮 SB_3 或 SB_4 后，虽然 KM_3 的线圈已经断电，但触点熔焊使 KM_3 的主触点仍处于接通状态，以致无法分断主轴电动机 M_1 的电源，此时只有切断总电源主轴电动机 M_1 才能停止运行。根据这一现象，可断定故障原因是 KM_3 的主触点熔焊。

② 如果接触器 KM_2 的主触点中有一对接触不良，则当按下停止按钮 SB_3 或 SB_4 时，接触器 KM_3 释放，接触器 KM_2 动作，但由于接触器 KM_2 的主触点只有两相接通，所以主轴电动机 M_1 不会产生反向转矩，仍按原方向运行，速度继电器 KS 的常开触点 KS_1 或 KS_2 仍然接通，在这种情况下，只有切断进线电源才能使主轴电动机 M_1 停止。当按下停止按钮 SB_3 或 SB_4 后，只要 KM_3 能释放，KM_2 能吸合，就说明控制回路工作正常，但无反接制动，即可判定是此故障。

故障现象 3：工作台在各个方向上都不能进给，即扳动进给操纵手柄至相应运动方向，工作台进给电动机 M_2 不启动。

分析与处理：

① 若 KM_4 和 KM_5 能正常吸合，则说明故障在工作台进给电动机 M_2 主回路中。因为两个接触器的主触点同时出现两对以上接触不良的可能性极小，所以应重点检查工作台进给电动机 M_2 的绕组是否断相，连接导线是否有两根以上断线等。

② 若 KM_4 和 KM_5 均不能吸合，而主轴电动机 M_1 能正常启动运行，则说明控制回路电源正常，故障在 KM_4、KM_5 的线圈控制回路的公共部分，应重点检查 13 号线、20 号线、FR_2 的常闭触点及 5 号线。

故障现象 4：工作台在某些方向上不能进给，如工作台向左、向右不能进给，向前（下）、向后（上）进给正常。

分析与处理：由于工作台向前（下）、向后（上）进给正常，所以可证明工作台进给电动机 M_2 主回路、接触器 KM_4 和 KM_5 及行程开关的触点 $SQ_{1\text{-}2}$ 和 $SQ_{2\text{-}2}$ 的工作都正常，而 $SQ_{1\text{-}1}$ 和 $SQ_{2\text{-}1}$ 同时发生故障的可能性也较小。这样故障的范围就缩小到 3 个行程开关的 3 对触点 $SQ_{3\text{-}2}$、$SQ_{4\text{-}2}$、$SQ_{6\text{-}2}$ 及接到 $SQ_{6\text{-}2}$ 的 13 号线上。这 3 对触点只要有 1 对接触不良或损坏，就会使工作台向左、向右不能进给。可借助万用表来判断哪对触点接触不良或损坏。在这 3 对触点中，SQ_6 是变速瞬动行程开关，常因变速时手柄扳动力量过大而损坏。若不是触点的原因，则需要检查 13 号线。若工作台纵向进给正常，而横向和垂直进给不正常，则要重点检查 $SQ_{1\text{-}2}$、$SQ_{2\text{-}2}$、$SA_{1\text{-}3}$ 及接到 $SA_{1\text{-}3}$ 的 13 号线。

故障现象 5：将转换开关 SA_3 扳到开位置，冷却泵电动机 M_3 不能运行。

分析与处理：在控制回路电源正常的情况下，根据 KM_1 的吸合情况决定是检修控制回路还是检修主回路。

① 若 KM_1 不吸合，则检修控制回路。KM_1 的线圈接通回路为 2→FU_3→3→SA_3→4→KM_1 的线圈→5→FR_3 的常闭触点→6→FR_1 的常闭触点→1。重点检查 FR_3 的常闭触点是否可靠接通等。

② 若 KM_1 吸合，则检修主回路。主回路中有关冷却泵电动机 M_3 的完整回路为 U_5、V_5、W_5→KM_1 的常开主触点→U_{13}、V_{13}、W_{13}→FR_3 的发热元件→U_3、V_3、W_3。重点检查冷却泵电动机 M_3 的定子绕组及连线。在检修主回路时，建议采用电压法。

□【任务考核与评价】

本任务考核参照《电工国家职业技能鉴定考核标准》执行，评分标准参考表如表8-1-2所示。

项目九　电子电路的装配与调试训练

本项目提供了3大类实用电子电路的装配、调试资料，要求学生通过对电子电路的装配与调试的学习，学会阅读电路图和印制电路板图，熟悉常用电子元器件的选择、检测方法，掌握焊接和组装电路的技能，能熟练查阅元器件手册，同时掌握使用电子仪器调试电路的方法，并能处理装配和调试过程中出现的问题，获得工程实践能力。

任务1　收音机的装配与调试

【任务要求】

本任务要求学生完成一台超外差式调幅收音机的装配与调试，在了解收音机基本工作原理的基础上学会装配、调试和使用收音机，并学会排除一些常见故障，培养实践技能。

1. 知识目标

① 掌握超外差式调幅收音机的组成框图。

② 会分析超外差式收音机的电路图。

③ 对照收音机的电路图能看懂印制电路板图和接线图。

2. 技能目标

① 会测量各元器件的主要参数。

② 认识电路图上的各种元器件的符号，并能与实物相对照。

③ 按照工艺要求装配收音机。

④ 按照技术指标调试收音机。

【任务相关知识】

收音机是把从天线接收到的高频信号还原成音频信号的电子设备。

1. 超外差式调幅收音机的原理

超外差式调幅收音机能把接收到的频率不同的电台信号变成固定的中频信号（465kHz），由放大器对这个固定的中频信号进行放大，再由检波电路取出音频信号，然后再次进行放大。

典型的超外差式调幅收音机的组成框图如图9-1-1所示，它由输入回路、本振电路、混频电路、中频放大电路、检波电路、低频放大电路、功率放大电路7个部分组成。

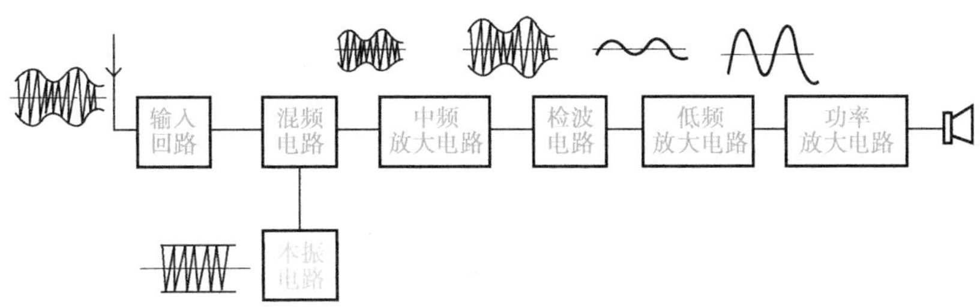

图 9-1-1 典型的超外差式调幅收音机的组成框图

1）输入回路

由于广播事业的发展，天空中有了很多不同频率的无线电波。如果把这些电波全都接收下来，就会像处在闹市之中一样，许多声音混杂在一起，结果什么也听不清了。为了选择所需要的信号（电台），在接收天线后，有一个选择性电路，它的作用是把所需的信号（电台）挑选出来，并把不要的信号“滤掉”，以免产生干扰，这就是输入回路的作用。输入回路是收音机的大门，它的灵敏度和选择性对整机的灵敏度和选择性有重要的影响。

2）本振电路

本振电路又叫作本机振荡器，其作用是产生振荡信号并将其送到混频电路。振荡信号的频率要比输入信号的频率小 465kHz。

3）混频电路

混频电路的作用是对输入回路选出的信号与本振电路产生的振荡信号进行混频，结果得到一个固定频率（465kHz）的中频信号。本振电路和混频电路统称为变频电路。

4）中频放大电路

中频放大电路的作用是对混频电路送来的中频信号进行放大，一般采用变压器耦合的多级放大器。

5）检波电路

检波电路的作用是从中频调幅信号中取出音频信号，常利用二极管来实现。

6）低频放大电路

低频放大电路用来对音频信号进行电压放大，一般收音机中有一至两级低频放大电路。低频放大电路应有足够的增益和频带宽度，同时要求其非线性失真和噪声都小。

7）功率放大电路

功率放大电路用来对音频信号进行功率放大，用以推动扬声器还原声音，要求它的输出功率大，频率响应宽，效率高，而且非线性失真小。收音机一般采用甲乙类推挽功率放大电路，按照放大电路与负载的耦合方式不同，具体来说有变压器耦合、电容耦合（OTL）、直接耦合（OCL）等几种类型的功率放大电路。

HX108-2 AM 超外差式调幅收音机是七管收音机，采用全硅管线路，具有机内磁性天线，收音效果良好，并且设有外接耳机插口。HX108-2 AM 超外差式调幅收音机的电路图如图 9-1-2 所示。

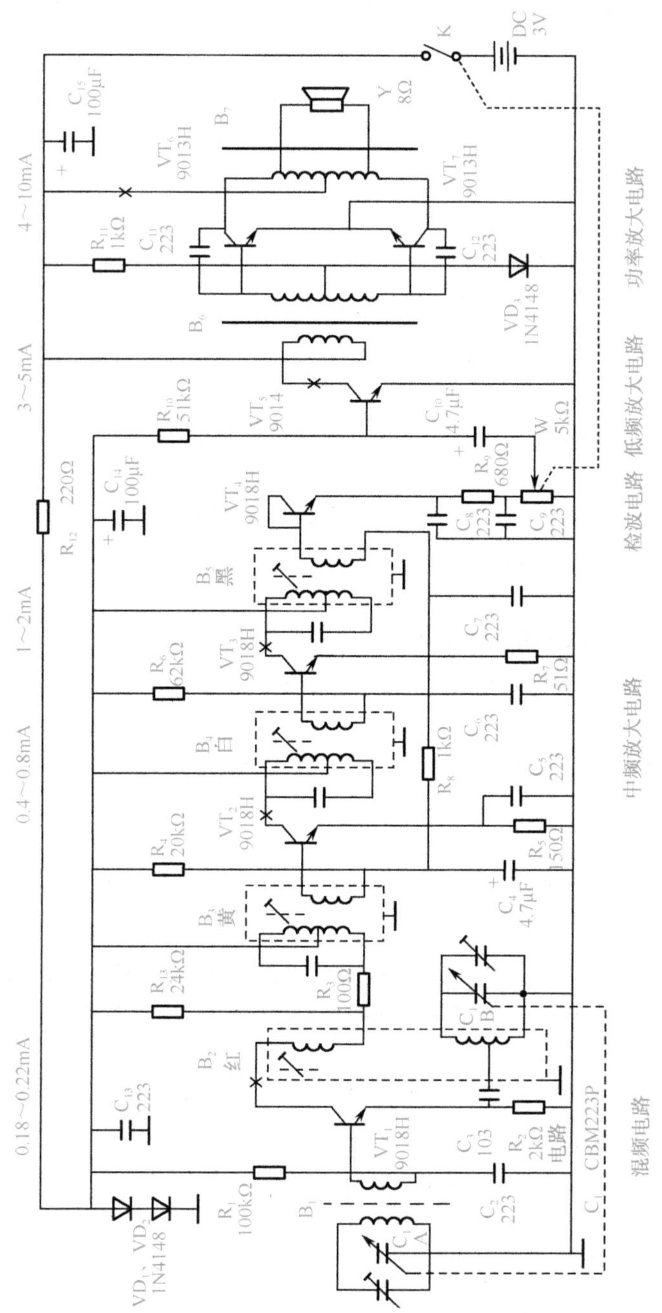

图9-1-2 HX108-2 AM超外差式调幅收音机的电路图

2. HX108-2 AM 超外差式调幅收音机的技术指标

频率范围：525～1605kHz。

中频频率：465kHz。

灵敏度：≤2mV/m。

S/N：20dB。

输出功率：50mW。

扬声器：ϕ57mm、8Ω。

电源：3V（两节五号电池）。

【任务实施】

1. 任务实施器材

① 收音机套件　　一套/组

② 焊接工具：35W 内热式电烙铁、斜口钳、尖嘴钳　　一套/组

③ 焊接材料：焊锡丝、松香　　一套/组

④ 电工工具　　一套/组

2. 任务实施步骤

1）清点材料

操作提示：打开时请小心，不要将塑料袋撕破，以免材料丢失；在清点材料时可以将机壳后盖当容器，将所有的材料都放在里面；清点完后请将材料放回塑料袋备用；弹簧和螺钉要避免滚丢。

操作方法：请按如表 9-1-1 所示的材料清单一一对应清点材料，记清每个元器件的名称与外形。

表 9-1-1　材料清单

序号	元器件名称	数量	外形	备注
1	电阻	13 个		R_1～R_{13}
2	二极管	3 个		VD_1～VD_3
3	电位器	1 个		W
4	电解电容	4 个		C_4、C_{10}、C_{14}、C_{15}
5	瓷片电容	10 个		C_2、C_3、C_5、C_6、C_7、C_8、C_9、C_{11}、C_{12}、C_{13}

续表

序　号	元器件名称	数　量	外　形	备　注
6	中频变压器（又称中周）	4个		B_2～B_5
7	变压器	2个		B_1、B_6
8	双联电容（CBM223P）	1个		C_1
9	三极管	7个		VT_1～VT_7
10	导线	4根	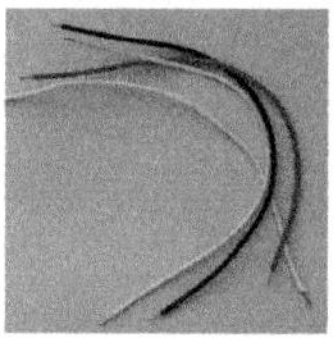	
11	印制电路板	1块	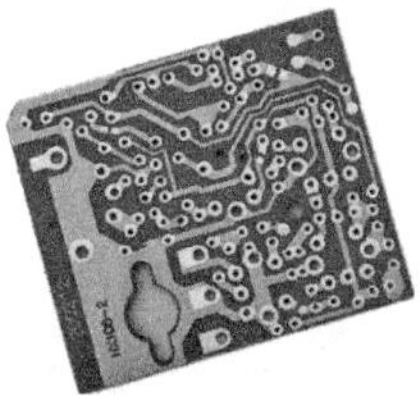	
12	周率板	1块		

续表

序　　号	元器件名称	数　　量	外　　形	备　　注
13	电位盘	1 个	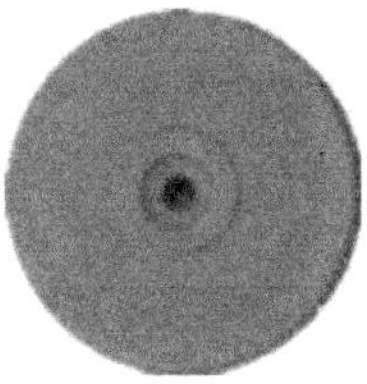	
14	调谐盘	1 个	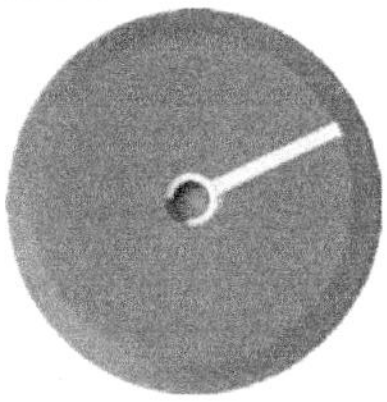	
15	正极片、负极弹簧	3 个	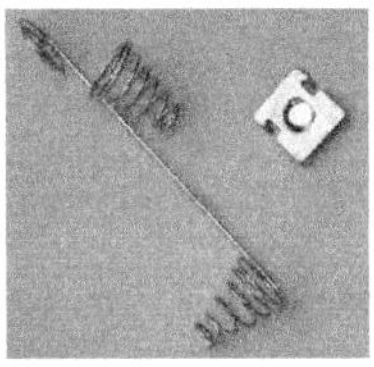	
16	磁棒和线圈	1 套		
17	磁棒支架	1 个		
18	前框	1 个		
19	后盖	1 个	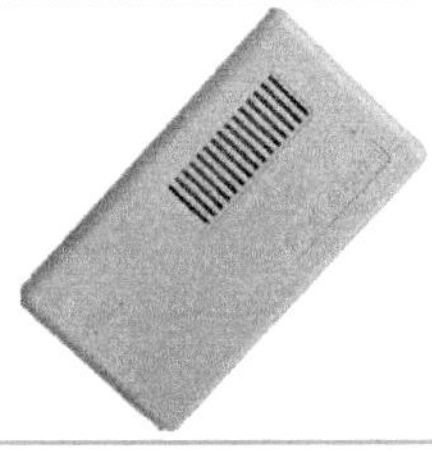	

续表

序　号	元器件名称	数　量	外　形	备　注
20	螺钉	5 个		
21	喇叭	1 个		
22	拎带	1 条		
23	图纸	1 张		

2）焊接前的准备工作

操作题目 1：元器件读数与检测。

操作方法：具体操作方法如下。

① 观察色环电阻，读出其电阻值，将结果填入表 9-1-2。

表 9-1-2　电阻记录表

名　称	一环颜色	二环颜色	三环颜色	四环颜色	电　阻　值	误　差　值
R_1						
R_2						
R_3						
R_4						
R_5						
R_6						
R_7						
R_8						
R_9						
R_{10}						
R_{11}						
R_{12}						
R_{13}						

② 观察瓷片电容，读出其电容值，将结果填入表 9-1-3。

表 9-1-3 瓷片电容记录表

名　称	标　志	电 容 值	名　称	标　志	电 容 值
C_2			C_8		
C_3			C_9		
C_5			C_{11}		
C_6			C_{12}		
C_7			C_{13}		

③ 观察电解电容，读出其电容值和耐压值，判定正、负极，并对照如图 9-1-3 所示的电解电容引脚指示图，将结果填入表 9-1-4。

表 9-1-4 电解电容记录表

名　称	电 容 值	耐 压 值	1 脚 极 性	2 脚 极 性
C_4				
C_{10}				
C_{14}				
C_{15}				

④ 观察三极管，读出其型号，判断基极 b、集电极 c 和发射极 e，并对照如图 9-1-4 所示的三极管引脚指示图，将结果填入表 9-1-5。

表 9-1-5 三极管记录表

名　称	型　号	1 脚 极 性	2 脚 极 性	3 脚 极 性
VT_1				
VT_2				
VT_3				
VT_4				
VT_5				
VT_6				
VT_7				

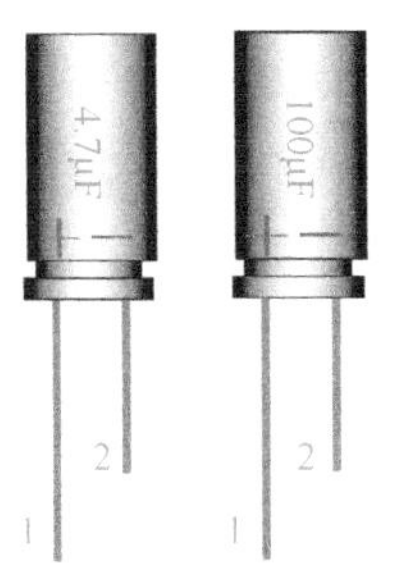

图 9-1-3 电解电容引脚指示图

图 9-1-4 三极管引脚指示图

操作题目 2：元器件准备。

操作方法：先将所有元器件引脚的漆膜、氧化膜清除干净，然后进行搪锡（如果元器件引脚未氧化则可省去此项），最后将元器件引脚弯制成所需的形状。

3）收音机的装配

操作题目 1：插件焊接。

操作提示：

① 注意焊接的时候不仅要保证位置正确，还要保证焊接可靠、美观。

② 注意二极管的极性，不要装反。

③ 注意电解电容的极性，不要装反。

④ 元器件的引脚要尽可能短。

⑤ 焊点的焊锡要均匀、饱满，表面光滑、无杂质。

⑥ 每次焊接完一部分元器件，均应检查一遍焊接质量及是否有错焊、漏焊缺陷，发现问题及时纠正。

操作方法：按照如图 9-1-5 所示的超外差式调幅收音机装配图（印制电路板图）正确安装元器件。在安装时先安装低矮和耐热的元器件（如电阻、瓷片电容），再安装大一点的元器件（如中周、变压器），最后安装怕热的元器件（如三极管）。

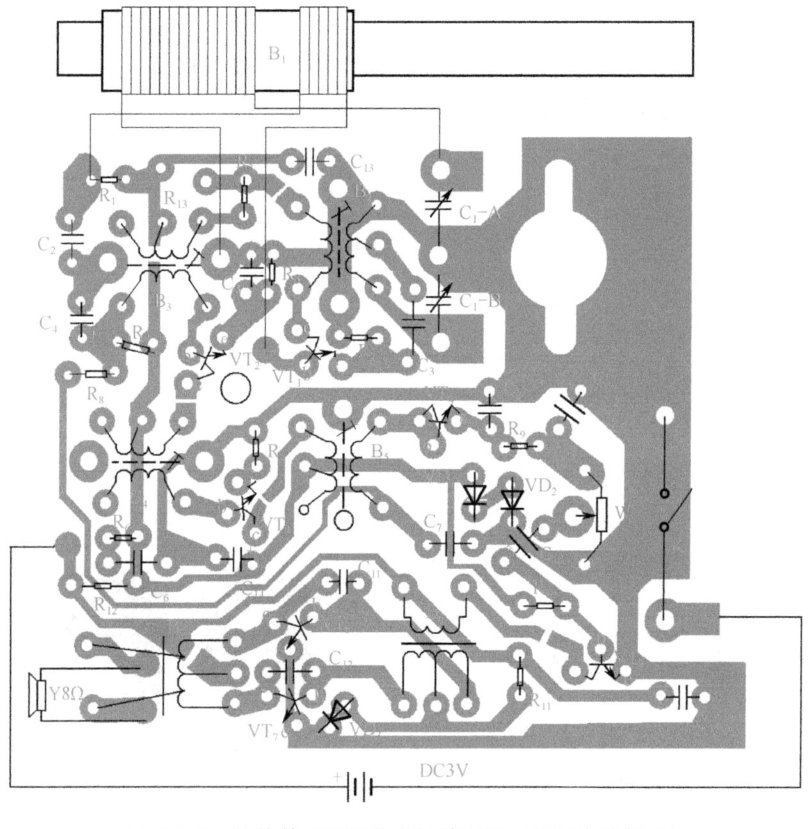

图 9-1-5 超外差式调幅收音机装配图（印制电路板图）

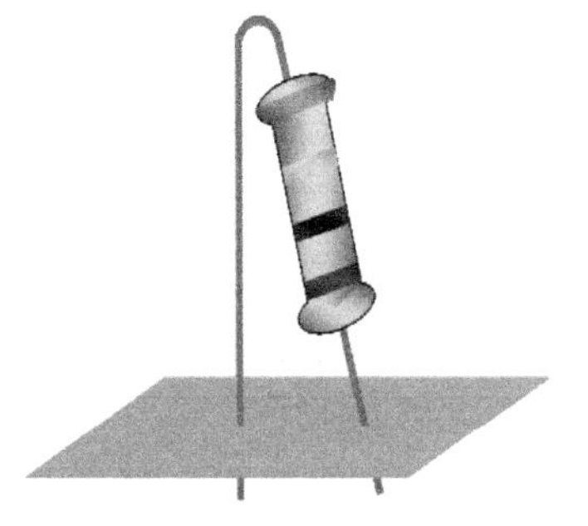
图 9-1-6 电阻立式插法图

① 安装电阻。选择好电阻的阻值后，根据印制电路板上对应的两个安装孔的距离弯曲电阻引脚，采用如图 9-1-6 所示的立式插法进行安装，一端可紧靠印制电路板，也可留 1～2mm 的距离，保证高度基本统一。参照图 9-1-5，将各电阻插到印制电路板相应位置上。为了防止电阻掉落，在印制电路板的焊接面将引脚扳弯，使引脚与印制电路板成 45°～60°夹角。可以在插完全部电阻后进行焊接，也可以在插完一部分电阻后进行焊接。焊接完后，用斜口钳将多余的引脚剪掉。

② 安装瓷片电容。采用立式安装法。参照图 9-1-5，将各瓷片电容插到印制电路板相应位置上，瓷片电容到印制电路板的高度控制在 4～6mm，保证高度基本统一。为了防止瓷片电容掉落，在印制电路板的焊接面将引脚扳弯，使引脚与印制电路板成 45°～60°夹角。在插完全部瓷片电容后进行焊接。焊接完后，用斜口钳将多余的引脚剪掉。

③ 安装电解电容。参照图 9-1-5，将各电解电容插到印制电路板相应位置上，电解电容紧贴印制电路板立式插装。在插完全部电解电容后进行焊接。焊接完后，用斜口钳将多余的引脚剪掉。

注意：电解电容的正、负极不要插反。

④ 安装中周。参照如图 9-1-7 所示的变压器安装示意图，将各中周插到印制电路板相应位置上，包括屏蔽外壳上的引脚都应插入相应的孔，并要求插至使其紧贴印制电路板，插装不歪斜。焊接前要核对各中周是否插装正确。B_2、B_4 的引脚在调谐盘的下方，应在焊接前将引脚（包括 B_2 外壳上的引脚）用斜口钳剪去一部分，使引脚高出印制电路板 1mm 左右。又因中周外壳除具有屏蔽作用以外，还起到导线的作用，所以中周外壳引脚必须焊接。

⑤ 安装输入变压器和输出变压器。参照如图 9-1-7 所示的变压器安装示意图，将输入变压器和输出变压器插到印制电路板相应位置上，要求插至使其紧贴印制电路板，插装不歪斜。

注意：输入变压器（蓝色、绿色）、输出变压器（红色、黄色）不能调换位置。

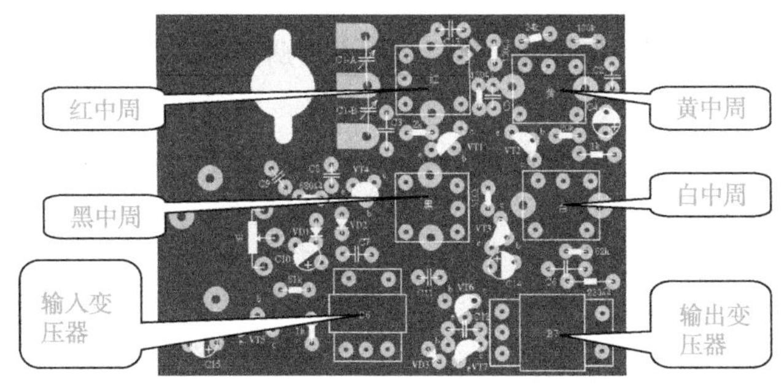

图 9-1-7 变压器安装示意图

⑥ 安装电位器。将电位器插到印制电路板相应位置上，使其与印制电路板平行，并且各引脚均插到预定位置。电位器上靠近双联电容的一个引脚和一个开关引脚也应在焊接前用斜口钳剪切。

⑦ 安装三极管。将各三极管插到印制电路板相应位置上，三极管的高度要适中，不能太低，也不能太高，焊接后高度稍低于中周的高度即可。在插完全部三极管后进行焊接。焊接完后，用斜口钳将多余的引脚剪掉。

注意：三极管 S9013 和 S9018 不要装错。

工程经验

三极管的极性很容易装错，插装完后一定要反复检查，确定正确后再进行焊接。

⑧ 安装双联电容及磁棒支架。将双联电容及磁棒支架一起安装到印制电路板上，用双联电容将磁棒支架压住，再用两个螺钉将双联电容固定牢。用斜口钳将高出焊接面的 3 个引脚剪掉，只留 1mm，进行焊接。

⑨ 安装磁棒和线圈。将线圈的 4 根引线头直接用电烙铁配合松香、焊锡丝来回摩擦几次即可自动镀上锡。将线圈套在磁棒上后插入磁棒支架。

参照图 9-1-5，将 4 根引线头分别对应搭焊在印制电路板的 4 个焊盘上。整理引线，引线不要凌乱，固定磁棒与磁棒支架。

操作题目 2：前框准备。

操作方法：具体操作方法如下。

① 如图 9-1-8 所示，将负极弹簧和正极片安装在前框内相应的安装槽内。

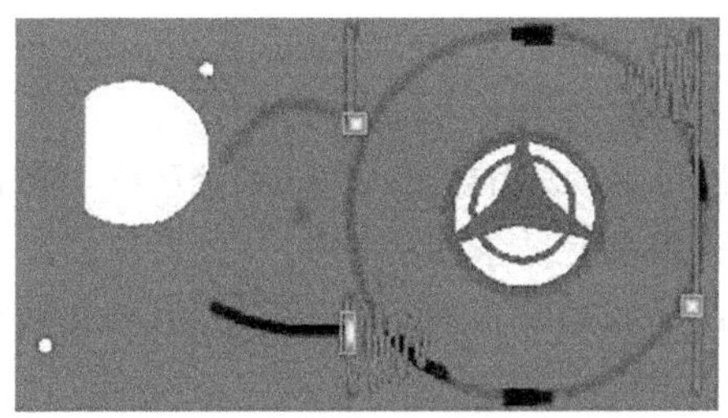

图 9-1-8　电源正、负极安装示意图

注意：正、负极的搭配关系要正确，应保证在安装电池时正、负极能正确对接。

② 焊接好正、负极的连接点及黑色和红色导线。

注意：正、负极的焊点边缘与极片的边缘间距必须大于 1mm，以免插入外壳时卡住。

③ 去掉周率板反面的双面胶保护纸，然后将周率板贴于前框，并撕去周率板正面的保护膜。

注意：周率板要一次贴装到位，并且保证方向正确。

④ 如图 9-1-9 所示，用小一字螺钉旋具撬一个塑料柱子，向下压喇叭，将喇叭安装在前框内，用两根导线连接喇叭。

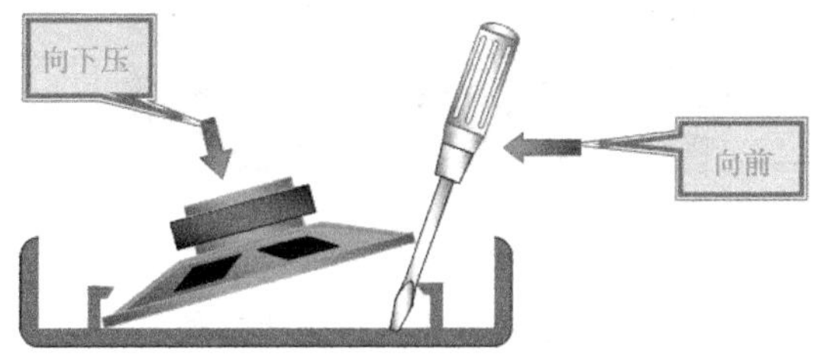

图 9-1-9　喇叭安装示意图

⑤ 将拎带套在前框内。

⑥ 将调谐盘安装在双联轴上，用螺钉固定。

注意：调谐盘指针指示标记的方向。

⑦ 如图 9-1-10 所示，将连接正、负极的导线另一端连于印制电路板，将连接喇叭的导线另一端连于印制电路板。

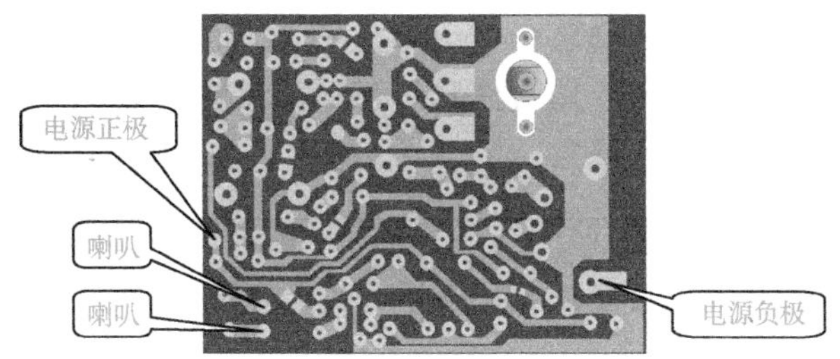

图 9-1-10 超外差式调幅收音机导线连接示意图

操作题目 3：开口检查。

操作方法：具体操作方法如下。

① 按照如图 9-1-11 所示的超外差式调幅收音机测量点图，用万用表进行整机工作点、工作电流测量。

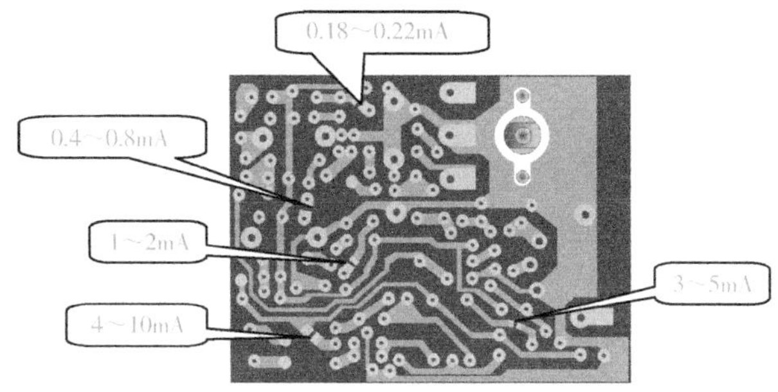

图 9-1-11 超外差式调幅收音机测量点图

② 经测量知工作电流在正常范围内后，将 5 个测量点闭合。

③ 将组装完毕的机芯按照如图 9-1-12 所示的机芯安装示意图装入前框。

图 9-1-12 机芯安装示意图

注意：机芯的安装一定要到位。

装配好的收音机实物图如图 9-1-13 所示。

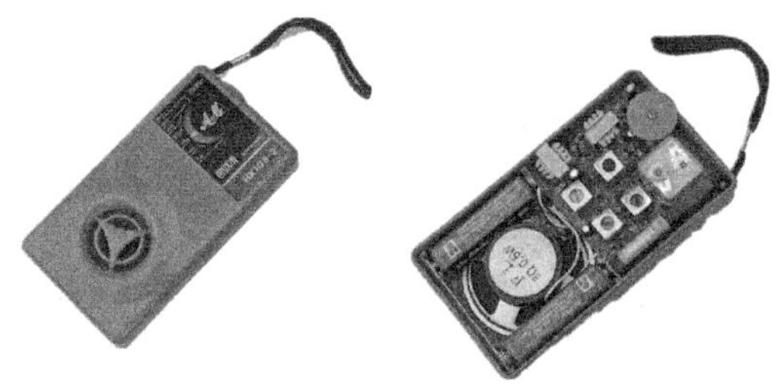

图 9-1-13 装配好的收音机实物图

4）收音机的调试

操作题目 1：调整中频频率。

操作方法：中周在出厂时已经调整在 465kHz（一般调整范围在半圈左右），调整较简单。打开收音机，在高频端找一个电台，先调整 B_5，然后用无感螺丝刀向前顺序调整 B_4、B_3，调到声音响亮为止。

工程经验

如果没有无感螺丝刀可以用塑料、竹条等制品代替。

操作题目 2：调整频率范围。

操作方法：具体操作方法如下。

① 调低端。中央人民广播电台的频率是 640kHz，使调谐盘指针指在 640kHz 的位置，调整红色中周的磁芯，便可收到中央人民广播电台，将声音调到最大，低端位置就对准了。

② 调高端。在 1400～1600kHz 范围内选一个已知频率的广播电台，使调谐盘指针指示对应的位置，调整双联轴顶部左上角的微调电容，便可收到该电台，将声音调到最大，高端位置就对准了。

操作题目 3：统调。

操作方法：具体操作方法如下。

① 调低端。利用最低端收到的电台，调整天线线圈在磁棒上的位置，使声音最响，低端就统调好了。

② 调高端。利用最高端收到的电台，调整双联轴底部右下角的微调电容，使声音最响，高端就统调好了。

【任务考核与评价】

表 9-1-6　收音机装配与调试的考核

任务内容	配分	评分标准	自评	互评	教师评
准备工作	20	① 核对元器件总数　5 分 ② 元器件读数与检测　5 分 ③ 质量鉴定　5 分 ④ 元器件准备　5 分			
收音机的装配	60	① 电阻安装　6 分 ② 瓷片电容安装　6 分 ③ 电解电容安装　6 分 ④ 中周安装　6 分 ⑤ 输入变压器和输出变压器安装　6 分 ⑥ 电位器安装　6 分 ⑦ 三极管安装　6 分 ⑧ 双联电容及磁棒支架安装　6 分 ⑨ 磁棒和线圈安装　6 分 ⑩ 前框准备　6 分			

续表

任务内容	配分	评分标准			自评	互评	教师评
收音机的调试	10	① 中频频率调整 4 分 ② 频率范围调整 3 分 ③ 统调 3 分					
安全文明操作	10	违反 1 次 扣 5 分					
定额时间	3 天	每超过 1h 扣 10 分					
开始时间		结束时间		总评分			

任务 2 万用表的装配与调试

□【任务要求】

本任务要求学生完成一台 MF-47 型指针式万用表的装配与调试，在了解万用表基本工作原理的基础上学会装配、调试和使用万用表，了解指针式万用表的机械结构，并学会排除一些常见故障，培养实践技能。

1. 知识目标

① 掌握指针式万用表的组成框图。

② 会分析指针式万用表的电路图。

③ 对照万用表的电路图能看懂印制电路板图和接线图。

④ 了解指针式万用表的机械结构。

2. 技能目标

① 会测量各元器件的主要参数。

② 认识电路图中各种元器件的符号，并能与实物相对照。

③ 按照工艺要求装配万用表。

④ 按照技术指标调试万用表。

⑤ 加深对万用表工作原理的理解，提高万用表的使用水平。

□【任务相关知识】

万用表是在电子工程领域中应用最广泛的测量仪表之一，分为指针式和数字式两种。指针式万用表是一种多功能、多量程的便携式电工仪表，可以测量直流电流、交流电压、直流电压和电阻等电量，有些指针式万用表还可测量电容、晶体管直流放大系数 h_{FE} 等参数。

MF-47 型指针式万用表具有 26 个基本量程，还有测量电平、电容、电感、晶体管直流参数等的 7 个附加参考量程，是一种量程多、分挡细、灵敏度高、体形轻巧、性能稳定、过载保护可靠、读数清晰、使用方便的通用型万用表。

1. 指针式万用表的组成

指针式万用表主要由表头、功能转换器、功能转换开关和刻度盘 4 个部分组成。图 9-2-1 所示为指针式万用表的组成框图。

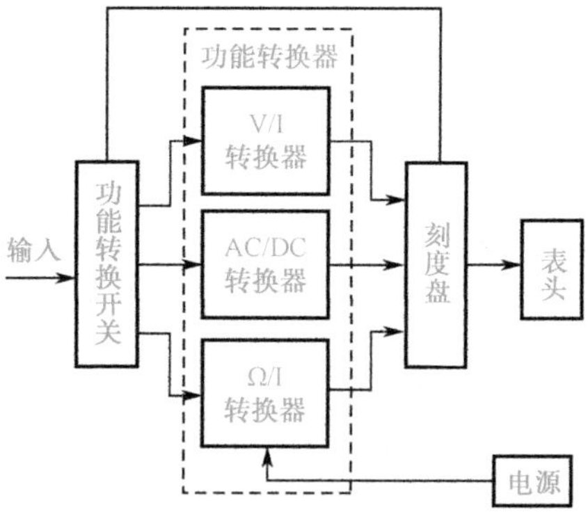

图 9-2-1　指针式万用表的组成框图

1）表头

表头充当测量机构，它是指针式万用表的关键部分，作用是指示被测量的数值。表头为灵敏度和准确度高的磁电式测量机构，它实际上是一个高灵敏度的磁电式直流电流表，它的性能决定了指针式万用表的性能。

2）功能转换器

功能转换器即测量电路，它把被测量转换成适合用表头指示的直流电流信号。它实质上是由多量程的直流电流表、直流电压表、整流式交流电压表及欧姆表等多种电路组合而成的。

3）功能转换开关

万用表对各种电量进行测量是通过切换测量电路来完成的，功能转换开关就是完成这种切换的装置。

4）刻度盘

刻度盘用来指示各种被测量的数值，上面印有多条刻度线，分别用来指示电阻值、直流电流值、直流电压值、交流电压值、晶体管的 h_{FE} 值等测量值，并附有各种符号加以说明。

2. MF-47 型指针式万用表的性能指标

MF-47 型指针式万用表造型大方、设计紧凑、结构牢固、携带方便。

① 测量机构采用高灵敏度表头，用硅二极管保护，保证过载时不损坏表头，线路设有 0.5A 熔断器以防止挡位误用时烧坏电路。

② 在电路设计上考虑了湿度和频率补偿。

③ 在低电阻挡选用 2 号干电池供电，电池容量大且寿命长。

④ 配合高压表笔和插孔，可测量 25kV 以下的高压。

⑤ 配有晶体管直流放大系数检测挡位。

⑥ 刻度盘标度尺、刻度线与转换开关指示盘均为红、绿、黑三色，分别按交流是红色、晶体管是绿色、其余是黑色对应制成，共有 7 条专用刻度线，刻度分开，便于读数；配有反光铝膜，可以消除视差，提高读数精度。

⑦ 测量交流、直流 2500V 电压挡和测量直流 5A 电流挡分别有单独插孔。

⑧ 外壳上装有提手，不仅便于携带，而且可在必要时用作倾斜支撑，便于读数。

⑨ 测量电参数分挡如下。

测量直流电流：5A、500mA、50mA、5mA、500μA 和 50μA 共 6 挡。

测量直流电压：0.25V、1V、2.5V、10V、50V、250V、500V、1kV 和 2.5kV 共 9 挡。

测量交流电压：10V、50V、250V、500V、1kV 和 2.5kV 共 6 挡。

测量电阻：×1、×10、×100、×1k 和×10k 共 5 挡。

3. MF-47 型指针式万用表的工作原理

1）基本工作原理

MF-47 型指针式万用表的基本工作原理图如图 9-2-2 所示。电路由表头、电阻测量挡、电流测量挡、直流电压测量挡和交流电压测量挡几个部分组成。图 9-2-2 中标有“－”的一端是黑表笔的插孔，标有“＋”的一端是红表笔的插孔。

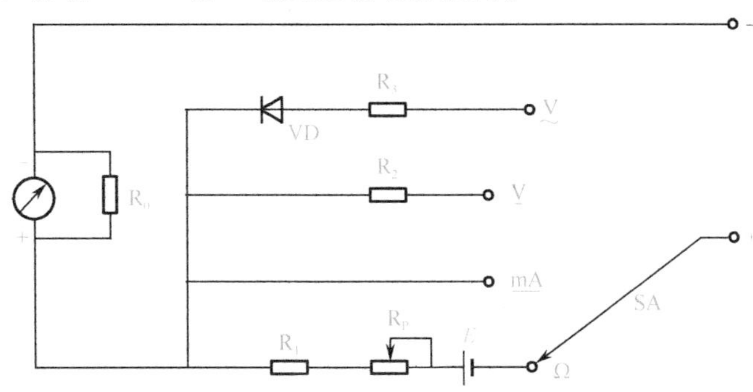

图 9-2-2　MF-47 型指针式万用表的基本工作原理图

2）MF-47 型指针式万用表的电路图

MF-47 型指针式万用表的电路图如图 9-2-3 所示。其中，表头是一个直流微安表；WH_2 是一个可调电位器，用于调节表头回路中电流的大小；VD_3、VD_4 两个二极管反向并联后再与电容 C_1 并联，用于限制表头两端的电压，起保护表头的作用，使表头不会因电流过大而烧坏。

3）直流电流测量电路

直流电流测量电路如图 9-2-4 所示。它相当于一个多量程的直流电流表，采用在表头支路并联分流电阻的方法扩大量程，通过各挡倍率电阻的分流，把被测电流变成表头能测量的电流。电路中 R_1～R_4、R_{29} 是分流电阻，与表头组成阶梯分流器，通过转换开关切换不同的分流电阻，形成不同的分流，从而获得不同的量程。分流电阻越小量程越大，反之量程越小。为了补偿表头内阻的分散性，电路中增加了电位器 WH_2，调节 WH_2 的值，校正基本量程 50μA 挡。二极管 VD_3 和 VD_4 起到保护表头的作用，C_1 为高频滤波电容。

4）直流电压测量电路

直流电压测量电路如图 9-2-5 所示。它是通过分压电阻将电压转换成电流，然后由表头指示出来的电路。它实际上是在直流电流测量电路的基础上增加电阻，构成多量程的直流电压表。由图 9-2-5 可知，0. 25V 挡是 50μA 直流电流挡，可以看作一个内阻较小的电压表，在此基础上与 R_5～R_8、R_9～R_{13} 分压电阻相串联，扩大测量电压的量程。串联电阻越大量程越大，反之量程越小。R_{26}、R_{27} 是 2500V 挡分压电阻。

5）交流电压测量电路

交流电压测量电路如图 9-2-6 所示。磁电式仪表只能测量直流电压或电流，要用它测量交流电压就需要一个交直流转换装置。整流器是万用表中常用的交直流转换装置，常用的整流器是半波整流器。图 9-2-6 中的 VD_1 是半波整流器件。

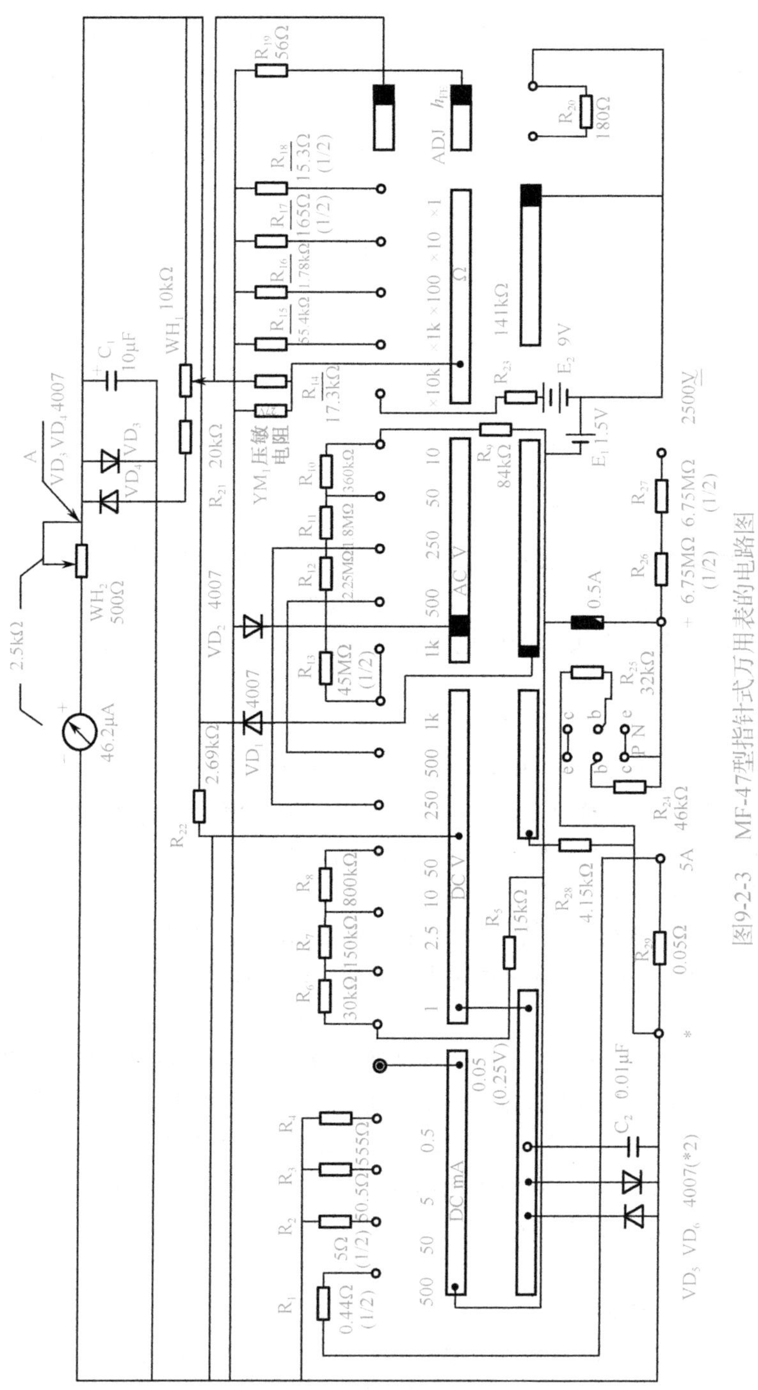

图9-2-3　MF-47型指针式万用表的电路图

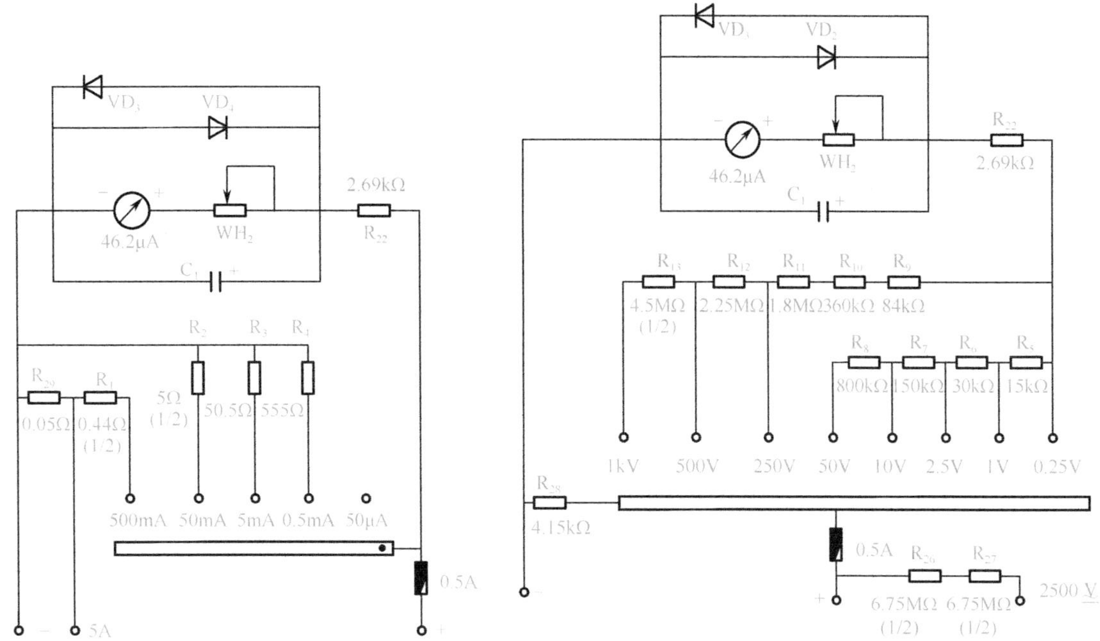

图 9-2-4　直流电流测量电路

图 9-2-5　直流电压测量电路

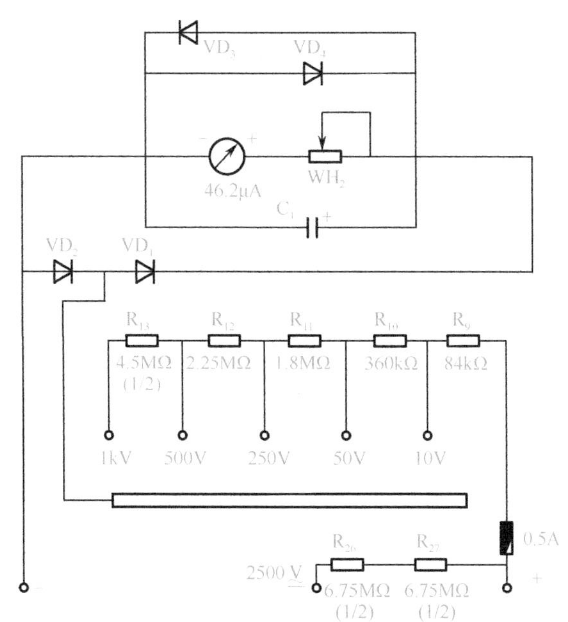

图 9-2-6　交流电压测量电路

在被测电压的正半周，VD_2截止，VD_1导通，交流电流经分压电阻及整流二极管 VD_1 流经等效表头，表针偏转；在被测电压的负半周，VD_2 导通，交流电流直接从二极管 VD_2 流入分压电阻，而不经过表头。这样在表头中流过的是经 VD_1 半波整流后的脉动电流，表针的偏转角度只与整流电压在一个周期内的平均值成正比，属于均值型电压表。正弦交流电流的有效值和平均值呈简单的正比关系，即表头的偏转角和电流的平均值成正比，电流平均值又与电流有效值成正比，所以用万用表测量交流电压直接指示的值是交流有效值。

交流电压测量电路量程的改变也是通过改变串联分压电阻实现的。电路中的 R_9～R_{13}、R_{26}、R_{27}是分压电阻。

6）电阻测量电路

电阻测量电路如图 9-2-7 所示。电阻的测量是依据欧姆定律进行的，被测电阻串入电流回路，使表头中有电流流过，流过表头的电流大小与被测电阻的大小有关。当被测电阻为零时，回路中电流最大，表针偏转角度也最大，调节调零电位器 WH_1可使表针满偏（表针指在电阻的零刻度位置）。当被测电阻增大时，回路中电流减小，表针偏转角度减小，所指示的阻值增大。当被测电阻为无穷大时，回路中电流为零，表头电流为零，表针无偏转，表针指示的刻度为电阻挡无穷大刻度。所以电阻挡的刻度是反向的，又由于被测电阻与流过表头的电流不成正比，电阻挡刻度线的分度是不均匀的。

在测量电阻时，量程的改变是通过在表头两端并联分流电阻实现的，R_{15}～R_{18}、R_{23}是分流电阻。分流电阻越小，分流越大，流过表头的电流越小，表针偏转角度越小，量程就越小。×10k 量程，表头内阻太大，1.5V 的电源不能使表头指针满偏，所以该量程采用 9V 电池供电。

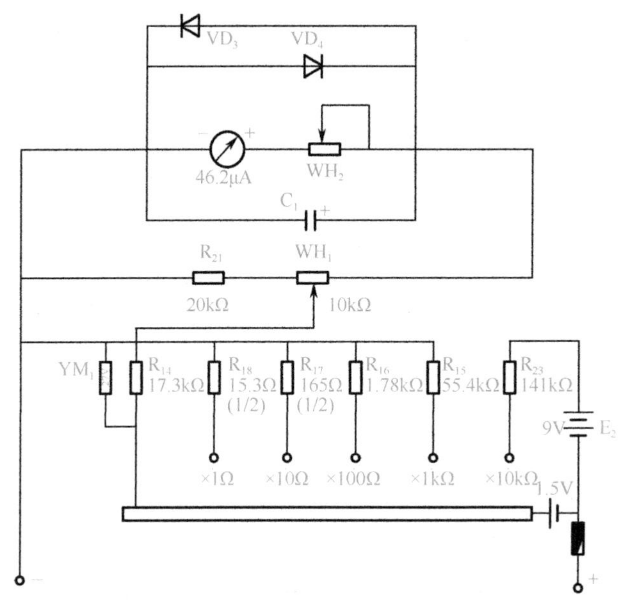

图 9-2-7　电阻测量电路

【任务实施】

1. 任务实施器材

① MF-47 型指针式万用表套件　　一套/组

② 焊接工具：35W 内热式电烙铁、斜口钳、尖嘴钳　　一套/组

③ 焊接材料：焊锡丝、松香　　一套/组

2. 任务实施步骤

1）清点材料

操作提示：表盖比较紧，打开时请小心，以免材料丢失；清点材料时可以将表壳后盖当

容器，将所有的材料都放在里面；清点完后请将材料放回塑料袋备用；螺钉要避免滚掉；电刷是极易损坏的材料，切勿挤压。

操作方法：请按如表 9-2-1 所示的材料清单一一对应清点材料，记清每个元器件的名称与外形。

表 9-2-1 材料清单

序 号	元器件名称	数 量	外 形	备 注
1	电阻	28 个		$R_1 \sim R_{28}$
2	分流器	1 个		R_{29}
3	压敏电阻	1 个	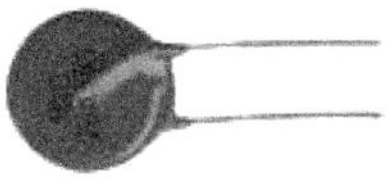	YM_1
4	电位器	2 个	 	WH_1、WH_2
5	二极管	6 个		$VD_1 \sim VD_6$
6	电解电容	1 个		C_1
7	涤纶电容	1 个		C_2

续表

序　号	元器件名称	数　量	外　形	备　注
8	蜂鸣器	1 个		
9	熔断器	1 个		
10	熔断器夹	2 个		
11	导线	5 根		
12	表笔	1 副	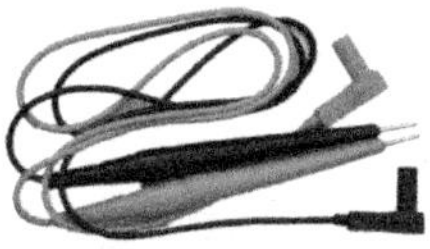	
13	印制电路板	1 块	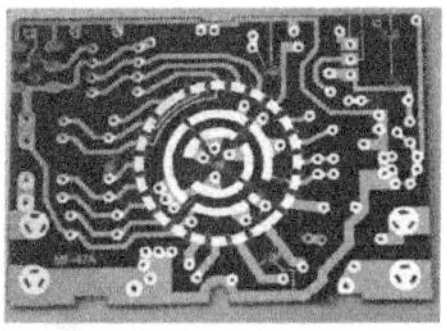	
14	面板 + 表头	1 个		

续表

序号	元器件名称	数量	外形	备注
15	电位器旋钮	1个		
16	晶体管插座	1个		
17	后盖	1个		
18	V形电刷	1个		
19	晶体管焊片	6个	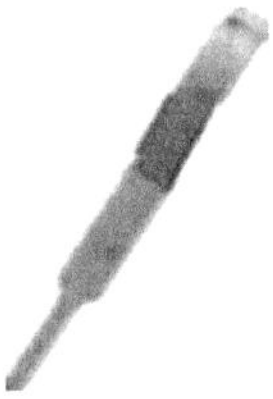	
20	输入插管	4个	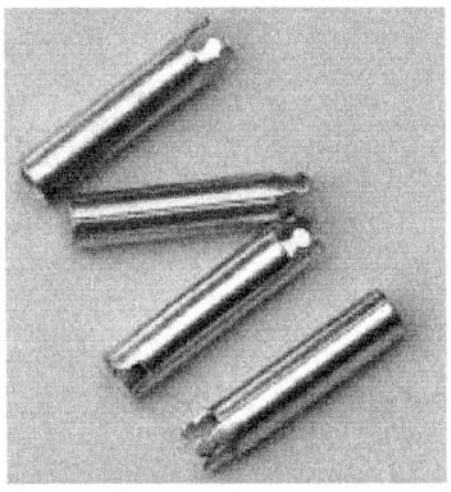	
21	螺钉	2个	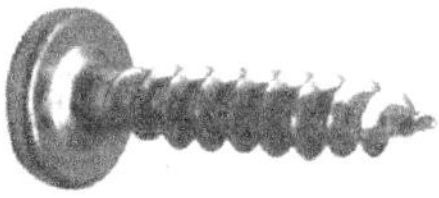	

续表

序　　号	元器件名称	数　　量	外　　形	备　　注
22	电池极片	4 个		
23	图纸	1 张	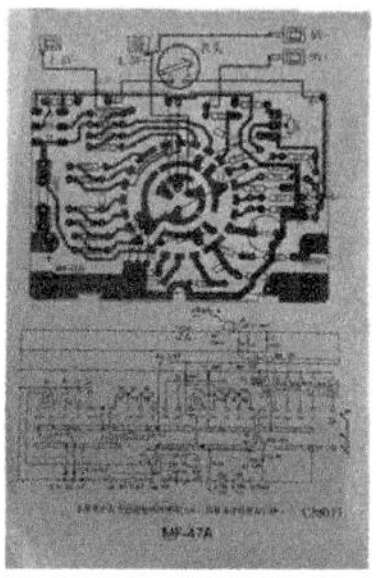	

2）焊接前的准备工作

操作题目 1：元器件读数与检测。

操作方法：具体操作方法如下。

① 观察色环电阻，读出其电阻值，将结果填入表 9-2-2。

表 9-2-2　电阻记录表

名　　称	一环颜色	二环颜色	三环颜色	四环颜色	电　阻　值	误　差　值
R_1						
R_2						
R_3						
R_4						
R_5						
R_6						
R_7						
R_8						
R_9						
R_{10}						
R_{11}						
R_{12}						
R_{13}						
R_{14}						
R_{15}						
R_{16}						

续表

名称	一环颜色	二环颜色	三环颜色	四环颜色	电阻值	误差值
R_{17}						
R_{18}						
R_{19}						
R_{20}						
R_{21}						
R_{22}						
R_{23}						
R_{24}						
R_{25}						
R_{26}						
R_{27}						
R_{28}						

② 观察涤纶电容，读出其电容值，将结果填入表 9-2-3。

表 9-2-3　涤纶电容记录表

名称	标志	电容值	误差值
C_2			

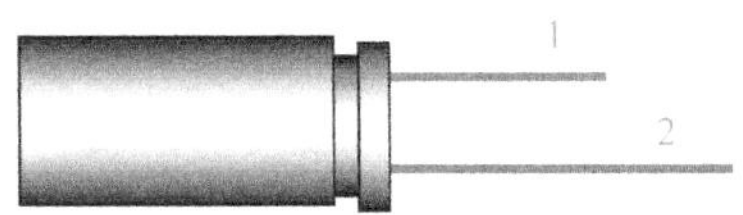

图 9-2-8　电解电容引脚指示图

③ 观察电解电容，读出其电容值和耐压值，判定正、负极，并对照图如 9-2-8 所示的电解电容引脚指示图，将结果填入表 9-2-4。

表 9-2-4　电解电容记录表

名称	电容值	耐压值	1 脚极性	2 脚极性
C_1				

操作题目 2：元器件准备。

操作方法：先将所有元器件引脚的漆膜、氧化膜清除干净，然后进行搪锡（如果元器件引脚未氧化则可省去此项），最后将元器件引脚弯制成所需的形状。

3）万用表的装配

操作题目 1：插件焊接。

操作提示：

① 注意焊接的时候不仅要保证位置正确，还要保证焊接可靠、美观。

② 注意二极管的极性，不要装反。

③ 注意电解电容的极性，不要装反。

④ 元器件的引脚要尽可能短。

⑤ 焊点的焊锡要均匀、饱满，表面光滑、无杂质。

⑥ 每次焊接完一部分元器件，均应检查一遍焊接质量及是否有错焊、漏焊缺陷，发现问题及时纠正。

操作方法：万用表正面装配图（印制电路板图）如图 9-2-9 所示，万用表反面装配图（印制电路板图）如图 9-2-10 所示。按照装配图正确安装元器件。在安装时先安装电阻、二极管等平放元件，后安装插管、电容等高的竖放元件。

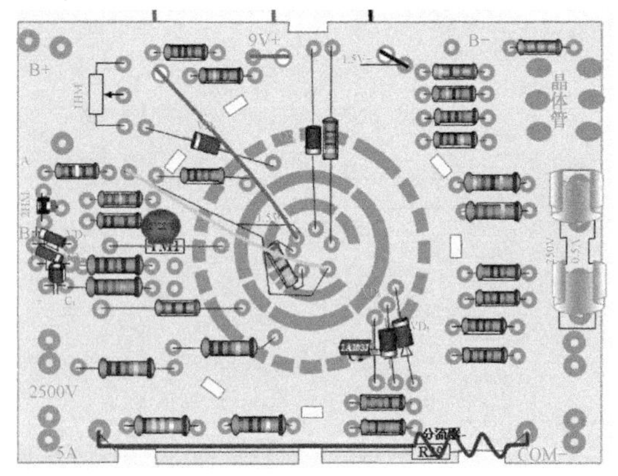

图 9-2-9　万用表正面装配图（印制电路板图）

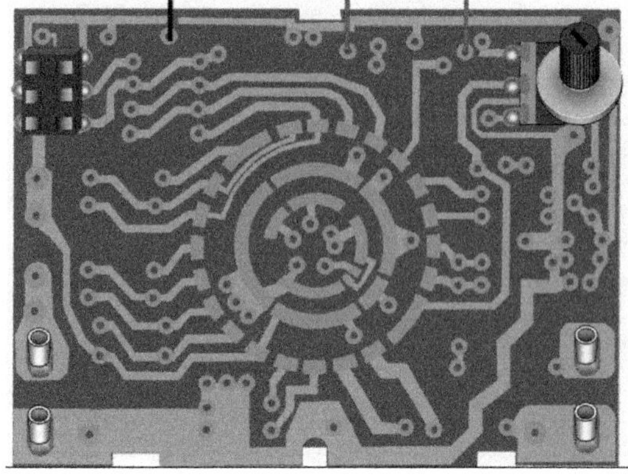

图 9-2-10　万用表反面装配图（印制电路板图）

注意：晶体管插座、电位器 WH_1 及 4 个输入插管都应焊在印制电路板铜箔面上。

① 安装电阻。选择好电阻的阻值后，根据印制电路板上对应的两个安装孔的距离弯曲电阻引脚，电阻可紧靠印制电路板，也可留 1～2mm 的距离，保证高度基本统一。为了防止电阻掉落，在印制电路板的焊接面将引脚扳弯，使引脚与印制电路板成 45°～60°夹角。可以在插完全部电阻后进行焊接，也可以在插完一部分电阻后进行焊接。焊接完后，用斜口钳将多余的引脚剪掉。

② 安装二极管。

注意：二极管的正、负极不要插反。

③ 安装分流器。要注意焊接位置，分流器最高不超过印制电路板平面 2mm，最低以刚好能焊接牢固为宜。

④ 安装涤纶电容、压敏电阻。

注意：涤纶电容和压敏电阻不要接错。

⑤ 安装电解电容。

注意：电解电容的正、负极不要插反。

⑥ 安装输入插管。按照图 9-2-11，将输入插管从印制电路板反面插入，要插到底，与印制电路板垂直，并用尖嘴钳稍将两脚夹紧；按照图 9-2-12，将输入插管的四周全部焊接上，在焊接的过程中要时刻保持输入插管与印制电路板垂直。

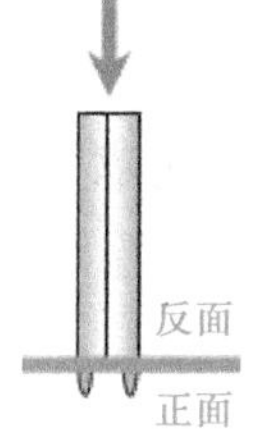

图 9-2-11　输入插管安装示意图

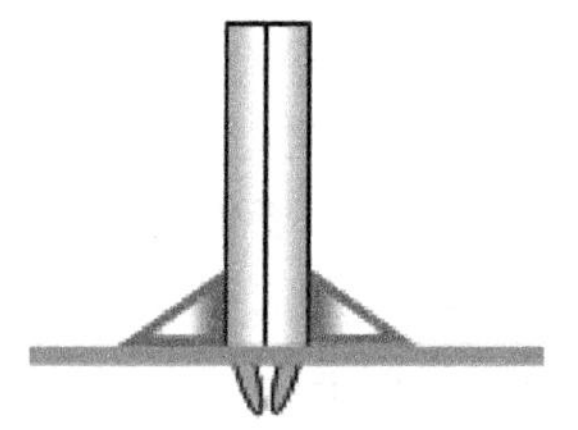

图 9-2-12　输入插管焊接示意图

⑦ 安装晶体管插座、晶体管焊片。晶体管焊片要插到底，不能松动，把下部要焊接的部分折平；晶体管焊片头部应完全进入插座孔，不要超出晶体管插座的侧面；晶体管插座也要安装在印制电路板的反面。

⑧ 安装电位器。电位器要垂直安装到印制电路板的反面。

⑨ 安装电池极片。电池极片先不要插到底；用电烙铁蘸松香点在电池极片上，再点上焊锡；用电烙铁蘸松香，给导线搪锡；在焊接的时候注意线皮与焊点间的距离越小越好；先加热已在电池极片上的锡，待它熔化发亮后，将已搪锡的导线插到熔化的锡中，锡应包住导线，迅速移开电烙铁，否则线皮会烧化；焊好后再将电池极片插到底。

⑩ 连接导线。

操作题目 2：整机装配。

操作方法：具体操作方法如下。

① 安装电刷。如图 9-2-13 所示，在安装电刷时，开口在左下角，四周要卡入凹槽内，用手轻轻按，看是否能活动并自动复位。在安装时电刷要十分小心，否则十分容易损坏电刷。

如图 9-2-14 所示，白色的焊点在电刷中通过，安装前一定要检查焊点高度，不能超过 2mm，直径不能太大，否则会把电刷刮坏。

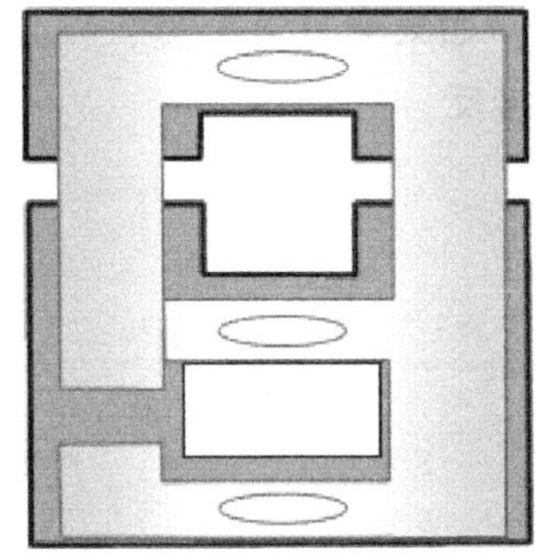

图 9-2-13 电刷安装示意图

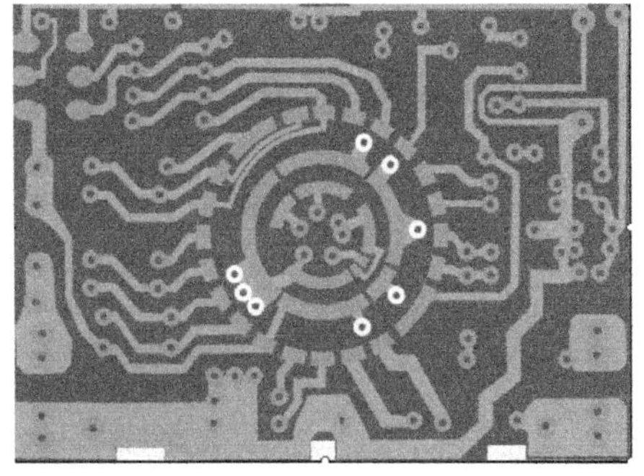

图 9-2-14 印制电路板图

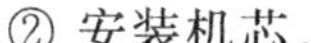

② 安装机芯。

注意：机芯的安装一定要到位。

装配好的万用表实物图如图 9-2-15 所示。

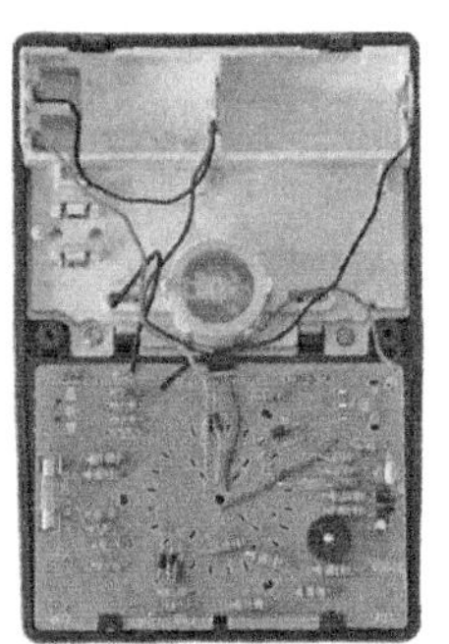

图 9-2-15 装配好的万用表实物图

4）万用表的调试

① 将装配好的万用表仔细检查一遍，在确保无错装的情况下，将万用表的转换开关旋至最小电流挡 50μA 处，用数字万用表测量其“+”“-”插孔两端的电阻值，电阻值应为

4.9～5.1kΩ，若不符合要求，则应仔细调整电位器 WH_2 的阻值，直到达到要求为止。

② 用数字万用表测量各个物理量，然后用装配好的万用表对同一个物理量进行测量，对测量结果进行比较。若有误差，则应该重新调整万用表上电位器 WH_2 的阻值，直到测量结果相同时为止。一般从电流挡开始逐挡检测，检测时应从最小量程开始，首先检测直流电流挡，然后检测直流电压挡、交流电压挡，最后检测直流电阻挡及其他挡。各挡位的检测符合要求后，该万用表即可投入使用。

5）万用表常见故障现象及分析

故障现象1：表头没有任何反应。

故障分析：这种故障现象可能由以下原因引起。

① 表头或表笔损坏。

② 接线错误。

③ 熔断器没有装配或损坏。

④ 电池极片装错。

⑤ 电刷装错。

故障现象2：在测电压时表针反偏。

故障分析：这种情况一般是表头引线极性接反引起的。如果测直流电流、直流电压时正常，测交流电压时表针反偏，则为整流二极管 VD_1 的极性接反。

【任务考核与评价】

表9-2-5　万用表装配与调试的考核

任务内容	配分	评分标准			自评	互评	教师评
准备工作	20	① 核对元器件总数		5分			
		② 元器件读数与检测		5分			
		③ 质量鉴定		5分			
		④ 元器件准备		5分			
万用表的装配	60	① 电阻安装		6分			
		② 二极管、分流器安装		6分			
		③ 涤纶电容、压敏电阻安装		6分			
		④ 电解电容、电位器安装		6分			
		⑤ 输入插管安装		9分			
		⑥ 晶体管插座、晶体管焊片安装		6分			
		⑦ 电池极片及导线安装		6分			
		⑧ 电刷安装		9分			
		⑨ 机芯安装		6分			
万用表的调试	10	① 直流电流挡		2分			
		② 直流电压挡		2分			
		③ 交流电压挡		2分			
		④ 电阻挡		2分			
		⑤ 晶体管参数测量		2分			
安全文明操作	10	违反1次		扣5分			
定额时间	3天	每超过1h		扣10分			
开始时间		结束时间		总评分			

任务3 数字钟的装配与调试

□【任务要求】

本任务要求学生完成一台数字钟的装配与调试，在了解数字钟基本工作原理的基础上学会装配、调试和使用数字钟，并学会排除一些常见故障，培养实践技能。

1. 知识目标

① 掌握数字钟电路系统的组成框图。

② 掌握集成电路的应用。

③ 了解计数器、译码器和数码管的逻辑功能。

④ 会分析数字钟的电路图。

⑤ 能对照数字钟的电路图设计接线图。

2. 技能目标

① 会测量各元器件的主要参数。

② 认识电路图上的各种元器件的符号，并能与实物相对照。

③ 按照工艺要求装配数字钟。

④ 按照技术指标调试数字钟。

⑤ 加深对数字钟工作原理的理解，提高数字钟的使用水平。

□【任务相关知识】

数字钟电路系统由秒脉冲发生器、计数器、译码器及显示器4个部分组成。数字钟电路系统的组成框图如图9-3-1所示。

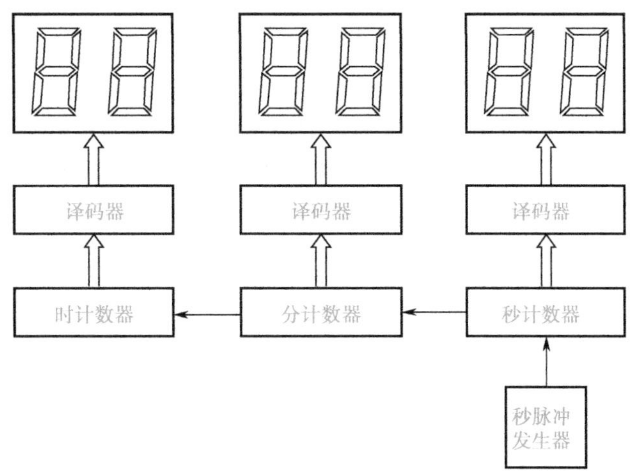

图9-3-1 数字钟电路系统的组成框图

秒脉冲发生器产生秒脉冲，有了秒脉冲信号，根据60s为1min、60min为1h、24h为1

天的原则，分别设计秒（六十进制）计数器、分（六十进制）计数器、时（二十四进制）计数器。计数器输出经译码器送给 LED 数码管显示器，从而显示时间。

1. 秒脉冲发生器

秒脉冲发生器是数字钟的核心部件，其作用是产生一个频率为 1s 的脉冲信号。秒脉冲发生器采用 555 定时器组成，其电路图如图 9-3-2 所示。

接通电源后，由于电容上电压不能突变，V_{CC}经 R_1、R_2给电容 C_3充电，使 u_{C3}逐渐升高。当 $u_{C3}<\frac{1}{3}V_{CC}$时，u_O输出高电平；当 u_{C3}上升到大于$\frac{1}{3}V_{CC}$时，电路仍保持输出高电平；当 u_{C3}继续上升略超过$\frac{2}{3}V_{CC}$时，输出变为低电平，放电管饱和导通。随后，电容 C_3经 R_2放电，u_{C3}开始下降，当 u_{C3}下降到略低于$\frac{1}{3}V_{CC}$时，输出又变为高电平，同时放电管截止，电容 C_3放电结束，开始再次充电，u_{C3}再次上升。如此循环下去，输出端就得到如图 9-3-3 所示的矩形脉冲。脉冲的周期为 $T \approx 0.7(R_1+2R_2)C = 0.7\times(100+2\times100)\times4.7\times10^{-3}\approx1\text{s}$。

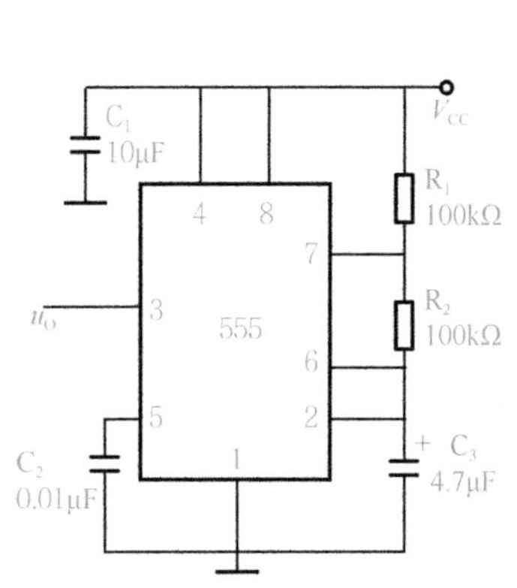

图 9-3-2　秒脉冲发生器电路图

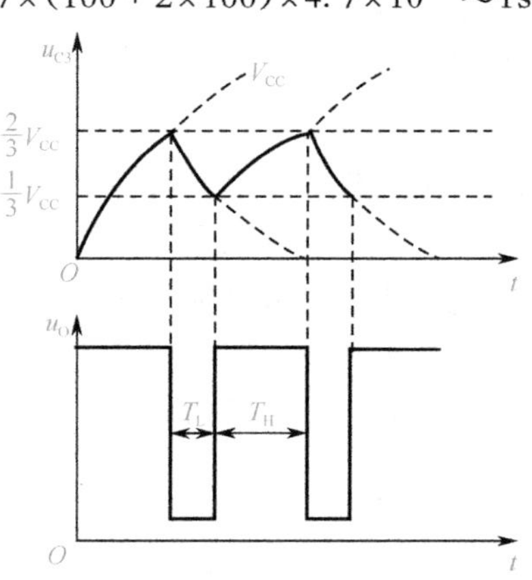

图 9-3-3　秒脉冲发生器波形图

2. 计数器

秒脉冲发生器产生秒脉冲信号，秒脉冲信号经过 6 个计数器，分别得到“秒”个位、十位，“分”个位、十位，“时”个位、十位的计时。分计数器和秒计数器都是六十进制的，时计数器是二十四进制的。计数器部分采用 74LS160 来完成，74LS160 的功能表如表 9-3-1 所示。

表 9-3-1　74LS160 的功能表

输入									输出				功能说明
CP	$\overline{R_D}$	$\overline{LD}$	EP	ET	D_3	D_2	D_1	D_0	Q_3	Q_2	Q_1	Q_0	
×	0	×	×	×	×	×	×	×	0	0	0	0	异步清零
↑	1	0	×	×	D_3	D_2	D_1	D_0	D_3	D_2	D_1	D_0	同步置数
×	1	1	0	×	×	×	×	×	Q_3	Q_2	Q_1	Q_0	保持
×	1	1	×	0	×	×	×	×	Q_3	Q_2	Q_1	Q_0	保持
↑	1	1	1	1	×	×	×	×					计数

由表 9-3-1 可知，74LS160 具有如下功能。

异步清零：当异步清零端$\overline{R_D}=0$时，输出端清零，与 CP 无关。

同步置数：在$\overline{R_D}=1$的前提下，当同步置数端$\overline{LD}=0$时，在输入端 D_0、D_1、D_2、D_3 预置某个数据，则在 CP 脉冲上升沿的作用下，就将 D_0、D_1、D_2、D_3 端的数据置入计数器。

保持：当$\overline{R_D}=1$、$\overline{LD}=1$时，只要使能端 EP 和 ET 中有一个为低电平，就使计数器处于保持状态。在保持状态下，CP 不起作用。

计数：当$\overline{R_D}=1$、$\overline{LD}=1$、EP = ET = 1 时，电路为十进制加法计数器。在 CP 脉冲的作用下，电路按自然二进制数递加，即由 0000→0001→……→1001。当计到 1001 时，进位输出端 CO 送出进位信号（高电平有效），即 CO = 1。

1）六十进制计数器

六十进制计数器的电路图如图 9-3-4 所示。其中，U_1、U_2 分别为六十进制计数器的十位和个位，采用异步清零复位法构成六十进制计数器，ET = EP = 1，$\overline{LD}=1$，将 U_1 输出端 Q_2 和 Q_1 通过与非门接至 74LS160 的异步清零端。电路取 $Q_7Q_6Q_5Q_4Q_3Q_2Q_1Q_0$ = 00000000 为起始状态，U_2 计入 10 个 CP 脉冲后，通过 U_{3B} 向 U_1 输入一个 CP 脉冲。当计入 60 个 CP 脉冲后，电路状态为 $Q_7Q_6Q_5Q_4Q_3Q_2Q_1Q_0$ = 01100000，与非门 U_{3A} 的输出为$\overline{Q_6Q_5}=0$，计数器 U_1、U_2 清零。六十进制计数器状态图如图 9-3-5 所示，其中虚线表示在 01100000 状态有短暂的过渡状态。

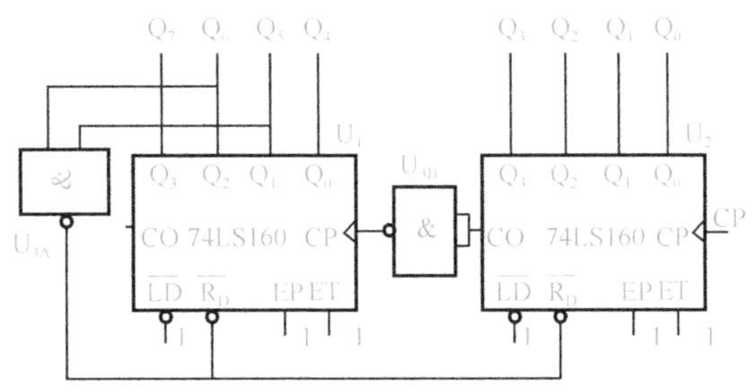

图 9-3-4 六十进制计数器的电路图

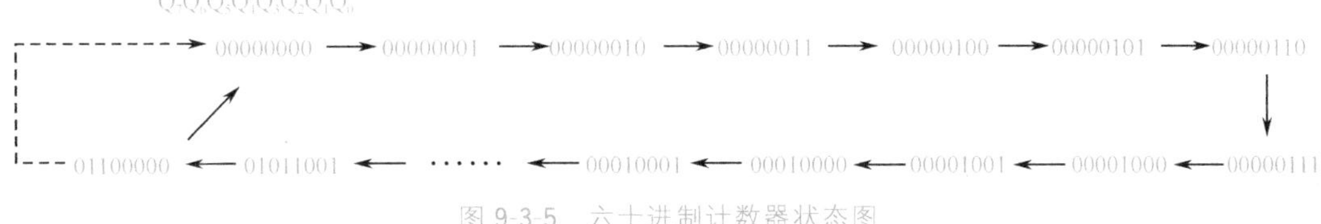

图 9-3-5 六十进制计数器状态图

2）二十四进制计数器

二十四进制计数器的电路图如图 9-3-6 所示。其中，U_1、U_2 分别为二十四进制计数器的十位和个位，也采用异步清零复位法构成二十四进制计数器。二十四进制计数器状态图如图 9-3-7所示，其中虚线表示在 00100100 状态有短暂的过渡状态。

3. 译码显示电路

译码显示电路如图 9-3-8 所示。译码器选用 74LS48，它是 4 线-7 段译码器/驱动器，输入端 A_3、A_2、A_1、A_0 为 8421BCD 码输入，输出端 a～g 高电平有效，适用于驱动共阴极 LED 数码管。R_1～R_7 是外接的限流电阻。74LS48 的功能表如表 9-3-2 所示。

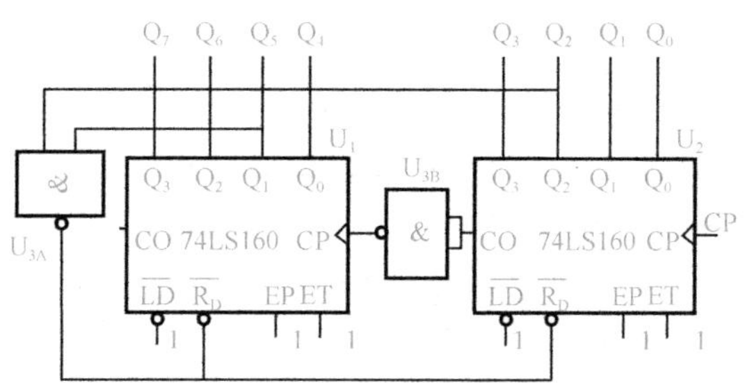

图 9-3-6　二十四进制计数器的电路图

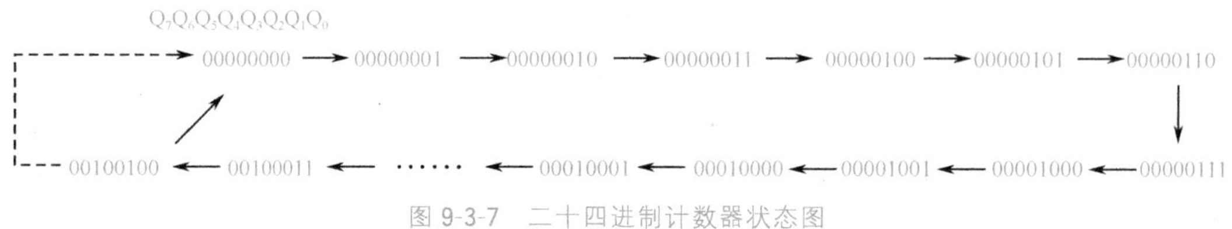

图 9-3-7　二十四进制计数器状态图

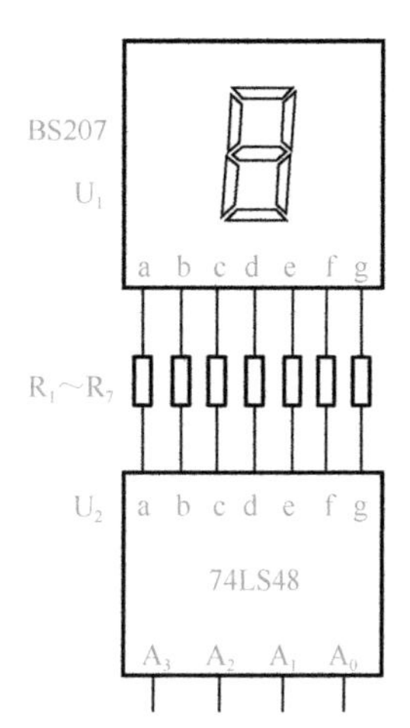

图 9-3-8　译码显示电路

表 9-3-2　74LS48 的功能表

输入						输出	显示数字
$\overline{LT}$	$\overline{I_{BR}}$	A_3	A_2	A_1	A_0	a b c d e f g	
1	1	0	0	0	0	1 1 1 1 1 1 0	0
1	×	0	0	0	1	0 1 1 0 0 0 0	1
1	×	0	0	1	0	1 1 0 1 1 0 1	2
1	×	0	0	1	1	1 1 1 1 0 0 1	3
1	×	0	1	0	0	0 1 1 0 0 1 1	4
1	×	0	1	0	1	1 0 1 1 0 1 1	5
1	×	0	1	1	0	0 0 1 1 1 1 1	6
1	×	0	1	1	1	1 1 1 0 0 0 0	7
1	×	1	0	0	0	1 1 1 1 1 1 1	8
1	×	1	0	0	1	1 1 1 0 0 1 1	9

4. 总体设计电路

数字钟的总体设计电路图如图 9-3-9 所示。

5. 集成电路引脚图

① 555 引脚图如图 9-3-10 所示。

② 74LS160 引脚图如图 9-3-11 所示。

③ 74LS48 引脚图如图 9-3-12 所示。

④ 数码管引脚图如图 9-3-13 所示。

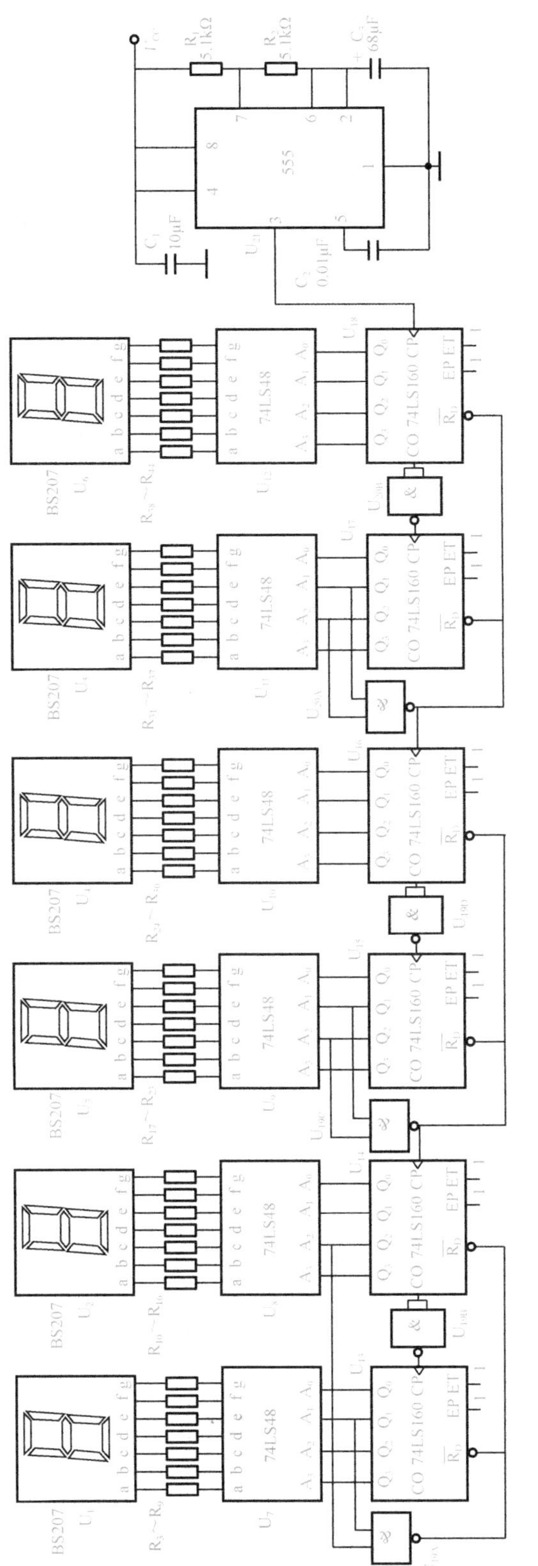

图9-3-9 数字钟的总体设计电路图

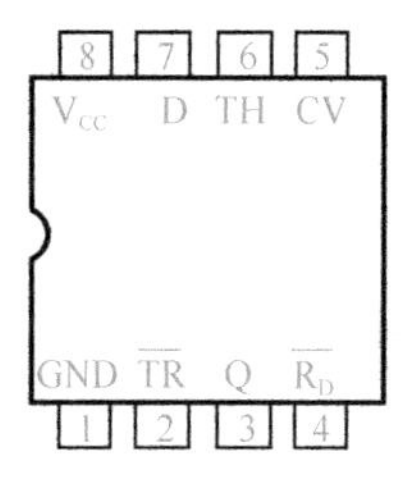

图 9-3-10　555 引脚图

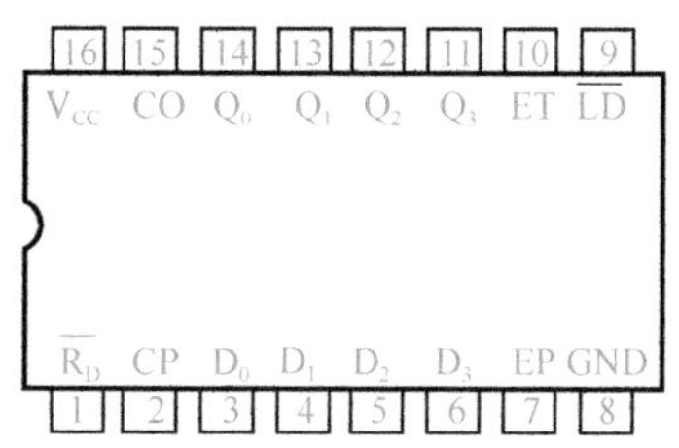

图 9-3-11　74LS160 引脚图

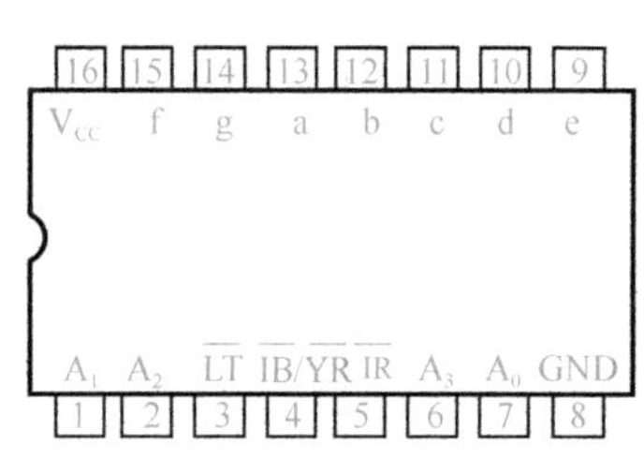

图 9-3-12　74LS48 引脚图

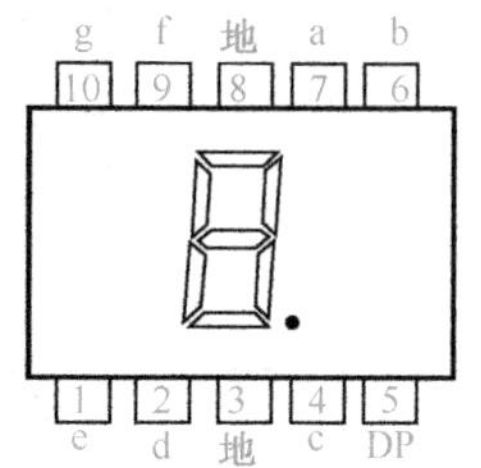

图 9-3-13　数码管引脚图

【任务实施】

1. 任务实施器材

① 数字钟套件　一套/组

② 万能板　一块/组

③ 导线　若干/组

④ 焊接工具：35W 内热式电烙铁、斜口钳、尖嘴钳　一套/组

⑤ 焊接材料：焊锡丝、松香　一套/组

2. 任务实施步骤

1）清点材料

操作提示：集成电路的引脚比较尖锐，小心别扎到手。

操作方法：请按如表 9-3-3 所示的材料清单一一对应清点材料，记清每个元器件的名称与外形。

表 9-3-3　材料清单

序　号	元器件名称	数　量	外　形	备　注
1	电阻	44 个		$R_1 \sim R_{44}$
2	共阴极 LED 数码管	6 个		$U_1 \sim U_6$

续表

序　号	元器件名称	数　量	外　形	备　注
3	集成电路 74LS48	6 个		$U_7 \sim U_{12}$
4	集成电路 74LS160	6 个		$U_{13} \sim U_{18}$
5	集成电路 74LS00	2 个		U_{19}、U_{20}
6	集成电路 555	1 个		U_{21}
7	电容	3 个		$C_1 \sim C_3$
8	万能板	1 块		
9	5V 电源	1 个		
10	导线	若干		

2）焊接前的准备工作

操作题目 1：元器件读数与检测。

操作方法：具体操作方法如下。

① 观察色环电阻，读出其电阻值，将结果填入表 9-3-4。

表 9-3-4　电阻记录表

名　称	一环颜色	二环颜色	三环颜色	四环颜色	电阻值	误差值
R_1						
R_2						
$R_3 \sim R_{44}$						

② 观察电容，读出其电容值，将结果填入表 9-3-5。

表 9-3-5　电容记录表

名　称	标　志	电　容　值
C_1		
C_2		
C_3		

操作题目 2：元器件准备。

操作方法：先将所有元器件引脚的漆膜、氧化膜清除干净，然后进行搪锡（如果元器件引脚未氧化则可省去此项），最后将元器件引脚弯制成所需形状。

操作题目 3：排版设计。

操作方法：具体操作方法如下。

① 熟悉本项目所使用的万能板，万能板采用多个焊盘连在一起的连孔板。

② 按照数字钟的总体设计电路图，先在纸上进行初步布局，然后用铅笔画到万能板正面（元器件面），继而可以将走线规划出来，以方便焊接。

工程经验

初学者可以采用上述方法进行布局准备，用久后可以采用“顺藤摸瓜”的方法，即以集成电路等关键元器件为中心，其他元器件见缝插针的方法。这种方法是边焊接边规划，无序中体现有序，效率较高。

3）数字钟的装配

操作题目 1：插件焊接。

操作提示：

① 注意焊接的时候不仅要保证位置正确，还要保证焊接可靠、美观。

② 元器件的引脚要尽可能短。

③ 焊点的焊锡要均匀、饱满，表面光滑、无杂质。

④ 每次焊接完一部分元器件，均应检查一遍焊接质量及是否有错焊、漏焊缺陷，发现问题及时纠正。

操作要求：按照排版设计，进行插件焊接。

① 弄清楚万能板的结构原理，分清各插孔是否为等位点。万能板结构图如图 9-3-14 所示。

② 合理安排集成电路和其他元器件的位置，尽可能地使其保持在同一条直线上。

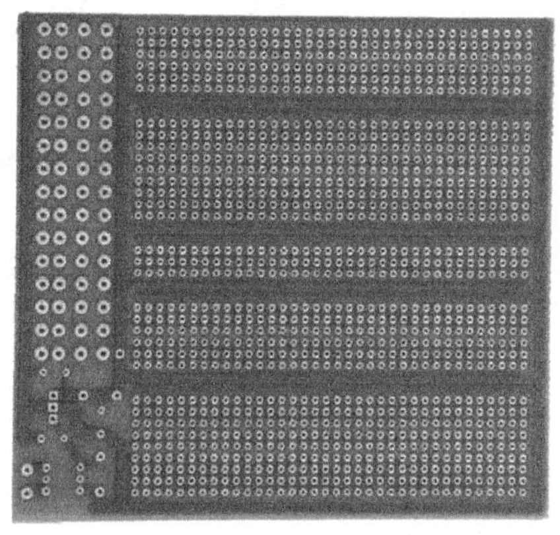

图 9-3-14　万能板结构图

操作题目 2：剖削导线。

操作要求：

① 剖削导线绝缘层。

② 线芯长度必须适应连接需要，不应过长或过短。

③ 在剖削导线时不应损伤线芯。

操作方法：剖削导线的方法见项目一中的任务 4。

操作题目 3：布置导线。

操作要求：

① 布线要整齐，不交叉。

② 集成电路相邻引脚之间尽量不布线。

③ 相对的引脚之间布线不超过 4 根。

④ 导线要横平竖直，尽量减少飞线的存在，这样便于调整与检测工作的顺利进行。

⑤ 为了最大可能地避免错误的出现，应按照元器件的排列顺序依次布线，同一元器件按引脚顺序依次布线。

工程经验

① 安装应接触良好，保证被安装元器件间能稳定可靠地通过一定的电流。

② 应避免元器件损坏的发生，插拔元器件时要垂直插拔，以免造成不必要的机械损坏。

③ 安装时必须采用绝缘良好的绝缘导线，连线的时候要选取好元器件与元器件之间的距离，连接的时候线与线之间的交叉尽量少。

4）数字钟的调试

操作题目 1：调试前的检测。

操作方法：数字钟装配完毕后通常不宜急于通电，要先认真检测一下。

① 检查连线是否正确，方法通常有两种。

a. 根据电路图，按照元器件的排列顺序依次检查。这种方法的特点是，按一定顺序一一检查安装好的印制电路板，同一元器件按引脚顺序依次检查。由此，可比较容易查出错线和少线。

b. 按照实际线路对照电路图进行查线。这是一种以元器件为中心进行查线的方法。把每个元器件引脚的连线一次查清，检查每个去处在电路图中是否存在。这种方法不但可以查出错线和少线，还可以查出多线。

为了防止出错，对已查过的线通常应在电路图上做出标记，最好用指针式万用表的欧姆挡或数字万用表的二极管挡的蜂鸣器来测量元器件引脚，这样可以同时发现接触不良的地方。

② 检查元器件的安装情况。检查内容包括元器件引脚之间有无短路、连接处有无接触不良、二极管的极性和集成电路的引脚是否连接有误。

③ 检查电源供电，看连接是否正确。

④ 检查电源端对地是否有短路的现象。

注意：通电前，断开一根电源线，用万用表检查电源端对地是否存在短路。若电路经过上述检测确认无误后，则可以转入调试。

操作题目 2：通电观察。

操作方法：把经过检测的电源接入电路，观察有无异常现象，包括有无冒烟、是否有异味、手摸元器件是否发烫、电源是否有短路现象等。如果出现异常，则应立即切断电源，待排除故障后再通电。然后测量各路总电压和各个元器件引脚的电压，以保证元器件正常工作。

操作题目 3：故障的处理。

操作要求：印制电路板出现故障是常见的，大家必须认真对待。在查找故障时，首先要有耐心，还要细心，切忌马马虎虎，同时要开动脑筋，认真进行分析、判断。

操作方法：当电路工作时，应先关掉电源，再检查电路是否有接错、掉线、断线的地方，检查有没有接触不良、元器件损坏、元器件插错、元器件引脚接错等情况。在查找时可借助万用表。

【任务考核与评价】

表 9-3-6　数字钟装配与调试的考核

任务内容	配分	评分标准			自评	互评	教师评
准备工作	20	① 核对元器件总数 5 分 ② 元器件读数与检测 5 分 ③ 元器件准备 5 分 ④ 排版设计 5 分					
数字钟的装配	60	① 插件焊接 10 分 ② 剖削导线 20 分 ③ 布置导线 30 分					
数字钟的调试	10	① 调试前的检测 2 分 ② 通电观察 2 分 ③ 故障处理 6 分					
安全文明操作	10	违反 1 次　扣 5 分					
定额时间	4 天	每超过 1h　扣 10 分					
开始时间		结束时间		总评分			

参考文献

［1］王淑芳. 电机驱动技术. 北京：科学出版社，2020.

［2］蔡杏山. 电气工程师基础. 北京：化学工业出版社，2019.

［3］马宏骞. 三菱 FX3U PLC 应用实例教程. 北京：电子工业出版社，2018.

［4］范永胜，王岷. 电气控制与 PLC 应用. 北京：中国电力出版社，2017.

［5］方大千，方荣伟. 常用电气设备选用与实例. 北京：化学工业出版社，2018.

［6］周庆贵，赵秀芬，刘彬. 电气控制技术. 北京：化学工业出版社，2018.

［7］刘午平. 图解步进电机和伺服电机的应用与维修. 北京：化学工业出版社，2016.

［8］焦玉成. 电气控制技术与综合实践. 北京：中国电力出版社，2018.

［9］陈建明. 电气控制与 PLC 应用. 北京：电子工业出版社，2019.

［10］蔡杏山. 电气工程师自学成才手册. 北京：电子工业出版社，2018.

［11］张振文. 电工电路识图、布线、接线与维修一本通. 北京：化学工业出版社，2018.

［12］陶健，武风斌. 电工仪表与测量. 北京：北京交通大学出版社，2016.